航空发动机基础与教学丛书

U0170748

现代叶轮机械
新技术及应用

刘 波 曹志远 吴 云 茅晓晨 史 磊 著

科学出版社

北 京

内 容 简 介

叶轮机械在国防科技和国民经济领域中均占有十分重要的地位。本书聚焦于叶轮机械在航空发动机及燃气轮机领域的新技术及应用,重点关注近年来气动分支涌现出的新技术。全书共8章,分别介绍风扇/压气机和涡轮的气动设计、智能优化及流动控制等新技术,重点阐述叶片智能优化、串列叶片设计技术、非轴对称端壁造型技术、附面层抽吸技术、对转压气机技术、等离子体控制技术和人工智能技术等叶轮机械领域新技术的原理、发展及应用。

本书可作为高等工科院校有关专业课程教材,也可供航空、航天、航海等领域有关动力装置研制的工程技术人员参考。

图书在版编目(CIP)数据

现代叶轮机械新技术及应用 / 刘波等著. —北京:
科学出版社,2022.5
　(航空发动机基础与教学丛书)
　ISBN 978 - 7 - 03 - 072231 - 7

　Ⅰ. ①现… Ⅱ. ①刘… Ⅲ. ①航空发动机—叶轮机械
—研究　Ⅳ. ①TK05

中国版本图书馆 CIP 数据核字(2022)第 077514 号

责任编辑:胡文治 / 责任校对:谭宏宇
责任印制:黄晓鸣 / 封面设计:殷　靓

科 学 出 版 社 出版
北京东黄城根北街 16 号
邮政编码:100717
http://www.sciencep.com

南京展望文化发展有限公司排版
广东虎彩云印刷有限公司印刷
科学出版社发行　各地新华书店经销

*

2022 年 5 月第 一 版　开本:B5(720×1000)
2023 年 10 月第七次印刷　印张:30
字数:588 000

定价:190.00 元
(如有印装质量问题,我社负责调换)

航空发动机基础与教学丛书
编写委员会

丛书序

航空发动机是"飞机的心脏",被誉为现代工业"皇冠上的明珠"。航空发动机技术涉及现代科技和工程的许多专业领域,集流体力学、固体力学、热力学、燃烧学、材料学、控制理论、电子技术、计算机技术等学科最新成果的应用为一体,对促进一国装备制造业发展和提升综合国力起着引领作用。

喷气式航空发动机诞生以来的80多年时间里,航空发动机技术经历了多次更新换代,航空发动机的技术指标实现了很大幅度的提高。随着航空发动机各种参数趋于当前所掌握技术的能力极限,为满足推力或功率更大、体积更小、质量更轻、寿命更长、排放更低、经济性更好等诸多严酷的要求,对现代航空发动机发展所需的基础理论及新兴技术又提出了更高的要求。

目前,航空发动机技术正在从传统的依赖经验较多、试后修改较多、学科分离较明显向仿真试验互补、多学科综合优化、智能化引领"三化融合"的方向转变,我们应当敢于面对由此带来的挑战,充分利用这一创新超越的机遇。航空发动机领域的学生、工程师及研究人员都必须具备更坚实的理论基础,并将其与航空发动机的工程实践紧密结合。

西北工业大学动力与能源学院设有"航空宇航科学与技术"(一级学科)和"航空宇航推进理论与工程"(二级学科)国家级重点学科,长期致力于我国航空发动机专业人才培养工作,以及航空发动机基础理论和工程技术的研究工作。这些年来,通过国家自然科学基金重点项目、国家重大研究计划项目和国家航空发动机领域重大专项等相关基础研究计划支持,并与国内外研究机构开展深入广泛合作研究,在航空发动机的基础理论和工程技术等方面取得了一系列重要研究成果。

正是在这种背景下,学院整合师资力量、凝练航空发动机教学经验和科学研究成果,组织编写了这套"航空发动机基础与教学丛书"。丛书的组织和撰写是一项具有挑战性的系统工程,需要创新和传承的辩证统一,研究与教学的有机结合,发展趋势同科研进展的协调论述。按此原则,该丛书围绕现代高性能航空发动机所涉及的空气动力学、固体力学、热力学、传热学、燃烧学、控制理论等诸多学科,系统介绍航空发动机基础理论、专业知识和前沿技术,以期更好地服务于航空发动机领域的关键技术攻关和创新超越。

丛书包括专著和教材两部分,前者主要面向航空发动机领域的科技工作者,后者则面向研究生和本科生,将两者结合在一个系列中,既是对航空发动机科研成果的及时总结,也是面向新工科建设的迫切需要。

丛书主事者嘱我作序,西北工业大学是我的母校,敢不从命。希望这套丛书的出版,能为推动我国航空发动机基础研究提供助力,为实现我国航空发动机领域的创新超越贡献力量。

2020 年 7 月

前　言

随着现代航空发动机对高推重比、高效率、大流量、低油耗和宽稳定工作范围的需求越来越高，其核心部件叶轮机械(风扇/压气机)必须具备较少的级数、更高的负荷、较低的损失及更宽的稳定裕度等。对于现代叶轮机械，高负荷与低损失、宽稳定裕度的发展目标通常是相悖的，这就要求采用新理论、新技术、新方法进行设计。《现代叶轮机械新技术及应用》一书正是针对研究这些需求而编写的，希望能为从事航空发动机叶轮机械气动设计的人员开展新技术研究工作提供一定的参考。

全书共8章。第1章介绍压气机中的主要流动现象、流动损失，以及主/被动控制技术的分类。第2章介绍压气机叶型智能优化设计新技术，包括叶片优化设计方法的发展与应用、基于遗传算法的可控扩散叶型优化设计技术、基于改进人工蜂群算法的大弯度叶型优化设计技术，以及考虑端壁效应的高负荷叶栅的优化设计技术。第3章为高负荷压气机串列叶片设计技术，包括串列叶片的造型方法、基于并行多点采样策略的串列叶栅的多目标优化设计技术、大弯角串列叶型形状及相对位置的耦合优化设计技术，以及弯掠优化对高负荷跨声速串列转子的影响分析。第4章为叶轮机内部二次流动的端壁控制技术，在分析叶轮机内部二次流动的形成与发展的基础上介绍非轴对称端壁造型方法及其发展和应用，主要内容包括轴流压气机内的非轴对称端壁控制技术和高压涡轮导向器非轴对称端壁优化设计技术。第5章介绍压气机附面层吸附技术，包括附面层吸附技术的原理、附面层吸附技术的发展、吸附式叶型优化设计策略、吸附式压气机叶栅风洞吹风试验，以及吸附式风扇/压气机气动设计技术。第6章为对转压气机技术，介绍对转技术的发展应用及技术特点、对转压气机的特性及流场结构分析、转速比和轴向间隙对对转压气机性能的影响分析，以及对转技术的思考与展望。第7章为叶轮机等离子体流动控制技术，着重介绍等离子体激励对压气机叶尖泄漏流动的控制、等离子体激励对转子叶尖失速的控制、等离子体流动控制在压气机静子中的应用。第8章介绍人工智能技术在叶轮机领域的应用前景及发展趋势，主要内容有应用改进型BP人工神经网络的叶片优化设计、基于径向基神经网络的损失和落后角模型及应用、微分-蜂群-支持向量机混合算法与叶片优化设计。

　　本书第 1 章由西北工业大学的刘波、曹志远编写,第 2 章和第 3 章由刘波编写,第 4 章由曹志远、刘波编写,第 5 章由西北工业大学的茅晓晨编写,第 6 章由中国民航大学的史磊编写,第 7 章由中国人民解放军空军工程大学的吴云编写,第 8 章由刘波编写。此外,全书由刘波统一修改、定稿。

　　刘存良教授和高丽敏教授对全书进行了审阅,提出了很多宝贵的意见;李俊、那振喆、张鹏、宋召运、张博涛、王何建、程昊、巫晓雄也分别参与了有关章节的编写、插图和文字校验工作。科学出版社在本书的出版中提供了很多帮助和支持,在此一并表示诚挚的感谢!

　　由于作者水平有限,书中不足之处在所难免,敬请指正。

作者
2021 年 11 月于西安

目　录

第4章　叶轮机内部二次流动的端壁控制技术

第 5 章　压气机附面层吸附技术

第6章　对转压气机技术

第7章 叶轮机等离子体流动控制技术

第8章 人工智能技术在叶轮机领域的应用前景及发展趋势

第1章
绪　　论

　　叶轮机械一般指通过叶片与工质间的相互作用给工质加入或由工质中得到能量的机器。按照工质的流动方向,叶轮机械可以分为轴流式、径流式、斜流式和组合式四种;按照动叶进口相对马赫数的大小,可以分为亚声速、跨声速和超声速叶片机。按照其功能,叶轮机械可以分为被动机械和原动机械两大类:前者为工质加入能量(功)使工质总温和总压升高,从而产生推动力,如压气机、风扇及螺旋桨等;后者从工质中获得能量(功)得到轴功,如涡轮和风车等。

　　本书聚焦于叶轮机械在航空发动机及燃气轮机领域的新技术及应用,重点关注气动分支存在的新技术,即风扇/压气机和涡轮的气动设计、优化及流动控制。制约涡轮部件高效可靠的问题主要是冷却和结构强度,其气动设计水平较为成熟,因此本书将重点阐述压气机领域新技术的原理、发展及应用,并对涡轮非轴对称端壁造型新技术的发展和应用进行介绍。

1.1　压气机中的主要流动现象及分析

　　压气机作为航空发动机的核心关键部件之一,其设计是决定航空动力装置研制成败的重要因素。同时,压气机属于高速旋转的叶轮机械,叶片从根到尖的展向流动变化非常大,它存在固有的转/静干涉效应、气体黏性效应、激波效应,另外,转子叶尖的间隙,以及通道内因扩压产生的强压力梯度使得压气机内部的流动具有很强的三维非定常性,其中值得引起重视并需要改善的气动现象主要包括压气机中的各种流动分离、叶尖间隙导致的叶尖泄漏流和旋转不稳定性等(图1-1)。

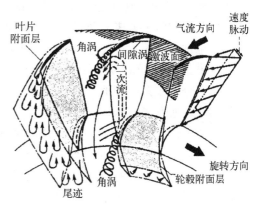

图1-1　压气机内部流动现象示意图

1.1.1　压气机中的附面层流动分离现象

高推重比发动机中的多级轴流压气机具有更高的级压比和更低的展弦比,气流转折角也在增大。级压比的提高意味着叶片通道内流向逆压力梯度和周向压力梯度的增加,这使得叶片通道内的流动变得更加复杂,甚至导致叶片吸力面附面层和角区分离程度增大。叶片展弦比的降低使得端壁附面层厚度所占流道径向空间的比例升高,增厚的端壁附面层在强压力梯度的作用下加剧了流道内的流动分离现象。压气机内的流动分离现象会降低压气机的工作效率和压升能力,并进一步引发压气机工作过程中的流动失稳现象。随着压气机级压比的不断提高,叶片吸力面会受到更强的逆压梯度作用,其附面层变得更易分离,在设计过程中,对其内部流动分离的有效控制将变得更加困难,也给发动机性能、部件匹配及发动机稳定性等带来了一系列难题。

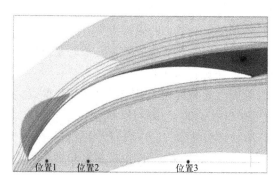

图 1 - 2　某压气机叶片 25%展向位置处的马赫数云图

通常情况下,叶片吸力面附面层会在叶片通道内逆压力梯度的作用下产生不同程度的现象,针对此现象,学者们也提出了对应的评价准则——扩散因子,利用扩散因子可以对叶型设计的负荷量级进行预测性评估并与损失大小进行关联。如图 1 - 2 所示,某压气机叶片 25%展向位置处,吸力面附近气流由叶片前缘加速,在 10%轴向弦长位置左右达到峰值(位置 1 处),之后气流减速扩压,并在 30%轴向弦长位置处产生分离,该分离点在位置 2 处。位置 3 在70%轴向弦长处,这时叶片吸力面表面流动已经完全分离,流动损失急剧增大。

此外,在由叶片吸力面和端壁组成的叶片角区内存在另外一种三维分离现象,即角区分离或角区失速。受通道内压力梯度的影响,即使在近设计工况附近,叶片角区处也常常伴随着角区分离现象。在非设计工况下,角区分离会进一步恶化成为角区失速现象,这将使压气机的性能大幅降低。

角区分离或失速对压气机性能的影响主要体现在以下两个方面:第一,导致明显的叶片通道堵塞,降低压气机的压升能力;第二,产生明显的二次流损失,降低压气机的工作效率。因此,此类三维分离现象一直是压气机设计人员的研究重点和热点,其中包括角区分离的流动结构、形成机理、判定准则和控制方法等。

利用实验和数值两种方法,研究人员针对亚声速压气机叶栅角区内的三维分离现象进行了大量的研究,对角区失速的形成和发展机制有了越来越全面的认识,即角区分离的形成是叶片通道内逆压力梯度和端壁二次流共同作用的结果。压气

机环形叶栅中角区失速的三维流动特征及壁面流动拓扑结构如图 1-3 所示。角
区失速主要包括明显存在于吸力面和端壁上的回流区。在叶片吸力面附近端壁附
面层内的低能流体沿展向爬升，离开端壁形成分离涡系，并形成了以吸力面和端壁
上的某极限流线及某空间自由流面为边界的三维分离区。

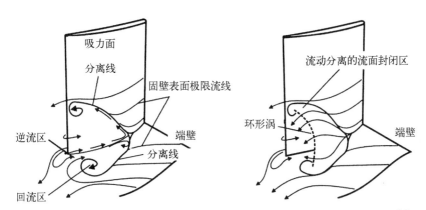

图 1-3 压气机环形叶栅中角区失速的三维流动特征及壁面流动拓扑结构[1]

类似拓扑结构在压气机叶栅内的存在不断被后续研究所证实，并且随着来流攻
角的增大，角区分离的面积也越来越大。亚声速三维直列叶栅的壁面流谱拓扑分析
研究表明，三维角区分离的形成及发展与前缘滞止点的马蹄涡系密切相关，且壁面奇
点的数目随着来流攻角的增大而增加，并与角区内堵塞量的变化趋势保持一致。

对于超跨声速压气机叶栅，激波与压气机叶栅内部附面层的相互作用会诱导
出不同于亚声速压气机叶栅的流动分离现象。图 1-4 中展示了跨声速压气机叶
栅内部的角区分离流动现象，由于激波的干涉作用，叶展中部附近叶片吸力面上出
现了层流分离泡和流动再附现象，在近端壁叶片吸力面出现了回流现象；在端壁处
并没有出现自压力面至吸力面的二次流动及相应的过偏转现象，也没有形成常见

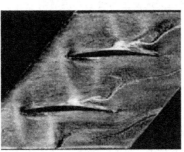
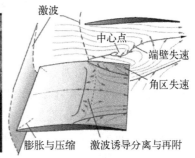

(a) 叶片吸力面流动　　　(b) 端壁流动油流实验结果　　　(c) 壁面流动概况及拓扑结构
油流实验结果

图 1-4 跨声速压气机叶栅角区失速时对应的壁面流动概况及拓扑结构[2]

的通道涡,而是在近尾缘端壁形成了一个较弱的环状涡。与亚声速压气机叶栅内部的流动不同,起始于跨声速压气机叶栅前缘附近的马蹄涡系对近端壁附近的流动影响较弱,叶片前缘附近的流动主要受激波与进口附面层相互作用的影响。

压气机叶片三维角区内的流动常常伴随着强烈的非定常现象,因此严重的角区失速现象往往会引发压气机叶片的颤振及压气机工作失稳,进而造成严重的事故。压气机设计人员应该在设计过程中采用相应标准对设计结果快速进行判断,尽量避免在某些工况下出现角区失速的现象。基于大量的数值和实验结果,Lei 等依据叶栅设计参数归纳出一个压气机叶栅角区失速的判定准则[3],该判定准则主要包含表征压气机负荷的扩散因子 D 和表征压气机稳定性的失速指数 S,其中 S 是通过叶片负荷来衡量分离区的范围来判断角区失速的发生与否,且角区分离越严重,对应的失速指数 S 的值就越大。研究结果表明,一般对应角区失速发生时的条件为:$D > 0.4 \pm 0.05$ 且 $S > 0.12$,如图 1-5 所示(空心为角区分离工况,实心为角区失速工况)。

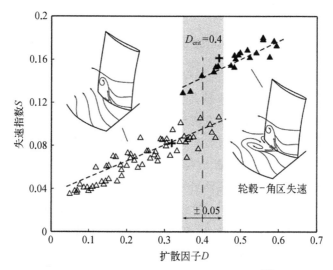

图 1-5　角区失速发生与否的判定准则[3]

1.1.2　叶尖泄漏流动

在压气机转子叶片排或悬臂静子叶片排中,叶片和机匣或轮毂端壁之间存在一定高度的叶尖间隙,在叶顶截面叶片压力面和吸力面两侧静压差的驱动下,叶尖附近的部分流体越过叶尖间隙形成了叶尖泄漏流。在叶尖区域,来自上游叶片排尾迹、环壁和叶片表面附面层、二次流及来流主流与叶尖泄漏流之间的相互作用使得叶尖泄漏流通常以叶尖泄漏涡的复杂形式存在,图 1-6 中给出了亚声速压气机转子叶尖泄漏流的三维空间结构模型[4],图 1-7 则显示了转子通道内部的流动结构(图中 ω 为转子旋转角速度,W_r 为相对速度的径向分量,W_t 为相对速度的切向分量,W 为相对速度)。

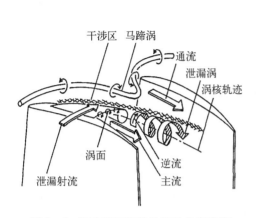

图 1-6 亚声速压气机转子叶尖泄漏流
三维空间结构模型[4]

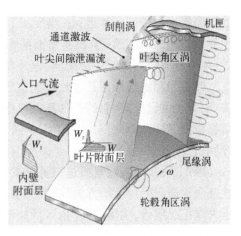

图 1-7 转子通道内部流动结构示意图

一般来说,叶尖泄漏流受四种因素影响:第一是叶片吸力面和压力面的压差,压差越大,泄漏流的驱动力就越强;第二是压气机轮缘处的附面层;第三是叶片和机匣间的相对运动;第四是叶尖间隙的大小,具体可以表现为间隙越大,则泄漏流动越强。

叶尖间隙流研究方法大致可以分为三种:一是实验测量方法;二是理论模型方法;三是数值模拟方法。采用理论模型方法可以直观、粗略地得到泄漏流动过程,用于估算叶尖间隙泄漏导致的效率降低,而流动细节则必须借助实验测试与数值模拟方法得到。已有的研究结果表明,叶尖间隙泄漏流对压气机的总体性能有至关重要的影响,在轴流压气机内部,除了叶片表面的摩擦和分离损失、端壁二次流引起的损失及跨声速压气机中的相关激波损失之外,叶尖间隙的引入而导致的端区损失占压气机总损失的 20%~40%,而且叶尖间隙的影响不仅限于转子叶尖区域,叶展 70% 以上的区域都会受到影响,包括叶尖泄漏涡和通道激波相互干涉形成的低能流体团、涡/波干涉及流道堵塞等。在压气机低展弦比、高负荷的发展趋势下,叶尖泄漏对压气机性能的影响也显得越来越严重。泄漏流动损失在端区损失中占的比例增大,并会造成流道堵塞。尤其在跨声速压气机中,由于叶尖泄漏涡和激波相互作用形成的低速堵塞团,会大幅度降低压气机的压升能力,也可能是触发叶尖失速的重要因素。

经过进一步的研究还发现:① 对于跨声速压气机,随着叶尖间隙的增大,叶尖泄漏流和通道激波的相互作用越来越强,甚至会使激波结构发生变压,由于泄漏涡与激波的强烈干涉作用,在前 1/3 弦长范围内产生的叶尖泄漏流对压气机性能的影响最大,使得压气机的压升能力、效率和喘振裕度严重下降;② 叶尖泄漏涡在逐渐发展的过程中,对叶尖吸力面附面层的影响比较小,涡核轨迹向相邻叶片压力面移动,并且在出口后一段距离和相邻叶片尾迹相交。而且,叶尖间隙越大,涡核轨迹越远离机匣壁面。随着节流加剧,叶尖泄漏涡轨迹逐渐向叶片前缘移动,对主流的阻碍能力也进一步加强;③ 当反压上升到某一值时,叶尖泄漏涡会破碎,继而产生导致失速的堵塞团;④ 机匣壁面的相对运动会对泄漏流的流动结构产生实质性的影响,虽然加剧了叶尖泄漏涡,但是却在一定程度上减少了叶尖泄漏流动损失。

叶尖泄漏涡虽然不是导致压气机失速的直接原因,但是与压气机失速密切相关[5],大量的研究表明,跨声速压气机中的泄漏涡与激波的相互干涉会导致压气机喘振裕度下降。因此,对叶尖泄漏流的控制显得尤为重要,目前针对叶尖泄漏流动控制已发展出了很多新技术。

综上所述,随着压气机进口流量的减小,叶片的负荷增加,叶尖泄漏涡的运动轨迹会逐渐向叶片前缘方向移动,甚至从叶片前缘溢出,导致压气机流动失稳。在近失速工况附近,主流、叶片角区低能流体、壁面附面层和叶尖泄漏涡之间的相互作用使得叶顶附近的流场结构变得更加复杂,通道的堵塞程度显著增加。因此,叶尖泄漏流对压气机所带来的影响主要包括泄漏相关损失和端区通道堵塞两个方面,前者会显著降低压气机的工作效率,而后者会影响压气机的扩压能力和工作稳定性。

为了更有效地利用流动控制方法来减弱叶尖泄漏流的负面效应,并尽可能地提高压气机的整体性能,就需要深刻地认识和掌握叶尖泄漏流的始发机制、空间结构,以及定常和非定常流动特征。下面将从叶尖泄漏流的模型研究及涡系结构、影响叶尖泄漏流的因素和非定常泄漏流三个方面来介绍目前针对叶尖泄漏流动现象取得的一些主要研究成果。

(1) 叶尖泄漏流模型及涡系结构。通常情况下,受实验和计算条件限制,在提出泄漏流模型的过程中会引入一定的近似假设和经验参数,如压力驱动和无黏特性假设等,这使得叶尖泄漏流模型的通用性受到了一定限制。但由于大多数模型涵盖了影响叶尖泄漏流的主要因素,即便在实验和计算水平显著提高的今天,泄漏流模型仍然是一种很实用的分析叶尖间隙泄漏流的理论工具。其中,具有代表性的叶尖泄漏流经验模型主要包括 Rains 模型[6]、Lakshminarayana 模型[7]、Kirtley 模型[8]、Chen 模型[9] 和 Storer 掺混控制体模型[10]。

随着实验技术和计算能力的逐步提升,研究重点逐渐转向叶尖泄漏流的详细流动结构和流动机理探索。例如,在平面叶栅叶尖附近流场中利用实验手段进行详细测量,发现叶尖附近存在叶尖泄漏涡、叶顶分离涡,以及叶顶二次涡的双涡系和三涡系结构,而且叶尖区域的通道涡会与叶尖泄漏涡发生相互作用。直列叶栅中的叶尖泄漏流实验结果表明,叶尖区域同时存在叶尖泄漏涡和叶尖分离涡的双涡系结构,如图 1-8 所示[11]。

Storer 等[12]通过叶栅实验研究发现叶尖泄漏涡的起始位置与端壁静压最小值点相重合,且该位置随着叶尖间隙的增加而向下游移动。从对低速轴流压气机的研究中同样发现叶尖泄漏涡的形成位置与机匣端壁上的最小压力位置一致,且泄漏涡的运动轨迹恰好对应着机匣端壁上的连线。随着叶尖间隙尺寸的增加,泄漏

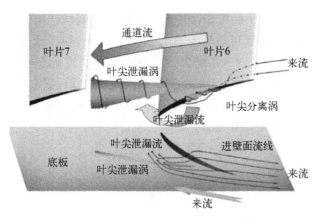

图 1-8　叶片间隙附近的涡系结构[11]

涡的起始点向叶片尾缘方向移动,而且叶尖泄漏涡的强度和空间尺度均逐渐变大。

　　此外,在端壁区域存在叶尖泄漏流和端壁附面层的相互作用,使端壁处附面层产生分离并造成叶尖附近的流道堵塞。值得注意的是,进口附面层厚度的增加会使得叶尖泄漏涡的起始位置前移,并导致叶尖附近的总压损失升高,压升能力降低,同时压气机的稳定工作范围减小。

　　对某高负荷带有根部叶尖间隙的环形叶栅流场中的相关流动参数进行详细测量,可以得到如图 1-9 所示[13]的不同攻角下叶栅间隙附近的流动结构示意图(图中 Ax 表示不同的轴向测量截面,STD 表示静压系数标准差)。分析结果表明:在小攻角工况下,存在马蹄涡和间隙泄漏涡的相互作用,从图 1-9(a)中可以看出马蹄涡、间隙泄漏涡、通道涡和压力面前缘分离等现象;细节 A 显示,在通道出口处,间隙泄漏涡和通道涡共存,细节 B 给出了马蹄涡的吸力面分支在端壁的分离起始,并随后与间隙泄漏流缠绕在一起。从图 1-9(b)中可以看出,大攻角下间隙泄漏流发生破碎现象,加剧了流道的堵塞程度。

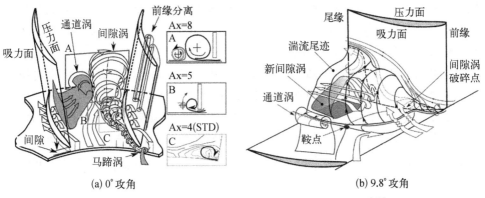

图 1-9　不同攻角下叶栅间隙附近的流动结构示意图[13]

对某跨声速转子设计点和非设计点的叶顶间隙流动结构进行数值和实验研究,可以发现:叶尖泄漏流可以分为两个部分,一部分,位于激波上游的叶尖泄漏流与主流相互作用下形成叶尖泄漏涡;另一部分位于激波下游的泄漏流(记为次泄漏流)流向相邻叶片的压力面,形成了局部低速、低压区域,其中越过相邻叶片的部分次泄漏流形成了二次泄漏现象,而剩余部分的次泄漏流与相邻叶片撞击后直接流出了叶片通道,如图 1-10 所示。

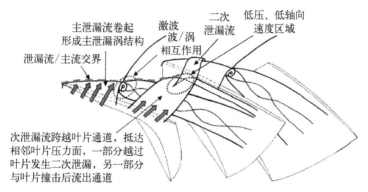

图 1-10　跨声速转子叶尖泄漏流的结构模型[14]

(2)影响叶尖泄漏流的因素。叶尖泄漏流的主要影响因素包括叶尖间隙大小、来流攻角和叶片转折角等,叶尖间隙的增大使得泄漏流的形成位置后移,且增加泄漏涡的展向尺度;而来流攻角的增大使得泄漏流的形成位置前移。当转折角增加时,泄漏流相对于叶尖间隙大小和攻角的变化敏感性降低。

在压气机中,叶尖间隙是直接影响叶尖区域流动特征的重要几何参数之一,为了掌握叶尖泄漏流对压气机总体性能的影响规律,为压气机设计提供参考依据,研究人员通过改变叶尖间隙尺寸,对压气机叶尖间隙效应进行了深入的研究。

一般情况下,叶尖间隙尺寸的增大会使得叶尖间隙泄漏流的强度增加,进而使压气机的压升能力、工作效率和稳定性降低。如图 1-11 及图 1-12 所示,经过大量的实验数据统计分析后发现,叶尖间隙增加 1%叶尖弦长时,对应的最大压升损失约 5%;而当叶尖间隙增加 1%叶展时,对应的效率损失为 1%~2%。

由叶尖间隙引发的叶尖泄漏流不仅会导致压气机内部的流动损失,也与压气机的旋转失速等流动失稳现象密切相关,因此会对压气机的稳定工作范围产生严重的影响。通过对大量实验数据分析发现,在叶尖间隙尺寸较小时(小于 1%弦长),压气机的稳定工作范围受叶尖间隙变化的影响不明显;而当叶尖间隙位于常规的叶尖间隙范围内时(1.5%~3%弦长),压气机的稳定工作范围和叶尖间隙尺寸的变化几乎呈线性相关关系,即叶尖间隙每增加 1%弦长,压气机的稳定工作范围降低约 8%[17]。

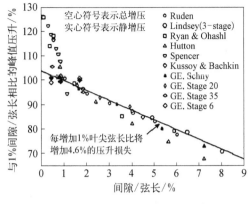

图 1-11　叶尖间隙尺寸变化对压气机/
风扇压升能力的影响规律[15]

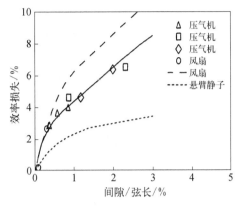

图 1-12　叶尖间隙尺寸变化对压气机/
风扇效率的影响规律[16]

已有的若干研究结果还表明,压气机的工作效率与叶尖间隙尺寸的变化呈现非单调性关系,因此可能存在压气机工作效率最高的最佳设计间隙。此外,压气机性能相对于叶尖间隙尺寸变化的敏感性分析也一直是压气机设计领域的研究热点之一。

（3）非定常泄漏流。在实际压气机叶片通道中,存在不同特征尺度的非定常现象,既包括湍流和转捩等小尺度非定常现象,也包括叶片排之间的动静相干、势流干涉、尾迹传播、叶尖泄漏流等中尺度(尺度与叶片栅距相当)非定常现象,以及旋转失速、喘振和低阶振动等大尺度非定常现象,因此采用非定常研究手段才能更加真实地揭示压气机内部各种流动特征的物理本质。

随着非定常计算与实验测量技术的进步和完善,针对叶尖泄漏流的非定常研究也取得了诸多进展,目前针对压气机内部与叶尖泄漏涡相关的非定常波动现象的解释主要分为三种观点。

第一种是旋转不稳定性现象:通常发生在低流量工况附近和叶尖间隙尺寸较大的情况下,叶尖泄漏涡与相邻叶片发生周期性碰撞产生非定常波动现象,它与叶尖附近的噪声和振动紧密相关,而与压气机失速的关系并不明显。

第二种是与叶尖泄漏涡破碎有关的非定常波动现象:在近失速工况,叶尖间隙泄漏涡破碎后,诱导叶尖附近的流场发生非定常的波动现象,其与压气机的旋转失速密切相关。

第三种是主流与叶尖泄漏流的相互作用导致的自激非定常波动现象:在近失速工况附近和叶尖间隙尺寸较大的情况下,压气机叶尖区域主流和叶尖泄漏流之间的动态相互作用是非定常波动产生的根本原因。

针对某前掠跨声速压气机进行的定常和非定常数值研究表明,叶尖泄漏涡即使在失速点也没发生破碎,低速区的形成与叶尖泄漏涡没有直接的联系,研究也指出,叶尖流场因受到激波振荡的影响而变得不稳定[18]。在非定常求解的平衡极限点上,破碎的叶尖泄漏涡与吸力面边界层相互作用,将吸力面边界层内的低速流体卷吸入破碎的叶尖泄漏涡,增大了叶尖流道堵塞团[19]。在近失速工况,叶尖泄漏涡在转子叶片通道前部发生螺旋式破碎,之后不再具有沿流向细长涡的结构特征,叶尖泄漏涡的破碎是叶尖流动产生非定常性现象的最主要的原因[20]。

在现代高性能航空发动机中,跨声速风扇/压气机得到了越来越广泛的应用。激波和叶尖泄漏流的共存和相互作用使得叶尖区域的流动变得更加复杂和恶劣。叶尖间隙尺寸的变化对激波位置的影响不明显,激波与泄漏涡之间的相互干涉使得波后产生明显的堵塞区。随着进口流量的减小,泄漏涡运动轨迹沿周向偏转更明显,波后堵塞区前移,激波与叶尖泄漏涡之间的干涉作用使得激波出现弯曲现象。此外,激波和叶尖泄漏涡的相互作用与压气机的旋转失速现象密切相关。

1.1.3 激波损失

20世纪40年代,人们通常认为压气机最好的工作状态是保持整个流场为亚声速流动状态,对于给定的设计压比,单级压升的限制必然会导致压气机级数的增加。这种观点在50年代早期逐渐改变,许多压气机设计开始朝跨声速流动方向发展,甚至在后来出现了全流场超声速压气机。这种改变持续了很多年,直到现在,压气机设计中也不再回避激波的存在,而是更关注其结构、强度的预测以及带来的损失。当然,在整个压气机中,子午速度和绝对速度仍旧可以保持亚声速,超声速区域通常只位于前几级转子的叶尖部分。因此,预测现代高性能压气机特性时,有必要对超声速区域产生的激波损失进行计算。

20世纪60年代,Miller等[21]提出了一种激波预测模型,将激波简化为一道在激波入射点 B 与吸力面垂直的通道激波,如图1-13所示。根据 Miller 等的研究,激波的压力突增效应使通过波面的气流的熵和附面层厚度都急剧增大,故激波损失主要有两个来源:激波自身,以及激波与边界层的相互干扰,前者称为通道激波损失,而后者称为叶型损失。Miller 等的实验表明,在稳定工作范围内,前缘斜激波比通道激波更弱,并且通常被紧随其后的膨胀波抵消,因此激波损失主要取决于通道激波。正激波模型能够较成功地预测 NACA-65、C4和多圆弧叶型叶片压气机的激波损失,这类压气机的级负荷不高,相对马赫数较低,并且二次流损失相对较小,再加上有足够的经验和实验数据与之配合,正激波模型可满足

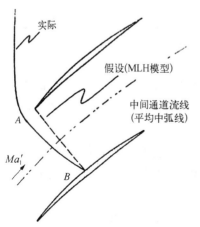

图1-13 通道正激波模型[21]

早期工程需要。

对于双圆弧叶型,通道激波较接近于正激波。在超声速叶栅进口,气流经过圆弧形叶背所发出的膨胀波系而加速,故通道正激波前的马赫数 Ma_{1s} 要比来流马赫数 Ma_1' 大,特别在图 1-13 中的点 B 附近,马赫数最高,可用求平均值的办法来确定激波前马赫数 Ma_m:

$$Ma_m = \frac{1}{2}(Ma_A + Ma_B) \quad (1-1)$$

因此,可认为 Ma_A 近似等于来流马赫数 Ma_1'。

激波损失系数计算如下:

$$\bar{\omega}_{sh} = \frac{1 - \left[\frac{(\gamma+1)Ma_m^2}{(\gamma-1)Ma_m^2+2}\right]^{\frac{\gamma}{\gamma-1}}\left[\frac{\gamma+1}{2\gamma Ma_m^2-(\gamma-1)}\right]^{\frac{1}{\gamma-1}}}{1 - \left[1+\frac{\gamma-1}{2}Ma_1^2\right]^{\frac{\gamma}{\gamma-1}}} \quad (1-2)$$

式中,γ 为比热比。

虽然 Miller 等发展的二维通道正激波模型能够较成功地预测中、低负荷压气机激波损失,但对于现代高负荷压气机,在实际叶栅流动中,随着来流马赫数的增加,激波和附面层的相互作用加强,激波的形状和结构会发生很大变化,简化的正激波模型对激波损失的预估误差也会变大。用流线曲率法预测非设计工况激波损失前,必须知道激波的结构和波前马赫数,才能比较准确地建立起激波损失模型。Bloch 的实验结果表明,在跨声速风扇转子叶尖,激波结构随工作状态的变化而变化,如图 1-14 所示[22]。

(a) 背压略小于最大 堵塞点的马赫数等值线	(b) 跨声速风扇近峰值 效率点的马赫数等值线	(c) 跨声速风扇近失速点 的马赫数等值线	(d) 最低背压工作点的 马赫数等值线

图 1-14 跨声速风扇转子叶尖激波结构[22]

Boyer 提出的双激波模型考虑了叶型和来流攻角对激波结构的影响,在叶栅通道入口和内部各假设一道斜激波和正激波[23]。相比正激波模型,双激波模型中,通道正激波的位置会随来流攻角的改变而在叶栅通道内移动。

在双激波模型中,根据不同工作状态——近堵塞点、峰值效率点和近失速点,激

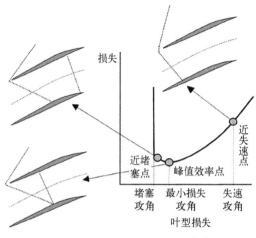

损失

近失速点

近堵塞点 峰值效率点

堵塞攻角　最小损失攻角　失速攻角

叶型损失

图 1 - 15　Boyer 双激波模型[23]

波结构可分为三种形式,如图 1 - 15 所示。可见,双激波模型假设的激波形态更接近图 1 - 15 中所示的真实流动情况。当来流攻角 i 等于最小损失攻角 i_{min},即图 1 - 15 中的峰值效率点处时,通道入口斜激波波后马赫数即为通道正激波波前马赫数。由斜激波关系式计算气流通过斜激波的总压比 P_2/P_1。将激波声速点激波角 ε_{sonic} 作为激波倾斜角,ε_{sonic} 由 Bloch - Moeckel 脱体激波模型方法求解[22]:

$$\sin^2\varepsilon_{sonic} = \frac{1}{2k}\left[\left(\frac{k-3}{2M_e^{'2}} + \frac{k+1}{2}\right) + \sqrt{\frac{4k}{Ma_e^{'4}} + \left(\frac{k-3}{2Ma_e^{'2}}\right)}\right] \quad (1-3)$$

式中,ε_{sonic} 为激波倾角;k 为等熵指数;Ma_e' 为叶片表面的当量马赫数。

则斜激波总压损失系数 $\bar{\omega}_{s,D}$ 为

$$\bar{\omega}_{s,D} = \frac{1 - \dfrac{P_{t2}}{P_{t1}}}{1 - \left[1 + \dfrac{k-1}{2}Ma_A^{'2}\right]^{\frac{k}{k-1}}} \quad (1-4)$$

式中,P_{t2}/P_{t1} 表示斜激波的总压比;Ma_A' 表示叶栅中第一道激波外的马赫数。

正激波损失计算引入了波前当量马赫数 Ma_{2e}:

$$Ma_{2e}^2 = (Ma_e'\cos\varepsilon_{sonic})^2$$

$$+ \left[\frac{(Ma_e'\cos\varepsilon_{sonic})^2 + \dfrac{2}{k-1}}{\dfrac{2k}{k-1}(Ma_e'\cos\varepsilon_{sonic})^2 - 1}\right]^2 \quad (1-5)$$

随着来流攻角 i 增大,通道激波向前移动,通道入口的斜激波增强,斜激波可看作无限层排列的脱体弓形激波,如图 1 - 16 所示。

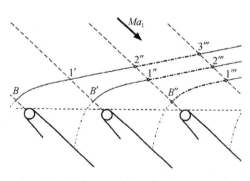

图 1 - 16　叶栅通道入口的脱体弓形激波

1.1.4 压气机叶栅内的旋涡

在轴流压气机的实际流动中常伴有各种旋涡,这主要是端壁、叶片表面的附面层及其与主流的相互作用导致的。例如,角区分离和叶片吸力面附面层存在分离,加上其与主流之间的相互作用,导致压气机叶片通道内出现了不同形式的涡系结构,主要包括马蹄涡、通道涡、尾缘脱落涡、集中脱落涡、角涡及叶尖间隙引起的叶尖泄漏涡等。

20世纪90年代,Kang[24]提出了更为细致的压气机叶栅内旋涡模型,如图1-17所示,栅前端壁附面层在叶片前缘形成马蹄涡的吸力面分支和压力面分支,吸力面分支在向后发展中逐渐消失,而压力面分支在通道横向压力梯度的作用下逐渐向通道吸力面移动,汇入通道涡。通道涡是压气机叶栅通道中最为明显的涡结构,另外叶栅通道中还有集中脱落涡、角涡等,而进口马蹄涡结构在通道涡的形成和发展过程中扮演着重要的角色。

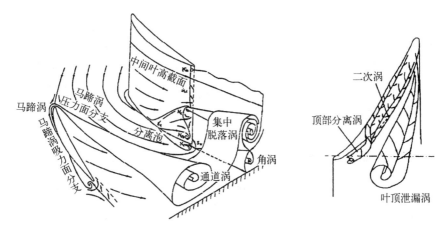

图1-17 Kang的压气机叶栅内旋涡模型[24]

借助于拓扑分析和数值模拟方法研究得到的扩压叶栅在不同分离形态下的旋涡结构,有学者提出了低能流体与外部流动区域分界面这一概念,给出的扩压叶栅涡系结构如图1-18所示,通道涡是由附面层的横向迁移形成的,叶栅出口的角涡是由通道涡和尾缘分离面上流体的径向运动共同作用而形成的,集中脱落涡是吸力面上附面层分离流体与主流区流体相互作用形成的,在形成过程中并没有端壁区域低能流体的汇入[25]。

对叶栅壁面极限流线进行详细的拓扑分析,可以得出如图1-19所示的不同攻角下压气机叶栅内的涡系结构示意图[26],随着攻角增加,吸力面上的集中脱落涡(concentrated shed vortex,CSV)从无到有、从1个发展为2个以上,分离泡在吸力面上从无到有。从整体上来看,在压气机直列叶栅中,涡系结构随来流攻角的变化主要表现为叶片吸力面上集中脱落涡和尾缘脱落涡的相互影响。

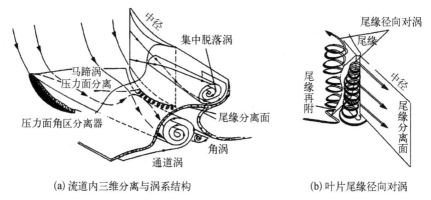

(a) 流道内三维分离与涡系结构　　　　　(b) 叶片尾缘径向对涡

图 1-18　扩压叶栅涡系结构[25]

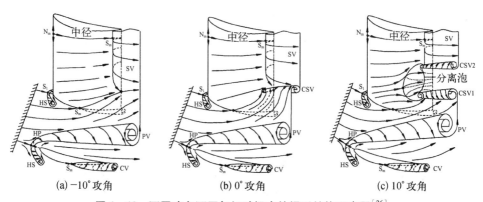

(a) -10°攻角　　　　　　(b) 0°攻角　　　　　　(c) 10°攻角

图 1-19　不同攻角下压气机叶栅内的涡系结构示意图[26]

N-结点;S-鞍点;HS-马蹄涡吸力面分支;HP-马蹄涡压力面分支;CV-角涡;
PV-通道涡;SV-分离涡;CSV-集中脱落涡

1.1.5　压气机中的非定常效应

压气机内部流动充斥着极其复杂且强烈的非定常效应,可以说非定常流动是叶轮机械的固有属性。流场中的附面层分离、附面层转捩、湍流、二次流、激波及尾迹等流动现象,旋转失速、喘振、颤振等流动失稳现象,以及激波/附面层干扰、尾迹/附面层干扰、尾迹/泄漏流干扰、尾迹/尾迹干扰等相互作用,都表现出强烈的非定常效应。按照非定常流动产生的条件,压气机内部非定常流动可分为两类:条件非定常流动和固有非定常流动。条件非定常流动是由一些随机因素引起的,具有一定的突发性,例如,压气机在小流量工况下出现的旋转失速、喘振等流动失稳现象。而固有非定常流动来自压气机叶片排之间的相互干扰,如叶排间的位势干扰、二次流对叶排的干扰、尾迹对叶排的干扰等,这些干扰现象会使流场随时间呈周期性或者准周期性的变化,具有较好的可控性。固有非定常流动是压气机内部流动中的主要非定常现象,也是当前压气机非定常效应研究的重点。

在压气机内部,由于叶排间的相对运动,包括叶排间的位势干扰、二次流对叶排的干扰、尾迹对叶排的干扰等在内的固有非定常效应充斥着整个流动过程,对压气机的附面层发展、间隙泄漏流、传热及叶片表面压力分布等都具有非常大的影响。深入开展针对压气机内部非定常干扰效应的研究,对提升压气机整体性能有着极为深远的工程应用价值。

位势干扰是由叶排间的静压有势造成的,压气机内部,各叶排交错排列,在流场中形成非均匀的压力有势场,随着叶排间的相对运动而产生非定常干扰。位势干扰通常以压力波的形式传播,与尾迹相比,位势干扰是无黏的过程,能同时对上下游的叶片排流动产生影响。随着叶排轴向间距的增加,其干扰效应逐渐减弱。对叶轮机械非定常效应的研究表明,当叶排轴向间距小于节距的一半时,位势干扰能同时对上下游叶排流动产生影响,而且轴向速度的增加会提高位势干扰的强度并增大传播距离。

二次流干扰是上游叶排对下游叶排的非定常干扰。由于上游叶排出口存在复杂二次流涡系,呈周向非均匀性,随主流向着下游输运的过程中,受到下游叶排的切割与压力梯度的影响,进一步产生扭曲变形,进而对下游叶排流场各气动参数产生非定常干扰,其传播距离通常能达到数倍轴向弦长。对于轴流压气机转子,叶尖泄漏涡在下游静子叶尖区的传播过程对下游叶排的流动结构有重要影响。

尾迹干扰类似于二次流干扰,上游叶排出口尾迹会被下游叶排切割成若干片段,同时由于压力梯度与速度梯度的影响,尾迹在下游叶片通道内会产生拉伸、压缩、扭曲变形,对下游叶排流动产生非定常干扰。针对上游导叶尾迹与下游转子叶片附面层结构的相互作用的实验测量研究发现,尾迹明显改变了附面层的速度分布,而且尾迹与附面层的相互作用对叶片损失产生了较大影响。目前,针对尾迹对流场结构非定常干扰方面的研究,主要集中在三个方面。

(1)尾迹对下游附面层发展及转捩的影响。

(2)轴流压气机上游尾迹对下游叶顶间隙泄漏流的干扰影响。通过非定常数值模拟,详细分析上游静叶排尾迹非定常的速度亏损与下游叶片叶顶间隙流的相互作用对转子性能的影响。通过实验研究探讨静子尾迹与下游转子叶尖泄漏涡之间的强烈周期性干涉效应,特别是尾迹对泄漏涡的切割效应,以及由此引发的泄漏涡形态变化。上游周期性的尾迹干扰对下游叶片边界层、尾迹及间隙泄漏流等都有一定的影响。

(3)尾迹对下游叶排尾迹的干扰影响。通过数值模拟研究静叶对动静干扰下的叶片附面层流动,建立如图 1-20 所示的尾迹附面层干扰分析模型(图中 U、V、W 分别表示转子圆周速度、出口绝对速度和相对速度),结合表面摩擦力及附面层湍动能变化,详细分析尾迹对叶片表面附面层流动的影响。

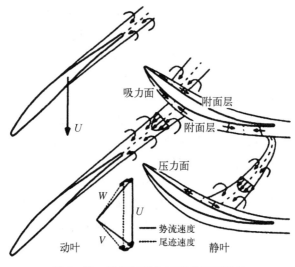

图 1－20　叶栅通道入口脱体弓形激波

开展针对尾迹非定常干扰效应方面的研究,探寻尾迹非定常干扰的机理及控制规律,对提升压气机整体性能有着可观的潜力。

1.2　压气机中的主要流动损失及其被动控制技术

作为航空发动机的关键部件之一,压气机对航空发动机的效率、耗油率、负荷都起着决定性的作用。压气机级数的增加将增大发动机整机质量,降低推重比。为了满足压气机增加总压比、减小级数的需求,进一步提高转子叶尖切线速度和增大叶栅通道内的气流转折角是发展趋势,这就要求在压气机设计中,设计人员必须不断在改进叶型设计、优化气动布局和结构的方向上进行探索和研究。

叶片对气流的加功量与叶片速度的平方呈正比,因此提高叶尖线速度是提高单级压气机加功压升能力的最有效措施。但是受气动损失、现有的叶片材料和压气机结构的制约,压气机转子叶尖切线最大速度也受到限制。在气动方面,叶排转速增大会提高转子叶片进口气流的相对马赫数,叶片通道进口至喉道出现超声速,形成激波。激波附面层干涉将引起叶型吸力面附面层内大的分离流动,增加叶片通道气动损失,降低压气机效率。在叶片材料方面,提高转子叶尖切线速度会使得叶片承受更大的离心力和切应力,提高了对叶片材料强度的要求,同时会对压气机的可靠性等产生不利影响。

增大叶栅通道内的气流转折角可以有效增大叶片负荷,提高压气机的级压比,但过大的转折角会引起叶片表面附面层分离流动,在叶片角区产生大的分离涡,使叶片通道中的流场变得复杂化,最终导致严重的气动损失,降低压气机级的效率。

过于提高压气机中的气动负荷造成的分离流动甚至会引起流场堵塞、动叶叶片的颤振或压气机喘振,导致严重事故。因此,采用有效的方法控制压气机流场中的流动分离,提升压气机级压比,保证压气机级效率显得分外重要。

压气机中的被动流动控制通常包括改变叶片的几何形状(如弯、扭、掠,端弯等),安装翼刀,应用可控扩散叶型、分流叶片、旋涡发生器、脊状表面等方法,以达到控制叶栅通道内气体流动过程和改善流场品质的目的。

1.2.1　叶型损失及其被动控制方法

适用于机翼外流的层流翼型在压气机设计之初得到了广泛应用,如美国的NACA - 65 系列、英国的 C - 4 系列及俄罗斯的 BC - 6 系列等。这类叶型在亚声速流动中具备良好的气动性能,叶片表面能够维持较大的层流区域,叶型损失主要表现为附面层内的摩擦损失。然而,随着叶型负荷的升高及攻角范围的扩大,附面层在逆压梯度下流经较大气流转角时容易发生附面层分离现象,产生较大的分离损失。

流动控制的实质是改善不稳定工作区内的动力学特性,扩大稳定工作范围,减小甚至消除不稳定工作范围。应用附面层分离流动控制技术可以明显地控制气流分离,降低叶型损失。

1. 可控扩散叶型

为了尽可能降低或者推迟附面层分离,美国普惠公司于 20 世纪 80 年代设计出了通过控制叶型吸力面上气流的压力梯度来抑制附面层分离的可控扩散叶型[27](controlled diffusion airfoil, CDA)。顾名思义,CDA 是采用一种新型设计方法得到的一种新式叶型,它适用于亚声速和跨声速工作条件。如图 1 - 21 所示,通过控制叶片吸力面的气体扩散程度,使叶型在其工作范围内能避免或推迟附面层分

离。当来流马赫数增大,达到跨声速条件时,可控扩散叶型局部跨声速区可以无激波或者以较弱的激波强度扩压到亚声速区。

CDA 是超临界叶型的延续发展,它注重于控制扩散,控制激波强度,而不局限于无激波,更具有工程实用性。大量的叶栅实验表明:CDA 具有更高的临界马赫数、更高的攻角范围,以及比标准叶型(如 NACA65 叶型)具有更高的负荷承载能力[28-31]。CDA 和双圆弧叶型的对比研究结果表明,CDA 在设计点附近的

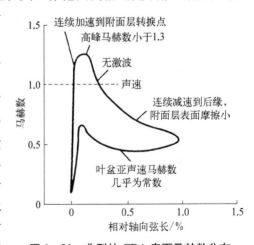

图 1 - 21　典型的 CDA 表面马赫数分布

工作效率比双圆弧叶型高 1%。这种新设计概念和新叶型的采用,可以提高轴流压气机的级压比和级效率,用于多级压气机中,可以大大减少叶片数目和级数,还可以扩大喘振裕度和提高匹配性。考虑端壁流动的第二代 CDA 已在压气机上得到实际应用。

2. 串列叶型

串列叶片也是降低大弯度叶型损失的一种有效方法。进行单叶片设计时,附面层由前缘开始不断向尾缘发展,附面层厚度不断增加并可能在强逆压梯度下分离。如图 1－22 所示,采用串列叶片后,单个叶片的轴向距离被分成前、后两个部分(图中 W_1 表示单排叶片进口速度,β_1 表示单排叶片进气角,W_2 表示单排叶片出口速度,β_2 表示单排叶片出气角,W_{11} 代表串列叶片进口速度,β_{11} 表示串列叶片进气角,W_{22} 表示串列叶片出口速度,β_{22} 表示串列叶片出气角)。当吸力面附面层在前叶逐渐发展变厚甚至接近分离时,附面层与前叶脱离并与主流充分掺混,同时附面层在后叶重新发展,新产生的附面层能够承受更强烈的逆压梯度[32]。串列叶片的前排叶片还可以对后排叶片起导向作用,因此串列叶片能够允许更大的气动负荷,而不会引入更高的气流损失。

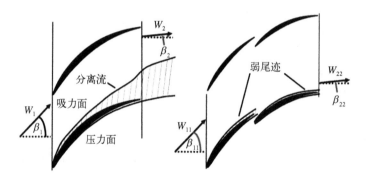

图 1－22　单排叶片和串列叶片附面层发展示意图

3. 大小叶片

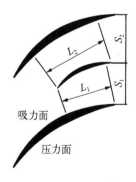

图 1－23　大小叶片转子基元级示意图

Wennerstrom 等[33]于 20 世纪 70 年代提出了大小叶片的思想,图 1－23 为大小叶片的转子基元级示意图(图中 L_1 表示下通道有效长度,L_2 表示上通道有效长度,S_1 表示下通道叶片周向间距,S_2 表示上通道叶片周向距离)。气流流经叶片后半部分的扩压段时,附面层变厚,如果转折角过大,则容易产生气流分离现象。在转子叶片通道的后半部分加上半叶展的小叶片,通过局部改变叶栅稠度抑制气流分离,也可以避免加入全叶片引起的堵塞、效率下降和质量增加等问题。随着全三维流场黏性分析软件的发展,大小叶片技术在压气机设计中得到了应用[34]。

1.2.2 激波损失及其控制方法

随着来流速度的提高及负荷水平的上升,压气机叶片通常会工作在超声速来流工况下,叶片通道内有激波存在,气流流过激波后会使总压下降,形成激波损失。当轴流压气机在超声速状态下工作时,激波损失能达到总损失的 50%,而流量-效率特性曲线主要取决于激波损失。目前,常用的激波损失模型是 Miller 等于 1961 年最先提出来的正激波损失模型,假设激波从叶片前缘出发,伸入叶栅通道内部并垂直于相对来流。此模型只考虑通道激波的损失,适用于基元叶片在来流超声时的情况,是压气机设计中最为广泛应用的模型之一。然而单激波损失模型没有考虑激波结构随工况变化的情况,所以无法准确地预测出激波损失的大小。大量的实验和数值模拟证明,超声速叶栅通道中通常存在着两道激波:一道斜激波位于槽道入口,另一道拟正激波位于叶栅槽道出口[35-37]。

当来流马赫数小于 1.2 时,CDA 的气动性能良好,气流在整个叶片通道内减速比较均匀,叶片吸力面上的峰值速度较低,不会产生较强的激波损失。当来流马赫数继续增大时,吸力面前缘处的外凸曲线会使气流膨胀加速,引起较强的激波损失,已不能适应来流工况。此时宜采用前尖后钝(最大厚度后移)的叶型,通过减小叶片前半部分叶背的转折角来减小叶型表面上的最大当地马赫数及总压损失,如多圆弧叶型、尖劈叶型、直线加二次曲线叶型及钝尾缘叶型等。

如图 1-24 所示,如果来流马赫数更高时,可以采用中弧线呈 S 形的预压缩叶型来降低激波损失。预压缩叶型可以借助叶栅吸力面入口段凹曲线形成的压缩波削弱槽道激波强度,减小气动损失,是一种可行的外部压缩方式,有望用来改进超声速叶栅的起动性能。超临界叶型通过控制扩散使当地叶型表面速度由超声速扩散为亚声速而不产生激波,可以大幅提高叶片的静压升和多变效率[38]。在风扇设计中采用后掠和前掠方案可以降低风扇进口叶尖区的相对马赫数,如图 1-25 和图 1-26 所示,沿径向和周向,使来流与激波面倾斜,可以有效地降低激波前法向马赫数,减小激波损失,提高风扇效率。

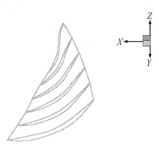

图 1-24 S 形超声叶片

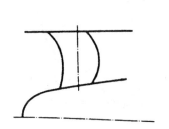

图 1-25 掠形风扇转子叶片

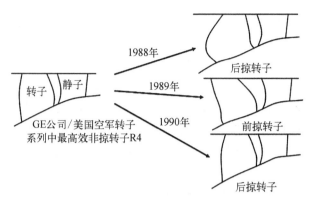

图 1-26　GE 公司掠形转子比较

1.2.3　端壁二次流损失及控制方法

由于黏性作用,气体会在压气机轮毂、轮缘壁面上形成附面层。在端壁附面层内,气流流速较低,气体绕过型面所产生的离心力不足以平衡通道内的横向压力梯度,附面层不断由压力面向吸力面输运并伴随着主流向前发展,由此造成了叶片角区低能流体的堆积及通道涡的不断发展壮大。来流端壁附面层被叶片前缘分割成马蹄涡的两个分支,吸力面分支在端壁横向压力梯度的作用下终止于吸力面上,压力面分支在叶片通道内继续发展,最终与通道涡汇集在一起。由于离心力作用,叶身型面附面层会发生径向潜移,产生潜移损失等。

在叶片中还存在众多相当复杂的二次流动交织掺混在一起,其相互作用与影响,很难单独分析某一种二次流动的影响,因此学者对于压气机内部二次流动的划分也不完全统一。目前,比较明确的二次流动有马蹄涡、通道涡、壁角涡、叶顶泄漏涡及尾缘涡[39]。对于具有高负荷、低展弦比特性的现代压气机,一般认为端壁及其二次流损失占整个损失的 30%~50%。由于二次流的复杂性,针对二次流损失的控制途径也是多种多样。

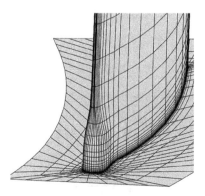

图 1-27　叶片近端壁处凸包结构

1. 端壁造型技术

Müller 等[40,41]对叶片近端壁处进行特殊造型处理,采用凸包(图 1-27)或过渡圆弧等结构增强前缘马蹄涡的吸力侧分支。马蹄涡吸力面分支的旋涡方向与通道涡相反,因此加强的马蹄涡吸力侧分支能够削弱通道涡强度,降低叶栅由于端壁附面层流动引起的损失。图 1-28为不同攻角下采用不同近端壁造型方法的净端壁损失对比,图中 PS 表示叶片压力面,SS 表示叶片吸力面,横坐标 V63 代表原始叶型、V63.1

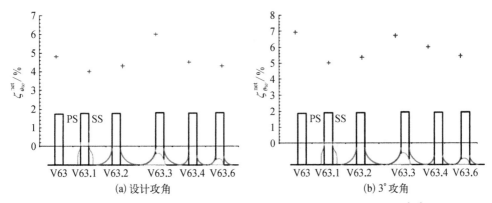

图 1-28 不同攻角下采用不同近端壁造型方法的净端壁损失对比[41]

代表凸包造型、V63.2 代表大过渡圆弧造型、V63.3 代表大过渡圆弧加钝头设计、V63.4 代表中等过渡圆弧设计、V63.6 代表中等过渡圆弧加钝头设计。结果显示,不同的近端壁造型方法对于净端壁损失的控制效果不一,合适的方法可以显著地降低净端壁损失。

非轴对称端壁造型通过降低端壁区域的横向压力梯度来降低端壁二次流损失,该技术最早由罗尔斯-罗伊斯(简称罗·罗)公司应用于涡轮中[42],2002 年,Hoeger 等[43]研究了端壁造型对压气机中端壁流动的影响,发现端壁造型可以对叶型卸载,降低总压损失,改变激波结构。德国宇航研究院的 Dorfner 等[44]和 Hergt 等[45]建立了压气机叶栅非轴对称端壁三维优化设计系统,如图 1-29 所示,并且通过平面叶栅实验及油流显示技术验证了设计叶栅通过造型可以抑制端壁横向二次流动,阻碍通道涡和吸力面附面层的相互作用,从而降低损失的构想。图 1-30 为其设计的非轴对称压气机平面叶栅实验件。

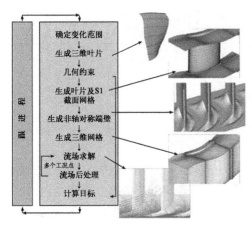

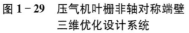

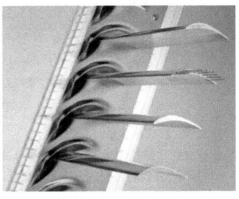

图 1-29 压气机叶栅非轴对称端壁
三维优化设计系统

图 1-30 非轴对称压气机平面叶栅实验件

国内关于压气机中非轴对称端壁的研究大多处于数值模拟阶段,应用商业软件进行流场求解,采用内部嵌套的优化算法或者优化平台对端壁形状进行设计。

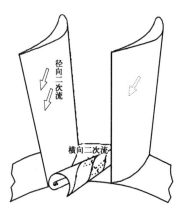

图1-31 径向与横向二次流掺混

2. 弯扭叶片技术

为获得沿叶展均匀分布的反动度,王仲奇提出了叶片弯曲成型理论[46],即叶片沿周向弯曲,控制叶片根部和顶部的二次流动,从而改善整个级的气动性能。随后,王会社等以附面层迁移理论为基础提出了叶片弯扭联合气动成型理论[47],他指出,在压气机的叶片通道中,沿叶展存在的正压力梯度导致吸力面从顶部至根部的径向二次流动,该二次流在叶片角区与端壁横向二次流掺混,如图1-31所示。该掺混区域内的低能流体在沿流向发展的过程中持续扩压,产生附面层分离和回流,使得根部区域内靠近吸力面的总压损失迅速增加。为了消除沿吸力面和压力面做径向运动的附面层,需要减小常规叶片吸力面与压力面之间的压力梯度。采用弯扭叶片,可以获得吸力面和压力面上的沿叶展呈C形的压力分布,如图1-32所示[48,49],图中i表示测量站序号。由于叶片弯曲的作用,两端附面层被吸到中部并被主流带走,两端内的能量损失下降。

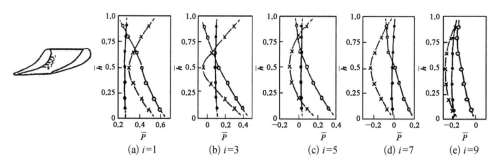

(a) $i=1$ (b) $i=3$ (c) $i=5$ (d) $i=7$ (e) $i=9$

图1-32 弯曲、倾斜及直叶片静压沿叶展的分布

●—直叶片 ○—倾斜叶片 ×—弯曲叶片

3. 弯/掠叶片技术

弯曲叶片是控制叶栅端区流动分离、减少气动损失的有效方法之一。如图1-33所示,其控制过程的基本原理如下:叶片周向弯曲所产生的上端壁径向力削弱了旋转离心力的作用,使得叶顶区的低能流体沿叶片表面向叶展中部移动。而下端壁的低能流体在旋转离心力和径向力的作用下由叶根向叶展中部移动。由于上下端壁处的低能流体向叶展中部迁移,弯曲叶片的上下端部的流动损失减小,中

部流动损失增大。合理的叶片弯曲可以明显
改善端部的流动,降低端部损失[50,51]。

在对轴流风机的研究中发现,叶片周向
弯曲方向可以改变叶尖泄漏涡的起始位置,
后弯叶片的叶尖泄漏涡起始位置更加靠近叶
片前缘,而前弯叶片的叶尖泄漏涡起始位置
更加靠近叶片尾缘,同时叶片前弯造成的叶
尖泄漏涡后移也弱化了其形成时的强度,周
向弯曲的叶片使叶尖泄漏涡更加稳定,且周
向前弯的作用效果更加明显[52]。对复合掠转

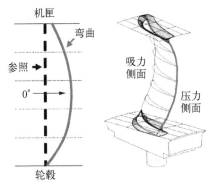

图 1-33 弯曲叶片示意图

子的研究表明,如果降低叶尖前缘负荷,则会降低泄漏强度,从而降低叶尖泄漏涡
的强度,减小涡波干涉造成的叶尖堵塞[53]。对不同间隙下的原型转子和前掠转子
进行数值模拟,结果显示,前掠可以使转子叶尖流场对叶尖间隙变化的敏感度降
低,不仅可以降低前缘压差,还可以降低叶尖附近激波强度,增大叶尖泄漏涡从发
生到与激波干涉的距离,使得叶尖泄漏涡经过涡波干涉后更不易破碎,正弯动叶也
能起到同样的效果[54]。

季路成等[55]指出,端壁二面角原理和流行的弯叶片技术具有某种程度的相近
性,但弯叶片技术更强调通过弯曲改变叶片压力分布,继而改变二面角,减小损失,
尚未形成有关近端区叶片弯和尺度范围的经验关系式。而依据二面角原理设计准
则,如果增大二面角的展向区间尺度(与当地附面层厚度尺度相当),则附面层交
汇作用会超过叶片力作用,如图 1-34 所示。

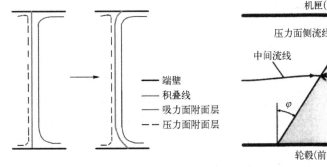

图 1-34 二面角增大方式

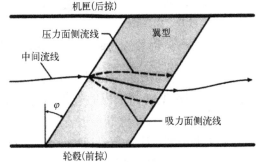

图 1-35 掠形叶片示意图

近端壁区叶型采用前掠设计也可以降低端区流动损失,图 1-35 为近轮毂处
前掠、近轮缘处后掠的叶片示意图。Sasaki 等[56]研究了直列叶栅和端壁采用掠形
设计的叶栅,结果表明,在所有测试攻角范围内,前掠设计可以缩小角区分离的范
围,降低端壁损失;而后掠设计增加了端壁区域的损失。通过叶栅通道内的流场分

析可知,端壁前掠设计能够在通道前半部分产生与通道涡反向旋转的二次流动,降低通道涡的强度及减小作用区域,同时也会增加中部叶展的叶型负荷。而后掠设计会增加通道涡的强度,增大损失。端壁前掠设计能够使近端壁低能流体从近前缘处开始,在通道内部经历加速-减速-加速的过程,这种作用通常会降低端壁损失,而后掠设计的作用正好相反。

4. 叶尖改型技术

叶尖改型是一种通过改变叶尖几何或者直接通过切削方式改变叶片端部形态来改变叶尖泄漏流流动结构的控制方法。例如,对某一轴流压气机转子进行叶尖前缘端削设计,能在保持效率和压比的同时拓宽压气机的失速裕度,原因是端削可以从叶尖前缘引入高能流体,从而增大叶尖泄漏涡的轴向速度,弱化叶尖通道的堵塞状况。在多级轴流压气机的数值研究中,对中间级转子采取了尾缘端削设计,结果表明端削降低了叶尖负荷,减弱了叶尖泄漏流,减小了堵塞区范围,使得压气机近失速点流量下降。王维等[57]在研究中发现,在叶尖上设置凹槽可以降低叶尖泄漏流流量,而优化后形成的篦齿结构可以更好地控制叶尖泄漏流的反流,拓宽压气机的稳定工作范围,两种结构如图 1-36 所示。

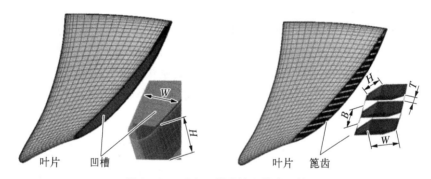

图 1-36　叶尖凹槽结构和篦齿结构

端弯叶片技术已经广泛地应用到叶轮机械领域的优化改型设计中。由于黏性作用,压气机端壁附面层内的气体轴向速度下降,近端壁处的气流方向偏离设计值,产生正攻角,压气机提早进入失速工况,这种现象在压气机后面级尤为突出。端弯就是调节端壁区几何进口角,以对准来流气流方向,此外通过端弯产生的叶片力径向分量还能够将端壁区的低能流体与高能流体进行交换,从而改善端区流动,提高压气机的工作稳定性。

5. 旋涡发生器技术

旋涡发生器是比较常用的被动流动控制的方法,它由美国联合飞机公司的 Bmynes 和 Taylr 于 1947 年首先提出并应用于飞机机翼上来延缓边界层分离[58]。近年来,旋涡发生器在压气中的应用研究也广泛兴起。对于产生旋涡的装置,一般说来,易产生旋涡的物体都可以成为旋涡发生器。旋涡发生器的原理是通过旋涡发生器产生旋涡,加剧主流和壁面边界层的动量交换,使边界层内的流体增加了流向上的动量。这个过程和主流流动一样是连续的,因此这种动量交换过程也是连续的,从而能抑制边界层厚度增长,延缓由逆压力梯度造成的边界层分离。

"孔窝群"端壁设计的出发点在于通过旋涡可以为边界层内低能流体注入能量,强化边界层[59]。例如,在平面叶栅风洞上进行"孔窝群"端壁叶栅和原始光滑端壁叶栅对比实验研究[60],"孔窝群"端壁结构示意图见图 1 - 37,由图可知,孔窝结构均匀布满整个叶栅通道,且伸出前后缘各 15 mm。实验结果显示:① "孔窝群"端壁叶栅可以抑制通

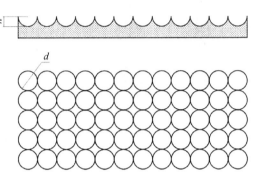

图 1 - 37 "孔窝群"端壁结构示意图

道涡强度并增加端壁区气流与叶中区气流间的掺混作用;② "孔窝群"端壁叶栅端区出口气流角过转减少且出口气流角沿叶展方向分布更为均匀;③ 在大攻角范围内,"孔窝群"端壁叶栅具有更有利的总压损失系数分布且总损失下降;④ 在攻角为 5°~12°时,"孔窝群"端壁叶栅具有更大的叶栅流通能力。

在近端壁处,类似的旋涡发生器有很多种形式,"孔窝群"端壁只是其中的一种表现形式。旋涡发生器的主要目的就是加强端壁角区内低能流体与主流高能流体之间的交流,从而抑制分离、降低损失。研究发现,涡发生器产生的流向涡结构可以有效地改变叶栅内部流动,使叶栅出口气流的流向更趋合理。然而叶背的涡发生器增加了叶栅损失,而叶栅前缘的涡发生器则降低了损失系数。文献[61]根据叶栅前缘安装的涡发生器的高度和安装位置确定了 4 种不同工作状态的叶栅,涡发生器的结构及位置如图 1 - 38 所示(图中 l_{vg}、w、h_{vg} 分别表示旋涡发生器的长度、宽度和高度)。实验结果显示,合理利用涡发生器可以改善近端壁流动,降低流

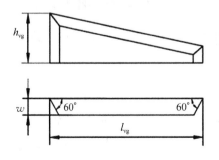
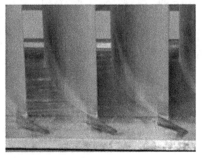

图 1 - 38 三角翼涡发生器结构及位置示意图[61]

动损失。涡发生器的尺寸和安装位置是影响涡发生器流动控制能力的两个重要因素,若要充分利用涡发生器的控制效果,则需要考虑尺寸及安装位置的选择问题。

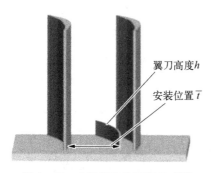

翼刀高度h

安装位置$\overline{T}$

图1-39　安装翼刀的压气机叶栅

6. 翼刀技术

采用附面层隔离法可以对叶轮机械叶栅内的二次流控制起到显著作用,其实施方案即在每一叶栅通道的内外端壁上设置一个或者几个障碍物,或者把这些障碍物装在靠近端壁的叶片体上,形成附面层隔片形式的障碍物,以抑制端壁附面层里的横向流动。翼刀技术则是其中的一种,安装在叶片或通道上的刀状结构称为翼刀,翼刀的安装方法有许多,如吸力面翼刀和端面翼刀[62](图1-39)。

端壁翼刀阻碍了气流自吸力面向压力面的流动,改变了横向流动的条件[63]。吸力面翼刀则是阻断了附面层向叶片吸力面端壁角区流动后沿叶片吸力面叶展方向的流动,有效地控制了通道涡对叶片吸力面上附面层的卷吸[64]。端壁翼刀截断了马蹄涡压力面分支在叶栅通道内的发展,削弱了通道涡的强度,降低了近端壁区流动损失,改变的叶栅通道内涡系结构如图1-40和图1-41所示。

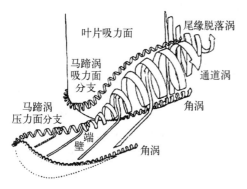

图1-40　常规叶栅二次流结构

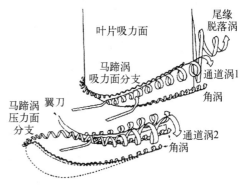

图1-41　端壁翼刀叶栅的二次流结构

除了本小节介绍的端壁及其二次流损失的控制方法,还有很多类似的手段,原理基本相似,不在此一一赘述。

1.2.4　叶尖间隙泄漏损失及其控制方法

压气机的径向间隙是为了避免叶片与机匣或轮毂的摩擦碰撞而引入的,径向间隙对其性能有着重要影响。一般来说,减小转子叶尖间隙能大幅度降低燃油消耗率和排气温度,延长发动机使用寿命,同时扩展压气机喘振边界。20世纪70年代,为了减小径向间隙,常常在机匣内壁上加石墨、滑石粉等材料的涂层。70 年代以后,发展了主动间隙控制技术,即机匣上有环腔,并在环腔中通以可以控制温度的气体,以保证机匣和动叶尖部在不同的飞行条件和发动机的不同运行工况下均保持"最佳"的径向间隙。

在叶尖间隙处由压差作用引发的倒流、潜流及部分气流穿越间隙从压力面流向吸力面等转子叶尖泄漏流动具有强三维、强非定常等特点,通常会造成叶片尖部区域的流动堵塞、压升、加功量的下降及工作效率的降低,严重时甚至会引发局部的旋转失速乃至喘振现象。

1. 叶尖小翼控制泄漏流动技术

叶尖间隙泄漏流动是叶轮机械流动中最普遍和最典型的流动过程之一,目前针对间隙泄漏流动的控制方法很多。20 世纪 70 年代,科学家从鸟翅膀尖部的小翅得到启发,提出了翼梢小翼的概念[65]。在飞行中,机翼下翼面的高压区气流会绕过翼梢流向上翼面,形成强烈的旋涡气流,并从机翼向后延伸很长一段距离,它们带走了能量,增加了诱导阻力。翼梢小翼的设计初衷是希望其减小飞机机翼产生的这种诱导阻力,以及减弱大型飞机的尾流,图 1-42 和图 1-43 所示就是三角形翼梢小翼。

图 1-42 空客 A380 的三角形翼梢小翼

图 1-43 翼梢小翼的拉力效应

图 1-44 叶轮机械动叶叶尖小翼示意图

随后,研究人员把飞机机翼添加翼梢小翼的思路引入轴流式叶轮机械中,提出了叶尖小翼(端导叶)的概念,如图 1-44 所示。国内外学者对叶尖小翼进行了系统的研究,探索了叶栅、低速孤立转子、跨声速压气机级环境下,叶尖小翼对叶尖泄漏流的控制作用[66-68]。

研究发现,叶尖小翼可以有效降低叶顶泄漏流速,削弱泄漏涡强度,改变叶尖负荷及泄漏涡运行轨迹,进而影响叶尖流场各涡系之间的相互作用。吸力面小翼削弱了泄漏涡,抑制了通道涡的发展,使叶栅总损失降低。压力面小翼及组合小翼削弱了泄漏涡,但增强了通道涡及其与泄漏涡之间的相互作用,叶栅总损失增加。

平面叶栅中叶尖小翼形式和宽度的影响研究结果表明:吸力面叶尖小翼对叶尖泄漏流的影响程度更大,两种叶尖小翼的延伸形式不同,导致叶尖泄漏涡流动轨迹发生改变,压力面叶尖小翼使得叶尖泄漏涡轨迹接近吸力面;吸力面叶尖小翼使得叶尖泄漏涡的轨迹向相邻叶片发展,吸力面叶尖小翼阻止了叶尖泄漏涡与角区低能流体接触,避免了这些低能流体卷入叶尖泄漏涡,而且吸力面叶尖小翼使得叶尖泄漏涡在流动过程中贴近端壁,冲击端壁二次流,上通道涡的形成强度大幅下降,降低了叶栅的流动损失。随着吸力面叶尖小翼宽度增加,附加损失也不断增大。

吸力面叶尖小翼可以通过降低叶尖负荷来降低叶尖泄漏流动强度。对应的吸力面叶尖小翼如图 1-45 所示,变攻角下吸力面叶尖小翼的作用效果研究表明,攻角由负到正使得负荷的加载前移,进而更早生成叶尖泄漏涡。负攻角情况下,吸力面叶尖小翼的作用效果更好;所有吸力面叶尖小翼的方案均可以减弱叶尖区二次流动的强度,使得主流流动更加通畅,叶尖泄漏流在翻越吸力面叶尖小翼的过程中受到的叶片壁面的摩擦阻碍作用更大,在与主流相互作用时强度下降。与吸力面型线等长的叶尖小翼的作用效果比部分长度的小翼作用效果更好,但随着叶尖间隙增大,叶尖小翼的作用效果会下降。

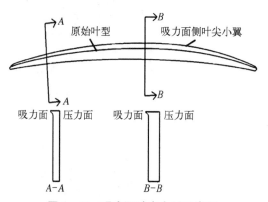

图 1-45 吸力面叶尖小翼示意图

吸力面叶尖小翼的宽度对叶尖泄漏流也有一定影响,研究表明,随着吸力面叶尖小翼宽度的增大,壁面静压斜槽的起始点后移,说明叶尖泄漏涡延迟形成,叶尖小翼宽度大于一倍叶型宽度后,叶栅中的流动损失减少量随着叶尖小翼宽度的增加而下降,叶尖小翼自身所带来的附加损失逐渐突出。虽然叶尖泄漏涡的强度仍然下降,但是综合来看,吸力面叶尖小翼体现出的优势呈下降趋势,流动损失减少值与叶尖小翼宽度增量不呈线性关系。

对某低速两级压气机的第一级转子叶尖小翼的研究结果表明,叶尖小翼对压比特性几乎没有影响,但是会使转子的绝热效率下降,从机理上分析,吸力面叶尖小翼会使叶尖泄漏涡向相邻叶片压力面方向发展,不能有效吹除吸力面的低能流体;压力面叶尖小翼不仅使叶尖泄漏涡轨迹靠近吸力面,降低了泄漏涡对主流的堵塞作用,而且有效地吹除了吸力面低能流体,延缓了叶尖吸力面分离,拓宽了压气机的稳定工作裕度。对三种不同间隙下转子带压力面叶尖小翼的间隙效应研究发现,在 1.5 mm 间隙下,压力面叶尖小翼的扩稳作用最好,流量稳定裕度增大8.2%,而且压力面叶尖小翼不影响转子的出口气流角,叶尖出口流动与下排叶片匹配。

在跨声速压气机应用压力面叶尖小翼时,压力面叶尖小翼通过改变激波位置和叶尖静压分布,降低了叶尖泄漏强度,减弱了涡波干涉强度,缩小了激波后低速区范围,而且压力面叶尖小翼对叶尖区流动的影响也使得下游静子攻角降低,推迟了压气机失速。

2. 端壁及顶端叶型优化设计控制泄漏流动技术

轴流压气机中,转、静子叶尖间隙泄漏流动引起的气动损失会严重影响压气机的整体性能,在高压压气机后面级尤为突出。Kröger 等[69-71]结合优化算法对轴对称端壁进行造型优化及相应的等间隙尖部叶型进行设计,明显地降低了叶尖间隙引起的泄漏损失并缓解了流动堵塞现象。研究发现,机匣形状对于间隙泄漏流动的影响主要依赖于机匣与泄漏涡之间的距离、子午速度分布及端壁造型的振幅。因此,Kröger 等利用人工神经网络及 Kriging 代理模型构成的进化算法首次针对西门子公司的两级高压压气机第二级转子进行了优化设计,优化变量如图 1-46 所示(图中 t 表示叶尖间隙尺寸),总共包含 38 个优化变量:控制轮缘机匣形状的 12 个变量;控制尖部 15%叶展积叠规律的 3 个变量;控制 3 个叶型截面形状的 23 个变量。图 1-47 为轴对称机匣优化结果,优化过程中保证从前缘到尾缘的叶顶间隙值不变。图 1-48 展示了优化前后叶片通道内及尖部截面的流场结构。由图1-48 可以看出,经过端壁及部分叶型优化设计后,叶尖泄漏涡的强度降低,泄漏涡范围缩小,气流堵塞现象得到了明显的缓解。

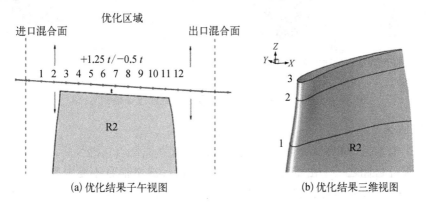

图 1-46 轴对称机匣优化变量示意图

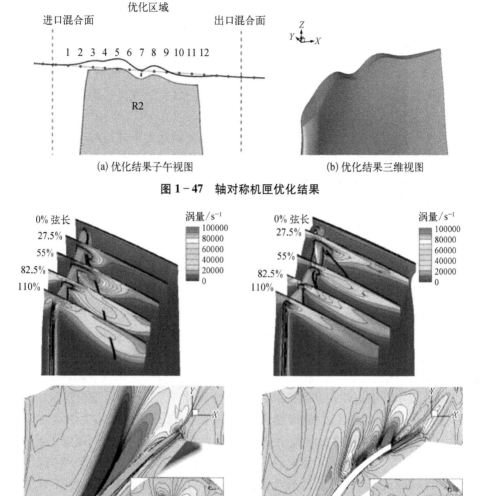

图 1-47　轴对称机匣优化结果

图 1-48　优化前后叶片通道内及尖部截面流场结构对比图

3. 机匣处理技术

尽可能地提升航空发动机工作的稳定性和可靠性是压气机科研人员一直都在追求的设计目标之一。由于对应的结构简单、设计成本低且不需要复杂的附加控制机构,机匣处理技术已成为目前改善压气机内端区的流动和提升压气机稳定工作范围的有效手段之一。

自从机匣处理技术在一次偶然的实验中被发现以来[72],有关机匣处理可以有效地抑制叶尖泄漏流动,以及扩大压气机的稳定工作范围的内在机理研究从未间断。早在 20 世纪 60 年代末,一些学者就开展了多孔壁机匣处理结构形式的择优工作。进入 70 年代,大量的实验研究工作侧重于槽类和缝类机匣处理的设计方法、扩稳效果及结构尺寸的优化。90 年代以来,机匣处理技术取得了新的发展,压气机机匣处理的结构形式也变得多种多样。Hathaway[73]对公开文献中机匣处理的结构形式和研究概况进行了全面的总结。除了早期研究中的多孔式和蜂窝状机匣处理结构之外,近年来的研究更偏重于槽式和缝式的机匣处理结构,如周向槽机匣处理结构、轴向缝或轴向倾斜缝机匣处理结构和叶片角向缝机匣处理结构,具体的结构形式如图 1-49 所示[74]。

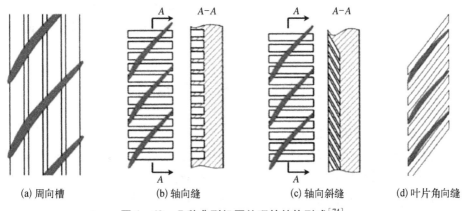

(a) 周向槽　　　　(b) 轴向缝　　　　(c) 轴向斜缝　　　　(d) 叶片角向缝

图 1-49　几种典型机匣处理的结构形式[74]

尽管存在若干研究结果表明机匣处理方法可以在提升压气机稳定工作范围的同时增加其效率和压比,但是目前普遍认为机匣处理方法的使用常常伴随着效率和压升能力的下降。与缝式机匣处理相比,周向槽式机匣处理方法可以在牺牲更少的工作效率的同时取得令人满意的扩稳效果,且对应的结构更加简单紧凑,因此周向槽机匣处理方法受到了更多研究设计人员的青睐。研究者们一直试图从单一改进裕度的机匣处理和单一改进效率的机匣处理研究成果中,设计一种能兼顾裕度和效率的新型机匣处理结构,达到在提高效率或者不降低效率的条件下,扩大压气机稳定工作范围的目的。图 1-50 为不同疏密程度的折线斜缝式机匣处理及光滑机匣

图 1-50　不同疏密程度的折线斜缝式机匣处理及光滑机匣

实物照片。

机匣处理槽的存在可以推迟叶尖泄漏流非定常波动的发生,降低叶尖泄漏流非定常波动的强度,以及改变叶尖泄漏流非定常波动的频率等。为了可以更好地应用机匣处理方法,研究人员对机匣处理的扩稳机理进行了大量的探索,由于压气机失速机理仍然没有得到彻底的认识,针对机匣扩稳机理的研究结论也各有不同,其中主要包括轴向动量的径向输运机理[75]、减小叶片前缘的来流攻角[76]、抑制叶尖泄漏涡的破碎[77]、降低叶尖通道堵塞的[78]、改变泄漏涡的运动轨迹和推迟前缘溢流现象的发生[79,80]、叶尖负荷卸载和周向槽引气的射流作用[81],以及叶尖泄漏流反向轴向动量的减小[82]等。除了机匣处理扩稳机理的研究,针对机匣处理周向槽合理位置的研究是机匣处理技术研究中的另一个热点。由于机匣处理槽与叶尖泄漏流相互作用较复杂,机匣处理周向槽的最佳布置方案也没有得到统一的结论,但是大部分的研究显示,机匣处理周向槽的最佳位置应该位于叶片前缘附近或者叶片弦长中部位置附近。

1.3 叶轮机械复杂流动主动控制技术

1.3.1 附面层吸附技术

高推重比航空发动机的迫切需求意味着要大力发展高单级压比的航空轴流压气机,增加压气机叶片的加功能力是提升压气机级负荷的主要途径之一,即提升叶片的切线速度和增加气流转折角。随着切线速度和进口相对马赫数的增大,压气机转子通道内的激波强度变大,导致与激波相关的损失增大。此外,叶片转速的上限常常受到目前材料技术的限制,因此叶片切线速度并不能无限制地提升;在压气机中,通过增大气流转折角来提升级负荷的方法常常受到流动分离相关损失增加的限制。因此,在现有材料水平许用的切线速度下,采用新技术来控制流动分离以提升叶片的气流转折角是实现更高负荷压气机的重要方向。

抽吸技术指在压气机叶片吸力面或压气机端壁适当位置开设抽吸槽或孔,吸除逆压力梯度和激波导致的附面层分离或者叶尖泄漏流等造成的低速区,减弱或消除压气机内部低能流体的影响,进而增大压气机气流转折角并提高总体效率。Prandt等在提出附面层理论的基础上指出,采用流动控制技术可以推迟或消除流动分离(箭头表示抽吸位置),并在某二维扩压器中进行了实验验证,如图1-51所示[83]。

自20世纪60年代以后,针对附面层吸附技术的研究开始受到了越来越多的关注。Peacock[84]于1965年首次采用端壁抽吸技术对压气机叶栅内的三维角区进行了控制研究,采用0.6%进口流量的抽吸量消除了角区分离。Stratford[85]的研究表明,利用靠近叶片吸力面的端壁抽吸槽进行抽吸可以有效地减弱端壁角区处的分离,降低总压损失。但在抽吸量为零的情况下,抽吸槽的存在会对主流产生影响

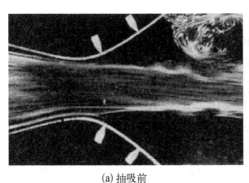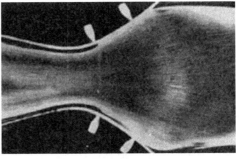

(a) 抽吸前   (b) 抽吸后

图 1-51　抽吸前后二维扩压器中的流动结构对比[83]

并导致损失的增加。几乎与此同时,美国国家航空航天局(National Aeronautics and Space Administration, NASA) Lewis 研究中心利用抽吸技术和射流方法在高负荷轴流压气机静子叶片上开展了流动控制研究[86,87],结果显示,利用 1.5% ~ 1.8% 的抽吸量可以显著提高静子的整体性能;采用叶片吸力面开设三个抽吸槽的方案可以降低叶片对进口攻角的敏感性,并增加了静子的稳定工作范围,比单槽抽吸方案更有效。图 1-52 给出了 NASA 压气机实验台和带有三个抽吸槽的叶片结构示意图。

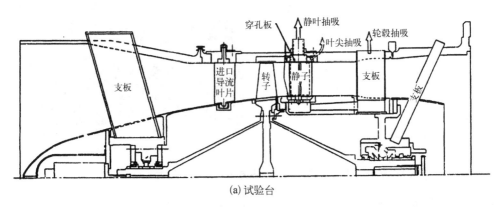

(a) 试验台

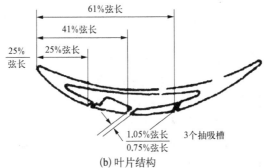

(b) 叶片结构

图 1-52　NASA 压气机实验台和带有三个抽吸槽的叶片结构

在开展抽吸技术的研究约 20 年之后,麻省理工学院(Massachusetts Institute of Technology, MIT)联合美国空军研究实验室、霍尼韦尔公司、普惠公司和 NASA 再次发起采用抽吸技术的吸附式压气机的设计研究工作。Reijnen[88] 通过实验研究了叶片吸力面附面层吸附技术对跨声速压气机性能的影响,结果显示,抽吸技术使得叶片附面层变薄,增大了气流转折角并提高了压升能力,且提升了压气机的抗失速能力。吸附式压气机/风扇的概念由 Kerrebrock 等首次提出,与常规气动布局的压气机/风扇相比,吸附式压气机/风扇在提升级负荷方面具有较大的潜力[89]。此后,麻省理工学院燃气涡轮实验室针对吸附式压气机设计技术进行了大量的系统性研究,并建立了一整套完善的吸附式压气机设计系统[90-93]。基于吸附式压气机的概念,分别设计了低速和高速两台单级吸附式风扇,并进行了实验校验,验证了采用抽吸技术提高级负荷和稳定工作范围的可行性;其中,高速吸附式风扇的设计压比达到 3.4,叶尖速度达到 457 m/s,图 1-53 为高速吸附式风扇的抽吸方案示意图和吸附式转子实物图[94-97]。

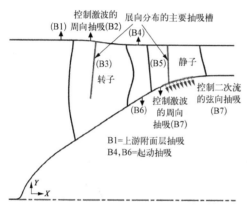

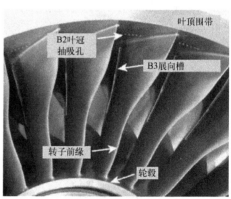

(a) 抽吸方案示意图　　　　　　　　(b) 吸附式转子实物图

图 1-53　高速吸附式风扇的抽吸方案示意图和吸附式转子实物图

由于对转压气机取消了静子叶片排,可以大幅度缩小压气机的轴向尺寸,在降低发动机重量和提高推重比方面具有显著的优势,对转技术是提高发动机性能的有效技术途径之一,得到压气机设计人员越来越多的重视。

Kerrebrock 等[98] 同时采用抽吸和对转技术设计了一台吸附式对转风扇,设计压比为 3.0,绝热效率为 87%,实验测试得到的设计压比和效率分别为 2.9 和 89%。文献[99]显示,通用电气公司在 F114-GE-400 发动机的风扇改型设计方案中使用了附面层吸附技术来提高风扇的级负荷,最终使得三级风扇的压比达到 5.0,提升了风扇的整体性能。为了更好地了解和掌握抽吸技术的控制机理,研究人员在二维叶型和三维叶栅中进行了大量的研究。Fourmaux 等[100] 和 Godard 等[101] 利用吸附式叶型反设计方法,在 1.1% 抽吸率下得到了

扩散因子和气流转折角分别为 0.73 和 60°的亚声速吸附式叶型。Satta 等[102]
的实验研究结果显示,采用尾缘抽吸可以有效降低叶片尾迹的强度。Hubrich
等[103]以某跨声速环形叶栅为对象,利用实验和数值相结合的方法研究了抽吸
技术对叶栅性能的影响,结果表明,利用 2%的抽吸量可以使得最大压升提高
约 10%。

在叶片近端壁区域通过附面层吸附移除低能流体,也可以明显改善近端壁处
的流动堵塞现象,降低叶栅端壁及其二次流损失。Gbadebo 等[104]在保证抽吸量不
超过 0.7%进口流量的前提下,通过在叶片吸力面或端壁上设置抽吸缝的方式控制
叶片的角区分离流动。数值和实验研究发现,端壁上设置抽吸缝的效果优于在吸
力面上设置抽吸缝,如图 1-54 所示(图中 N 表示马蹄涡吸力面分支与叶片吸力面
的交点)。在端壁上设置抽吸缝时,抽吸缝要在马蹄涡吸力面分支与叶片吸力面的
交点之前,从而阻断吸力面分支与叶型附面层的作用,有效控制角区分离,降低叶
型损失。

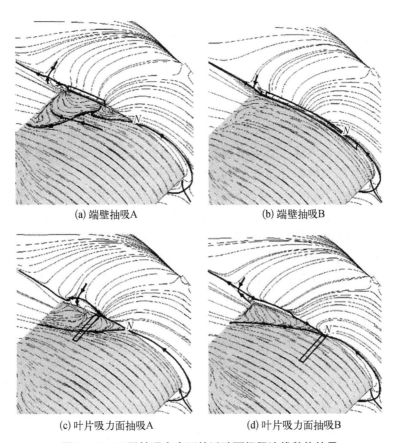

(a) 端壁抽吸A (b) 端壁抽吸B

(c) 叶片吸力面抽吸A (d) 叶片吸力面抽吸B

图 1-54 不同抽吸方案下的近壁面极限流线数值结果

之后,研究人员针对端壁抽吸技术控制角区分离进行了大量的研究,结果表明端壁抽吸技术可以有效控制压气机叶栅内部的三维角区分离[105, 106]。Cao 等[107] 和 Liu 等[108]利用组合抽吸方法(同时在叶片吸力面和端壁进行抽吸)控制压气机叶栅内的三维角区分离,结果显示采用组合抽吸方法几乎可以完全消除叶栅内的三维角区分离。

图 1-55 吸附式叶栅实验段实物图

德国宇航研究院也针对压气机叶栅端壁抽吸开展了研究[109],抽吸缝位于叶栅端壁近吸力面处,从 50%弦长处延伸到 100%弦长处。图 1-55 为吸附式叶栅实验段实物图,吸附式叶栅由 5 片 NACA65 增压级静子叶片组成,实验进口马赫数为 0.67,进气雷诺数为 560 000。研究发现,抽吸腔内的气流扰动会影响叶栅抽吸效果,腔内气流速度为正并且无旋涡结构存在会提高附面层吸附的效率。

近年来,国内的研究人员也相继开始了吸附技术的研究,主要研究机构包括西北工业大学[110-115]、哈尔滨工业大学[116,117]、南京航空航天大学[118]和中国科学院工程热物理研究所[119,120]等。与国外相比,国内在抽吸技术方面的研究起步较晚,在实际压气机内部主要采用数值方法,而针对抽吸技术的实验研究主要以平面叶栅、低速压气机和对转轴流压气机为研究对象。

一般情况下,叶尖泄漏流有吹除吸力面低能流体的作用,对于存在最佳间隙的压气机,实际的间隙要比最佳间隙大,从而造成不良影响。大量研究表明,附面层吸附不失为一种有效的控制泄漏流的手段。曹志远[121]对有叶尖间隙的扩压叶栅进行了端壁附面层吸附的研究,在短缝抽吸的过程中,抽吸流量越大,叶尖泄漏涡强度越弱;在长缝抽吸方案中,抽吸对叶尖泄漏涡的控制机理与短缝抽吸类似,控制效果更加强烈,叶尖区域流动损失减少。巫骁雄等[122]在对转压气机转子上进行了端壁附面层吸附的数值研究,发现端壁抽吸可以将近失速时转子叶尖区域存在的低能流体抽吸掉,从而使流道更通畅,阻碍叶尖泄漏流形成二次泄漏,弱化叶尖泄漏涡的强度,从而达到扩稳目的。

史磊等[123]对对转压气机同时进行了端壁附面层吸附的数值研究和实验研究,对转子 1 和转子 2 的端壁同时进行附面层吸附,设定两种不同的方案,分别在靠近叶型前缘和叶型尾缘的端壁上进行抽吸,图 1-56 展现了吸附式内壁开设抽吸孔机匣的实物图,图 1-57 为机匣抽吸环。

图 1-56 吸附式内壁开设抽吸孔
机匣实物图[123]

图 1-57 机匣抽吸环[123]

数值计算结果表明,端壁抽吸不仅可以减小叶尖区域的高熵流体范围,而且在大部分弦长范围内提高了气动负荷,减小了落后角。实验结果表明,端壁抽吸是有最佳适用条件的,在不超过峰值效率点流量的情况下进行抽吸才能更明显地增大对转压气机的效率。

史磊等[124]在对对转压气机进行结合吸附的改型设计研究中发现,端壁抽吸使得叶尖区域的低能流体区域范围减小,整体流通能力增强,阻碍了叶尖泄漏流向低叶展方向发展。王掩刚等[125]研究了附面层吸附对跨声速压气机的性能及稳定性的影响,在机匣端壁的 30% 弦向位置开一个宽度为 2 mm 的周向抽吸缝进行抽吸。结果表明,机匣端壁抽吸可以将一部分叶尖泄漏流抽吸出流道,弱化叶尖泄漏流,从而使得叶尖泄漏涡与激波的相互作用强度下降,减小叶尖堵塞区,使得流动更加稳定。

1.3.2 引气技术

航空发动机空气系统是保证发动机正常运行的一个重要辅助系统之一,它将自高压压气机中引出的空气用于改善飞机机舱环境和发动机中相关部件的工作环境,例如,采用适当温度和压力的空气用于保障飞机机舱环境的适宜性,飞机机翼和发动机进口防冰,热端部件(如涡轮叶片等)的冷却和发动机内部间隙结构的密封等。随着飞机功能的日益完善和发动机涡轮前温度的升高,需要通过空气系统引气提供的气流量也在不断增加。在先进的第四代军用涡扇发动机中,空气系统的引气量已经达到了核心空气流量的 1/4,而民用客机的空气系统中的引气量占主流流量的比例更高。空气系统的引气位置主要包括高压压气机中间级及高压压气机出口之后,其中引自高压压气机中间级的空气流量约达到主流流量的 3%～5%,有的甚至达到了 5% 以上。图 1-58 和图 1-59 分别给出了 F100-PW-220 发动机和 CF6 发动机对应的高压压气机引气结构示意图[126, 127]。

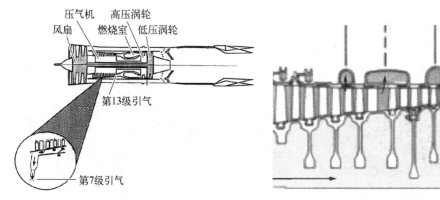

图 1－58　F100－PW－220 发动机　　　图 1－59　CF6 发动机高压压气机
高压压气机引气结构[126]　　　　　　　级引气结构[127]

　　由于压气机内部引气位置的特殊性,引气系统将在一定程度上对压气机的气动性能产生影响。引气对压气机性能的影响主要包括以下几个方面:引气使得引气位置上游和下游的主流分别加速和减速;在叶片通道中间引气时,流场内的压力梯度会使引气槽内的流体发生倒流并与主流发生相互作用;引气流与主流的相互作用是无黏的压力驱动现象,影响程度与引气位置和引气量密切相关;此外,端壁引气可以显著减小流道内的回流范围和压气机内的气动损失,并拓宽压气机的稳定工作范围。

　　由前面的论述可知,压气机中叶片吸力面的附面层分离、静子角区内的三维分离和叶尖泄漏现象等是导致压气机性能下降的主要原因。附面层吸附技术作为一种主动流动控制技术,在压气机中的应用研究受到了越来越广泛的关注,如叶片吸力面抽吸控制吸力面附面层分离、端壁抽吸控制角区分离、转子机匣抽吸控制叶尖泄漏流效应等。将引气技术与抽吸技术相结合实现压气机内部流动分离的控制为设计高性能压气机提供了新的思路,这样既可以满足空气系统必需的引气需求,又可以减弱压气机内部的流动分离。

1.3.3　射流技术

1. 叶顶喷气技术

　　射流技术(即喷气技术)近年来也取得了长足发展。针对定常喷气的研究主要集中在喷气系统的优化设计方面,以指导叶尖喷气扩稳技术的工程应用为主要目的。Suder 等[128]对 Rotor 35 进行了叶尖喷气实验,结果表明喷气后叶尖区域的环面的轴向平均速度越大,其扩稳效果越好。随后,Bhaskar 等[129]研究了叶尖喷气对直列叶栅和后掠叶栅的扩稳效果的影响,研究结果表明,由于端壁附近存在大范围的角区分离结构,流场更加复杂,叶尖喷气对后者的控制效果不佳。而直列叶栅角区分离控制较好,流动结构简单,叶尖喷气能够克服逆压梯度,抑制回流和潜流,起到了良好的扩稳效果。文献[130]中对叶尖喷气角度的研究表明,叶尖喷气的距离和在机匣上的位置对扩稳效果影响不明显,均能够很好地抑制回流,克服逆压梯度。

文献[131]针对多种组合结构进行了喷气数值模拟和实验研究,其结果表明,喷嘴采用离散式的分布能够很好地提高叶尖射流的扩稳效果;通过组合射流的方式,在相同的控制效果下,可以实现更小的射流量。在射流技术控制表面附面层分离的研究中,Zha 等[132]利用射流将机翼表面低速区加速,克服了流动分离,扩大了层流的覆盖范围,从而推迟了转捩点的发生,实现了射流和抽吸组合的流动控制方法在飞机机翼上的应用,提高了翼型升力,降低了风阻,从而提高了燃油经济性能。同样,应用在压气机叶片中,在叶片尺度上实现了射流和抽吸的组合流动控制。通过在叶栅内部加入导管的方式,完成内部射流和抽吸气流的自循环[133]。研究结果表明,这种组合流动控制方式有效提高了叶片静压升系数,减少了流动损失,抑制了叶片表面的附面层分离。但叶型内的气流转折角过大,导致叶栅内部流动损失增加,而且其结构复杂,降低了叶片强度,产生了不良的影响。Horn 等[134]从压气机热力循环的角度,分析了叶顶间隙射流对压气机整体性能的影响。研究表明,定常射流会对整机压气机级间匹配产生影响,从而恶化压气机的热力循环效率。Weigl 等[135]认为,叶顶间隙射流能够产生相反的抑制波,从而实现主动控制。Evans 等[136]研究了大攻角条件下的压气机内的流动控制技术,在叶片吸力面附面层开孔抽吸,经导流管导流,由叶栅端壁附近的射流发生器射流。研究结果表明,该流动控制方法对抑制叶片吸力面附面层分离的作用效果不明显,但对抑制角区分离、减小通道中涡的产生和发展的效果比较明显。

叶顶喷气作为一种控制叶尖泄漏流动的有效方法,逐渐得到了学术界的广泛关注。叶顶喷气能够减小压气机进口气流攻角,抑制叶片吸力面分离,减少分离损失,从而实现扩稳。1993 年,剑桥大学的 Day[137]率先在一台低速四级轴流压气机中采用主动叶顶喷气控制方法,通过抑制突尖型和模态波失速先兆,成功地拓宽了压气机的稳定裕度。由于叶顶喷气的实验中大多采用外部引气,这在实际应用中会受到很大的限制,国内外学者开始关注叶顶自循环喷气。图 1-60 为 Weichert 等[138]设计的动叶叶尖自循环结构示意图,气体经动叶叶尖高压部位引出,经过气流通道由特殊设计的喷嘴在靠近前缘处喷出。

Stößel 等[139]在一台双轴涡轮风扇发动机上应用叶顶喷气技术进行了整机实验研究,从高压压气

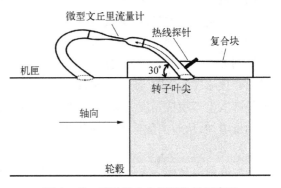

图 1-60 动叶叶尖自循环结构示意图

机末级引导高压气流进入低压压气机进口处来吹除叶尖低能流体,在压气机内部形成了气流的自循环设计。该发动机涵道比为1.13、低压轴设计转速为1 750 r/min、设计压比为2.26,高压轴设计转速为22 561 r/min、设计压比为4.60、设计进口流量为27.64 kg/s。如图1-61所示,设计的叶顶喷气位置与第一级低压转子前缘相距120%尖部弦长,图1-62为叶顶喷气的三维结构图。用于喷气的气流引自高压压气机最后一级,高压气体通过引射作用吸入更多的气体来提高喷气量,增强喷气效果。实验结果显示,叶顶喷气可以显著地扩大发动机的稳定工作范围,降低喘振流量。

图1-61 Larzac 04 C5 实验发动机

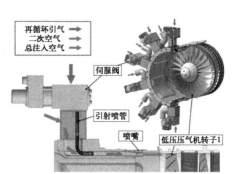

图1-62 叶顶喷气三维结构图

国内学者也对叶顶喷气这种有效的扩稳流动控制技术进行了探讨。李继超等[140]在其研究中指出,叶顶微喷气可以减弱叶尖泄漏涡强度并且使其涡核轨迹向尾缘方向移动,从而增大压气机转子的稳定工作范围;而较大的喷气能够更加有效地达到上述目的并使叶尖泄漏涡延迟产生非定常性。卢新根等[141]在某单级压气机转子内进行了微喷气的非定常数值模拟,叶尖部位首先发生流动不稳定现象,因此利用四个周向均布的直径为3 mm的喷嘴进行喷气,角度沿轴向并与轴向夹角呈15°。数值结果表明,叶顶微喷气可以有效地抑制叶尖泄漏涡轨迹向前缘移动,从而减弱叶尖泄漏涡对主流的堵塞作用,推迟不稳定流动现象的发生,从而拓宽压气机的稳定工作范围。李亮等[142]在某双级低速轴流压气机上研究了叶顶微喷气对压气机稳定性的影响,研究发现,叶顶微喷气的作用效果与喷嘴布局有关,采用周向均匀分布的喷嘴,拓宽压气机稳定裕度的效果最好,叶顶微喷气的作用机理是可以抑制失速先兆模态波发展成为旋转失速团。贾惟等[143]研究了跨声速压气机转子中叶顶喷气的影响,研究表明,叶顶喷气可以改善50%叶展以上的吸力面流动,但是基本上与喷气角度无关,叶顶喷气可以使涡波干涉形成的低速区内低速流体的动量增加,从而消除低速区,同时使叶尖泄漏涡轨迹向尾缘移动,减轻二次泄漏。

2. 合成射流技术

合成射流又称为零质量射流,是与抽吸相对应的另一种主动控制技术。合成射流分两个阶段,各自有不同的机理。在吹气阶段,通过从射流槽中喷射出高能流体并与低能流体混合,使原来发生分离的流体获得足够高的能量,以克服流道内的压力梯度,以此达到控制边界层分离的效果;在吸气阶段,气流抽吸使得射流孔出口附近区域的边界层厚度减小,气流速度增大,剪切层升高,但在合成射流的影响下,速度增高的气流再次被卷入边界层内部,进而使剪切层再次黏附于叶栅表面,如图 1-63 所示。合成射流结构小巧、控制灵活,已经在许多方面得到了成功的应用。例如,利用合成射流技术有效地减小了轴流压气机级叶栅吸力面的流动分离[144];Mathis 等[145]利用合成射流提高了 S 形扩压器的稳定性;You 等[146]利用合成射流对机翼边界附面层分离流动进行了成功控制。

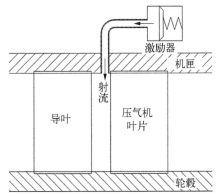

图 1-63　机匣进行合成射流控制的示意图　　　图 1-64　平面叶栅组合射流实验台

　　端壁射流是与端壁附面层吸附相对应的主动流动控制技术,国内外学者对端壁射流技术在压气机中的应用进行了诸多研究[147-149]。Nerger 等[150]针对某高负荷静子叶片进行了端壁及叶片吸力面组合射流的流动控制研究,同时结合油流显示技术进行叶片吸力面流动拓扑结构分析。图 1-64 为平面叶栅组合射流实验台,图 1-65 为端壁及叶片吸力面射流结构示意图。

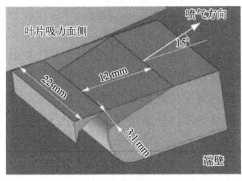

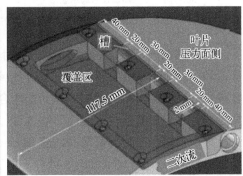

(a)端壁射流结构　　　　　　　　(b)叶片吸力面射流结构

图 1-65　端壁及叶片吸力面射流结构示意图

端壁射流产生的旋涡可以阻挡端壁低能流体向吸力面的迁移,并将高能流体与近端壁处的低能流体进行交换,增加角区流动的能量,降低气流损失,在分析过程中应考虑射流作用引起的额外能量注入及关联损失。研究发现,虽然静压升增加了,但是在某些工况下会增加总压损失。

1.3.4   等离子体放电激励技术

近年来,介质阻挡放电等离子体激励作为一种主动流动控制技术实现了压气机的扩稳增效,国内外学者针对此种流动控制技术开展了深入的研究[151, 152]。等离子体气动激励对压气机端壁区域的低能流体注入了能量,提高了尖部区域的流通能力,减小了尖部叶型的进气攻角,抑制了叶尖二次流动和泄漏流动的发生。同时,等离子体激励是一种对流场的非定常、非线性激励,可以促进端壁区域低能流体与高能流体间的掺混。

利用介质放电等离子体也可以控制压气机叶栅端壁二次流动。中国科学院工程热物理研究所的李钢等[153]在压气机叶栅端壁 20%、40% 和 60% 弦长处布置了 3 对电极,如图 1-66 所示,利用微型五孔压力探针测量了施加等离子体激励前后压气机叶栅尾迹的流场。

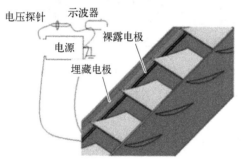
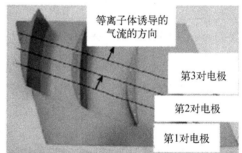

(a) 等离子体激励装置布局示意图   (b) 3对电极布置方式和等离子体诱导流动方向

图 1-66   等离子体激励装置布局和电极布置方式示意图[153]

测量结果表明,3 组电极同时工作时,对总压损失和流动堵塞的改善效果最好;20% 弦长处,激励的局部效果最明显;40% 处的激励效果最差;60% 弦长处的激励效果沿叶展方向的波动较平稳。选择合适的激励位置和激励强度,以及将不同激励位置组合是改善端壁区流动的关键。受到绝缘材料耐击穿能力的限制,实验中生成的等离子体弦向宽度不超过 10 mm,不到叶栅弦长的 1/20。因此,选用小弦长的叶栅时,等离子体激励的效果会更明显。

Saddoughi 等[154]在某台为美国空军设计的低展弦比、高半径比的单级跨声速压气机上进行了等离子体控制叶尖泄漏流动实验研究。在进行整级压气机实验前,首先进行了低速静止平面叶栅实验来为整级高速实验积累经验。图 1-67 为等离子体激励低速静止平面叶栅叶尖泄漏流动的实验结果,采用阴影显示法可以清晰地捕捉到叶尖泄漏流动的区域。

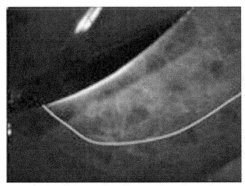
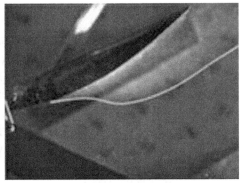

(a) 无等离子体激励　　　　　　　　　(b) 等离子体激励

图 1-67　等离子体激励的低速静止平面叶栅叶尖泄漏流动实验结果[154]

图 1-68 为单级跨声速压气机等离子体激励实验台实物图。在实验过程中,等离子体激励器采用了周向安装及倾斜安装的方式。实验结果显示,在叶尖间隙较大时,等离子体激励可以获得更好的裕度提升。等离子体激励在尖部流场的主要作用在于降低了间隙旋涡流动的非定常性。

图 1-68　单级跨声速压气机等离子体激励实验台实物图

1.4　小　　结

由前面的主要流动现象和流动控制技术的介绍和分析可知,主动流动控制技术可以有效降低叶轮机械内部的流动损失,具有主动灵活控制等优点,可以根据叶轮机械的不同典型工况实施相应的控制技术,其缺点是控制装置较为复杂,部分主动控制技术需要增加外部设备,也会带来功率消耗,工程适用性存在一些问题。今后主要是朝着提高工程应用性的方向发展,且采取组合流动控制。

参考文献

[1] Schulz H D, Gallus H E, Lakshminarayana B. Three-dimensional separated flow field in the endwall region of an annular compressor cascade in the presence of rotor-stator interaction: part I - quasi-steady flow field and comparison with steady-state data [J]. Journal of Turbomachinery, 1990, 112(4): 679 - 690.

[2] Weber A, Schreiber H A, Fuchs R, et al. 3 - d transonic flow in a compressor cascade with shock-induced corner stall[J]. Journal of Turbomachinery, 2002, 124(3): 358 - 366.

[3] Lei V M, Spakovszky Z S, Greitzer E M. A criterion for axial compressor hub-corner stall[J]. Journal of Turbomachinery, 2008, 130(3): 031006.

[4] Inoue M, Furukawa M. Physics of tip clearance flow in turbomachinery[R]. ASME Paper, FEDSM2002 - 31184, 2002.

[5] 陈懋章,刘宝杰.中国压气机基础研究及工程研制的一些进展[J].航空发动机,2007, 33(1): 1 - 9.

[6] Rains D A. Tip clearance flows in axial flow compressors and pumps [D]. California: California Institute of Technology, 1954.

[7] Lakshminarayana B, Horlock J H. Tip-clearance flow and losses for an isolated compressor blade[R]. ARC Report, R/M - 3316,1962.

[8] Kirtley K R, Beach T A, Adamczyk J J. Numerical analysis of secondary flow in a two-stage turbine[R]. AIAA Paper, AIAA - 90 - 2356, 1990.

[9] Chen G T, Greitzer E M, Tan C S, et al. Similarity analysis of compressor tip clearance flow structure[J]. Journal of Turbomachinery, 1991, 113(2): 260 - 269.

[10] Storer J A, Cumpsty N A. An approximate analysis and prediction method for tip clearance loss in axial compressors[J]. Journal of Turbomachinery, 1994, 116(4): 648 - 656.

[11] Tian Q, Simpson R L. Experimental study of tip leakage flow in the linear compressor cascade: part I - stationary wall[R]. AIAA Paper, AIAA - 2007 - 269, 2007.

[12] Storer J A, Cumpsty N A. Tip leakage flow in axial compressors[J]. Journal of Turbomachinery, 1991, 113(2): 252 - 259.

[13] Beselt C, Eck M, Peitsch D. Three-dimensional flow field in highly loaded compressor cascade [J]. Journal of Turbomachinery, 2014, 136(10): 101007.

[14] Du J, Lin F, Chen J Y, et al. Flow structures in the tip region for a transonic compressor[J]. Journal of Turbomachinery, 2013, 135(3): 031012.

[15] Smith J L H. The effect of tip clearance on the peak pressure rise of axial-flow fans and compressors[R]. ASME Symposium on Stall, 1958, 149: 152.

[16] Wisler D C. Loss reduction in axial-flow compressors through low-speed model testing[J]. Journal of Engineering for Gas Turbines and Power, 1985, 107(2): 354 - 363.

[17] Baghdadi S. Modeling tip clearance effects in multistage axial compressors [J]. Journal of

Turbomachinery, 1996, 118(4): 697 - 705.

[18] Hah C, Rabe D C, Wadia A R. Role of tip-leakage vortices and passage shock in stall inception in a swept transonic compressor rotor[R]. ASME Paper, 2004 - GT - 53867, 2004.

[19] 吴艳辉,楚武利,张皓光,等. 间隙流动特征对压气机转子失速起始的影响[J]. 工程热物理学报, 2008, 29(7): 1133 - 1135.

[20] Furukawa M, Saiki K, Yamada K, et al. Unsteady flow behavior due to breakdown of tip leakage vortex in an axial compressor rotor at near-stall condition[R]. ASME Paper, 2000 - GT - 0666, 2000.

[21] Miller G R, Lewis G W, Hartmann M J. Shock losses in transonic compressor blade rows[J]. Journal of Engineering for Gas Turbines and Power, 1961, 83(3): 235 - 241.

[22] Bloch G S. Flow losses in supersonic compressor cascades[D]. Virginia: Virginia Polytechnic Institute and State University, 1996.

[23] Boyer K M. An improved streamline curvature approach for off-design analysis of transonic compression systems[D]. Virginia: Virginia Polytechnic Institute and State University, 2001.

[24] Kang S. Investigation on the three-dimensional flow within a compressor cascade with and without tip clearance[D]. Brussel: Vrije Universiteit Brussel, 1993.

[25] 张永军,王会社,徐建中,等. 扩压叶栅中拓扑与漩涡结构的研究[J]. 中国科学, 2009, 39(5): 1016 - 1025.

[26] Zhang H, Wang S, Wang Z. Variation of vortex structure in a compressor cascade at different incidences[J]. Journal of Propulsion and Power, 2015, 23(1): 221 - 226.

[27] 王会社,钟兢军,王仲奇. 多级压气机中可控扩散叶型研究的进展与展望第二部分可控扩散叶型的实验与数值模拟[J]. 航空动力学报, 2002, 17(1): 16 - 22.

[28] Hobbs D E, Weingold H D. Development of controlled diffusion airfoils for multistage compressor application [J]. Journal of Engineering for Gas Turbines and Power, 1984, 106(2): 271 - 278.

[29] Dunker R, Rechter H, Starken H, et al. Redesign and performance analysis of a transonic axial compressor stator and equivalent plane cascades with subsonic controlled diffusion blades [J]. Journal of Engineering for Gas Turbines and Power, 1984, 106(2): 279 - 287.

[30] Golder T F, Schmidt J F, Suder K L. Design and performance of controlled-diffusion stator compared with original double-circular-arc stator[R]. NASA Report, N87 - 26910, 1987.

[31] Behlke R F. The Development of a second generation of controlled diffusion airfoil for multistage compressor[J]. Journal of Turbomachinery, 1986, 108(4): 32 - 41.

[32] 魏巍. 大弯角串列静子的数值研究[D]. 西安: 西北工业大学, 2013.

[33] Wennerstrom A J, Frost G R. Design of a rotor incorporating splitter vanes for a high pressure ratio supersonic axial compressor stage[R]. ARL Report, TR - 74 - 0110, 1974.

[34] Wennerstrom A J. Test of a supersonic axial compressor stage incorporating splitter vanes in the rotor[R]. ARL Report, TR - 75 - 0165, 1975.

[35] 郑大勇,胡骏. 跨声速压气机性能计算中的激波损失模型[J]. 航空发动机, 2005, 31(2): 8 - 10.

[36] Bloch G S, Copenhaver W W, O'Brien W F. A shock loss model for supersonic compressor cascades[J]. Journal of Turbomachinery, 1999, 121(1): 28 - 35.

[37] 刘龙龙,周正贵,邱名. 超音叶栅激波结构研究及叶型优化设计[J]. 推进技术, 2013, 34(8): 1050-1055.

[38] 肖敏,刘波,程荣辉. 轴流压气机超音叶片新设计技术研究[J]. 航空动力学报, 2002, 17(1): 83-86.

[39] 甘久亮. 轴流压气机内三维定常旋涡结构建模与分析[D]. 大连: 大连海事大学, 2013.

[40] Müller R, Sauer H, Vogeler K, et al. Influencing the secondary losses in compressor cascade by a leading edge bulb modification at the endwall[R]. ASME Paper, 2002-GT-30442, 2002.

[41] Müller R, Vogeler K, Sauer H, et al. Endwall boundary layer control in compressor cascades [R]. ASME Paper, 2004-GT-53433, 2004.

[42] Rose M G. Non-axisymmetric endwall profiling in the hpngvs of an axial flow gas turbine[R]. ASME Paper, 1994-GT-249, 1994.

[43] Hoeger M, Cardamone P, Fottner L. Influence of endwall contouring on the transonic flow in a compressor blade[R]. ASME Paper, 2002-GT-30440, 2002.

[44] Dorfner C, Hergt A, Nicke E, et al. Advanced nonaxisymmetric endwall contouring for axial compressors by generating an aerodynamic separator-part I: principal cascade design and compressor application[J]. Journal of Turbomachinery, 2011, 133(4): 021026.

[45] Hergt A, Dorfner C, Steinert W, et al. Advanced nonaxisymmetric endwall contouring for axial compressors by generating an aerodynamic separator-part II: experimental and numerical cascade investigation[J]. Journal of Turbomachinery, 2011, 133(4): 021027.

[46] 王仲奇. 叶轮机械弯扭叶片的研究现状及发展趋势[J]. 中国工程科学, 2000, 2(6): 40-48.

[47] 王会社,袁新,钟兢军,等. 叶片正弯曲对压气机叶栅叶片表面流动的影响[J]. 推进技术, 2004, 25(3): 210-214.

[48] Wang Z, Lai S, Shu W. Aerodynamic calculation of turbine stator cascades with curvilinear leaned blades and some experimental results[C]//The 5th International Symposium on Air Breathing Engines, Bangalore, 1981.

[49] 田夫. 翼刀控制压气机叶栅二次流的实验研究[D]. 哈尔滨: 哈尔滨工业大学, 2005.

[50] Fischer A, Riess W, Seume J R. Performance of strongly bowed stators in a 4-stage high speed compressor[R]. ASME Paper, 2003-GT-38392, 2003.

[51] 金光远,欧阳华,杜朝辉. 周向弯曲方向对弯掠叶片小流量工况下气动-声学性能的影响[J]. 动力工程, 2009, 29(5): 465-471.

[52] 崔伟伟,赵庆军,赵晓路. 高负荷跨音转子复合掠优化设计研究[J]. 工程热物理学报, 2014, 35(12): 2381-2386.

[53] 王雷,刘波,赵鹏程. 前掠对高负荷风扇转子叶尖间隙效应的影响[J]. 航空动力学报, 2012, 27(8): 1841-1847.

[54] 毛明明. 跨声速轴流压气机动叶弯和掠的数值研究[D]. 哈尔滨: 哈尔滨工业大学, 2008.

[55] 季路成,田勇,李伟伟,等. 叶身/端壁融合技术研究[J]. 航空发动机, 2012, 38(6): 5-15.

[56] Sasaki T, Breugelmans F. Comparison of sweep and dihedral effects on compressor cascade

performance[J]. Journal of Turbomachinery, 1998, 120(3): 454-463.

[57] 王维,楚武利,张皓光,等. 轴流压气机转子叶顶凹槽及其改进结构研究[J]. 流体机械, 2012,40(6): 33-39.

[58] 倪亚琴. 涡流发生器研制及其对边界层的影响研究[J]. 空气动力学学报, 1995, 13(1): 110-115.

[59] Barber T J, Mounts J S, McCormick D C. Boundary layer energization by means of optimized vortex generators[R]. AIAA Paper, AIAA-1993-0445, 1993.

[60] 张叔农,严明,任丽芸,等. "孔窝群"端壁压气机叶栅实验研究[J]. 航空动力学报,1999, 14(4): 401-404,454.

[61] Muthanna C. Flowfield downstream of a compressor cascade with tip leakage[D]. Virginia: Virginia Polytechnic Institute and State University, 1998.

[62] 刘艳明,钟兢军,王保国,等. 具有不同翼刀的压气机叶栅二次流结构分析[J]. 航空动力学报, 2008, 23(7): 1240-1245.

[63] 田夫,钟兢军. 端壁翼刀降低叶栅损失机理的实验研究[J]. 工程热物理学报, 2009, 30(7): 1125-1128.

[64] Evans S, Hodson H, Hynes T, et al. Flow control in a compressor cascade at high incidence [J]. Journal of Propulsion and Power, 2010, 26(4): 828-836.

[65] Prumper H. Application of boundary layer fences in turbomachinery[J]. AGARD Ograph, 1972, 164: 311-317.

[66] Camci C, Akturk A. Development of a tip leakage control device for an axial flow fan[R]. ASME Paper, 2008-GT-50785, 2008.

[67] 钟兢军,韩少冰,陆华伟. 叶尖小翼对扩压叶栅气动特性影响的数值研究[J]. 工程热物理学报, 2010,31(2): 243-246.

[68] 钟兢军,韩少冰. 融合式叶尖小翼对低速压气机转子气动性能的影响[J]. 推进技术, 2014,35(6): 749-757.

[69] Kröger G, Cornelius C, Nicke E. Rotor casing contouring in high pressure stages of heavy duty gas turbine compressors with large tip clearance heights[R]. ASME Paper, 2009-GT-59626, 2009.

[70] Kröger G, Voß C, Nicke E. Axisymmetric casing optimization for transonic compressor rotors [C]//ISROMAC 13 2010-9th International ISHMT-ASME Heat and Mass Transfer Conference, Honolulu, 2010.

[71] Kröger G, Voß C, Nicke E, et al. Theory and application of axisymmetric endwall contouring for compressors[R]. ASME Paper, 2011-GT-45624, 2011.

[72] Koch C C. Experimental evaluation of outer case blowing or bleeding of single stage axial flow compressor, part 6: final report[R]. NASA Report, CR-54592, 1970.

[73] Hathaway M D. Passive endwall treatments for enhancing stability[R]. NASA Report, TM-2007-214409, 2007.

[74] Fujita H, Takara H. A study on configurations of casing treatment for axial flow compressors [J]. Bulletin of JSME, 1984, 27(230): 1675-1681.

[75] Shabbir A, Adamczyk J J. Flow mechanism for stall margin improvement due to circumferential casing grooves on axial compressors[J]. Journal of Turbomachinery, 2005, 127(4): 708-

717.

[76] Rabe D C, Hah C. Application of casing circumferential grooves for improved stall margin in a transonic axial compressor[R]. ASME Paper, 2002 - GT - 30641, 2002.

[77] Wilke I, Kau H P. A numerical investigation of the influence of casing treatments on the tip leakage flow in a hpc front stage[R]. ASME Paper, 2002 - GT - 30642, 2002.

[78] Sakuma Y, Watanabe T, Himeno T, et al. Numerical analysis of flow in a transonic compressor with a single circumferential casing groove: influence of groove location and depth on flow instability[J]. Journal of Turbomachinery, 2014, 136(3): 031017.

[79] Lu X, Chu W, Zhu J, et al. Mechanism of the interaction between casing treatment and tip leakage flow in a subsonic axial compressor[R]. ASME Paper, 2006 - GT - 90077, 2006.

[80] Müller M W, Schiffer H P, Hah C. Effect of circumferential grooves on the aerodynamic performance of an axial single-stage transonic compressor[R]. ASME Paper, 2007 - GT - 27365, 2007.

[81] 吴艳辉,楚武利,张皓光.轴流压气机失速初始扰动的研究进展[J].力学进展, 2008, 38(5): 571 - 584.

[82] 南希.动叶端区轴向动量控制体分析方法及其在周向槽机匣处理中的应用[D].北京: 中国科学院工程热物理研究所, 2014.

[83] Prandtl L, Tietjens O. Hydro-und aeromechanik: nach vorlesungen von l. Prandtl[M]. Vienna: Springer, 1931.

[84] Peacock R E. Boundary-layer suction to eliminate corner separation in cascades of aerofoils [M]. Yangon: H M Stationery Office, 1971.

[85] Stratford B S. The prevention of separation and flow reversal in the corners of compressor blade cascades[J]. The Aeronautical Journal, 1973, 77(749): 249 - 256.

[86] Carmody R H, Horn R A, Seren G. Single-stage experimental evaluation of boundary layer bleed techniques for high lift stator blades. part 4 - data and performance of triple-slotted 0. 75 hub diffusion factor stator[R]. NASA Report, 1969 - 0030287, 1969.

[87] Loughery R J, Horn R A, Tramm P C. Single stage experimental evaluation of boundary layer blowing and bleed techniques for high lift stator blades [R]. NASA Report, CR - 54573, 1971.

[88] Reijnen D P. Experimental study of boundary layer suction in a transonic compressor[D]. Cambridge: Massachusetts Institute of Technology, 1997.

[89] Kerrebrock J L, Drela M, Merchant A A, et al. A family of designs for aspirated compressors [R]. ASME Paper, 1998 - GT - 196, 1998.

[90] Kerrebrock J. The prospects for aspirated compressors[R]. AIAA Paper, AIAA - 2000 - 2472, 2000.

[91] Merchant A A. Design and analysis of axial aspirated compressor stages[D]. Cambridge: Massachusetts Institute of Technology, 1999.

[92] Merchant A A, Drela M, Kerrebrock J L, et al. Aerodynamic design and analysis of a high pressure ratio aspirated compressor stage[R]. ASME Paper, 2000 - GT - 619, 2000.

[93] McCabe N. A system study on the use of aspirated technology in gas turbine engines[D]. Cambridge: Massachusetts Institute of Technology, 2001.

[94] Schuler B J, Kerrebrock J L, Merchant A A, et al. Design, analysis, fabrication and test of an aspirated fan stage[R]. ASME Paper, 2000 - GT - 618, 2000.

[95] Schuler B J. Experimental investigation of an aspirated fan stage[R]. ASME Paper, 2002 - GT - 30370, 2002.

[96] Schuler B J, Kerrebrock J L, Merchant A. Experimental investigation of a transonic aspirated compressor[J]. Journal of Turbomachinery, 2005, 127(2): 340 - 348.

[97] Merchant A A, Kerrebrock J L, Adamczyk J J. Experimental investigation of a high pressure ratio aspirated fan stage[J]. Journal of Turbomachinery, 2005, 127(1): 43 - 51.

[98] Kerrebrock J L, Epstein A H, Merchant A A, et al. Design and test of an aspirated counter-rotating fan[J]. Journal of Turbomachinery, 2008, 130(2): 021004.

[99] Bolln J G W, Field K J, Burnes R. F414 engine today and growth potential for 21st century fighter mission challenges[R]. ISABE Paper, ISABE - 99 - 7113, 1999.

[100] Godard A, Fourmaux A, Burguburu S, et al. Design method of a subsonic aspirated cascade [R]. ASME Paper, 2008 - GT - 50835, 2008.

[101] Godard A, Bario F, Burguburu S, et al. Experimental and numerical study of a subsonic aspirated cascade[R]. ASME Paper, 2012 - GT - 69011, 2012.

[102] Satta F, Ubaldi M, Zunino P, et al. Wake control by boundary layer suction applied to a high-lift low-pressure turbine blade[R]. ASME Paper, 2010 - GT - 23475, 2010.

[103] Hubrich K, Bolcs A, Ott P. Boundary layer suction via a slot in a transonic compressor: numerical parameter study and first experiments [R]. ASME Paper, 2004 - GT - 53758, 2004.

[104] Gbadebo S A, Cumpsty N A, Hynes T P. Control of three-dimensional separations in axial compressors by tailored boundary layer suction [J]. Journal of Turbomachinery, 2008, 130(1): 011004.

[105] Liesner K, Meyer R, Lemke M, et al. On the efficiency of secondary flow suction in a compressor cascade[R]. ASME Paper, 2010 - GT - 22336, 2010.

[106] Lemke M, Gmelin C, Thiele F. Simulations of a compressor cascade with steady secondary flow suction[J]. Notes on Numerical Fluid Mechanics and Multidisciplinary Design, 2013, 121: 549 - 556.

[107] Cao Z, Liu B, Zhang T. Control of separations in a highly loaded diffusion cascade by tailored boundary layer suction[J]. Proceedings of the Institution of Mechanical Engineers, Part C: Journal of Mechanical Engineering Science, 2014, 228(8): 1363 - 1374.

[108] Liu Y, Sun J, Lu L. Corner separation control by boundary layer suction applied to a highly loaded axial compressor cascade[J]. Energies, 2014, 7(12): 7994 - 8007.

[109] Hergt A, Dorfner C, Steinert W, et al. Advanced nonaxisymmetric endwall contouring for axial compressors by generating an aerodynamic separator-part II: experimental and numerical cascade investigation[J]. Journal of Turbomachinery, 2011, 133(2): 021027.

[110] 刘波,南向谊,王掩刚,等. 吸附式风扇/压气机技术的进展与展望[J].航空动力学报, 2007, 22(6): 945 - 954.

[111] 南向谊,刘波,靳军,等. 超声速压气机转子叶片吸力面抽气抑制附面层分离的机理[J]. 航空动力学报, 2007, 22(7): 1093 - 1099.

[112] 刘波,南向谊,陈云永.附面层抽吸对转子激波结构和分离流动的影响[J].航空学报,2008,29(2):315-320.

[113] 王掩刚,牛楠,赵龙波,等.端壁抽吸位置对压气机叶栅角区分离控制的影响[J].推进技术,2010,31(4):433-437.

[114] 茅晓晨,刘波,张鹏,等.组合抽吸对高负荷压气机叶栅流动分离控制的研究[J].推进技术,2016,37(1):8-17.

[115] 史磊,刘波,曹志远,等.高亚声速吸附式叶栅气动特性实验研究[J].推进技术,2014,35(5):591-596.

[116] 宋彦萍,陈浮,赵桂杰,等.附面层吸除对大转角压气机叶栅气动性能影响的数值研究[J].航空动力学报,2005,20(4):561-566.

[117] 王松涛,羌晓青,冯国泰,等.低反动度附面层抽吸式压气机及其内部流动控制[J].工程热物理学报,2009,30(1):35-40.

[118] 兰发祥.吸附式压气机设计技术研究[D].南京:南京航空航天大学,2008.

[119] 牛玉川.吸附式压气机叶栅的实验研究和分析[D].北京:中国科学院工程热物理研究所,2007.

[120] 葛正威.跨声速吸气式轴流压气机设计及数值模拟研究[D].北京:中国科学院工程热物理研究所,2007.

[121] 曹志远.附面层抽吸对轴流压气机流动控制及性能影响的研究[D].西安:西北工业大学,2014.

[122] 巫骁雄,刘波,史磊.端壁附面层抽吸对对转压气机性能的影响[J].推进技术,2014,35(10):1356-1362.

[123] 史磊,刘波,巫骁雄,等.对转压气机轮缘端壁抽吸流场特性数值分析及实验研究[J].航空学报,2015,36(9):2968-2980.

[124] 史磊,刘波,王雷,等.结合吸附技术的对转压气机改型设计[J].航空学报,2014,35(12):3254-3263.

[125] 王掩刚,牛楠,任思源,等.叶表和端壁抽吸对跨音速压气机稳定性影响对比分析[J].西北工业大学学报,2012,30(2):251-255.

[126] 盖伊,诺里斯.欧洲合力打造新"心脏"目标直指"远景2020"排放标准[J].国际航空,2008,(9):67-69.

[127] 赵斌,李绍斌,周盛,等.航空发动机空气系统气源引气的研究进展[J].航空工程进展,2012,3(4):476-485.

[128] Suder K L, Hathaway M, Thorp S A, et al. Compressor stability enhancement using discrete tip injection[J]. Journal of Turbomachinery, 2000, 123(1):14-23.

[129] Bhaskar R, Manish C, Kota V K,et al. Experimental study of boundary layer control through tip injection on straight and swept compressor blades[R]. ASME Paper, 2005-GT-68304, 2005.

[130] Behnam H B, Kaveh G, Bijan F, et al. A new design for tip injection in transonic axial comperssors[R]. ASME Paper, 2006-GT-90007, 2006.

[131] Gabriele C, Behnam H B, Albert K, et al. Parametric study of tip injection in an axial flow compressor stage[R]. ASME Paper, 2007-GT-27403, 2007.

[132] Zha G C, Carroll B F, Paxton C D, et al. High-performance airfoil using coflow jet flow

control[J]. AIAA Journal, 2005, 45(8): 2087 - 2090.

[133] Paxton C, Zha G C. Design of the secondaryflow system for a co-flow jet cascade[R]. AIAA Paper, AIAA - 2004 - 3928, 2004.

[134] Horn W, Schmidt K J, Staudacher S. Effects of compressor tip injection on aircraft engine performance and stability[R]. ASME Paper, 2007 - GT - 27574, 2007.

[135] Weigl H J, Paduano J D, Frechette L G, et al. Active stabilization of rotating stall and surge in a transonic single-stage axial compressor[J]. Journal of Turbomachinery, 1998, 120(4): 625 - 636.

[136] Evans S, Hodson H, Hynes T, et al. Flow control in a compressor cascade at high incidence [J]. Journal of Propulsion and Power, 2010, 26(4): 828 - 836.

[137] Day I. Active suppression of rotating stall and surge in axial compressor[J]. Journal of Turbomachinery, 1993, 115(1): 40 - 47.

[138] Weichert S, Day I, Freeman C. Self-regulating casing treatment for axial compressor stability enhancement[R]. ASME Paper, 2011 - GT - 46042, 2011.

[139] Stößel M, Bindl S, Niehuis R. Ejector tip injection for active compressor stabilization[R]. ASME Paper, 2014 - GT - 25073, 2014.

[140] 李继超,刘乐,童志庭,等.轴流压气机叶顶喷气扩稳机理试验研究[J].机械工程学报, 2014,50(22): 171 - 177.

[141] 卢新根,楚武利,朱俊强.定常微量喷气提高轴流压气机稳定工作裕度机理探讨[J].西北工业大学学报, 2007, 25(1): 17 - 21.

[142] 李亮,胡骏,王志强,等.微喷气对压气机稳定性影响的实验[J].航空动力学报, 2014, 29(1): 161 - 168.

[143] 贾惟,刘火星.叶顶喷气对跨声转子近失速点流动的影响[J].航空动力学报, 2011, 26(12): 2731 - 2740.

[144] 李斌斌.合成射流及在主动流动控制中的应用[D].南京: 南京航空航天大学, 2012.

[145] Mathis R, Duke D, Kitsios V. et al. Use of zero-net-mass-flow for separation control in diffusing duct[J]. Experimental Thermal and Fluid Science, 2008, 33(1): 169 - 172.

[146] You D, Moin P. Active control of flow separation over an airfoil using synthetic jets[J]. Journal of Fluids and Structures, 2008, 24(8): 1349 - 1357.

[147] 刘艳明,关朝斌,孙拓,等.合成射流激励对压气机叶栅气动性能的影响[J].工程热物理学报, 2011,32(5): 750 - 754.

[148] 茅晓晨,刘波,曹志远,等.端壁射流对压气机叶栅角区分离控制的研究[J].推进技术, 2014,35(12): 1615 - 1622.

[149] 冯岩岩,宋彦萍,刘华坪,等.不同攻角下端壁射流旋涡控制扩压叶栅分离流动研究[J].推进技术, 2015,36(1): 54 - 60.

[150] Nerger D, Saathoff H, Radespiel R, et al. Experimental investigation of endwall and suction side blowing in a highly loaded compressor stator cascade[J]. Journal of Turbomachinery, 2012, 134(2): 021010.

[151] 吴云,李应红,朱俊强,等.等离子体气动激励扩大低速轴流式压气机稳定性的实验[J]. 航空动力学报, 2007, 22(12): 2025 - 2030.

[152] Jothiprasad G, Murray R C, Essenhigh K, et al. Control of tip-clearance flow in a low speed

axial compressor rotor with plasma actuation[J]. Journal of Turbomachinery, 2012, 134(2): 021019.

[153]　李钢,杨凌元,聂超群,等. 等离子体激励频率对压气机扩稳效果的影响[J]. 高电压技术, 2012,38(7): 1629 − 1635.

[154]　Saddoughi S, Bennett G, Boespflug M, et al. Experimental investigation of tip clearance flow in a transonic compressor with and without plasma actuators[J]. Journal of Turbomachinery, 2015, 137(4): 041008.

第2章
压气机叶片智能优化设计新技术

2.1 叶片优化设计方法的发展与应用

2.1.1 叶片设计技术发展的迫切需求

航空发动机作为飞机的心脏,在飞机的设计过程中占有很重要的地位。随着现代航空工业的高速发展,以及发动机在巡航导弹中的广泛应用,要求军用战斗机有着更高的速度、更优秀的机动性及隐身能力;而对于民用航空飞行器,则要求其具有更低的耗油率和良好的经济性,并在可靠性、安全性和运营效率等方面也有了更高的需求。如此苛刻的要求,必须依靠采用具有高推重比、高效率、大流量、低油耗和宽的稳定工作范围的高性能航空发动机才能达到。作为航空发动机三大核心部件之一的压气机,对于满足较少的级数、高压比、高流通能力和低损失的要求,起着至关重要的作用。

要实现以上目的,从气动设计方面来考虑,就必须提高压气机单级的做功能力和压比。因此,相应地应该提高压气机的来流轴向速度和切向速度(转子的旋转速度)。当代先进的高性能轴流压气机的前几级无一例外设计成超、跨声速进口气流速度。在影响压气机性能的各项因素中,压气机叶片的几何形状及其对应的气动性能对压气机的整体性能起着非常关键的作用,其造型是影响压气机气动性能的主要因素。

喷气动力飞机已成功突破声障,实现了超声速飞行。超声速流动的出现,便伴随着激波的产生,而在激波后,静压会突升,其结果是逆压梯度增大,使附面层进一步增厚甚至出现大分离,从而造成严重的流场损失。

有统计数据表明,压气机的效率提高 1%,可使压气机的耗油率下降 1%。从结构质量来说,叶片的质量减少 1 g,压气机的质量减轻 4~5 g,发动机质量减少 1 kg,飞机的质量减少 10~15 kg[1]。因此,压气机的叶片设计决定着压气机的性能参数,如效率、压比、重量等。特别是在跨、超声速进口条件时,激波损失占总损失 50%左右的情况下,能够有效控制激波位置与强度的跨、超声速叶型的设计成功与否,在很大程度上决定着该压气机的性能。因此,在对超声速流动机理认识的基础上,进一步深入研究跨、超声速高性能叶片设计技术,尤其是附面层分离控制、激波的组织结构与叶片设计参数的合理配置是设计高性能超、跨声速压气机的关键。

2.1.2　传统的叶型设计方法的制约与不足

压气机叶片的设计是一个十分复杂和困难的过程,即使是有经验的设计人员,也很难一次就设计出符合性能要求的叶片出来。因此,对压气机叶片的反复优化就成为叶片设计环节中非常重要的一个步骤,叶片设计也应该包括一个完整的设计—分析—改进—实验验证过程。

20世纪40年代末,压气机叶片设计一般都采用对称速度图(50%反力度)和约10%最大厚度比的厚前缘叶型,设计方法主要依据孤立叶型和二元叶栅概念,这种叶型能够满足当时低流量、低压比轴流压气机叶片的设计需要,如美国的NACA-65系列、英国的C-4系列及苏联的BC-6系列等。在当时的条件下,用这种方法也设计出了许多性能优良的亚声速轴流压气机。随着飞行速度的提高,当叶片进口$Ma_1 > 0.75$时,采用这种方法设计出的叶片性能不是很理想。主要原因是当来流$Ma_1 > 0.75$时,叶片表面出现了以较强激波结尾的局部超声速区,来流马赫数更高时会出现很强的正激波,激波附面层相互干扰会产生很大的流动损失。因此,为避免严重损失和可能出现的堵塞,不得不将此类叶片进口马赫数限制在0.75以下。另外,由于进口速度的限制,必须采用预旋来保持转子相对进口马赫数在限制值内,而采用对称速度图会受限于叶尖速度和进口速度的最大值,因而制约了压气机的性能。随着压气机不断朝大流量、高负荷、高效率的方向发展,传统叶片叶型设计方法已不适应高性能压气机发展的需要,这促使人们去研究和开发新叶型设计技术,特别是适应超、跨声速流动的叶型设计技术,以满足高性能叶轮机械发展的要求。

国外在20世纪60~70年代已研制出了一些适用于跨声速条件的叶型,其中最具代表性的是双圆弧叶型(double circular airfoil, DCA)和多圆弧叶型(multiple circular airfoil, MCA)。双圆弧叶型的吸力面和压力面均为圆弧,它是以等转折率概念来控制气流扩压的叶型,一般用于高亚声速到低超声速工作的叶片设计;多圆弧叶型中弧线由两段圆弧控制,中弧线曲率在前后两段圆弧的变化率为常数,从高亚声速到$Ma_1 = 1.2$的进口速度下,这种叶型具有良好的性能。但由于控制中弧线曲率的区段少,不能适应进口速度为$Ma_1 > 1.2$时的超声速流动,于是在20世纪60年代末期,出现了任意成型叶型,其设计方法是通过恰当选择多项式的系数,可以控制中弧线曲率及叶型型面,使叶型表面的速度分布得以控制,特别是降低进口段的马赫数来削弱激波强度,降低激波损失,它比多圆弧叶型有更强的适应性。这种叶型的代表有楔形叶型和S形叶型,也称预压缩叶型,其几何特点是前缘尖,叶型较薄,叶型弯角较小或为负转折角,前段有一斜直线段或负曲率段。这种叶栅流动的代表性特征是由吸力面内凹部分的压缩波汇聚形成第二道斜激波,称为预压缩波。预压缩激波的强度不大,却有效地降低了相邻叶片弓形激波前的马赫数,减少了激波损失。

上述超、跨声速叶型设计方法,都是用相对固定的几何曲线来构造叶型,没有将设计叶型的几何参数与决定叶型气动性能的表面速度分布联系起来,因此称为叶型设计的常规方法。

以上常规叶型都是在中弧线生成以后,加上标准厚度分布,即以相对弧长为自变量,以最大厚度位置为界点的两个三次多项式。给定前后缘半径、最大厚度及最大厚度位置,叶型型线便获得,叶型表面的变化主要依赖中弧线。同时,常规叶型前后缘切点都是用圆弧连接,超声速气流在叶型头部加速过快,不利于后面气流的控制。

为了适应超、跨声速压气机发展的需要,20 世纪 70 年代末,国外出现了定制叶型技术,允许事先指定叶型表面速度分布,借助流动数值模拟手段,通过对叶型进行"裁剪",最终确定叶型几何形状,这就有可能使叶片在宽广的工作范围内始终处于小损失状态,其原因在于设计者可按气流分离最小准则预先指定叶型表面的速度扩散率来设计叶型,超临界叶型技术和可控扩散叶型是其中的典型代表。可控扩散的设计思想是,吸力面峰值速度点后,叶片的成型应使得速度扩散率最小,吸力面附面层分离造成的叶型损失最小。超临界叶型可看作一种特殊的可控扩散叶型,它除了在吸力面峰值速度点后面的扩散率可控外,叶片的前面部分设计的形状可以在高亚声速进口马赫数时的超临界状态下工作(吸力面有一个无激波超声速段)。这类叶型在超、跨声速时有较宽广的工作范围,且损失较小。

但是在压气机叶片设计中,各叶型截面若分别按给定速度分布来"裁剪",不但耗时长,更突出的问题是有时很难满足叶片设计在几何上的严格要求。因为叶片各截面的前、后缘构造角、安装角和弦长等必须达到规定值,且沿径向变化要光滑,这在常规叶型设计中能比较自然地满足,但按反问题或杂交问题方法生成叶型时,则需要经过反复调整方能达到要求,因此工程上也常用标准曲线族来辅助生成定制叶型。

2.1.3　优化设计技术的发展及叶片造型中的应用

现代航空压气机设计要不断寻求突破气动的极限,在保证较高效率和较宽稳定工作范围的基础上不断提高级负荷,而实现这一目标是一个极其耗时,同时需要较依赖设计经验的过程。优化设计方法的引入可以在较大程度上改善压气机气动设计的效率,缩短压气机气动设计的周期,节省研究的成本。寻优能力较强的优化方法与较合适的参数化方法相结合,不仅可以高效地完成压气机的气动设计,同时也可以在一定程度上追寻压气机气动设计的极限,提升压气机的气动性能。

随着现代计算机与计算方法的快速发展,计算流体力学(computational fluid dynamics, CFD)快速的兴起,对叶轮机械的设计产生了巨大影响。叶轮机械的性能及内部流场细节的获取也从实验转变到了实验与计算相结合的方法。随着各种现代优化方法的快速发展,出现了共轭梯度法、单纯形法、人工神经网络、遗传算法及模拟退火算法等多种先进的优化算法。将这些优化方法与叶轮机械数值模拟方法相结合,在优化设计过程中显著减少人的工作量,缩短了叶片优化周期,花费也大大降低。计算机主导进行择优改进过程,把设计人员从烦琐复杂的优化过程中解放出来,已经成为一种成熟有效的叶片优化技术,成功应用于叶轮机械的各种设计阶段之中。

通常,航空轴流压气机叶型的气动优化设计需要考虑三方面因素: ① 优化算法的计算效率及鲁棒性;② 优化结构的逻辑表示(设计变量选择及几何外形的参数化表达);③ 气动分析模型(基于 CFD 分析优化结果的有效性等)。借助 CFD 对优化目标进行评估,由于其比实验具有更高的效率、更低的成本及满意的精度,目前是优化设计方法的核心组成部分。

从优化问题本身的形式区分,最优化问题可分为无约束优化问题和约束优化问题。无约束优化指没有任何对于优化问题的约束,求解过程只需要考虑最大化或最小化优化目标的优化问题,这类优化问题往往存在于理论分析中,实际应用中较少。约束优化问题在无约束优化问题的基础上添加了若干等式和不等式约束,限定了优化目标的有效条件,在实际中处理的往往是这类优化问题。由于需要额外考虑约束条件,约束优化的处理相对复杂,通常采用拉格朗日乘子,通过引入拉格朗日乘子将约束问题转化为无约束问题进行求解,见式(2-1)和式(2-2):

$$\begin{cases} \min_{w,\,b} f(x) = \dfrac{1}{2} \sum_{i=1}^{n} \parallel w_i x_i + b_i - y_i \parallel^2 \\ \text{st.}\, g(x) \geqslant 1, \quad h(x) = 0 \end{cases} \tag{2-1}$$

$$\min_{w,\,b} \max_{\alpha,\,\beta} F(x) = \frac{1}{2} \sum_{i=1}^{n} \parallel w_i x_i + b_i - y_i \parallel^2 + \sum_{i=1}^{n} \alpha_i g(x_i) + \sum_{i=1}^{n} \beta_i h(x_i) \tag{2-2}$$

经过引入拉格朗日乘子,带约束的优化问题转变为式(2-2)。目前,工程、学术领域涉及的所有优化设计问题基本均可以使用式(2-2)进行抽象。气动优化设计领域的优化问题为最小化实际设计与目标设计的误差,人工智能领域的优化问题为最小化预测输出与实际输出的误差;两者的具体形式不同,而理论依据基本相同。

叶轮机械的气动设计优化包括多个方面,其中最为主要也是最为常用的一个优化对象便是叶轮机内部的叶片。传统的优化设计过程分为正问题和反问题优化,对于早期的正问题优化,主要是将二维气动模拟程序(如 S1、S2 计算程序)及全三维流场模拟程序作为设计的分析器来使用。根据气动模拟程序所提供的流场数据的评估结果,依靠设计人员积累的大量专业知识和经验来对叶型做出修改,以获得叶片气动性能的改进。这样的优化设计过程周期相当长,需要耗费过多的设计成本并且对设计人员的要求很高。

使用反方法设计,如速度图法、势、流函数法等,能够缩短优化设计周期,降低设计成本,但在设计过程中必须首先确定最优的参数分布(如表面速度分布等),才能得到所需要的叶型,严重依赖于设计人员的经验。通常情况下,求解反问题时容易出现叶型表面不光滑,甚至出现非物理解的现象,也不一定满足结构强度的要求,并且叶型攻角特性等性能无法得到更好的满足,在非设计工况下,叶型性能有可能无法保证。

目前,将数值优化方法与正问题设计相结合,让计算机来代替人工自动完成寻优过程已经广泛应用于叶轮机的优化设计工作中。相对于反问题设计,采用数值优化方法进行寻优具有诸多优势,首先在整个寻优过程中,人为因素影响降低,对设计者的经验依赖程度低,并且自动寻优过程能够节省大量的人力资源。同时,由于在优化过程中是对正问题进行的求解,可以保证优化的强度等要求。还可以使用多目标优化方法,实现多学科综合优化。

数值优化方法分为基于梯度的方法和启发式方法,前者主要有共轭梯度法、单纯性法、最速下降法等。这类方法在整个优化过程中具有确定性,能够保证收敛到局部极值点,但是具有对目标函数要求高的局限性,并且在很多情况下,对目标函数高阶信息的获取是相当困难的。同时,梯度类方法仅能保证局部最优,在多峰值优化中,优化结果与初始设计变量有很大关系,可能无法收敛于全局最优点。启发式优化算法则很好地克服了梯度法的缺陷,具有良好的全局寻优能力,并且在处理非线性优化方面具有很好的性能,目前已经成为了航空及叶轮机械领域优化设计的研究热点。单独使用人工神经网络(artificial neural network,ANN)、遗传算法及将这两种方法结合起来同时使用是较为常用的方法。

人工神经网络技术的研究起始于 20 世纪 40 年代,其作为人工智能研究的重要组成部分,结合了脑科学、神经科学、认知科学、心理学、计算机科学、数学等多个学科。人工神经网络的基本思想是使用计算机对人脑的工作方式和结构进行模拟,建立起一种高度复杂的,非线性的信息处理系统,从而完成对人工智能的实现。

20 世纪 80 年代,两个新观念的提出使得人工神经网络的研究走出了瓶颈期:第一个是利用统计机制解释循环网络运行过程,可用于联想记忆;第二个是用于训练多层感知器的反向传播(back propagation,BP)算法。1986 年,Rumelhart 等提出了著名的多层网络反向传播算法,该算法较好地解决了多层网络的学习问题,解决了大量的实际问题,成为最为常用的神经网络学习算法之一。经过了几十年的发展,随着计算机的性能大幅度的提高,人工神经网络已经作为一种新兴技术,与多种学科相交叉,解决了大量传统科学难以解决的问题,在航空航天领域也得到了广泛的应用。

在叶轮机领域,对于神经网络的应用主要集中于两个方面,一方面是采用神经网络建立响应面(response surface)来进行气动预测优化设计,或者采用其他数值优化方法与神经网络相结合寻优;另一方面是直接使用神经网络进行气动寻优。遗传算法作为现代优化方法中重要的优化方法之一,已经取得了丰硕的研究成果,并在函数优化、组合优化、生产调度问题、自动控制、人工生命等多个领域中得到了应用。遗传算法起源于对生物系统所进行的计算机模拟研究,从自然系统中生物的复杂适应过程出发,用生物进化机制来构造人工系统模型,在研究和设计人工自适应系统时,可以借鉴生物遗传的机制,通过交叉、变异等运算策略,采用群体方法进行自适应搜索。

近几十年来,对于遗传算法的研究及应用呈上升趋势,众多科研人员已经将其应用于多个领域,解决了大量工程优化问题,并在人工智能方面取得了重要突破。在叶型优化领域里,使用实数编码的遗传算法优化对二维叶型问题和三维跨声速翼型问题进行了求解,结果表明,使用遗传算法在叶型翼型优化方面具有良好的可靠性和灵活性,对设计域的干扰相对不敏感。

优化算法是优化设计的核心环节,优化算法的全局寻优能力可以直接决定优化设计得到叶型的气动性能,优化算法的收敛速度可以影响优化设计的效率。优化后的叶型的气动性能和优化设计效率是衡量一个优化设计体系的重要指标,前者是整个优化设计体系所追求的目标,后者代表追寻目标过程中所要消耗的计算资源量,因此提高优化算法全局寻优能力和收敛速度是所有优化算法改进的方向。

自密歇根大学的 John Holland 教授于 1975 年提出遗传算法思想开始[2],仿生智能优化算法的研究进入了一个较快的发展期。这几十年来,仿生智能优化算法不仅广泛应用到了包括航空航天在内的多个工程领域中,而且在优化算法性能改进方面也取得了较大突破,取得了突飞猛进的发展。以粒子群优化算法(1995 年提出)、差分进化算法(1995 年提出)和人工蜂群算法(2005 年提出)为代表的新型仿生智能优化算法应运而生,并在叶轮机械叶片设计中得到了广泛的应用。

2.1.4　叶型优化设计研究回顾

1983 年,NASA Lewis 研究中心的 Sanger 将数值优化算法与可控扩散压气机静子叶片造型相结合,实现了优化技术与压气机气动设计的首次融合[3],从而开启了压气机气动优化设计时代。图 2-1 所示为 Sanger 优化设计的结果,优化设计有效地减小了湍流附面层的形状因子,提高了可控扩散叶型的气动性能。

1998 年,美国亚利桑那州立大学的 Ratneshwar 等首先利用 Bezier - Benstein 多项式来描述叶型,采用该参数化方法可以更灵活地描述叶型型面,通过较少的变量

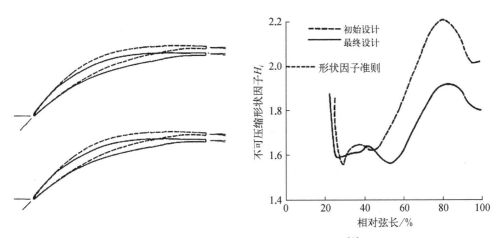

图 2-1 Sanger 优化设计的结果示意图[3]

完成对叶型的控制[4]。虽然该优化方法的效率及求解精度与普通数值优化方法相比有所提高,但优化效率依然有待进一步提升。

1999 年,西门子公司的 Koller 等[5]对亚声压气机叶型进行了优化设计,在优化设计点性能的同时也寻求最优的稳定工作范围。叶型型面由两段三阶样条曲线组成,优化算法方面选取正态分布随机搜索结合高斯-赛德尔迭代的优化方法,优化设计得到的叶型与典型的可控扩散叶型的性能相比,损失有一定降低,并且有效提升了叶型攻角工作范围,优化结果如图 2-2 所示。

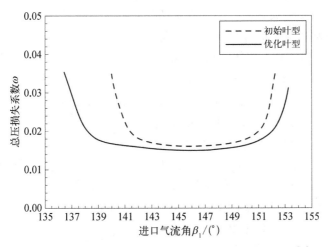

图 2-2 优化设计前后攻角-总压损失系数特性对比图[5]

同年,比利时冯卡门流体动力学研究所的 Pierret 等[6]研究了一种模拟退火算法与人工神经网络相结合的二维叶型优化设计方法,这是以人工神经网络为代表的响应面法优化策略首次应用于压气机气动设计,尤其是在全三维优化设计中,该优化策略的引入可以在较大程度上节省优化设计的时间。该优化设计方法使用二维 Navier－Stokes 方程求解器对叶型性能进行评估,同时使用多段 Bezier 对叶型型面进行参数化。

同年,在美国机械工程师协会（American Society of Mechanical Engineers, ASME)举办的叶轮机会议上,宾夕法尼亚州立大学的 Dennis 等[7] 提出了一种带有约束的叶型优化方法,该优化设计方法创新性地引入了人工智能算法,使用遗传算法结合序列二次算法(sequential quadratic programming, SQP)作为寻优方法,在寻优的速度和准确度方面均有一定提升。参数化方法采用传统的叶型生成方法,用几何进口角、几何出口角、弦长、前后缘半径来描述叶型形状,而流场求解器选用一个求解二维可压湍流的 Navier－Stokes 方程程序。

2000 年,优化方法在压气机气动设计中的应用又得到了进一步的发展,优化设计开始涵盖压气机全三维设计。2000 年,韩国仁荷大学的 Lee 等[8] 首次对轴流压气机叶片进行了全三维复合弯掠的优化设计,使用最速下降法作为优化算法,优化设计后的压气机效率提升了 1.1%,级压比也均有一定程度提高,并且成功地减小了静子出口的尾迹。

2001 年,日本 Ebara 研究所的 Ashihara 等[9] 使用 3D 反问题方法与优化设计方法相结合对 NS1350 叶片进行了气动优化设计,文中首次将系统布置设计(system layout planning, SLP)算法、期望传播(expectation propagation, EP)、模拟退火算法和遗传算法四种优化算法结合三维流场计算方法的优化设计结果进行了对比分析,分析显示,模拟退火算法结合三维流场计算方法具有最好的优化效果,而且该优化设计方法将优化负荷分布曲线作为优化目标。

2002 年,美国 NASA 格林研究中心的 Oyama 等[10] 研究了一种基于实数编码自适应范围遗传算法的跨声速轴流压气机叶片优化设计方法,该优化算法提升了大数量优化变量条件下的算法寻优能力。该优化设计方法使用三维 Navier－Stokes 程序作为流场评估方法,同时使用三阶 B 样条曲线对叶片各截面叶型的中弧线和厚度分布进行参数化。该优化设计方法以 Rotor67 作为研究目标开展优化设计,优化设计后熵增减小了 19%。由图 2－3 优化设计前后的等熵效率特性对比图可知,优化设计后,设计点效率提高了约 2%。

同年,NASA Ames 研究中心的 Madavan[11] 率先使用差分进化算法对压气机叶型进行了优化设计,相比遗传算法,无论是在收敛精度方面还是在收敛速度方面,差分进化算

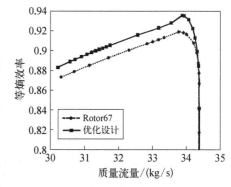

图 2－3   优化设计前后的等熵效率特性对比图[10]

法均具有较大优势。

2003,韩国仁荷大学的 Ahn 等[12]使用响应面法结合三维 Navier‑Stokes 程序以 Rotor37 为研究对象开展了复合弯掠的优化设计研究,优化设计后 Rotor37 的效率提高了 0.7%,图 2‑4 为转子优化设计前后造型对比图。

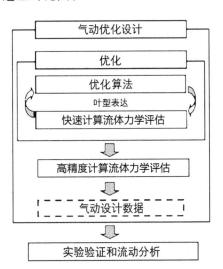

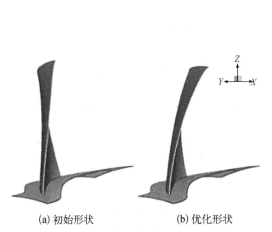

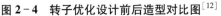

(a) 初始形状　　　　(b) 优化形状

图 2‑4　转子优化设计前后造型对比图[12]　　图 2‑5　低雷诺数叶型优化设计流程图[13]

2004 年,日本本田技术研究所的 Sonoda 等[13]对低雷诺数条件下的压气机叶型进行了优化设计。该优化设计方法采用三阶 B 样条曲线对叶型进行参数化,并且使用两种不同的优化算法开展低雷诺数条件下的压气机叶型优化研究,第一种优化算法是进化策略算法,第二种是多目标遗传算法。流场求解器使用带有 $\kappa\text{-}\omega$ 湍流模型的准三维 Navier‑Stokes 方程求解程序,优化设计的流程如图 2‑5 所示。

2008 年,澳大利亚墨尔本皇家理工大学的 Khurana 等[14]首次将利用粒子群算法结合人工神经网络来优化叶型,这开启了优化领域的新潮流。粒子群算法是一种群体智能随机寻优算法,将进化策略与人工过程相结合,大大扩展了寻优空间。而人工神经网络的引入则可以大大缩短了优化过程的时间,也为全三维叶型优化提供了很好的思路,该优化设计方法的流程如图 2‑6 所示。

2011 年,德国宇航研究院的 Goinis 等[15]对对转压气机各个截面叶型进行了优化设计,该优化设计方法是基于德国宇航研究院开发的 AutoOpti 软件进行的,该软件是将进化策略与响应面法相融合的一种优化策略。同年,美国辛辛那提大学的 Park 等[16]对压气机多学科优化设计进行了研究,对压气机的效率、质量、长度和转静子叶片数进行了多目标优化设计,使用多目标遗传算法作为优化算法,同时使用 T‑AXI 和 T‑AXI‑DISK 程序对压气机性能进行评估。

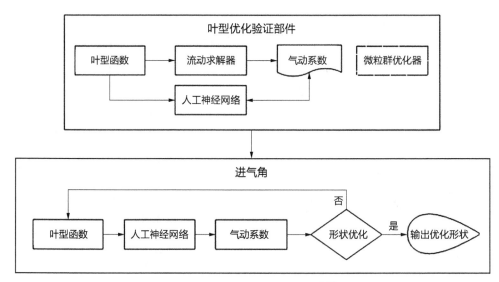

图 2-6　叶型优化设计流程图[14]

Faller[17]使用一种均一化的径向神经网络来预测叶片吸、压力面的气动性能参数,预测结果与实验结果吻合程度很好。William 等[18]将神经网络作为转子性能评估的方法应用于转子优化过程当中。Rai 等[19]使用人工神经网络代替传统的多项式方法来建立响应面,对建立的前馈人工神经网络进行了有效评估,并基于该网络建立了一种快速的气动优化方法,将其运用与某涡轮的优化气动设计。

Oyama 等[20]利用进化算法与三维 N-S 方程求解相结合,对 NASA Rotor67 叶片进行了全三维优化,绝热效率提高了近 2%。随后,他又将该算法应用于多级压气机的多目标优化设计中,得到了合理的 Pareto 解[21]。Li 等[22]在对涡轮叶栅优化中使用了基于 Boltzmann 选择的遗传算法,他们将目标压力分布与计算压力分布之差用于建立目标函数,得到的叶型合理,压力分布与目标分布吻合程度很好,同时表明了该改进的遗传算法是可行的,具有良好的鲁棒性。Temesgen 等[23]将遗传算法与人工神经网络结合起来,使用非均匀有理 B 样条(non-uniform rational B-spline, NURBS)技术对涡轮叶片进行参数化,完成了对该叶片的全局和局部优化。

国内对于优化方法在压气机气动设计中的应用研究也有相当大的进展,尤其是在某些优化算法性能的研究方面也处于国际先进水平,一些典型的研究工作如下。

西北工业大学的刘波等于 1988 年率先开展了针对轴流压气机可控扩散叶型的数值优化设计研究,该优化设计方法采用势、流函数法设计得到初始叶型,然后以叶型总压损失为目标,结合数值优化方法对叶型在非设计状态下的性能进行优化设计。优化得到的可控扩散叶型不仅在设计点具有较小的损失,同时也拓宽了叶型的小损失工作范围。该团队于 2006 年开展了 NURBS 曲线与人工神经网络相结合的叶片优化设计方法研究,并且对某三级半轴流压气机的第二级静子叶片进行优化设计,验证了该方法的工程实用性。同年,该团队将多目标遗传算法与轴对称流线曲率法相结合,将优化设计方法应用于多级压气机 S2 流面的设计中,相继开展了高空低雷诺数叶型优化设计、对转压气机全三维级环境下的优化设计、高压压气机一维优化设计、非轴对称端壁优化设计和吸附式叶型优化设计等一系列研究,将优化方法较好地应用于压气机气动设计的各环节中[24-33]。

西安交通大学的卢金铃等[34]以动量距为设计变量,通过反问题计算得到了叶片,采用神经网络建立了设计变量与目标函数间响应关系,用于叶片优化设计。樊会元等[35]将神经网络与遗传算法结合起来,实现了一种离心压气机叶片反方法设计方法。李军等[36]将遗传算法应用于跨声速透平叶栅的优化设计,用基于最小二乘法的四次多项式来拟合叶型型面,对两种叶栅进行了优化设计。提高了叶栅效率,降低了叶栅流场的激波强度。同时,该团队于 2005 年对三维跨声速压气机开展了优化设计研究[37-39],将自适应差分进化算法与三次 B 样条曲线相结合对跨声速压气机进行优化设计,优化设计后,级效率提高了 1.1%。

北京航空航天大学的桂幸民所带领的团队于 2006 年研究了基于混合遗传算法结合二维 Navier‐Stokes 方程求解程序的压气机叶型优化设计方法,该混合遗传算法将自适应遗传算法与模拟退火算法相结合,在搜索能力与运行效率方面均有一定提高。该团队于 2009 年开展了高负荷低速轴流风扇优化设计,优化设计后,TA36B 风扇的失速裕度提高了 1.6%。2013 年,该团队将优化方法应用于压气机非轴对称端壁的设计中,使用遗传算法结合人工神经网络对压气机非轴对称端壁进行优化设计,优化设计有效减小了叶栅二次流损失,提高了静压升[40-43]。

南京航空航天大学的周正贵所带领的团队于 2002 年开展了混合遗传算法在叶片自动优化设计中的应用研究,该混合遗传算法将单纯形法取代变异运算,使用三次多项式结合多圆弧生成中弧线,使用三次多项式描述叶型厚度分布,由气流转折角、总压损失及叶型型面构成优化目标,对叶型进行优化设计。该团队于 2008 年开展了转子三维优化设计研究,对 Rotor67 的积叠线、子午面流道及沿径向弦长的分布进行了优化设计,优化设计后,转子效率提高了 0.5%。近年来,该团队开展了吸附式叶型的优化设计研究,将遗传算法与中弧线叠加厚度分布的参数化方法相结合,对吸附式叶型进行优化设计[44-48]。

通过以上对国内外优化方法在压气机气动设计中应用的总结可以看出,现代优化设计方法正在朝三个方向发展:① 对优化算法的搜索能力及搜索速度进行研究,该研究方向对压气机气动优化设计有十分重要的意义,搜索能力和搜索速度的提高可以在很大程度上降低压气机气动设计的成本,并且可以有效提高压气机的气动性能;② 将优化方法与压气机中各种先进流动控制方法相结合,为高负荷压气机气动设计提供更多的技术储备;③ 改进参数化方法,可以有效地减少优化变量的数量,提高优化设计效率,同时也可以更好地探寻气动设计的极限,为高负荷压气机气动设计创造更大的寻优空间。

2.2　基于遗传算法的可控扩散叶型优化设计技术

遗传算法(genetic algorithm, GA)是 20 世纪中后期由密歇根大学的 Holland 教授所提出的随机搜索优化算法,该算法基于生物遗传理论和进化理论,利用计算机系统,对生物进化行为进行模拟,为人工自适应系统的设计和开发提供了广阔的前景,也为大量组合全局优化问题的解决开辟了新的途径。随着几十年的不断发展,遗传算法已经广泛应用于工程优化的诸多领域。

本节主要介绍遗传算法的基本原理、算法实现和改进,并应用改进遗传算法进行可控扩散叶型优化设计。

2.2.1　遗传算法的基本原理及特点

遗传算法的基本思想基于进化论和遗传学说,而进化过程可以归结为“物竞天择,适者生存”,即每一种生物在其发展过程中都是对环境的适应,只有那些能够适应环境的个体才能生存下来,而其他适应性不足的个体则被大自然淘汰[49,50]。遗传学说证明,生物性状是可以通过繁殖过程,由父代的基因传递到子代的。在遗传过程中,子代在保留父代大部分优良性状的同时,会产生一定的变异,这种变异的方向是无法选择的,并会导致新的性状出现。获得优良性状的个体对环境具有更强的适应性,所以生存下来,并遗传到下一代,而适应能力差的个体则被淘汰。这些机制综合起来便使物种逐渐向适应于生存环境的方向进化,产生优良物种。遗传算法是对这一生物进化过程的人工模拟,并利用这个机制来解决实际优化问题。

对于一个优化问题,可以将寻优过程看作一个在整个求解域对可行解的求解。在遗传算法中,将问题域中所有的可能解当作一个种群中的所有个体,而通常个体用一串符号串编码表示,这个编码可以视为个体的基因或染色体,每个不同的染色体用以表示每个不同的个体。将优化问题中的目标函数视具体情况变换成适应度函数,用适应度函数来对每个个体进行评价,得到的函数值表示该个体对环境的适应度,实现环境对个体的选择。大量的个体形成种群,在种群中的各个体之间相互进行交叉和变异,模拟父代繁殖子代的过程,形成新的种群。新的种群重复上述过程,直至达到所期望的种群或者进化种群繁殖代数,而得到的适应度最高的个体则是该优化问题的优解(一般不为最优解)。

2.2.2 基本遗传算法的参数及运行流程

1. 遗传算法基本要素及运行参数

遗传算法包括以下几个重要的要素。

（1）种群（population）：表示问题可能潜在的解集，由大量个体组成。

（2）个体（individual）：表示问题的每一个可行解，是遗传算法中的基本元素。

（3）基因（gene）：对问题可行解的编码描述，一个基因对应一个个体。

（4）适应度（fitness）：用以反映个体的优劣程度，适应度越高，个体越趋于最优解。

（5）选择（selection）：以一定的规则对种群中个体进行选择，将优势个体保留，淘汰不良个体。

（6）复制（reproduction）：父代基因向子代遗传的过程。

（7）交叉（crossover）：父代基因之间的重组。

（8）变异（mutation）：子代基因发生非定向的突变，随机产生新性状的过程。

在对一个问题使用遗传算法求解前需要对算法运行的一些参数进行设定，基本遗传算法的运行参数主要有四种：① 种群大小，即群体中所含个体的数量，大种群能够提供更大的解的搜索空间，保证算法更容易搜索到最优解；② 进化代数，即算法的迭代次数，一般来说，进化代数越多，解越趋于最优；③ 交叉概率，决定了父代染色体之间交叉的可能性，若值太小，容易使算法停滞，失去寻优作用，一般取为 0.4~0.99；④ 变异概率，即子代基因产生随机变化的概率，保证了算法中的随机扰动，使子代能够出现父代未有的性状。若该值过大，则很容易破坏个体中的优良模式，使遗传算法退化为随机搜索算法，通常取 0.1 左右。遗传算法运行参数的确定在很大程度上决定了算法的性能，合理地选择这些参数是必要的，但是由于在选取过程中没有特定的规律，就必须通过大量的实验来进行参数的确定，种群和进化代数增大则会增加算法运行的时间。

2. 基本遗传算法的运行流程

基本遗传算法的运行流程如图 2-7 所示。首先，算法开始前需要随机生成规定大小的初始化种群，然后对该种群中的每一个个体进行适应度评价，通过选择操作将优良个体保留下来进入染色体交叉操作，从而产生新的个体。对新生成的个体进行随机变异操作，获得

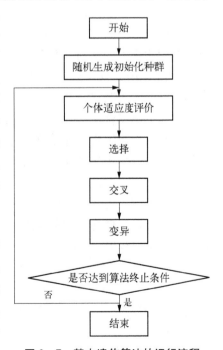

图 2-7 基本遗传算法的运行流程

新性状,形成新种群,再判断是否达到算法终止条件,如果为否,则对新种群中的个体进行适应度评价,反复迭代,直至算法结束,输出适应度最大的个体。一般的算法结束条件有两种,一种是达到算法规定的运行最大代数,另一种是新种群个体适应度之间的方差小于某一阈值。

2.2.3　基本遗传算法的实现

1. 染色体编码方式

遗传算法的进化过程是建立在染色体编码机制基础上的。编码,即把一个问题的可行解从其解空间转换到遗传算法所能处理的搜索空间的转换方法。遗传算法通过对个体进行编码操作,不断搜索出适应度较高的个体,并在群体中逐渐增加数量,最终得到问题的近似最优解。编码对算法的性能,如搜索能力和种群多样性等的影响很大,编码方式基本上可以分为三类:二进制编码、浮点数编码、符号编码,其中前两类是最为常用的。

二进制编码指利用二进制符号1和0来表示个体基因型的编码。每个个体基因型都是一个二进制编码符号串,二进制编码方法简单,能够快速解码,交叉变异等遗传操作便于实现,可以方便地使用模式定理对算法进行理论分析。但是,该编码方法不利于反映所求问题的特定知识,对于连续函数优化问题的局部搜索能力较差。同时,由于问题所要求的求解精度与二进制编码符号串的长度有较大关系,在个体编码串较短时,其求解精度较难保证。

在浮点数编码中,个体的每个基因值用某一范围内的一个浮点数进行表示,即每个基因为决策变量的真实值。使用浮点数编码可以省略解码步骤,降低遗传算法的计算复杂度,能够解决解集空间变量范围大的问题,使遗传算法有效适用于较大解集空间的情况,得到较高精度的解。浮点数编码方法直观,可以将遗传算法与经典优化方法混合使用,便于处理复杂决策变量的约束条件。

鉴于浮点数编码的优点及与叶片参数化匹配的具体情况,优先考虑选择浮点数编码作为叶型优化设计中使用的遗传算法编码方法。

2. 适应度函数

为了模拟生物个体对环境的适应程度,实现环境对个体的选择,在遗传算法中采用适应度这个概念来衡量群体中个体在优化计算中有可能达到或接近于有助于找到最优解的程度,从而使优良个体基因有更大的概率遗传到子代。在适应度评价过程中,个体的适应度是通过适应度函数计算得到的,这个评价过程一般由以下几步组成:① 解码个体编码串,得到个体表现型;② 使用个体表现型计算对应个体的目标函数值;③ 根据最优化问题的类型,由目标函数值按一定的转换规则得到个体适应度。

通常,适应度函数是由目标函数变换而成的,适应度函数的形式和最优化问题有很大关系。最优化问题分为求目标函数全局最大值和目标函数全局最小值两类问题,最为简单的建立方法是直接使用目标函数转换为适应度函数。

最大化问题:

$$F(x) - f(x) \tag{2-3}$$

最小化问题:

$$F(x) = -f(x) \tag{2-4}$$

式中, $F(x)$ 是适应度函数值; $f(x)$ 为目标函数值。

这种适应度函数虽然简单,但在一些情况下不满足适应度函数非负的条件,并且某些代求解的函数在函数值分布上相差很大,得到的平均适应度可能不利于体现种群的平均性能,影响算法性能,因此常用以下适应度函数形式。

最大化问题:

$$F(x) = \begin{cases} f(x) + C_{\min}, & f(x) + C_{\min} > 0 \\ 0, & f(x) + C_{\min} \leqslant 0 \end{cases} \tag{2-5}$$

最小化问题:

$$F(x) = \begin{cases} C_{\max} - f(x), & f(x) < C_{\max} \\ 0, & f(x) \geqslant C_{\max} \end{cases} \tag{2-6}$$

式中, $C_{\min}$ 为一个相对小的数,一般为目标函数的最小估计值; $C_{\max}$ 为相对大的数,一般为目标函数的最大估计值,这种方法的主要难点在于对界限值的预先估计。

适应度函数在一些情况下需要进行尺度变换,从而保证在遗传算法运行的不同阶段都能使适应度函数正常地选择评价功能。目前,常用的个体适应度变换方法主要有线性尺度变换、乘幂尺度变换和指数尺度变换。

3. 基本遗传算法的操作算子

遗传算法的操作算子是遗传算法中对个体染色体进行操作的方法,操作算子是遗传算法中重要的组成部分之一。算子的选择对遗传算法的性能有着巨大的影响,必须对操作算子进行精心的设计选择。基本的操作算子有三种:选择算子、交叉算子、变异算子。

1) 选择算子

选择算子是用来模拟自然界对个体的选择过程的,其作用是确定如何从父代群体中按某种方法选取哪些个体遗传到下一代。选择操作对个体优良性的判断是通过个体适应度实现的,最为常用的选择算子是比例选择算子,这是一种回放式随机采样方法,其基本思想为各个体被选中的概率与其适应度大小呈正比,个体选择概率由式(2-7)计算：

$$P_i = \frac{f_i}{\sum_{i=1}^{M} f_i} \qquad (2-7)$$

式中，P_i 为第 i 个个体被选中的概率；f_i 是个体 i 的适应度。

从式(2-7)可以看出，个体的适应度越大，则越容易被选中，保证了种群中优良个体的保留延续。在每次选择之后总会有相对最优良的个体存在，虽然将这些个体进行交叉变异操作可以提高种群的多样性，但是交叉变异的随机操作很容易将这些个体的优良模式破坏掉，降低种群的平均适应度，影响算法的运行效率，因此通常使用精英保存策略对这些最优个体进行保护。精英保存策略是指将当前种群中适应度最高的个体略过交叉和变异操作，而直接用它替换掉本代种群中经过交叉、变异等遗传操作后所产生的适应度最低个体。该方法保证了遗传算法的收敛性，一般作为选择操作的一部分。

2）交叉算子

交叉算子是对父代个体染色体之间的操作，用以模拟生物进化过程中的遗传过程。通过交叉操作，两个相互配对的父代染色体按照一定的方式相互交换部分基因，从而产生新的子代个体。

交叉算子的设计要求：交叉过程中既不能太多地破坏个体编码串中表示优良性状的优良模式，又能够有效地产生出一些较好的新个体模式。例如，选择单点交叉算子来进行交叉操作，即个体编码串中只随机设置一个交叉点，然后在该点相互交换两个配对个体的部分染色体。该方法较为简单，并且在邻接基因座之间能够提供较好个体性状和较高个体适应度的时候，将破坏个体性状和降低个体适应度的可能性降到最低。

在遗传算法中，交叉过程是建立在种群个体配对的基础上的。采用随机配对策略，种群中每两个个体以随机方式进行配对，使交叉操作在同组个体中进行。

3）变异算子

变异算子的作用为使子代染色体个别基因以小的概率随机产生小的变化，从而产生可能父代未曾出现过的新的性状。变异算子的加入可以改善遗传算法的局部搜索能力，并能维持种群的多样性，防止"早熟"现象的出现。

本节使用基本位变异算子，该算子以变异概率 P_m 随机在个体编码串中选定某一个或多个基因值进行变异运算。由于采用浮点数编码，其变异计算式为

$$X' = X \pm 0.5L\Delta$$
$$\Delta = \sum_{i=0}^{m} \frac{a(i)}{2^i} \qquad (2-8)$$

式中，$a(i)$ 以概率 $1/m$ 取值为 1，以 $1-1/m$ 取值为 0，一般取 $m=20$；L 为变异变量取值范围；X 为变异前的变量值；X' 为变异后的变量值。

4. 问题约束条件的处理

在具体优化问题中通常都具有一定的约束条件，将解空间限制在一定的范围内从而保证解的合理性。使用罚函数法对问题解实施约束，对解空间中的非合理解的适应度实施惩罚，降低其适应度，减小其向下一代遗传的可能性，具体计算方法由式（2-9）给出：

$$F'(x) = \begin{cases} F(x) & (x \text{ 满足约束条件}) \\ F(x) - P(x) & (x \text{ 不满足约束条件}) \end{cases} \qquad (2-9)$$

式中，$F(x)$ 为原适应度；$F'(x)$ 为惩罚之后的新适应度；$P(x)$ 为罚函数。

2.2.4　基本遗传算法的改进策略

简单遗传算法达到局部最优值时，很容易在该局部峰值处出现个体聚集过程，使得算法出现"早熟"现象，失去全局寻优能力，而叶型优化设计是一个多峰值全局寻优过程，为了解决这个难题，将小生境（niche）技术引入遗传算法，使用共享法选择策略，对于种群中高适应度的个体之间的海明距离小于共享半径的个体实施惩罚，使种群分散于各峰值之间，从而提高算法的全局寻优能力及收敛速度。同时，遗传算法参数中，交叉概率 P_c 和变异概率 P_m 的选择是影响遗传算法行为和性能的关键。当种群各个体适应度趋于一致或者趋于局部最优时，P_c 和 P_m 应增大；而当群体适应度比较分散时，P_c 和 P_m 应减小，因此采用自适应方法来自动调整变异及交叉概率。

小生境遗传算法的基本思想如下：比较种群中任意两个个体之间的差别，若差别小于某值则对较差个体实施惩罚，从而将差别较大的优良个体分别划分到不同的小种群中去，然后在实施不同小种群之间的杂交、变异操作，从而避免种群内的近亲繁殖，保持解的多样性。两个个体之间的差别大小主要是通过海明距离来表示的，海明距离越大，则个体差别越大。

小生境遗传算法可按以下步骤完成[49]。

（1）对遗传算法各值进行初始化，随机生成含有 M 个个体的初始种群 $P(t)$，并求出各个体的适应度 $F_i(i=1,2,\cdots,M)$，将进化代数计数器置为 1。

（2）按照适应度大小对个体进行降序排列，记忆前 N 个个体（$N<M$）。

（3）选择运算。对种群 $P(t)$ 进行比例选择运算，得到 $P'(t)$。

（4）交叉运算。对种群 $P'(t)$ 进行单点交叉运算，得到 $P''(t)$。

（5）变异运算。对 $P''(t)$ 进行实值变异运算，得到 $P'''(t)$。

（6）小生境淘汰运算。将步骤（5）中得到的 M 个个体和步骤（2）中所记忆的

N 个个体合并,得到一个 $M+N$ 个个体的新种群;求出这 $M+N$ 个个体中每两个个体 X_i 和 X_j 之间的距离:

$$\| X_i - X_j \| = \sqrt{\sum_{k=1}^{M} (x_{ik} - x_{jk})^2} \quad (i = 1, 2, \cdots, M + N - 1;$$
$$j = i + 1, \cdots, M + N) \qquad (2-10)$$

当 $\| X_i - X_j \| < L$ 时,比较个体 X_i 和 X_j 的适应度大小,对适应度低的个体实施惩罚:

$$F_{\min}(X_i, X_j) = \text{Penalty} \qquad (2-11)$$

式中,Penalty 为惩罚因子。

(7) 依据 $M+N$ 个个体的新适应度对各个体进行降序排列,记忆前 N 个个体。

(8) 终止条件判断。若不满足终止条件,则将进化代数+1,并将步骤(7)中的前 M 个个体作为新的下一代种群 $P(\iota)$,转至第(3)步;若满足终止条件,则输出结果,算法结束。

通过 Rosenbrock 函数和 Shubert 函数对所编制的遗传算法进行测试,该算法运行结果稳定,每次均能收敛于最优结果,具有良好的多峰值寻优能力,并且收敛速度较快,具有较好的运行效率,而且改进算法的有效性已得到充分验证,适合作为叶型优化算法使用。

2.2.5　采用改进遗传算法的可控扩散叶型优化设计技术

如第 1 章所述,可控扩散叶型(controlled diffusion airfoils, CDA)是 20 世纪 70 年代开始应用的新一代压气机叶型。常规叶型在亚声速工况下具有较好的性能,但是当叶栅处于跨声速和超声速工况下时,由于在叶型表面出现局部超声区,并可能产生较强的激波。激波与附面层相互干扰,使气流发生分离,流动损失增大,叶型性能的改善越来越困难。CDA 能够很好地解决这一问题,非常适用于高亚声速和跨声速流动。通过控制气体在叶片表面的扩散过程,使叶型在工作范围内避免或推迟附面层分离,消除和减弱激波,使气流实现无激波压缩,将损失降低[51,52]。

目前,常用的 CDA 设计分为两类:一类是按附面层优化计算给定的表面理想速度分布,通过反问题计算直接得到叶型[53]。使用这种方法设计的叶片有可能出现几何形状不合理的情况,并且不能保证非设计工况的性能;另一类是从选定的初始叶型出发,给定某种正问题算法。在保证叶型几何形状合理的前提下,对叶型型面进行修改,使修改后的叶型能够具有理想的速度分布[54]。这种方法需要反复修改迭代,修改工作量大,必须引入优化设计方法。

在普通遗传算法的基础上,使用自适应变异概率和小生境技术对其进行改进。选取 CDA 的关键参数作为优化设计变量,采用改进型遗传算法进行优化设计。在优化过程中,针对 CDA 性能优劣的判断标准设计了两种不同的优化目标函数,并应用于不同中弧线造型方式,取得了较好的优化设计结果。

1. CDA 设计性能的判别标准

对于 CDA 进行设计的最主要的问题是如何确定最佳叶片表面速度分布。在文献[55]中总结了 CDA 表面速度分布的特点,这些特点常作为叶型的设计标准加以使用,其主要包括以下 5 个方面。

(1) 吸力面前缘区域持续加速到峰值马赫数,提供一个有利压力梯度以维持一段层流附面层。

(2) 在跨声速条件下,控制叶型吸力面峰值马赫数保持在低超声速水平(<1.3),避免产生强激波。

(3) 控制气流从峰值马赫数到叶型尾缘的扩散程度,使得叶型整个后面部分维持不分离的紊流附面层。

(4) 控制叶型压力面的峰值速度,以保证叶型具有一定的堵塞裕度并不产生失速。

(5) 压力面马赫数分布较为平坦,在后缘闭合。

2. 附面层参数标准

除了以叶型表面速度分布为设计准则外,还需要对叶型的附面层加以计算并进行分析,并在此基础上判断附面层是否发生分离。在层流附面层中,若表面摩擦系数 C_f 或壁面剪切应力 τ_w 由正值变为负值,则认为层流发生分离,假定其在分离后重新附着并开始进行紊流附面层计算,而分离点则作为转捩点。在紊流附面层中,利用形状因子 H_i 来判断紊流的分离情况,一般认为当 $H_i > 2.2$ 时,紊流发生分离。同样,当紊流中的 C_f 值接近于 0 时,也可以认为分离发生。

3. 优化设计主要组成部分及步骤

可以将优化过程分为两个部分:第一,全局优化,即在一定的设计条件和叶型几何条件下,通过遗传算法实现对可控扩散叶型的初步设计,使所获得的叶型符合 CDA 的设计标准,保证气流在叶片表面不发生分离;第二部分,局部优化,即对得到的 CDA 的速度分布进行局部细微修改,使其分布更为优良。对于不同的优化过程,可采用不同的叶型参数化方法及目标函数,从而保证不同的优化效果。同时在对个体进行性能评估时,利用人工神经网络代替 CFD 计算程序来获得流场性能参数,提高优化整体速度,图 2-8 所示为整个优化过程的流程图。

4. 叶型设计中的全局优化

1) 叶型参数化

在进行全局优化过程中,需要在保证一定的几何和气动条件下,对叶型做出较大的修改,使其从普通叶型优化为 CDA。叶型的表达使用叶片造型的关键参数来实现,从这些造型参数中选择出 5 个对叶片形状影响较大的参数作为优化变量,这 5 个参数分别为:① 叶型厚度控制点 X 坐标与弦长之比 XCOR;② 叶型厚度控制

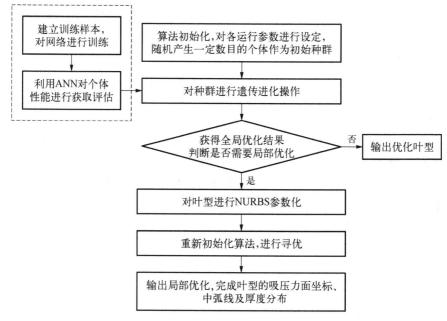

图 2 - 8　优化过程流程图

点 Y 坐标与叶型最大厚度的一半之比 YCOR；③ 前段弦长与总弦长之比 BFB；
④ 前段弯度与总弯度之比 FS；⑤ 最大厚度相对位置 XLMB。而为了保证级间匹配
及强度要求，叶片几何进出口角、最大相对厚度等参数则保持不变。图 2 - 9 和图
2 - 10 分别展示了不同造型参数对叶片形状的影响。

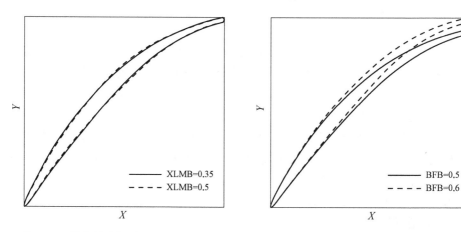

图 2 - 9　最大厚度相对位置 XLMB 值
对叶片形状的影响

图 2 - 10　前段弦长与总弦长之比 BFB 值
对叶片形状的影响

2）目标函数的设计

如何根据设计准则来建立一个能够合理反映叶型性能优劣的函数是优化设计

的难点之一。从文献来看,通常使用如下两种办法:第一种是通过形状因子 H_i 的位置来建立函数,这种方法的主要思路是尽可能地将叶型发生紊流分离位置,即将大的形状因子 H_i 的位置控制在接近尾缘处;第二种则是给出目标理想速度分布,利用理想速度分布与实际速度分布之间的方差来建立函数,方差越小,实际速度分布越趋于理想分布。对于第二种方法,需要对叶型进行较大和细致的修改,保证寻优搜索是处于一个较大的解空间中,这样才有可能使实际分布趋近于理想分布。解空间的扩大必然会导致优化过程时间的延长,使优化算法在规定的迭代次数内较难达到收敛,因此更适合于进行局部微调优化。

本节中的目标函数的建立主要基于以下几方面考虑:① 限制最大马赫数值,最大马赫数峰值应小于1.3;② 吸力面保持合理的扩散梯度,从超声区到亚声区,速度变化斜率不能过大,并保持平缓的变化率扩散至尾缘,整个扩散过程中应避免速度突跃出现;③ 马赫数峰值位置应合理,不能过于靠前或靠后;④ 紊流附面层的形状因子 H_i 值不大于2.2。这些考虑主要是针对吸力面的速度分布,与可控扩散叶型的设计准则保持了相关性。

为此设计了两种目标函数,第一种是利用叶型的吸力面速度分布与紊流形状因子 H_i 综合考虑来设计;第二种是仅利用 H_i 来建立目标函数。第一种目标函数是一个多项式函数形式,包括四项,即马赫数峰值项 P_{mval}、最大马赫数位置项 P_{mpos}、速度扩散梯度项 P_s 和形状因子项 P_H。P_{mval} 以最大马赫数为计算变量,最大马赫数值越低,其值越大。P_{mpos} 通过最大马赫数的相对弦长位置来计算,当马赫数峰值处于25%弦长位置处时,其值达到最大;越偏离25%弦长位置,其值越小。P_s 主要是考察超声区到亚声区的速度变化斜率大小,尽量使扩散率偏小,以避免气流在叶片表面由于过快减速扩压而发生分离。同时,若在扩散到尾缘位置时气流发生加速情况,则对该项的值实施一定的惩罚。转捩点之后的形状因子平均值 H_{avg} 是 P_H 项的计算变量,平均值越低,P_H 函数值越大;若某一位置的 H_i 值超过2.2,则 $P_H =0$。目标函数如下:

$$F = C_1 P_{mval} + C_2 P_{mpos} + C_3 P_s + C_4 P_H \tag{2-12}$$

$$P_{mval} = \begin{cases} 0, & Ma_{max} \geq 1.3 \\ e^{3\times(1.3-Ma_{max})}, & Ma_{max} < 1.3 \end{cases} \tag{2-13}$$

$$P_{mpos} = \frac{1}{0.1\sqrt{2\pi}} e^{-\frac{(X_{max}-0.25)^2}{2\times0.1^2}} \tag{2-14}$$

$$P_s = -1/k \tag{2-15}$$

$$P_{\mathrm{H}} = \begin{cases} 0, & H_{\mathrm{avg}} > 2.0 \\ e^{6 \times (2.0 - H_{\mathrm{avg}})}, & H_{\mathrm{avg}} < 2.0 \end{cases} \qquad (2-16)$$

式中，$Ma_{\max}$ 为吸力面马赫数峰值；$X_{\max}$ 为马赫数峰值所在的相对弦长位置；k 为超声区到亚声区的速度分布曲线斜率；H_{avg} 为转捩点之后，各计算站形状因子的平均值；C_1、C_2、C_3、C_4 为权重系数，根据多次实验的结果，可分别取为 10、20、20、1。

鉴于式(2-12)的形式较为复杂，另外设计了一种目标函数，仅根据形状因子值来对叶型性能进行判断，与第一种目标函数作为对比，该函数形式如下：

$$F = \begin{cases} 0, & H_{\mathrm{avg}} > 2.0 \\ e^{6 \times (2.0 - H_{\mathrm{avg}})}, & H_{\mathrm{avg}} < 2.0 \end{cases} \qquad (2-17)$$

若紊流附面层内的形状因子值在峰值之后持续下降至尾缘，则对目标函数进行如下处理：

$$F' = 3F \qquad (2-18)$$

式(2-17)可以保证形状因子均匀下降的个体有更大的适应度而被保留下来。

3) 全局优化实例

待优化设计叶型的中弧线形式为多圆弧中弧线，厚度分布为前端圆弧加后段四次曲线，最大相对厚度为 0.05。设计参数如下：进口马赫数 $Ma_1 = 0.82$、几何进口角 $\beta_{1k} = 50°$、几何出口角 $\beta_{2k} = 7.4°$、设计攻角 $i = 3.7°$；计算工况为进口总压 $P_{t1} = 135\,149.59\,\mathrm{Pa}$、出口静压 $P_2 = 105\,957.81\,\mathrm{Pa}$。

各优化变量的取值范围如表 2-1 所示，遗传算法运行参数如下：种群大小为 50、运行代数为 150、交叉概率为 0.8、变异概率为 0.1、小生境距离为 0.6，编码方式为浮点数编码。

表 2-1　各优化变量的取值范围

优 化 变 量	下　　限	上　　限
XCOR	0.65	0.9
YCOR	0.3	0.8
BFB	0.3	0.6
FS	0.3	0.6
XLMB	0.3	0.5

为了与优化算法结果进行比较，人工选取了一组设计变量值，生成相应叶型并对其进行了流场计算。两种不同目标函数所得的优化叶型(以下分别简称优化叶

型一和优化叶型二)与该叶型的对比分别如图 2-11 和图 2-12 所示,其中虚线为优化叶型,实线为人工选取参数生成的普通叶型(原始叶型)。

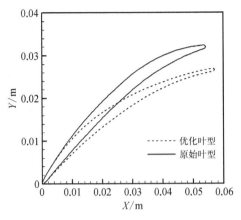

图 2-11　优化叶型一与原始叶型对比

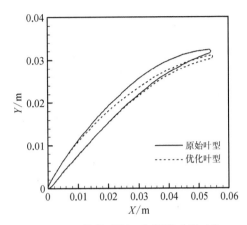

图 2-12　优化叶型二与原始叶型对比

从图 2-11 和图 2-12 中可以看出,两种优化叶型与原始叶型在前缘至 20% 弦长位置的形状变化不大,而主要区别在于叶片的中后段。原始叶型的最大厚度处于约 50% 弦长位置,两种优化叶型得到的最大厚度位置则在 30% 弦长位置左右。优化叶型一的安装角与原始叶型相比有了较大的变化,优化叶型二的安装角变化较小。这两种优化叶型都表现出了 CDA 的典型形状特征,即吸力面前端较为平直,叶型的最大厚度位置较为靠前,而后面部分则厚度较小,总体呈“前厚后薄”的形状,并较原始叶型微薄。

图 2-13 所示为三种叶型的表面马赫数对比图(图中横坐标表示相对轴向弦长,其中 B 为叶片弦长,余同),从图中可以看出,两种优化叶型的叶片载荷分布均为前大后小,而原始叶型的载荷集中在叶片的后半段,这对防止附面层分离是非常不利的。原始叶型的表面马赫数分布具有两个峰值,其值接近于 1.0,气流在经叶片前缘持续加速至第一个峰值,然后在约 25% 弦长位置至 50% 弦长位置,其速度变化较为平缓,然后又重新加速至第二个峰值。第二个峰值之后,气流由于过快地减速扩压,产生较大的逆压梯度,极易使附面层发生分离。两种优化叶型的表面马赫数分布较为相似,其

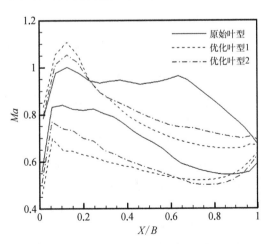

图 2-13　三种叶型表面马赫数对比图

峰值位置都处于约 20% 弦长位置。优化叶型一的表面峰值马赫数略大于优化叶型二和原始叶型,但仅为 1.1,可以避免强激波的产生,有效减少激波-附面层干扰造成的流动损失。

优化叶型一的扩压梯度大于优化叶型二,逆压梯度较大,但两个优化叶型的扩散程度都保持在合理的范围内,气流从马赫数峰值持续地减速扩压至尾缘,减速程度逐渐降低,可以维持紊流附面层的附着,防止分离的发生。从叶片前缘至 70% 弦长位置处,优化叶型一的表面马赫数大小都小于优化叶型二,并且变化较小,其前面载荷较大而后面载荷较小;而优化叶型二的表面马赫数分布保持了与吸力面速度一样的减速趋势,虽然其叶型前段也具有较大的载荷,但是在后段的载荷分布则较为平均。从总体分布来看,优化叶型一的表面马赫数分布更接近于典型的 CDA 分布。

三种叶型的附面层摩擦系数曲线如图 2-14 所示,两种优化叶型的附面层摩擦系数变化较为相似,都是在约 18% 弦长位置,层流附面层发生转捩,发展为紊流附面层。在紊流附面层中,摩擦系数一直保持了较高的值,总体变化不大,紊流附面层发展情况良好,没有发生分离。而原始叶型从前缘开始,附面层摩擦系数值急剧减小,接近层流分离,并保持低值至约 60% 弦长位置处,进入紊流附面层,然后附面层摩擦系数再次急剧减小,可以认为发生了严重的分离。

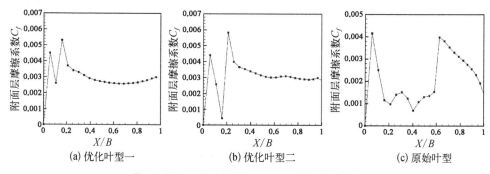

图 2-14　三种叶型的附面层面摩擦系数曲线

附面层形状因子也是分析附面层发展的重要参数,此处仅以转捩之后,即紊流附面层的形状因子作为判断依据。层流附面层发生不稳定分离后再次附着,则认为转捩为紊流附面层。图 2-15 为三种叶型的附面层形状因子曲线,与附面层摩擦系数分布相似,优化叶型的附面层形状因子曲线形状差别不大,都是在转捩之后呈均匀下降趋势,没有发生附面层分离。优化叶型一的转捩点位置比优化叶型二更靠前,且形状因子略大于优化叶型二。在转捩后的第一个计算站的形状因子接近 2.0,这可能是由于优化叶型一在前段具有较大的载荷,其逆压梯度较大的,但并未超过分离判断标准的 2.2。普通叶型紊流的附面层形状因子在保持了一段距离之后快速增大,表明附面层在近尾缘位置发生分离,这与摩擦系数分析结果相同。

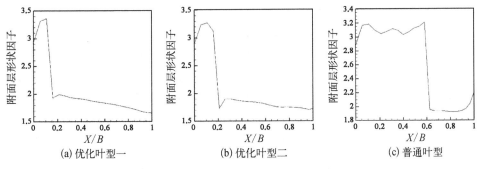

图 2-15 三种叶型的附面层形状因子曲线

基于上述分析可以发现,优化叶型在保证了叶片载荷和扩压能力的基础上,控制了紊流附面层的均匀发展,避免了分离的发生。同时还能看出,目标函数对于优化结果具有相当大的影响。在第一种目标函数中,形状因子的大小只是性能判断的组成部分,并且具有较小的权重系数,不能对形状因子的大小进行很好的约束,但能得到较好的表面马赫数分布形状。而第二种目标函数单纯以形状因子作为叶型性能的判断标准,能够较好地获得理想的形状因子分布,却无法对表面马赫数分布进行限制。单纯地提高形状因子部分的权重系数会使目标函数一趋于目标函数二,而其结果很可能是劣解。因此,在目标函数一中需要对各权重系数进行平衡,才能得到较优解。

全局优化的结果表明,由于叶型的正方法设计中对参数的选择很大程度上依赖于设计经验,在缺乏必要经验的情况下,设计的叶型就如同本节中所设计的普通叶型那样,很难保证其性能,必须花费大量的时间和人力对其进行反复修改。而将遗传算法寻优过程引入设计系统,利用计算机代替人工操作,能够较为方便地获得所需的叶型,提高设计效率。

4)局部优化

（1）优化算例说明。

局部优化是全局优化的补充,其主要思想是通过对叶片型面的局部微调,来实现对叶片表面马赫数分布的局部调整。图 2-16 所示为全局优化后叶型表面的马赫数分布图,从图中可以看出,吸力面马赫数分布在约13%弦长处具有一个较大的"凸起",同时其峰值马赫数位置也略微靠前。为了保证气流扩散的平稳,需要改变叶型将"凸起"消除。

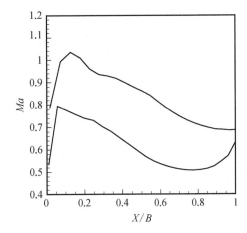

图 2-16 全局优化后的叶型表面马赫数分布

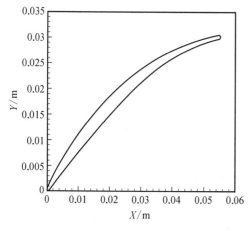

图 2-17 待优化叶型图

（2）叶型参数化。

使用 NURBS 技术对叶型进行参数化，保证叶型的局部可调能力，对叶型的微调主要通过对叶型的中弧线和厚度分布的调整来实现的。叶片的中弧线和厚度分布由叶片吸、压力面数据反算获得，其中 NURBS 曲线次数为 3，中弧线控制点数为 4 个，厚度分布控制点数为 6 个。图 2-17~图 2-19 分别展示了待优化叶型及其参数化结果。

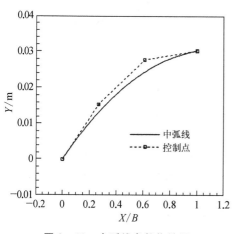

图 2-18 中弧线参数化结果

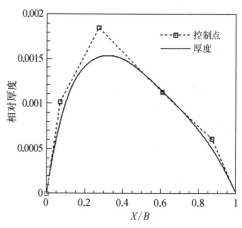

图 2-19 厚度分布参数化结果

（3）目标函数设计。

局部优化的目标函数由叶片表面马赫数的理想分布与实际分布之间的方差和来计算，通过优化过程使该函数值达到最小，从而使实际分布逼近于理想分布，其具体计算式为

$$F(m) = \sum_{i=1}^{N} (Ma_i - ma_i)^2 \tag{2-19}$$

式中，Ma_i 为第 i 个位置理想马赫数分布；ma_i 为对应位置的实际马赫数；N 为比较位置数目。

（4）算法设定及优化结果。

为了确保叶型不会发生大的变形，对控制点的调整仅在垂直于弦线方向进行。因此，为了方便坐标计算，先将叶型顺时针旋转一个安装角大小，使叶型弦线保持

水平。由于首尾控制点的固定,实际可调控制点数目为 6 个,其中中弧线控制点为
2 个,厚度分布控制点为 4 个。对控制点坐标的调整是通过将纵坐标乘以一个系
数来实现的,本节将这些系数作为遗传算法个体基因型进行编码,将最优个体基因
型与原叶型控制点相乘来获得新的优化叶型。表 2 - 2 给出了遗传算法的运行
参数。

表 2 - 2 遗传算法的运行参数

参　数	编码长度	种群大小	运行代数	交叉概率	变异概率	小生境距离
取　值	6	50	100	0.8	0.1	0.5

注: 其中每个优化变量的上下限为 0.8~1.2。

从图 2 - 20 给出的优化前后叶型对比可以看出,优化叶型的中后段发生了一
定的变化,而前缘段则基本保持不变。从图 2 - 21 中的优化前后及目标马赫数分
布曲线可知,优化叶型中后段的分布与目标分布逼近程度较好,并消除掉了原叶型
速度分布的“凸起”部分,但其前缘部分的分布与目标分布差别较大,峰值马赫数
也比原叶型略有增加。由此可以看出,叶片表面的速度分布并不完全取决于叶片
形状。对于给出的目标分布,不一定存在或者很难寻找到与其相符合的叶型,因此
在进行局部优化的过程中,目标分布应该是在对原分布进行较小程度修改的基础
上给定的,而不是凭空给出所需要的分布。

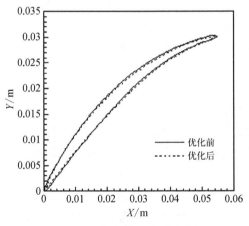

图 2 - 20　优化前后叶型对比图

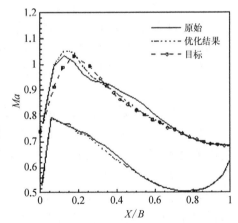

图 2 - 21　优化前后及目标马赫数分布对比图

2.2.6　小结

根据不同的叶型参数化方法,可将整个优化过程分为全局优化和局部优化两
个部分。优化算法采用改进型遗传算法,并将其与人工神经网络相结合,以减少数
值计算的时间。在全局优化部分,以 CDA 的设计原则为基础,设计了两种目标函

数用以评价叶型性能。将使用两种不同的目标函数所得到的叶型及其各种参数与通过人工选取参数生成的原始叶型进行相互对比,结果表明这两种目标函数都能得到较为理想的叶型,但形状差别较大,且各种参数之间也有一定的差别。相比原始叶型,这两种叶型都具有更好的性能,能够对紊流附面层的发展进行较好的控制。在特定的设计参数和工况下,使用全局优化能够得到性能较好的叶型,避免了人为设计时的盲目性和经验性,提高了设计效率。

局部优化是在全局优化的基础上进行的细微调整,参数化方法和目标函数都与全局优化有较大区别。从局部优化结果可以看出,该方法可以较好地实现对叶型的局部调整,但由于计算工况、叶型变化大小范围等的限制,目标分布的确定必须在原分布的基础上进行修改,而不能进行任意的设计。

2.3 基于改进人工蜂群算法的大弯度叶型优化设计技术

现代航空压气机需要更高的效率、更高的压比和更小的质量,高负荷对于压气机叶片来说就意味着具有更大的气流转折角,尤其是高压压气机末级静子,其通常具有较大的弯度、更大的压力梯度和更高的附面层分离风险,因此有必要针对大弯度叶型优化设计方法进行研究。

本节将研究一种将改进人工蜂群算法、流场计算程序和叶栅风洞实验相结合的大弯度叶型优化设计方法。利用该方法进行大弯度叶型的优化设计,并且通过叶栅风洞实验验证其气动性能,并在此基础上探讨针对多工况条件下的大弯度叶型优化设计方法,希望借此优化设计出攻角特性良好的大弯度叶型。

2.3.1 大弯度叶型优化设计平台搭建

首先建立一个针对大弯度叶型的优化设计平台,利用该优化设计平台可以高效、智能地完成大弯度叶型的设计,得到具有最优气动性能的大弯度叶型。图 2-22 描述了该优化设计平台的设计流程。

利用平台进行优化设计前,需要对叶型进行参数化设计,用较为合理的控制变量描述叶型的几何特征。随后进入优化算法模块,优化算法选用改进型人工蜂群算法。优化算法模块包括以下几个主要过程:① 对蜂群所携带的信息进行初始化;② 对蜂群中的每个蜜蜂进行适应度值的评估,此步操作需要生成大弯度叶型,使用 MISES 程序的 ISET 模块生成计算网格,以及使用 MISES 程序对大弯度叶型进行气动性能评估,最终根据目标函数计算出每个蜜蜂的适应度值;③ 判断优化算法是否收敛,若优化算法未收敛,则需要依照改进蜂群算法的规则生成下一代新蜂群,继续进行优化;若优化算法达到收敛条件,优化设计结束并输出具有最优气

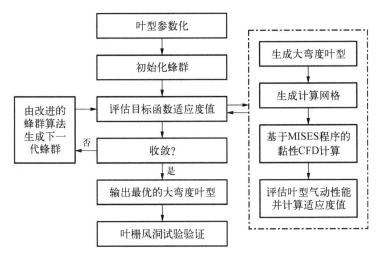

图 2 - 22　大弯度叶型优化设计流程图

动性能的大弯度叶型。在整个大弯度叶型优化设计的最后,对优化设计得到的叶型进行叶栅风洞实验,验证优化设计得到的大弯度叶型的气动性能。在优化设计过程中,为了保证叶型设计点和叶片强度不发生改变,进气条件(包括进气角、进口马赫数和进口雷诺数)、叶型几何进口角、几何出口角、稠度和最大相对厚度固定不变。

1. 叶型参数化

叶型参数化,即用若干设计参数来描述叶型,希望能通过较少的参数达到对叶型几何形状的灵活控制,尽可能地扩大叶片几何的设计区域。在压气机叶型优化设计过程中,叶型参数化是第一步,也是最重要的步骤,可以直接影响优化设计的结果。通常情况下,都是利用叶片表面的离散数据点对叶片进行几何描述。使用这种方法能够对任意形状的叶型进行描述,而描述的精度则与离散数据点的数量有关。离散数据点越多,对叶片几何形状的表达就越精确。但是这种表达方式在叶片优化过程中是行不通的:首先,使用大量的离散点作为优化参数来进行优化的过程中,其寻优空间将会非常庞大,对计算机要求过高,即使花费了大量的计算时间,也很难得到预期的结果;其次,在优化的过程中,对各参数点的变化是自动完成的,因此很难保证所得到的叶型表面的光滑和连续性,所得到的优化结果的合理性不能保证。

合理的参数化方法可以给优化设计提供更为广阔的空间,相反则会制约叶型气动性能的提升。目前,主要有两种叶型参数化方法: ① 叶型中弧线叠加厚度分布的参数化方法;② 直接用样条曲线或者多项式来描述叶型吸力面和压力面形状的参数化方法。本节选择第一种方法进行叶型参数化,图 2 - 23(a)为叶型中弧线参数化示意图,图 2 - 23(b)为叶型厚度分布参数化示意图。图 2 - 23(a)中的点 DP 表示中弧线前后两段的分界点,FB 和 B 分别表示叶型的前段弦长和总弦长,φ

和 α 分别表示叶型的前段弯度和总弯度;图 2 - 23(b)中,TMB 表示叶型最大相对厚度,XLMB 表示叶型最大厚度相对位置。在优化设计过程中通过不断改变叶型前段弦长比 BFB 和前段弯度比 FS 来控制叶型中弧线的形状,其中 BFB 和 FS 的定义分别见式(2 - 20)和式(2 - 21);通过改变叶型最大厚度相对位置 XLMB 值来控制叶型的厚度分布;通过改变叶型前缘半径 r_1 和尾缘半径 r_2 来控制叶型前后缘形状。

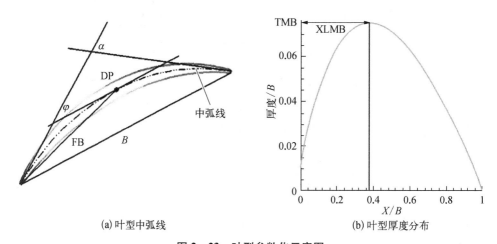

(a)叶型中弧线　　　　　　　　　(b)叶型厚度分布

图 2 - 23　叶型参数化示意图

$$BFB = FB/B \qquad (2 - 20)$$

式中,BFB 为叶型前段弦长比;FB 为叶型前段弦长;B 为叶型总弦长。

$$FS = \varphi/\alpha \qquad (2 - 21)$$

式中,FS 为叶型前段弯度比;φ 为叶型前段弯度;α 为叶型总弯度。

2. 流场计算程序

平台采用 MIT 的空气动力学专家 Drela 编写的 MISES 程序[56]进行大弯度叶型数值计算。MISES 程序主要用于翼型/叶型二维设计和分析,该程序与 NUMECA 等流场计算程序相比,在保证较高的求解精度基础上具有较快的计算速度,一般只需要几十步迭代便可收敛,并且其数值计算的精度经过了国内外大量学者的实验校核,基本可满足工程应用需要。该程序在计算的过程中采用流线划分技术,将整个流场区域划分为边界层外的主流无黏区和边界层内的黏性区,在主流无黏区内求解欧拉方程组,在黏性区内求解卡门动量积分方程和能量积分方程,两个区域不断耦合迭代,直至收敛。主流区控制方程为二维定常欧拉方程,控制方程组的积分形式如下。

质量方程:

$$\oint \rho \boldsymbol{q} \cdot \boldsymbol{n} \mathrm{d}s = 0 \tag{2-22}$$

动量方程:

$$\oint [\rho(\boldsymbol{q} \cdot \boldsymbol{n})\boldsymbol{q} + P\boldsymbol{n}] \mathrm{d}s = 0 \tag{2-23}$$

能量方程:

$$\oint \rho \boldsymbol{q} \cdot \boldsymbol{n} h_\mathrm{t} \mathrm{d}s = 0 \tag{2-24}$$

式中, ρ 为密度; $\boldsymbol{q}$ 为绝对速度; $\boldsymbol{n}$ 为边界上的法向向量, 以指向边界外为正; s 为流向坐标; P 为静压; h_t 为总焓。

在黏性区内, 控制方程采用了边界层方程的积分形式, 包括动量积分方程和能量积分方程, 控制方程组的积分形式如下。

动量积分方程:

$$\frac{\mathrm{d}\theta}{\mathrm{d}s} = \frac{C_f}{2} - (H + 2 - M_\mathrm{e}^2) \frac{\theta}{u_\mathrm{e}} \frac{\mathrm{d}u_\mathrm{e}}{\mathrm{d}s} \tag{2-25}$$

能量积分方程:

$$\theta \frac{\mathrm{d}H^*}{\mathrm{d}s} = 2C_D - \frac{C_f}{2} H^* - [2H^{**} + H^*(1 - H)] \frac{\theta}{u_\mathrm{e}} \frac{\mathrm{d}u_\mathrm{e}}{\mathrm{d}s} \tag{2-26}$$

式中, θ 为附面层动量厚度; C_f 为附面层摩擦系数; s 为流向坐标; M_e 为边界层外缘马赫数; u_e 为边界层外缘速度; H 为附面层形状因子, 即附面层位移损失厚度 δ 与附面层动量损失厚度 θ 的比值; H^* 为附面层能量形状因子, 即附面层能量厚度损失 δ^* 与附面层动量损失厚度 θ 的比值; H^{**} 为附面层密度形状因子, 即附面层密度损失厚度 δ^{**} 与附面层动量损失厚度 θ 的比值; C_D 为阻力系数。

MISES 程序选取改进的 Abu - Ghannam - Shaw(AGS)转捩模型计算转捩[57], 该转捩模型将 e^n 模型与 AGS 模型相融合。Drela 等[58] 和 Schreiber 等[59] 分别利用该程序成功地完成了低雷诺数叶型设计, 并且通过实验证明该程序在转捩位置计算方面具有较高的精度。

MISES 程序主要由三个模块组成: 网格生成模块 ISET、流场计算模块 ISES 和后处理模块 IPLOT。网格生成模块 ISET 生成的网格均是 H 形网格, 在网格生成过程中, 需要选择前缘控制参数 DsLE/dsAVG、尾缘控制参数 DsTE/dsAVG 及叶型表面控制点参数, 并且优化过程中需要保证这些参数不变, 也就是说要保证优化过程中的网格拓扑结构不变。在 MISES 程序进行流场计算过程中, 一般在进口亚声速

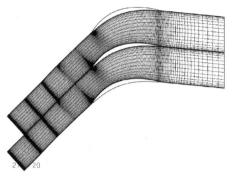

图 2 - 24 叶型计算网格图

时,选择固定进口马赫数和进口气流角,按此边界条件计算直到进出口流量差接近0,计算收敛;在进口超声速时按"唯一攻角"条件给定边界条件,即固定进口马赫数和出口静压,按此边界条件计算直到收敛。表 2 - 3 给出了利用 MISES 程序计算过程中网格参数的选取情况。图 2 - 24 所示为待优化叶型计算的网格图,为了保证优化设计前后的一致性与准确性,优化设计过程中,网格拓扑结构始终保持不变。

表 2 - 3 MISES 程序网格参数取值

名　　称	数　　值
网格总数	5 420
沿流线方向网格数	271
沿栅距方向网格数	20
前缘控制参数	0.1
尾缘控制参数	0.9
叶型表面控制点参数	80

3. 优化参数的设置

优化设计过程中,优化算法的参数设置也起着重要的作用,有时会影响优化设计结果,表 2 - 4 列出了在优化设计过程中优化算法的参数设置。在优化过程中选择对叶型至关重要的 5 个参数作为优化变量,分别是叶型前段弦长与总弦长之比 BFB、前段弯度比 FS、最大厚度相对位置 XLMB、叶型前缘半径 r_1 和尾缘半径 r_2,表 2 - 5 给出了 5 个优化变量的扰动范围。

表 2 - 4 优化算法的参数设置

参　数	蜂群数量	优化代数	搜索限制	邻域半径 r
数　值	100	200	100	1.0

表 2 - 5 优化变量的扰动范围

优化变量	扰动下界	扰动上界
BFB	0.1	0.9
FS	0.1	0.9
XLMB	0.2	0.7

优化变量	扰动下界	扰动上界
r_1/mm	0.02	1.0
r_2/mm	0.02	1.0

2.3.2　大弯度叶型优化设计

首先完成一套弯度接近55°的大弯度叶型的优化设计,并且对该大弯度叶型进行叶栅风洞实验,需要保证其具有较优的气动性能。表2-6给出了优化设计目标叶型的基本参数,从表中可以看出,该优化设计目标具有较大的弯度,进口马赫数则为0.5。

表2-6　大弯度优化设计目标叶型的基本参数

参数	几何进口角/(°)	几何出口角/(°)	弦长/mm	稠度	进口马赫数	设计攻角/(°)
数值	46.03	-8.14	65	2.0	0.5	0

1. 优化目标函数构造

优化目标函数的构造对于优化设计而言至关重要,如果优化目标函数构造不当,会影响优化设计结果。本节在进行大弯度叶型优化设计时,充分考虑了大弯度叶型的气动特性,选择一种将叶型总压损失与叶型吸力面转捩后的附面层形状因子平均值进行综合考量的目标函数,优化目标函数具体形式见式(2-27)。目标函数在结合叶型总压损失与叶型吸力面转捩后的附面层形状因子平均值的过程中加入了权重系数 C_1 和 C_2,经过多次的测试,当 C_1 取值为100、C_2 取值为1时,对待优化目标叶型来说比较合适,但权重系数 C_1 和 C_2 的取值需要根据优化目标的气动性能做出相应的变化。因此,在优化过程中不仅追求总压损失的最小化,同时也要考虑湍流附面层对叶型气动性能的影响。

$$\text{Fitness} = C_1 \omega + C_2 H_{\text{avg}} \qquad (2-27)$$

式中,ω 为叶型总压损失系数,定义见式(2-28);H_{avg} 为叶型吸力面转捩后的形状因子平均值;C_1、C_2 为权重系数。

$$\text{Loss} = \frac{P_{t1} - P_{t2}}{P_{t1} - P_1} \qquad (2-28)$$

式中,P_{t1} 为叶型进口总压;P_{t2} 为叶型出口总压;P_1 为叶型进口静压。

2. 优化结果分析

利用所开发的大弯度叶型优化设计方法对一套弯度接近55°的大弯度叶型进

行优化设计,并且对该大弯度叶型进行叶栅风洞实验。图 2 - 25 和图 2 - 26 分别通过优化设计得到的大弯度叶型和该大弯度叶型叶栅加工实物图。

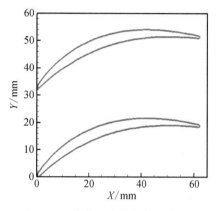

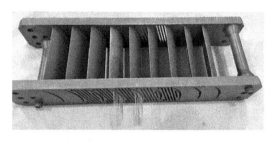

图 2 - 25　优化设计的大弯度叶型图　　　图 2 - 26　大弯度叶型叶栅加工实物图

在进行实验前,对加工的大弯度叶型叶栅进行叶栅通道周期性检查。图 2 - 27 为采用总压探针连续测量的两个叶栅通道的损失曲线,表 2 - 7 给出了每个叶栅通道损失及相对误差。通过图 2 - 28 可以看出,实验中,叶栅通道具有较好的周期性,通过表 2 - 7 可以看出实验中两个相邻叶栅损失相差不超过 10%,测实验结果均可以保证较好的周期性。

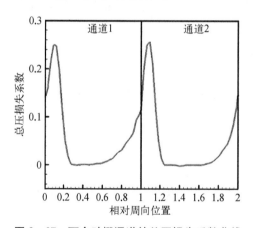

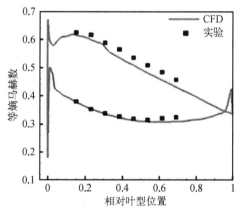

图 2 - 27　两个叶栅通道的总压损失系数曲线　　图 2 - 28　设计点叶型表面等熵马赫数分布

表 2 - 7　叶栅通道的总压损失系数及相对误差

通道序号	1	2	相对误差
总压损失系数	0.044 9	0.049 6	9.48%

图 2 - 28 和图 2 - 29 分别为设计点($Ma = 0.5$ 、 $i = 0°$)处的叶型表面等熵马赫

数分布图及叶栅通道马赫数分布等值
线图,其中线条表示优化设计后叶型数
值计算的结果,黑点表示优化设计得到
的叶栅实验结果。优化设计得到的大
弯度叶型在设计点具有较优的气动性
能,总压损失系数仅为 0.038 8,气流转
折角达到了 47.42°,具有较高的负荷。

图 2 - 30 和图 2 - 31 分别为在设计
点($Ma = 0.5$、$i = 0°$)处的叶型附面层形
状因子和摩擦系数分布图。通过图
2 - 30 可以看出,叶型吸力面附面层形
状因子在 30% 弦长处突降,层流附面层

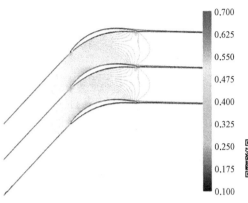

图 2 - 29 设计点叶栅通道马赫数
分布等值线图

发生转捩,变成湍流附面层,湍流附面层形状因子一直缓速增长,但直到尾缘处仍
未超过湍流附面层分离判断标准(若湍流附面层形状因子超过 2.5,认为湍流附面
层发生分离;在层流附面层摩擦系数小于 0 的区域,认为产生层流分离泡)[60],叶
型吸力面未产生湍流附面层分离。而叶型压力面附面层在 5% 弦长处就发生转捩,
转捩为湍流后,形状因子一直保持在 1.5 左右,也未产生湍流附面层分离。

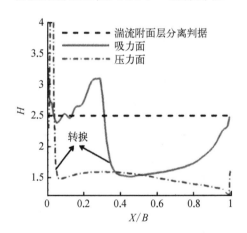

图 2 - 30 设计点处的叶型附面层
形状因子分布图

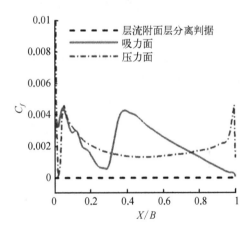

图 2 - 31 设计点处的叶型附面层
摩擦系数分布图

通过图 2 - 31 叶型附面层摩擦系数分布可以看出,吸力面摩擦系数一直大于
0,一直未产生层流分离泡;而压力面摩擦系数在前缘处急速下降,几乎接近于 0,
但并未产生层流分离泡,然后转捩进入湍流,虽然在设计点处,压力面并未产生层流
分离泡,但这样的前缘设计也为非设计工况下的状态埋下了隐患。通过上述分析证
明,优化设计得到的大弯度叶型在设计点具有较好的气动性能,既未产生层流分离泡

也未发生湍流分离,叶型也具有较高的静压升,达到了大弯度叶型的性能要求。

大弯度叶型在设计马赫数下的攻角-总压损失系数和攻角-静压升特性分别见图 2-32 和图 2-33,从图中可以看出大弯度叶型在设计攻角下具有较好的性能,也具有较宽广的攻角工作范围。但随着攻角的增加和减小,总压损失系数均明显增加,尤其是在大正攻角条件下,叶型总压损失系数急速增加。

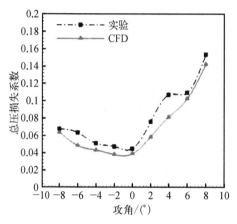

图 2-32　设计马赫数下大弯度叶型的
攻角-总压损失系数特性图

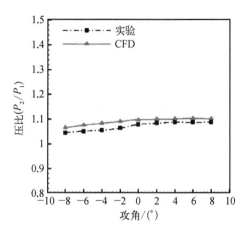

图 2-33　设计马赫数下大弯度叶型的
攻角-静压升特性图

图 2-34 和图 2-35 分别为 $Ma = 0.4$ 和 $Ma = 0.6$ 时的叶型攻角-总压损失系数特性图,从图中同样可以看出,在非设计马赫数和大正攻角条件下,大弯度叶型总压损失系数显著增加。综合上述分析,针对设计点优化设计得到的大弯度叶型,在非设计工况下,叶型的气动性能会有所降低,尤其是在大正攻角条件下。

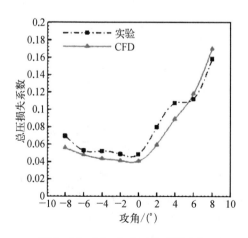

图 2-34　$Ma = 0.4$ 时的叶型攻角-
总压损失系数特性图

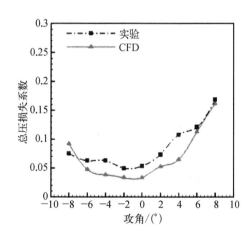

图 2-35　$Ma = 0.6$ 时的叶型攻角-
总压损失系数特性图

图 2-36 和图 2-37 分别为设计马赫数为+8°和-8°攻角条件下的叶型表面等熵马赫数分布图。综合图 2-32~图 2-37 可以看出,采用 MISES 程序进行的大弯度叶型数值计算时具有较高的准确性,无论是在设计点还是非设计点,数值结果与叶栅实验结果均有较高的吻合度。特别是在大正攻角条件下,MISES 程序保持了较高的计算精确度。而且在大正攻角和大负攻角条件下,叶型表面等熵马赫数与叶栅实验结果同样具有较高的吻合度,因此用 MISES 程序进行大弯度叶型数值计算具有较高的准确性。

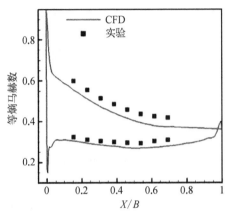

图 2-36　$Ma=0.5$、$i=+8°$条件下的叶型表面等熵马赫数分布图

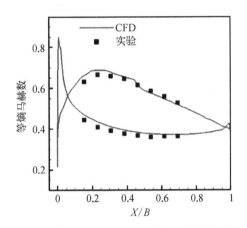

图 2-37　$Ma=0.5$、$i=-8°$条件下的叶型表面等熵马赫数分布图

2.3.3　多工况条件下的大弯度叶型优化设计

通过前面的分析不难发现,仅仅针对设计工况优化得到的大弯度叶型很难保证其在非设计工况下的气动性能,开发一种针对大弯度叶型在多工况条件下的优化方法具有重要的意义,旨在设计出全攻角范围内气动性能综合最优的大弯度叶型。

1. 优化目标函数构造

优化设计出全攻角范围内气动性能综合最优的大弯度叶型,在构造优化目标函数的过程中不仅需要保证设计工况下的气动性能,也需要考虑大的正负攻角下的叶型气动性能。基于以上考虑,设计了如式(2-29)的优化目标函数。在优化设计过程中,分别将设计工况、+4°攻角、+8°攻角、-4°攻角和-8°攻角下的总压损失系数进行加权平均得到目标函数,经过多次测试,权重因子 C_1、C_2、C_3、C_4、C_5 分别取值为 0.5、3、4、2、3 时,优化效果最优。从中可以看出,设计工况对性能影响的比例最小,正攻角性能的影响比例要大于负攻角,而+8°攻角对性能的影响比例最大,因此优化的目标主要是提高叶型的低损失工作范围,特别是扩大正攻角条件下叶型的低损失工作范围。

$$\text{Fitness} = C_1\omega_{i=0} + C_2\omega_{i=4} + C_3\omega_{i=8} + C_4\omega_{i=-4} + C_5\omega_{i=-8} \qquad (2-29)$$

式中，$\omega_{i=0}$ 为在 0° 攻角下叶型总压损失系数，定义见式（2-28）；C_1、C_2、C_3、C_4、C_5 为权重系数。

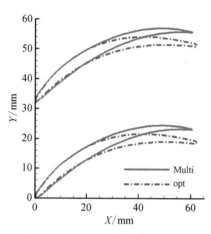

图 2-38　多工况条件下优化设计前后的叶型对比图

2. 优化结果分析

下面以针对设计工况下通过优化设计得到的大弯度叶型作为初始叶型进行多工况优化设计，叶型的基本参数如表 2-6 所示。在分析中，Multi-Condition_opt（简称 Multi）代表多工况优化设计结果，而 opt 代表设计工况下的优化设计结果。表 2-8 给出了多工况条件下优化设计前后的优化变量对比。图 2-38 给出了多工况条件下优化设计前后的叶型对比图。通过表 2-8 可以看出，多工况优化后改变了设计点优化叶型的负荷分布，在前段弦长与总弦长之比达到 70% 的情况下，仅仅分配了约 60% 的前段弯度，也就是说得到了比设计点优化叶型更为均匀的负荷分布，多工况优化设计得到的叶型呈现出负荷后移的现象。多工况优化设计叶型的最大厚度位置前移，并且叶型前缘半径变大，结合图 2-38 中的叶型对比可以看出，在多工况优化前后叶型前部吸力面基本重合的情况下，多工况优化叶型的压力面明显更突出，这样的设计会降低压力面气体的负荷，这在大负攻角条件下会对叶型性能产生较为积极的作用，下面会结合流场进行进一步分析。

表 2-8　多工况条件下优化设计前后的优化变量对比

优化变量	Multi	opt
BFB	0.700 000	0.518 976
FS	0.616 226	0.532 654
XLMB	0.256 499	0.331 601
r_1/mm	0.926	0.769
r_2/mm	0.100	0.436

表 2-9 给出了多工况条件下优化设计前后的叶型气动性能对比，图 2-39 展示了多工况条件下优化设计前后的叶型攻角-总压损失系数特性对比图。通过表 2-9 可以看出，除了在设计点处，多工况优化叶型的总压损失系数略高于设计点

优化叶型之外,在其他工况下,Multi 叶型的总压损失系数要远远小于 opt 叶型,尤其是在+8°攻角下,总压损失系数大幅度降低,整个叶型的气动性能得到了大幅度提高。而且在所有工况下,Multi 叶型的静压升均高于 opt 叶型,也就是说多工况优化设计后,叶型整体的气动负荷也有一定程度的提高。

表 2-9　多工况条件下优化设计前后叶型气动性能对比

参数	0°		+4°		+8°		-4°		-8°	
	Multi	opt	Multi	opt	Multi	opt	Multi	opt	Multi	opt
总压损失系数	0.039 2	0.038 8	0.049 4	0.081 4	0.086 5	0.142 3	0.038 7	0.043 1	0.041 0	0.063 7
静压升	1.097 8	1.097 8	1.107 2	1.101 0	1.111 7	1.101 0	1.084 2	1.083 2	1.070 7	1.065 7

结合图 2-39 可以看出,opt 叶型的有效攻角范围为-8°~+2°,而多工况优化设计之后的有效攻角范围为-12°~+6°,特别是在正攻角条件下,有效攻角范围拓宽到 4°,同时经多工况优化设计之后,叶型的最大正攻角从+8°提高至+9.7°,提升近 2°,这将会对压气机稳定工作范围产生较大的积极作用。而且多工况优化设计之后,在负攻角方面,其工作范围也有了较大的提升,最大负攻角从-8°提高至-12°,总体来说,多工况优化

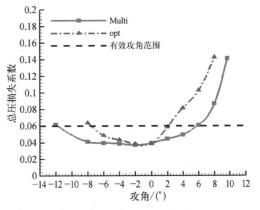

图 2-39　多工况条件下优化设计前后的叶型攻角-总压损失系数特性对比图

设计之后,叶型在设计点的性能略有下降,非设计工况下的气动性能得到大幅提升,有效地拓宽了压气机稳定工作范围。

依据上述对多工况优化设计之后的叶型性能分析,可以得出非设计工况下的气动性能得到大幅提升的结论,下面将对产生这样结果的原因进行进一步的分析。图 2-40 和图 2-41 分别给出了设计点多工况优化设计前后叶型表面等熵马赫数分布对比图和叶型吸力面附面层形状因子分布对比图。通过图 2-40 可以看出,opt 叶型在前缘存在速度突尖,但结合图 2-41 可以看出,该前缘速度突尖并未直接诱发层流附面层转捩,而 Multi 叶型消除了前缘的速度突尖,由于 opt 叶型的前缘速度突尖在设计工况下并未对转捩位置产生较大影响,该速度突尖在设计工况下对叶型损失不会造成决定性影响,但是会对非设计工况下的性能产生较大影响,尤其是在大正和大负攻角条件下,具体影响会在下面的非设计工况性能分析中进行详细阐释。

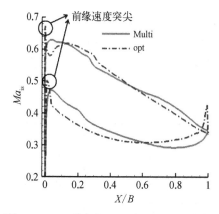

图 2-40 设计点多工况优化设计前后叶型表面等熵马赫数分布对比图

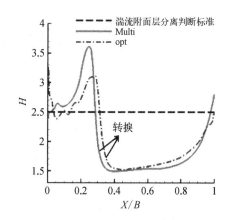

图 2-41 设计点多工况优化设计前后叶型吸力面附面层形状因子分布对比图

由于 Multi 叶型厚度前移,负荷后移,可以明显看出叶型在前部吸压力面等熵马赫数分布包裹的面积小于 opt 叶型,也就是说叶型前部负荷降低;而从叶型 60% 相对弦长处开始,后部包裹的面积明显增加,叶型后部负荷增加,这种负荷分布方式在设计点会对叶型性能产生消极的影响,后部负荷的增加势必会导致本已积累的较厚的附面层急速增长,最后导致附面层的分离。如图 2-41 所示,从 60% 相对弦长处,Multi 叶型的形状因子急速上升,最终在 95% 相对弦长处导致吸力面湍流附面层分离,这直接造成设计工况下 Multi 叶型的总压损失系数高于 opt 叶型。综上分析,虽然多工况优化叶型在设计点消除了前缘速度突尖的影响,但是叶型后部较大的负荷会导致叶型吸力面湍流附面层发生分离,因此多工况优化叶型在设计点的气动性能要略逊于设计点优化叶型。

在非设计工况下,Multi 叶型的性能要远远优于 opt 叶型,图 2-42 和图 2-43 分别给出了 $Ma=0.5$、$i=+4°$ 条件下多工况优化设计前后叶型表面等熵马赫数分布对比图和叶型吸力面附面层形状因子分布对比图。从图 2-42 可以看出,当攻角增加至 $+4°$ 时,前缘形状对叶型的性能产生显著影响,设计点优化 opt 叶型在前缘处产生较强的速度突尖,等熵马赫数直接上升至 0.8,然后急速下降。结合图 2-43 可以发现,opt 叶型吸力面前缘的形状因子突升,附面层迅速发生转捩进入湍流,而附面层过早地发生转捩,会对叶型的损失起到负面的影响(湍流附面层的摩擦损失要高于层流附面层)。对于 Multi 叶型,由于优化后消除了前缘速度突尖,吸力面附面层至约 20% 相对弦长处才发生转捩,进入湍流状态。由于攻角增大,叶型负荷也随之增加。Multi 叶型减小了叶型前部的负荷,避免叶型附面层厚度在前部就产生较厚累积,从而有效抑制附面层过早发生分离。通过图 2-43 可以看出,在约 80% 相对弦长处,opt 叶型吸力面附面层形状因子就超过判定标准,而 Multi 叶型将附面层分离推迟至约 95% 相对弦长处,有效地降低了叶型的损失,提高了叶型气动性能。

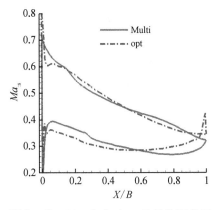

图 2-42　$Ma = 0.5$、$i = +4°$ 条件下多工况优化设计前后叶型表面等熵马赫数分布对比图

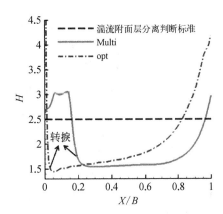

图 2-43　$Ma = 0.5$、$i = +4°$ 条件下多工况优化设计前后叶型吸力面附面层形状因子分布对比图

图 2-44(a)、(b)分别为 $Ma = 0.5$、$i = +8°$ 条件下多工况优化设计前后叶型表面等熵马赫数分布对比图和叶型吸力面附面层形状因子分布对比图。当攻角增加至 $+8°$ 时,叶型承担更大的负荷,因此前缘形状对附面层转捩的影响就会变弱,Multi 叶型和 opt 叶型吸力面附面层均直接在前缘处发生转捩。为了更清晰地观察附面层内流动细节,图 2-44(c)给出了多工况优化设计前后叶型吸力面附面层位移厚度分布对比图。在近前缘处,Multi 叶型前缘的峰值马赫数要小于 opt 叶型,因此在前缘处,opt 叶型的附面层位移厚度就要大于 Multi 叶型;opt 叶型吸力面附面层位移厚度从 40% 相对弦长处直接呈现指数型增长,直到约 60% 弦长处,湍流附面层才发生严重分离;而 Multi 叶型一直保持缓速的增长,直到约 70% 弦长才呈指数型增长,在约 90% 弦长处,附面层发生分离。

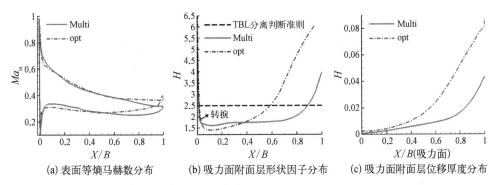

(a) 表面等熵马赫数分布　　　(b) 吸力面附面层形状因子分布　　　(c) 吸力面附面层位移厚度分布

图 2-44　$Ma = 0.5$、$i = +8°$ 条件下多工况优化设计前后叶型参数分布对比

结合图 2-44 可以看出,由于 opt 叶型气流在 40% 相对弦长位置过程中存在较大的弯度,并且前缘有更大的速度突尖,在叶型前部累积了更厚的附面层,两者共

同作用,最终导致附面层厚度急速增长;而 Multi 叶型在前部适当地减弱了叶型弯度,并且前缘速度突尖并未累积较厚的附面层,附面层一直保持合理的增长速度,直到叶型后部气流转折增强,附面层才呈现指数型增长。多工况优化设计得到的叶型在大的正攻角条件下可以较好地推迟附面层的分离,有效降低叶型损失。

在对多工况优化设计叶型正攻角性能进行分析之后,接下来将对多工况优化设计叶型负攻角性能进行研究。图 2 - 45 和图 2 - 46 分别给出了 $Ma=0.5$、$i=-4°$条件下多工况优化设计前后叶型表面等熵马赫数分布对比图和叶型压力面附面层摩擦系数分布对比图。从图 2 - 45 中可以看出,当攻角降低至-4°时,设计点优化 opt 的叶型压力面前缘产生速度突尖,压力面等熵马赫数迅速增加至 0.66,然后又急速下降,如此高的逆压梯度导致 opt 叶型压力面前缘处的附面层产生如图 2 - 46 所示的层流分离泡,然后压力面层流附面层发生转捩。多工况优化设计后的 Multi 叶型消除了压力面前缘的速度突尖,整个层流附面层附着良好,直到约 10% 相对弦长处发生转捩,因此多工况优化设计后叶型在-4°攻角条件下的气动性能要优于 opt 叶型。

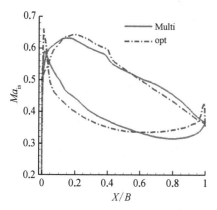

图 2 - 45　$Ma=0.5$、$i=-4°$条件下多工况优化设计前后叶型表面等熵马赫数分布对比图

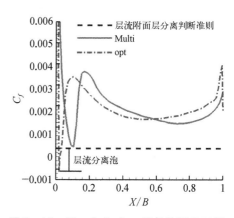

图 2 - 46　$Ma=0.5$、$i=-4°$条件下多工况优化设计前后叶型压力面附面层摩擦系数分布对比图

随着攻角降低至-8°,叶型压力面流动情况会进一步恶化。图 2 - 47 和图 2 - 48 分别给出了 $Ma=0.5$、$i=-8°$条件下多工况优化设计前后叶型表面等熵马赫数分布对比图和叶型压力面附面层摩擦系数分布对比图。从图 2 - 47 可以看出,Multi 叶型和 opt 叶型在压力面前缘处均产生速度突尖,但 Multi 叶型的速度突尖强度要弱于 opt 叶型,由速度突尖引起强逆压梯度,导致两个叶型在压力面前缘处均产生了层流分离泡。

如图 2 - 48 所示,由于多工况优化叶型有效降低了压力面前缘速度突尖的强度,所产生的层流分离泡的强度也远远弱于 opt 叶型,因此多工况优化叶型在大负

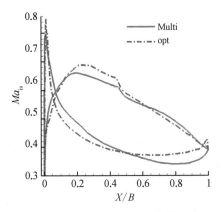

图 2 - 47　$Ma = 0.5$、$i = -8°$ 条件下多工况优化设计前后叶型表面等熵马赫数分布对比图

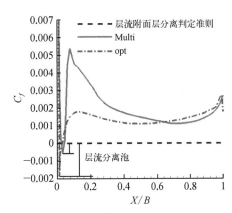

图 2 - 48　$Ma = 0.5$、$i = -8°$ 条件下多工况优化设计前后叶型压力面附面层摩擦系数分布对比图

攻角条件下的总压损失要小于设计点优化叶型。通过对 $-4°$ 和 $-8°$ 攻角条件下的叶型性能分析发现,在负攻角条件下,由于叶型负荷降低,两个叶型吸力面和压力面的湍流附面层均附着良好,未发生分离。在负攻角条件下,负荷分布对于叶型气动性能的影响较弱,层流分离泡的强度对叶型总压损失起到主导作用。

2.3.4　小结

本节针对具有较高气动负荷的大弯度叶型进行了研究,提出了一种大弯度叶型的优化设计方法,该优化设计方法应用改进蜂群算法作为优化算法,并且将叶型湍流附面层形状因子与叶型总压损失进行综合考量作为优化目标。利用提出的大弯度叶型优化设计方法完成了一套弯度近 55° 的大弯度叶型的优化设计,并且将该叶型进行了叶栅风洞实验。实验结果表明,优化设计得到的大弯度叶型在设计点具有较优的气动性能,实验总压损失系数仅为 0.044 9,实验气流转折角达到了 47.47°,具有较高的负荷,也具有较宽广的攻角和马赫数工作范围,达到了大弯度叶型的性能要求。并且利用叶栅实验结果对 MISES 程序进行了校核,证明即使在大正和大负攻角条件下进行大弯度叶型数值计算,该程序依然能保持较高的准确度。

　　然而仅针对设计点的大弯度叶型优化设计很难保证其在非设计工况下同样具有较好的气动性能,因此本节又进一步探索了一种针对多工况条件的大弯度叶型优化设计方法。该优化设计方法在优化过程中不仅考虑了叶型设计点性能,而且着重考虑叶型在大正和大负攻角条件下的气动性能。本节以设计点优化得到的大弯度叶型作为初始叶型,利用多工况大弯度优化设计方法设计了一个具有更好全攻角工作特性的叶型,该优化设计方法将叶型的有效攻角工作范围拓宽了 8°,除设计点外的所有其他工况下的气动性能均要优于设计点优化叶型,尤其是大正和大负攻角条件下的气动性能得到了较大的提升。通过对大弯度叶型优化设计的研究与分析,可以得到以下结论。

(1)大弯度叶型前缘形状和负荷分布对叶型全攻角范围内的气动性能起到至关重要的影响,要尽量避免叶型在前缘出现较强的速度突尖,并且适当将负荷后移有利于提高叶型在正攻角条件下的性能。

(2)对于本节研究的大弯度叶型,在设计工况下吸力面前缘速度突尖并未对附面层转捩位置产生较大影响,因此该速度突尖对叶型设计点性能的影响不大。但随着攻角的增加,吸力面前缘速度突尖会使附面层提前发生转捩,增加叶型摩擦损失,当攻角增大至一定程度时,由于叶型负荷过大,在吸力面前缘都会不可避免地存在速度突尖,此时速度突尖不再会对附面层转捩位置产生影响,但其强度会影响到叶型前部附面层厚度的累积,最终会和负荷分布共同作用,对叶型的气动性能产生较大影响。

(3)随着攻角的降低,叶型压力面前缘会形成速度突尖,并且该速度突尖的强度会随着攻角的减小而不断增加,该速度突尖会在压力面形成层流分离泡,严重影响叶型在负攻角条件下的气动性能。

(4)在正攻角条件下,适当将大弯度叶型负荷后移有利于减小叶型前部的负荷,避免叶型附面层厚度过早地呈指数型增长,从而有效地减小湍流附面层分离的区域,但负荷的后移会对叶型设计点性能产生一定的消极作用,会导致叶型接近尾缘处产生小的分离区。而在负攻角条件下,由于叶型负荷较小,叶型湍流附面层均附着良好,负荷分布对叶型性能的影响较小。

2.4　考虑端壁效应的高负荷叶栅优化设计技术

前面对大弯度叶型进行了二维优化设计研究,而在压气机叶片设计过程中,端壁效应会对压气机叶片的气动性能产生较大的影响。尤其是伴随着压气机负荷的增加,端区附面层会急速增厚,甚至诱发附面层分离,对压气机造成较大的分离损失及二次流损失,这会对压气机气动性能产生严重的影响。因此,对考虑端壁效应的高负荷叶栅展开全三维优化设计研究具有重要的意义。本节就自主开发的一个含有5种近端区叶型造型方法的高负荷叶栅优化设计平台进行介绍,并且对一套高负荷叶栅进行考虑端壁效应的优化设计,旨在降低端壁效应对叶栅气动性能的影响。

2.4.1　研究对象

本节研究的目标为某风扇静子尖部叶型,表2-10给出了该目标叶型的基本参数,该叶型的初始稠度为1.53,设计工况下的扩散因子为0.55。如果将该叶型稠度降低至1.25,可以减少静子叶片数,有效降低压气机质量,增加发动机推重比。然而叶型稠度下降会使叶型的负荷增加,特别是在端壁附面层共同作用下,会带来较大的损失。因此,本节重点研究在考虑端壁效应的情况下对低稠度高负荷叶栅进行全三维优化设计,旨在设计出在该负荷条件下使气动性能最优的叶栅。

表 2-10　目标叶型的基本参数

参数	几何进口角	几何出口角	轴向弦长	展弦比	稠　度	进口马赫数	设计攻角
数值	42.0°	-8.0°	65 mm	2.77	1.25	0.7	0°

2.4.2　高负荷叶栅全三维造型方法研究

针对高负荷叶栅研究了 5 种不同形式的端区造型方法,分别是弯曲叶栅(bowed cascade)、端弯叶栅(endbend cascade)、前缘边条叶栅(leading edge strake balde cascade, LESB cascade)、弯曲联合前缘边条叶栅(bowed+LESB cascade)及端弯联合前缘边条叶栅(endbend+LESB cascade)。首先对 5 种造型方法进行研究,并且通过该研究为叶型参数化打下基础。

1. 弯曲叶栅造型方法

弯曲叶栅相对于直列叶栅而言就是将叶栅的积叠线沿着周向不断发生变化,本节所研究的弯曲叶栅造型方法将叶栅的积叠线分成三段,图 2-49 给出了所使用的弯曲叶栅积叠线的示意图,从图中可以看出,叶栅的积叠线从根部至尖部分别为抛物线段、直线段和抛物线段,图中 H 代表抛物线段沿叶栅展向的高度,α 代表弯角。式(2-30)给出了抛物线段积叠线的表达式,其中 x 代表叶栅的周向坐标,y 代表叶栅的展向坐标。通过图 2-49 可以看出,点 $(x=0, y=H)$ 在抛物线上,抛物线在点 $(x=0, y=H)$ 处与 y 轴相切。同时,在 $y=0$ 处,x 的导数为 $-\tan\alpha$。将上述三个条件代入式(2-30)就可以得到式(2-31),联立求解式(2-31)可以求解出 a、b、c 三个未知量,如式(2-31)所示,从而得到积叠线抛物线段的表达式,如式(2-32)所示。同时,规定端壁处叶栅积叠线弯向吸力面一侧为正弯,弯向压力面一侧为反弯,图 2-50 和图 2-51 分别为正弯 30° 和反弯 30° 的弯曲叶栅示意图。

$$\begin{cases} x = ay^2 + by + c \\ x' = 2ay + b \end{cases} \quad (2-30)$$

$$\begin{cases} H^2 a + Hb + c = 0 \\ 2Ha + b = 0 \\ b = -\tan\alpha \end{cases} \quad (2-31)$$

$$\begin{cases} a = \tan\alpha/2H \\ b = -\tan\alpha \\ c = H\tan\alpha/2 \end{cases} \quad (2-32)$$

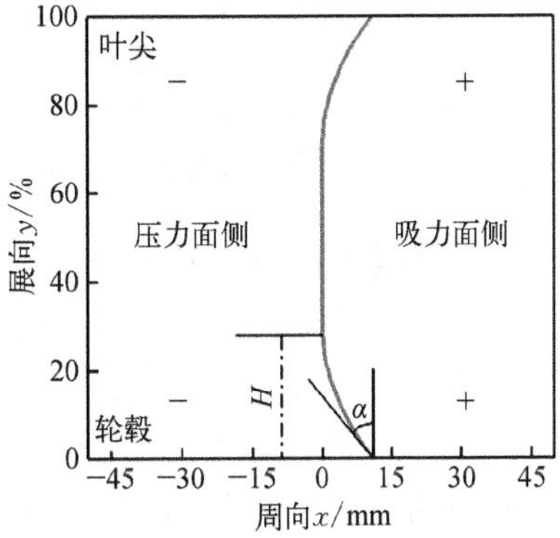

图 2-49　弯曲叶栅积叠线

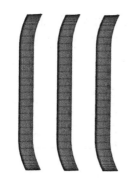
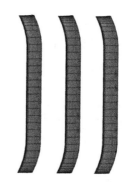

图 2-50　正弯 30°的弯曲叶栅　　　　　图 2-51　反弯 30°的弯曲叶栅

$$x = (\tan\alpha/2H)y^2 - \tan\alpha y + H\tan\alpha/2 \qquad (2-33)$$

2. 端弯叶栅造型方法

端弯叶栅是通过改变叶栅端区处几何进口角或者安装角的方式来完成叶栅端区造型,本节通过改变叶栅端区处叶型几何进口角的方式对端区进行造型。图 2-52 给出了端弯叶栅端区叶型几何进口角分布的示意图,图中 α 代表端弯的最大角度,H 表示端弯叶栅几何进口角沿叶展方向发生改变的高度,"+"代表端弯叶栅在端区的几何进口角比直列叶栅大,而"-"代表端弯叶栅在端区的几何进口角比直列叶栅小。

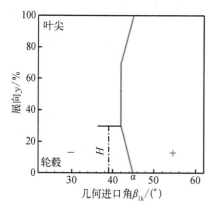

图 2-52　端弯叶栅端区叶型几何
进口角分布示意图

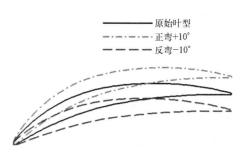

图 2-53　端弯叶栅正弯 10°和反弯 10°端区
叶型和直列叶型对比图

从图 2-52 可以看出,在进行端弯叶栅造型的过程中,在根部和尖部的端区叶型几何进口角的变化均呈线性分布,也就是说从叶栅根部起,叶型的几何进口角线性增加(正弯)或减小(反弯),具体的表达式见式(2-34),式中 x 代表叶栅沿展向的高度,β'_{1k} 代表此叶展处叶型的几何进口角。而在达到端弯的高度 H 后,几何进口角保持为直列叶栅的几何进口角。图 2-53 给出了端弯叶栅正弯 10°和反弯 10°端区叶型和直列叶型对比图,从图中可以看出,在造型过程中保证了端弯叶栅在端区叶型轴向弦长与直列叶栅保持一致,并且在进行端区叶型设计的过程中,仅仅改变端区叶型的几何进口角,而几何出口角、最大厚度、最大厚度位置和弯度分布等参数均保持不变。图 2-54 和图 2-55 分别给出了正弯 10° 和反弯 10° 的端弯叶栅示意图。

$$\beta'_{1k} = \frac{\beta_{1k} - \alpha}{H}x + \alpha \qquad\qquad (2-34)$$

图 2-54　正弯 10° 的端弯叶栅示意图　　图 2-55　反弯 10° 的端弯叶栅示意图

3. 前缘边条叶栅造型方法

前缘边条叶栅最早起源于飞机翼型中的边条翼,边条翼可以有效推迟飞机机翼在大迎角状态下的失速,而将这种边条翼的思想应用于压气机叶片中,可以有效地改善叶栅端区的流动状况,提升叶栅的气动性能。图 2-56 给出了前缘边条叶栅的轴向视图,从图中可以看出,在前缘边条叶栅造型过程中,确定沿叶展方向叶型轴向弦长变化量的分布至关重要。本节选择用抛物线分布的形式来描述沿叶展方向叶型轴向弦长变化量,图 2-57 给出了前缘边条叶栅叶型轴向弦长变化量分布曲线,由图可知,该曲线分为三段,在端区,轴向弦长变化量呈抛物线分布;而在

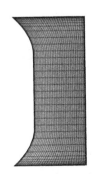

图 2-56　前缘边条叶栅的
　　　　轴向视图

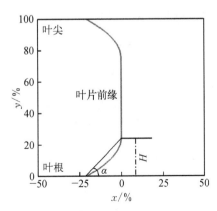

图 2-57　前缘边条叶栅叶型轴向弦长
　　　　变化量分布曲线

中部,变化量为 0。图 2-57 中,H 代表前缘边条叶栅抛物线段沿叶栅展向的高度,α 代表前缘边条叶栅抛物线段与轴向夹角。

式(2-35)给出了抛物线段的表达式,其中 x 代表叶栅的轴向坐标,y 代表叶栅的展向坐标。通过图 2-57 可以看出,点 $(x=0, y=H)$ 和点 $(x=-H\cot\alpha, y=0)$ 在抛物线上,同时抛物线在点 $(x=0, y=H)$ 处与 y 轴相切。将上述三个条件代入式(2-35)就可以得到式(2-36),联立求解式(2-36)可以求解出 a、b、c 三个未知量,如式(2-37)所示。从而得到该线抛物线的表达式,如式(2-38)所示,也就是说根据抛物线的表达式就可以得到不同叶展处的叶型轴向弦长变化量,进而得到该叶展处叶型的轴向弦长。

$$
\begin{aligned}
x &= ay^2 + by + c \\
x' &= 2ay + b
\end{aligned}
\tag{2-35}
$$

$$
\begin{cases}
H^2 a + Hb + c = 0 \\
2Ha + b = 0 \\
c = -H\cot\alpha
\end{cases}
\tag{2-36}
$$

$$
\begin{cases}
a = -\cot\alpha/H \\
b = 2\cot\alpha \\
c = -H\cot\alpha
\end{cases}
\tag{2-37}
$$

$$
x = \left(-\frac{\cot\alpha}{H}\right) y^2 + 2\cot\alpha y - H\cot\alpha
\tag{2-38}
$$

在确定了不同叶展处的叶型轴向弦长之后,最重要的是如何根据改变后的轴向弦长进行前缘边条叶栅的造型。本节提出了一种全新的前缘边条叶栅造型方法,与传统的前缘边条叶栅造型方法有一定区别。图 2-58(a)、(b)分别给出了新前缘边条叶栅与传统前缘边条叶栅造型过程图,图 2-58(a)中 Str 代表直列叶栅

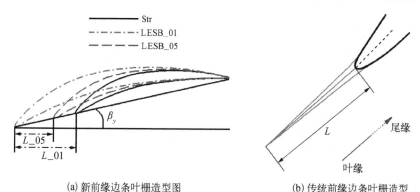

(a) 新前缘边条叶栅造型图   (b) 传统前缘边条叶栅造型

图 2-58   前缘边条叶栅造型[61]

的叶型;LESB_01 代表沿叶展方向将抛物线段分为 n 个截面中的第 1 个截面(即最靠近端壁处的截面)的叶型;LESB_05 代表沿叶展方向第 5 个截面的叶型;L_01 和 L_05 分别代表第 1、5 个截面叶型轴向弦长增加量;β_y 代表叶栅的安装角。图 2-58(b)中,L 代表叶型弦长增加量。

通过图 2-58(b)可以看出传统前缘边条叶栅造型首先确定出该截面叶型弦长增加量,然后通过两条直线与叶型前缘光滑连接,这样连接的方式简单,但当叶型弯度较大,尤其是叶型压力面型面较陡峭时,很难保证可以用直线与叶型压力面光滑连接,这可能导致叶栅造型后型面不连续,从而影响前缘边条叶栅气动性能。而本节提出的新前缘边条叶栅不是简单地用直线连接叶型,而是将前缘边条与叶型型面统一完成造型,这样积叠后的叶栅型面可以保证处处连续。由图 2-58(a)可以看出,新前缘边条叶栅造型方法先根据图 2-57 所示的曲线计算出各个截面轴向弦长的增加量,结合安装角 β_y 计算出各个截面新叶型的真实弦长,保持叶型几何进口/出口角、最大厚度、最大厚度位置和弯度分布不变,重新生成各个截面新叶型,最后将各个截面叶型积叠,生成前缘边条叶栅。图 2-59 给出了采用新前缘边条叶栅造型方法造型示意图,从图中可以看出,在近端壁处叶型实现了光滑的过渡。

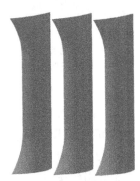

图 2-59　新前缘边条叶栅造型方法造型示意图

4. 弯曲联合前缘边条叶栅造型方法

上述三种叶栅造型方法均可以有效改善高负荷叶栅的端区流动,本节在进行研究时设想将上述三种有效的方法进行融合,可能会对高负荷叶栅端区流动状况产生更为积极的影响,本节首先将弯曲叶栅与前缘边条叶栅方法进行了融合。若弯曲叶栅弯高表示为 H_{bowed},前缘边条叶栅边条高度表示为 H_{LESB},将两者融合就会有三种情况。

(1) 若 $H_{bowed} > H_{LESB}$,则表示在 H_{LESB} 高度以下的区域是边条和弯曲联合作用的区间,在此区域内的叶型不仅需要满足边条叶栅的造型规律,同时也要兼顾弯曲叶栅的积叠规律;而在 H_{bowed} 高度以下、H_{LESB} 高度以上的区域,仅仅符合弯曲叶栅的积叠规律即可。图 2-60 给出了 $H_{bowed} > H_{LESB}$ 条件下弯曲联合前缘边条叶栅造型结果图。

(2) 若 $H_{bowed} = H_{LESB}$,则整个 H_{LESB}(即 H_{bowed})高度以下的区域均是边条和弯曲的联合作用区间。

(3) 若 $H_{bowed} < H_{LESB}$,则在 H_{bowed} 高度以下的区域的

图 2-60　$H_{bowed} > H_{LESB}$ 时弯曲联合前缘边条叶栅造型

图 2 - 61　$H_{\text{bowed}} < H_{\text{LESB}}$ 时弯曲联合前缘边条叶栅造型

叶型既要满足边条叶栅的造型又要满足弯曲叶栅的积叠规律；而在 H_{LESB} 高度以下、H_{bowed} 高度以上的区域，仅需要满足边条叶栅的造型规律即可。图 2 - 61 给出了 $H_{\text{bowed}} < H_{\text{LESB}}$ 条件下弯曲联合前缘边条叶栅造型。

5. 端弯联合前缘边条叶栅造型方法

在研究了弯曲联合前缘边条叶栅造型方法之后，又对端弯联合前缘边条叶栅造型方法进行了探索。设定端弯叶栅弯高表示为 H_{endbend}，前缘边条叶栅边条高度表示为 H_{LESB}，同样将两者融合分为三种情况。

（1）当 $H_{\text{endbend}} > H_{\text{LESB}}$ 时，则在 H_{LESB} 高度以下的区域不但要考虑边条叶栅的造型规律，同时各个截面的几何进口角又需要满足端弯叶栅几何进口角的变化规律；在 H_{endbend} 高度以下、H_{LESB} 高度以上的区域，仅继续满足端弯叶栅几何进口角分布规律即可，不需要再叠加边条影响。

（2）当 $H_{\text{endbend}} = H_{\text{LESB}}$ 时，在 H_{LESB}（即 H_{endbend}）高度以下的区域同时施加端弯和边条叶栅的作用。

（3）当 $H_{\text{endbend}} < H_{\text{LESB}}$ 时，则在 H_{endbend} 高度以下区域的叶型既要满足边条叶栅的造型，又要满足端弯叶栅的几何进口角变化规律；而在 H_{LESB} 高度以下、H_{endbend} 高度以上的区域，仅需要满足边条叶栅的造型规律即可，此区域内，叶型几何进口角保持不变。

与弯曲联合前缘边条叶栅造型需要考虑正弯还是反弯相似，端弯联合前缘边条叶栅造型中也需要考虑是正端弯还是反端弯。图 2 - 62 和图 2 - 63 分别给出了正端弯和反端弯联合前缘边条叶栅造型结果图，从图中可以看出，正端弯和反端弯在叶栅端区存在较为明显的区别。

图 2 - 62　正端弯联合前缘边条叶造型栅

图 2 - 63　反端弯联合前缘边条叶栅造型

2.4.3　考虑端壁效应的高负荷叶栅优化设计方法

前面详细介绍了本节研究的 5 种高负荷叶栅的近端壁叶型造型方法,下面将结合这 5 种不同的高负荷叶栅近端壁叶型造型方法开发出一个考虑端壁效应的高负荷叶栅优化设计平台。该优化设计方法可以自动、高效、智能地完成对高负荷叶栅的优化设计,图 2 - 64 给出了考虑端壁效应的高负荷叶栅优化设计方法流程图。

该优化设计方法中,首先要选择叶栅近端壁叶型造型方法,其中就包括前面提出的 5 种近端壁叶型造型方法;然后需要根据所选择的近端壁叶型造型方法对三维叶栅进行参数化,5 种造型方法的具体参数化过程在此不详细阐述,其三维参数化思路在后面有描述;完成三维叶栅的参数化之后,即开始进入优化算法模块,首先需要初始化蜂群信息;然后对每个蜜蜂个体进行适应度评估,也就是计算每个蜜蜂个体携带的信息对所对应叶栅气动性能的影响,本节采用高负荷叶栅多模块化计算单元完成对叶栅气动性能的评估;在完成蜂群适应度评估之后,需要判断当前蜂群是否达到了优化设计程序收敛标准,若当前蜂群并未满足优化设计程序的收敛标准,则需要通过改进人工蜂群算法生成下一代蜂群,并重新评估蜂群的适应度;若当前蜂群满足优化设计程序的收敛标准,则直接输出优化叶型信息及近端壁叶型造型的方案。

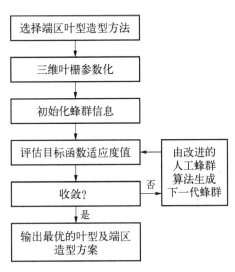

图 2 - 64　考虑端壁效应的高负荷叶栅优化设计方法流程图

本节在进行叶栅流场计算时,为了满足优化设计程序的需要,独立封装了一个高负荷叶栅多模块化计算单元。该计算单元可以一键式完成三维叶栅流场的并行数值计算,是优化设计程序的核心单元。图 2 - 65 给出了高负荷叶栅多模块化计算单元构成图,从图中可以看出,该计算单元采用多模块化设计,共包含 6 个模块,分别为地址修改模块

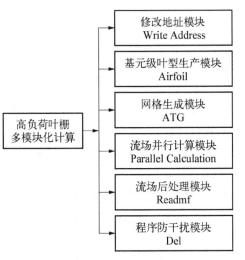

图 2 - 65　高负荷叶栅多模块化计算单元构成图

（Write Address）、基元级叶型生成模块（Airfoil）、网格生成模块（ATG）、流场并行计算模块（Parallel Calculation）、流场后处理模块（Readmf）及程序防干扰模块（Del）。

地址修改模块（Write Address）的作用是将当前程序运行地址写入所有计算所需的文件中；基元级叶型生成模块（Airfoil）通过自主编写的叶型生成程序生成基元级叶型，并且根据端区造型方案对基元级叶型进行位置调整；网格生成模块（ATG）需要将基元级叶型积叠，并且生成 Airfoil. geomTurbo 文件，然后调用 NUMECA 软件的 AutoGrid5 程序生成计算网格；流场并行计算模块（Parallel Calculation）通过调用 NUMECA 软件的 Euranus. exe 程序和 MPIexec. exe 程序完成流场的并行计算；流场后处理模块（Readmf）是将流场信息通过计算生成优化所需的优化目标信息；程序防干扰模块（Del）是在每次计算结束，优化主程序记录该个体的计算结果之后，删除所有计算生成的辅助文件，并且还原计算所需输入文件的信息，这样可以防止优化过程中上一个个体的计算结果对下一个个体产生干扰。

1. 三维叶栅参数化

针对三维叶栅进行参数化可主要分为两个部分，即叶型部分和近端壁部分。由于本节在进行高负荷叶栅优化设计的过程中不仅对近端壁部分进行了，同时也需要优化叶型型面，从而可以更好地配合近端壁造型，有效减小叶栅损失。而在近端壁造型方面，则需要根据不同的造型方法对其进行相应的参数化。

（1）弯曲叶栅：通过改变弯曲叶栅的弯高和弯角就可以控制弯曲叶栅的形状。

（2）端弯叶栅：端弯叶栅端区造型则主要通过改变最大端弯角度和端弯叶栅几何进口角沿叶展方向发生改变的高度来控制。

（3）前缘边条叶栅：前缘边条叶栅的形状主要取决于前缘边条叶栅抛物线段沿叶栅展向的高度和前缘边条叶栅抛物线段与轴向的夹角。

（4）弯曲联合前缘边条叶栅：该造型方法的控制参数需要兼顾考虑两方面信息，因此通过改变弯曲叶栅的弯曲方式、弯高、弯角、前缘边条叶栅抛物线段沿叶栅展向的高度和前缘边条叶栅抛物线段与轴向的夹角 5 个参数控制叶栅的端区造型。

（5）端弯联合前缘边条叶栅：主要通过改变最大端弯角度、端弯叶栅几何进口角沿叶展方向发生改变的高度、前缘边条叶栅抛物线段沿叶栅展向的高度及前缘边条叶栅抛物线段与轴向夹角来控制叶栅端区形状。

2. 三维叶栅流场计算方法

选择 NUMECA 软件作为三维叶栅流场数值计算方法，NUMECA 软件的核心是在欧洲宇航局编写的 EURANUS 空气动力学求解器的基础之上发展起来的,因其具有较高的计算精度和较高的计算效率,在叶轮机械领域数值计算中得到了广泛应用。

计算网格由 NUMECA 软件的 AutoGrid5 程序生成,为保证网格具有较高的质量,采用分块网格结构(即 O4H 型网格),并且对叶栅的近壁面处网格进行了加密处理。三维叶栅流场计算采用 NUMECA 软件中的 EURANUS 求解器,对 Jameson 有限体积差分格式的三维时均守恒型雷诺平均 Navier - Stokes 方程进行时间推进法的定常求解。湍流模型采用 Spalart - Allmaras(S - A)模型,依据 S - A 模型的适用范围,选取叶片表面第一层网格尺度为 5×10^{-6} m,近壁面 Y^+ 值小于 3。空间离散采用中心差分格式,时间离散采用 4 阶显式 Runge - Kutta 法进行时间推进求解,CFL 数选为 3.0,采用当地时间步、多重网格技术及隐式残差光顺法等来加速流场计算的收敛。进口边界给定均匀分布的总温、总压及来流方向,即进口总温为 288.15 K、总压为 101 325 Pa,进口气流方向为叶栅进气角方向。由于对叶栅进行优化设计的过程中需要固定叶栅进口马赫数和进气角,计算时出口边界给定叶栅出口质量流量和初始静压,固壁条件为绝热无滑移。

为了校验数值计算的准确性,消除网格相关性影响,网格节点分别取 65 万、90 万、110 万、150 万、200 万、250 万、300 万和 350 万,以及设置不同近壁面网格尺度条件,在设计工况(0°攻角、进口马赫数 0.7)下对所研究的高负荷叶栅进行对比计算,验证了网格无关性。

3. 优化参数设置

在对三维叶栅优化的同时考虑叶型和近端壁造型,因此优化变量也就分为两部分,其中叶型部分包含叶型前段弦长比 BFB、前段弯度比 FS、最大厚度相对位置 XLMB、叶型前缘半径 r_1。对于近端壁叶型造型部分,5 种方法各有不同,结合叶栅参数化方法,本节针对 5 种造型方法各选取以下参数作为优化变量(其中所有高度均是指相对叶展的百分比)。

(1) 弯曲叶栅: 弯曲叶栅的弯高 H_{bowed}、弯角 α_{bowed} 和弯曲方式(−1 代表反弯,+1 代表正弯)。

(2) 端弯叶栅: 端弯叶栅几何进口角沿叶展方向发生改变的高度 $H_{endbend}$、端弯的最大角度与直列叶栅几何进口角(42°)之差 $\alpha_{endbend}$,其中负值代表反弯,正值代表正弯。

(3) 前缘边条叶栅: 前缘边条叶栅抛物线段沿叶栅展向的高度 H_{LESB} 和前缘边条叶栅抛物线段与轴向夹角(边条角度) α_{LESB}。

(4) 弯曲联合前缘边条叶栅: H_{bowed}、α_{bowed}、H_{LESB} 和 α_{LESB}。

(5) 端弯联合前缘边条叶栅: $H_{endbend}$、$\alpha_{endbend}$、H_{LESB} 和 α_{LESB}。

表 2 - 11 给出了优化变量的扰动范围,优化设计过程中优化算法的参数设置

也会影响优化设计结果,表 2-12 列出了考虑端壁效应的高负荷叶栅优化算法参数设置。

表 2-11   考虑端壁效应的高负荷叶栅优化变量扰动范围

优 化 变 量	扰 动 下 界	扰 动 上 界
BFB	0.2	0.8
FS	0.2	0.8
XLMB	0.3	0.7
r_1/mm	0.1	1.5
H_{bowed}	1%	45%
$\alpha_{\mathrm{bowed}}/(°)$	0	75
H_{endbend}	1%	45%
$\alpha_{\mathrm{endbend}}/(°)$	−10	10
H_{LESB}	1%	45%
$\alpha_{\mathrm{LESB}}/(°)$	10	90

表 2-12   考虑端壁效应的高负荷叶栅优化算法参数设置

变量	蜂群数量	优化代数	搜索限制/次	邻域半径 r
数值	100	100	100	1.0

优化目标函数的构造对于优化设计同样起着重要的作用,合理的优化目标函数可以较大程度地提升优化设计结果的性能。本节在进行考虑端壁效应的高负荷叶栅优化设计过程中,充分考虑了高负荷叶栅的气动特性,将叶栅沿轴向和径向质量流量平均后得到的总损失作为主要的优化目标。同时加入了对叶栅负荷的限制,即优化后叶栅的扩散因子和静压升均要大于直列叶栅。式(2-39)给出了高负荷叶栅优化设计的优化目标函数,式中下标有 lim 的参数值均代表直列叶栅的取值。通过式(2-39)可以看出,本节优化目标函数中引入了扩散因子和静压升方面的罚函数,若优化叶栅扩散因子和静压升两个参数中任何一个小于直列叶栅的值,则将该叶栅的总压损失置为极大值,这样就可以保证优化后得到的叶栅在总压损失达到最小的同时,气动负荷保持在相应水平。

$$\mathrm{fitness} = \begin{cases} \omega & [\mathrm{DF} \geqslant \mathrm{DF}_{\mathrm{lim}}, P_2/P_1 \geqslant (P_2/P_1)_{\mathrm{lim}}] \\ \omega_{\mathrm{max}} & (\mathrm{else}) \end{cases} \qquad (2-39)$$

式中,ω 为叶栅总压损失系数;ω_{max} 为叶栅总压损失系数极大值,本节中取值为 1.0;DF 为叶栅扩散因子,定义见式(2-40);P_2/P_1 为叶栅静压升。

$$DF = 1 - \frac{c_2}{c_1} + \frac{\Delta c_u}{2c_1\tau} \qquad (2-40)$$

式中，c_1 为叶栅的进口绝对速度；c_2 为叶栅的出口绝对速度；Δc_u 为叶栅的进出口绝对速度周向分量之差；τ 为叶栅的稠度。

2.4.4　考虑端壁效应的高负荷叶栅优化设计结果

以直列叶栅作为优化的初始设计叶栅，分别使用 5 种不同的近端壁叶型造型方法对高负荷叶栅进行优化设计，分别设计得到 5 套近端壁叶型造型方法对应的气动性能最优的高负荷叶栅。

1. 优化设计结果分析

表 2-13 给出了 5 种不同近端壁叶型造型方法优化设计得到最优叶栅的优化变量，通过表可以看出 5 个近端壁造型的最优叶栅的叶型前段弦长与总弦长的比值 BFB 变化均不明显，基本保持在和直列叶栅的值比较接近的范围内。而叶型前段弯度与总弯度的比值 FS 却发生了较大变化，特别是弯曲叶栅，前段弯度比不但未减小，反而有所增大，使叶型前段承担了更多的弯度。其他 4 种叶栅均大幅减小了前段弯度比的值，使得叶栅的弯度分布更为均匀。在最大厚度位置方面，弯曲叶栅将最大厚度位置后移，而其他 4 种叶栅的最大厚度位置均有较大幅度的前移。

表 2-13　优化设计得到的优化变量结果对比

优化变量	直列叶栅	弯曲叶栅	端弯叶栅	前缘边条叶栅	弯曲联合前缘边条叶栅	端弯联合前缘边条叶栅
BFB	0.363	0.337	0.367	0.371	0.365	0.360
FS	0.500	0.612	0.347	0.299	0.227	0.325
XLMB	0.658	0.674	0.496	0.422	0.349	0.470
r_1/mm	0.611	0.784	0.879	0.914	0.699	0.762
H_{bowed}	—	38.15%	—	—	43.19%	—
$\alpha_{bowed}/(°)$	—	16.60	—	—	5.45	—
弯曲方式	—	正弯	—	—	正弯	—
$H_{endbend}$	—	—	11.73%	—	—	7.65%
$\alpha_{endbend}/(°)$	—	—	+7.33	—	—	−5
H_{LESB}	—	—	—	45%	45%	45%
$\alpha_{LESB}/(°)$	—	—	—	82.74	78.21	75.09

注：“—”表示该方法不含此变量。

优化设计的 5 种叶栅的前缘半径均要大于直列叶栅的前缘半径,尤其是前缘边条叶栅具有最大的前缘半径,相较于直列叶栅前缘增厚了 33%。相较于弯曲叶栅弯曲联合前缘边条叶栅的弯曲高度增大,弯角减小;相较于前缘边条叶栅,边条高度相同,边条角度有所减小。端弯联合前缘边条叶栅相较于端弯叶栅端弯高度降低,端弯形式发生较大改变,变为反弯;相较于前缘边条叶栅边条高度相同,边条角度减小。通过几种最优叶栅的优化变量对比可以看出,对于端弯叶栅、前缘边条叶栅、弯曲联合前缘边条叶栅和端弯联合前缘边条叶栅,其最优叶栅的叶型参数较为接近,与弯曲叶栅和直列叶栅有较大区别。

表 2-14 给出了考虑端壁效应的高负荷叶栅优化设计结果,从表中可以看出,优化设计后叶栅的气动性能得到了较大提升。其中,弯曲叶栅的总压损失系数降低了约 56%,并且叶栅的扩散因子和静压升均有较大幅度地提高,叶栅的负荷得到了提升。横向对比 5 种近端壁叶型造型的优化结果可知,弯曲联合前缘边条叶栅具有最优的气动性能,总压损失系数仅为 0.038 9,是 5 种近端壁叶型造型叶栅中最小的,并且静压升接近 1.2,扩散因子接近 0.6,均为最优值,具有较高的气动负荷。本节提出的弯曲联合前缘边条叶栅方法和端弯联合前缘边条叶栅方法的气动性能要明显优于其他 3 种传统的近端壁叶型造型方法,两者的总压损失系数均要小于其他 3 种方法,且扩散因子均要大于其他方法。而在 3 种传统近端壁叶型造型方法中,前缘边条叶栅具有较优的气动性能。

表 2-14　考虑端壁效应的高负荷叶栅优化设计结果

优化结果	直列叶栅	弯曲叶栅	端弯叶栅	前缘边条叶栅	弯曲联合前缘边条叶栅	端弯联合前缘边条叶栅
总压损失系数	0.096 5	0.042 5	0.041 6	0.040 2	**0.038 9**	0.039 3
扩散因子	0.548 9	0.588 9	0.593 8	0.594 7	**0.595 7**	0.595 6
静压升	1.147 2	1.194 6	1.195 1	1.196 0	**1.197 1**	1.196 9

2. 优化设计对叶栅叶展中部截面流场的影响分析

从图 2-66 给出的叶栅 50% 叶展截面的马赫数分布云图中可以看出,5 种近端壁造型得到的优化设计叶栅在 50% 叶展截面的流动状况均产生了一定程度的恶化。直列叶栅仅仅在 50% 叶展截面尾缘处存在一个极小的低速区,而其他叶栅尾缘处的低速区均有一定程度的增大,其中弯曲叶栅尾缘低速区范围增加最为明显,因此弯曲叶栅在叶展中部截面的损失最大。优化设计叶栅对叶型前缘处的加速也会产生一定影响,相较于直列叶栅,端弯叶栅、前缘边条叶栅、弯曲联合前缘边条叶栅和端弯联合前缘边条叶栅的加速区均更加靠近叶型前缘,峰值马赫数与直列叶栅比较接近。而弯曲叶栅的加速区位置与直列叶栅相同,但其峰值马赫数相较于其他叶栅有所降低。

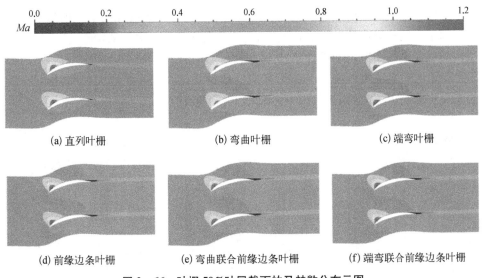

(a) 直列叶栅　　　　　　(b) 弯曲叶栅　　　　　　(c) 端弯叶栅

(d) 前缘边条叶栅　　　(e) 弯曲联合前缘边条叶栅　　　(f) 端弯联合前缘边条叶栅

图 2 - 66　叶栅 50%叶展截面的马赫数分布云图

图 2 - 67 所示为叶栅 50%叶展截面的叶型表面等熵马赫数分布图,该图更直观地显示出几个叶栅峰值马赫数位置及取值。通过图 2 - 67 可以看出,几种叶栅叶中截面的负荷分布有较大的不同,其中端弯叶栅、前缘边条叶栅、弯曲联合前缘边条叶栅和端弯联合前缘边条叶栅在前 20%相对弦长之前的负荷要明显大于直列叶栅;而在 20%~50%相对弦长时,又要明显小于直列叶栅;在 50%相对弦长后基本保持同样的负荷;与直列叶栅相比,弯曲叶栅在 50%相对弦长之前的负荷均要小于直列叶栅,而在 50%相对

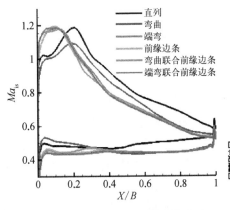

图 2 - 67　叶栅 50%叶展截面的叶型表面等熵马赫数分布

弦长之后基本保持同样的负荷。综上所述,5 种最优近端壁造型的叶栅与直列叶栅相比会在一定程度上恶化叶展中部截面流场,叶展中部的负荷也会略有降低,其中最优弯曲叶栅对中部截面流动的影响最为显著。

3. 优化设计对叶栅壁面极限流线影响分析

叶栅吸力面静压/壁面极限流线如图 2 - 68 所示,从图中可以看出,由于逆压梯度较大,直列叶栅吸力面产生较大的回流区,吸力面出现严重的附面层分离。叶栅吸力面存在两个鞍点和两个螺旋点,表现出鞍点-螺旋点的拓扑形式,在分离状态上属于典型的闭式分离泡,这种形式的分离会造成极强的掺混,给叶栅造成较大的损失。而 5 种最优近端壁造型的叶栅均完全消除了直列叶栅的角区失速,叶栅角区的螺旋点消失,在分离状态上呈现出开式分离,该形式的分离造成的掺混损失要远远小于闭式分离泡。端区造型之后,叶栅沿展向的二次流动增强,使端区附面层内的低能流体向叶展中部迁移,因此降低了优化设计之后的叶展中部流场性能。5种最优近端壁造型叶栅的分离沿径向的范围要比直列叶栅更大一些,但是分离的形式更为简单,因此带来的损失要远小于直列叶栅。

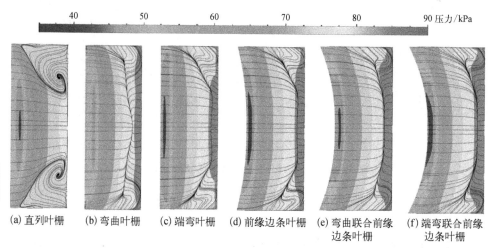

(a) 直列叶栅　(b) 弯曲叶栅　(c) 端弯叶栅　(d) 前缘边条叶栅　(e) 弯曲联合前缘　(f) 端弯联合前缘
　　　　　　　　　　　　　　　　　　　　　　　　　　　　　　　边条叶栅　　　　边条叶栅

图 2-68　叶栅吸力面静压/壁面极限流线图

5种最优近端壁造型叶栅的分离线位置有所不同,弯曲叶栅的分离线轴向位置相较于其他4种叶栅更为靠前,也就是说最优弯曲叶栅在叶型吸力面造成的分离区要大于其他4种叶栅,而其他4种叶栅的分离线轴向位置基本保持一致。通过比较分离线的径向起始位置可以发现,端弯叶栅分离线的径向起始位置是最靠近端区的,其次是前缘边条叶栅;分离线径向位置最靠近叶中的是弯曲联合前缘边条叶栅,也就是说弯曲联合前缘边条叶栅吸力面分离区沿叶展方向的作用范围是最小的。

5种最优近端壁造型叶栅的出口静压要明显高于直列叶栅,并且提出的弯曲联合前缘边条叶栅和端弯联合前缘边条叶栅的出口高静压区域要明显大于其他3种最优端区造型叶栅,也就是说弯曲联合前缘边条叶栅和端弯联合前缘边条叶栅具有更强的扩压能力。

4. 优化设计对叶栅端壁分离结构的影响分析

图 2-69 所示为叶栅端壁静压/壁面极限流线图,从图中可以看出,直列叶栅在端壁处通道内存在两个旋涡,两个旋涡均产生于叶栅近吸力面一侧,并且在叶栅尾缘处还存在一个较小的旋涡。而5种最优近端壁造型叶栅对端壁的流动情况有较大的改善,完全消除了叶栅通道内的旋涡,使叶栅通道内的流动形式更为简单。相较于5种最优近端壁造型叶栅,直列叶栅前缘的鞍点更为靠近通道中心,并且直列叶栅的来流附面层压力面分支并未与相邻叶片的吸力面相交,而是在相邻叶片

近吸力面一侧形成两个较大的通道涡,并且压力面再生附面层在叶片尾缘处也产生了一个较小的回流区。5 种最优近端壁造型叶栅来流附面层压力面分支均与相邻叶片的吸力面相交。在 5 种近端壁造型中,弯曲叶栅来流附面层压力面分支与相邻叶片的吸力面交点更为靠前,而其他 4 种叶栅的交点位置较为接近。

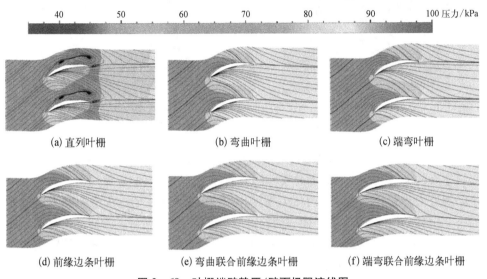

(a) 直列叶栅　　　　　　(b) 弯曲叶栅　　　　　　(c) 端弯叶栅

(d) 前缘边条叶栅　　　(e) 弯曲联合前缘边条叶栅　　(f) 端弯联合前缘边条叶栅

图 2-69　叶栅端壁静压/壁面极限流线图

从图 2-69 中可以看出,在近端壁处,直列叶栅通道内的静压要明显小于 5 种最优近端壁造型的叶栅,而且弯曲叶栅在压力面一侧还出现一个局部高压区。综上所述,在端壁造型优化设计之后,相较于直列叶栅,近端壁处的流动状况得到了明显的改善。

叶栅近端壁处的叶型表面等熵马赫数分布如图 2-70 所示,从图中可以看出 5 种端区造型的叶栅的负荷分布较为接近,在 50% 相对弦长之前,叶栅负荷均要远远大于直列叶栅的负荷;而在 50% 相对弦长之后,其与直列叶栅的负荷大小基本一致,因此 5 种近端壁叶型造型的叶栅在近端壁处的负荷要明显高于直列叶栅。

研究发现,直列叶栅通道内有较多旋涡存在,为更直观地研究通道内的旋涡结构,图 2-71 给出了直列叶栅三维流线图,图中蓝色流线表示进口来流端壁附面层;红色流线表示叶栅压力面附面层;绿色流线表示叶栅吸力面附面层。

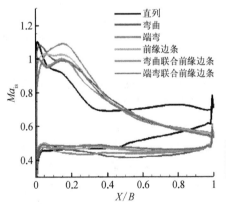

图 2-70　叶栅近端壁处的叶型表面等熵马赫数分布

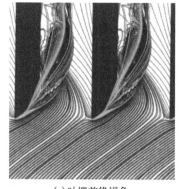
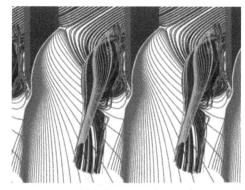

(a) 叶栅前缘视角 　　　　　　　　　　　(b) 叶栅尾缘视角

图 2 - 71　直列叶栅三维流线图

从图 2 - 71(a)中可以清晰地看到,进口来流端壁附面层在叶栅前缘上游偏向通道中心的鞍点处分成吸力面分支和压力面分支向叶栅下游发展。压力面侧的再生附面层由于受到较强的横向压力梯度作用,在向下游流动过程中会发生向吸力面一侧偏移的横向流动,吸力面一侧的再生附面层(吸力面再生附面层仅存在于通道前段)受来流附面层和横向压差的共同挤压,沿着吸力面流动。来流端壁附面层压力面分支与压力面再生附面层在叶栅通道中相遇并相互挤压,共同向叶栅下游发展。在发展到接近叶栅尾缘处时,由于逆压梯度较大,来流端壁附面层压力面分支与压力面再生附面层产生回流,该回流靠近叶栅吸力面一侧,并且在压力梯度与反向速度梯度的共同作用下在叶栅通道近吸力面一侧产生较强的通道涡。吸力面侧的再生附面层在向叶栅下游流动的过程中,一部分直接被卷入通道涡,一部分产生径向迁移,向上爬升越过通道涡向下游发展。

通过图 2 - 71(b)可以看到,由于逆压梯度的作用,压力面再生附面层在叶栅尾缘处产生回流,在压力梯度和反向的速度梯度共同作用下,该回流与相邻叶栅通道尾缘处的压力面再生附面层在叶栅尾缘处形成一个较小的旋涡。

通过图 2 - 69(a)可以看到,叶栅在近端壁处的极限流线谱捕捉到通道中存在3 个旋涡结构,而从图 2 - 71 中仅可以发现通道中存在一个较大的通道涡和尾缘处存在的 1 个小的旋涡,为了更清晰地捕捉直列叶栅通道内的旋涡结构,图 2 - 72 给出了直列叶栅的三维流线简化图,从图中可以清楚地看到直列叶栅通道内有两个旋涡存在,并且两个旋涡的形成有一定关联。来流端壁附面层压力面分支(图中黄线)产生回流,沿着近吸力面一侧向叶栅前缘运动,运动至接近叶栅前缘时,由于受到吸力面再生附面层和来流端壁附面层吸力面分支(图中蓝线)的共同挤压,形成一个旋涡后,重新向叶栅下游运动,当其运动至下游时又受到横向的挤压,最终形成旋涡结构,并且其位于起始涡的中心部位。而来流端壁附面层压力面另一分支(图中红线)产生回流后未运动至叶栅前缘,直接形成旋涡。而来流端壁附面层吸

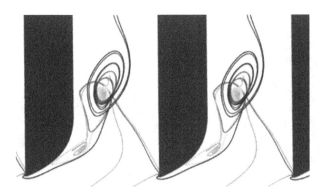

图 2 – 72　直列叶栅的三维流线简化图

力面分支(图中蓝线)在向叶栅下游流动的过程中直接被卷入通道涡,并且可以看出该直列叶栅的通道涡呈现出"沙漏"形状,也就是先聚集向上,后又逐渐发散。

通过近端壁叶型造型优化设计后,叶栅端壁处的流动状况得到了较大的改善,图 2 – 73 给出了 5 种最优近端壁造型叶栅的三维流线图,从图中可以看出,5 种最优近端壁造型叶栅在通道内具有相似的流动结构,来流端壁附面层被压力面再生附面层挤压,最终与叶栅吸力面相交,然后向上爬升,同时受到主流速度和轴向逆

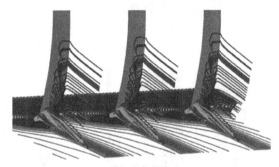

叶栅前缘视角　　　　　　　　　　　　　叶栅尾缘视角

(a) 最优弯曲叶栅的三维流线图

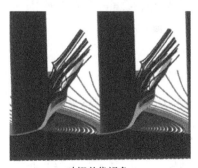

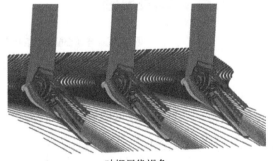

叶栅前缘视角　　　　　　　　　　　　　叶栅尾缘视角

(b) 最优端弯叶栅的三维流线图

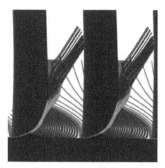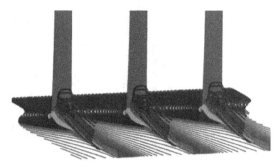

叶栅前缘视角　　　　　　　　　　　　　叶栅尾缘视角

(c) 最优前缘边条叶栅的三维流线图

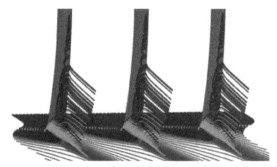

叶栅前缘视角　　　　　　　　　　　　　叶栅尾缘视角

(d) 最优弯曲联合前缘边条叶栅的三维流线图

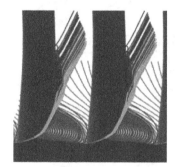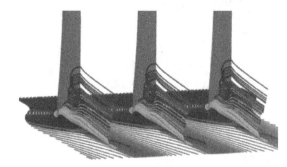

叶栅前缘视角　　　　　　　　　　　　　叶栅尾缘视角

(e) 最优端弯联合前缘边条叶栅的三维流线图

图 2 - 73　5 种最优近端壁造型叶栅的三维流线图

压梯度影响,在叶栅尾缘处形成较小的分离涡,而叶栅吸力面的附面层与端壁附面层相互融合,一起向叶栅下游发展。与直列叶栅相比,端壁优化设计叶栅有效地减弱了叶栅通道涡的强度,较明显地改善了叶栅端区的流动,可以有效提升叶栅的气动性能。横向对比 5 种近端壁造型叶栅可以看出,最优弯曲叶栅和最优弯曲联合前缘边条叶栅端壁附面层的径向迁移现象最为显著,也就是说这两种叶栅将更多端壁处的低能流体迁移至叶展中部,能更有效地改善叶栅端区的流动,但会在一定程度上影响叶栅中部截面的流动状态,因此如前所述,最优弯曲叶栅叶中截面的低速区最为显著。而在弯曲叶栅中联合前缘边条叶栅的造型方法,不但能增加低能流体的径向迁移,从而改善叶栅的端区流动,同时也可以有效减小弯曲叶栅分离旋涡的尺度。通过对比图 2-73(a)和(d)就可以发现,相较于弯曲叶栅,弯曲联合前

缘边条叶栅近尾缘处的分离旋涡的尺度明显减小,并且径向迁移高度更大。

从图 2-74 中可以看出,5 种最优近端壁造型叶栅在 30%叶展以下区域的总压损失系数要明显小于直列叶栅。在 10%叶展以下区域,最优弯曲叶栅和最优弯曲联合前缘边条叶栅的总压损失系数最小,而在叶中截面,两者的总压损失系数最大,但最优弯曲联合前缘边条叶栅有效地减小了 10%~40%相对叶展范围内的总压损失系数,因此综合比较来看,弯曲联合前缘边条叶栅具有最优的气动性能。

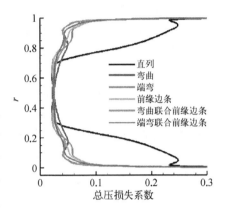

图 2-74　5 种最优近端壁造型叶栅总压损失系数径向分布图

5. 优化设计对叶栅非设计工况下性能的影响研究

图 2-75 展示了叶栅攻角-损失特性对比图,从图中可以看出,相较于直列叶栅,5 种最优近端壁造型叶栅在设计工况下的总压损失系数均显著地降低。但随着攻角的增加,叶栅的总压损失系数明显增大,其中端弯叶栅、前缘边条叶栅、端弯联合前缘边条叶栅在+4°攻角条件下的总压损失系数与直列叶栅几乎保持一致,而最优弯曲叶栅和最优弯曲联合前缘边条叶栅具有较小的损失,其中最优弯曲联合

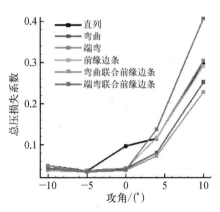

图 2-75　叶栅攻角-总压损失系数特性对比图

前缘边条叶栅在+4°攻角条件下的总压损失系数最小。当叶栅攻角增加至+10°时,最优端弯联合前缘边条叶栅的总压损失系数要远远大于其他叶栅,最优端弯叶栅和最优前缘边条叶栅的总压损失系数与直列叶栅较为接近,最优弯曲叶栅和最优弯曲联合前缘边条叶栅的总压损失系数要小于直列叶栅。而在-5°攻角条件下,5 种最优端区造型叶栅的总压损失系数与直列叶栅较为接近,其中最优弯曲联合前缘边条叶栅和端弯联合前缘边条叶栅的总压损失系数要略低于其他叶栅。而在-10°攻角条件下,最优弯曲联合

前缘边条叶栅的总压损失系数最小,性能最优。综合以上分析,弯曲联合前缘边条叶栅在全攻角范围内具有最优的气动性能,而端弯联合前缘边条叶栅在设计攻角和负攻角条件下具有较好的性能,但在正攻角条件下性能显著下降,叶栅总压损失系数甚至要大于直列叶栅。其他3种近端壁造型的叶栅在设计攻角下的总压损失系数要明显小于直列叶栅,但随着攻角的增加或下降,叶栅总压损失系数与直列叶栅较为接近,仅略小于直列叶栅。

6. 端区造型参数对弯曲联合前缘边条叶栅气动性能影响研究

这里提出了两种新的近端壁叶型造型方法,分别是弯曲联合前缘边条叶栅和端弯联合前缘边条叶栅,其中弯曲联合前缘边条叶栅在所有研究的端区造型方法中具有最优的气动性能。为了对弯曲联合前缘边条叶栅进行全面的了解,本节对近端壁造型各个参数对叶栅气动性能的影响进行了进一步的研究。图 2 - 76 给出了最优弯曲联合前缘边条叶栅在不同弯角 α_{bowed} 下的总压损失系数特性图。从图中可以看出,最优弯曲联合前缘边条叶栅的总压损失系数随弯角的增大呈现出先减小后增大的趋势,并且当弯角达到 5.45° 时,叶栅具有最小的总压损失系数,随着弯角的近一步增大,叶栅总压损失系数明显增大。图 2 - 77 给出了最优弯曲联合前缘边条叶栅在不同弯曲高度 H_{bowed} 下的总压损失系数特性图,从图中可以看出,随着弯曲叶展的增大,叶栅总压损失系数不断减小,在45%叶展处达到最小。但是与弯角相比,弯高对于叶栅气动性能的影响相对较弱。

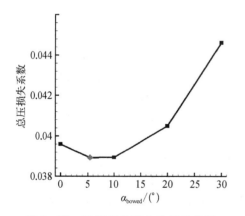

图 2 - 76　最优弯曲联合前缘边条叶栅在不同弯角下的总压损失系数特性图

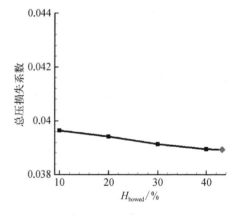

图 2 - 77　最优弯曲联合前缘边条叶栅在不同弯曲高度下的总压损失系数特性图

图 2 - 78 所示为最优弯曲联合前缘边条叶栅在不同前缘边条角 α_{LESB} 下的总压损失系数特性图。与弯角对总压损失系数的影响分布相同,图 2 - 78 中同样呈现出先增大后减小的分布特点,并且当前缘边条角达到 78.21° 时,叶栅具有最佳的气动性能。

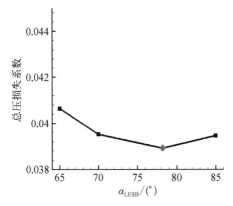

图 2 - 78　最优弯曲联合前缘边条叶栅在不同前缘边条角下的总压损失系数特性图

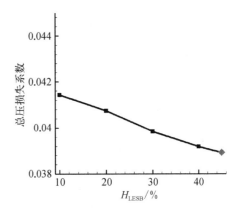

图 2 - 79　最优弯曲联合前缘边条叶栅在不同前缘边条高度下的总压损失系数特性图

图 2 - 79 给出了最优弯曲联合前缘边条叶栅在不同前缘边条高度 H_{LESB} 下的总压损失系数特性图,从图中看出,随着前缘边条高度增加,叶栅总压损失系数不断减小。综合以上的分析研究也可以验证本章优化设计得到的叶栅在弯曲联合前缘边条叶栅中具有最优的气动性能。

2.4.5　小结

本节对考虑端壁效应的高负荷叶栅优化设计方法进行了研究,并且提出弯曲联合前缘边条叶栅和端弯联合前缘边条叶栅两种全新的近端壁叶型造型方法。同时,对前缘边条叶栅的造型方法进行了改进,使叶栅型面具有更好的连续性。本节自主开发了一个含有 5 种近端壁叶型造型方法的高负荷叶栅优化设计平台,采用该优化设计平台可以完成对叶型和近端壁造型参数的耦合优化设计,并且依托该优化平台对某风扇静子尖部叶型进行了低稠度优化设计,优化设计后,该叶型稠度由 1.53 下降至 1.25,叶栅总压损失系数仅为 0.038 9,并且叶栅的扩散因子接近 0.6,具有较好的气动性能。同时,本节应用弯曲叶栅、端弯叶栅、前缘边条边条叶栅、弯曲联合前缘边条叶栅和端弯联合前缘边条叶栅 5 种不同的近端壁叶型造型对高负荷叶栅进行了全三维优化设计研究,可以得到以下结论。

（1）对比 5 种不同的最优近端壁造型叶栅,其中最优弯曲联合前缘边条叶栅具有最小的总压损失系数和最高的气动负荷,而最优弯曲叶栅具有最差的气动性能,但其气动性能也要远优于直列叶栅。除最优弯曲叶栅外的其他 4 种最优端区造型叶栅的叶型具有较高的一致性,并且对于端弯叶栅,正端弯具有较优的气动性能;而对于端弯联合前缘边条叶栅,负端弯具有更优的气动性能。

（2）5 种不同的最优近端壁造型叶栅均可以将直列叶栅存在的鞍点-螺旋点

结构的闭式分离泡转化为开式分离,有效地降低叶栅的掺混损失。而对比 5 种最优近端壁造型叶栅,最优弯曲叶栅的分离线轴向位置最靠近叶栅前缘,而其他 4 种最优近端壁造型叶栅的分离线具有较为接近的轴向位置,最优弯曲联合前缘边条叶栅分离线具有最窄的径向作用范围。

(3) 直列叶栅在叶栅通道中会形成具有双螺旋点结构的通道涡,并且该通道涡呈现出"沙漏"形,也就是先聚集向上,后又逐渐发散。该通道涡是来流端壁附面层压力面分支受叶栅压力面再生附面层挤压和叶栅通道轴向的逆压梯度共同作用产生的结果。端区造型优化设计后,完全改变了通道涡的结构,来流端壁附面层会被压力面再生附面层挤压,最终与叶栅吸力面相交,然后向上爬升,同时受到主流速度和轴向逆压梯度的影响,在叶栅尾缘处形成较小的分离涡。

(4) 端壁附面层低能流体的径向迁移会对叶栅性能产生较大影响,在 5 种不同的最优近端壁造型叶栅中,最优弯曲叶栅和最优弯曲联合前缘边条叶栅端壁附面层低能流体的径向迁移高度最大,因此两者的近端壁损失最小,而径向迁移旋涡尺度的不同对叶栅中部截面的性能会产生较大影响,其中最优弯曲联合前缘边条叶栅的径向迁移旋涡尺度较小,因此其在叶中截面产生的低速区要明显小于最优弯曲叶栅。

(5) 对于弯曲联合前缘边条叶栅,弯角对于叶栅气动性能的影响最为显著,而弯高影响效果最弱,同时前缘边条角和前缘边条高度对其性能影响的强度保持几乎一致。

参考文献

[1]　彭泽琰,杜声同,郭秉衡.航空燃气轮机原理[M].北京:国防工业出版社,1989.

[2]　Holland J. Adaptation in natural and artificial systems [M]. Ann Arbor: University of Michigan Press, 1975.

[3]　Sanger N L. The use of optimization techniques to design-controlled diffusion compressor blading[J]. Journal of Engineering for Power, 1983, 105(2): 256 - 264.

[4]　Ratneshwar J, Chattopadhyay A, Rajadas J N. Optimization of turbomachinery airfoil shape for improved performance[R]. AIAA Paper, AIAA - 1998 - 1917, 1998.

[5]　Koller U, Monig R, Kusters B, et al. Development of advanced compressor airfoils for heavy-duty gas turbines - part I: design and optimization[J]. Journal of Turbomachinery, 2000, 122(6): 397 - 405.

[6]　Pierret S, Van D, Braembussche R A. Turbomachinery blade design using a navier-stokes solver and artificial neural network[J]. Journal of Turbomachinery, 1999, 121(2): 326 - 332.

[7]　Dennis B H, Dulikravich G S, Zhen C Z, et al. Constrained shape optimization of airfoil cascades using a navier-stokes solver and a genetic/sqp algorithm[R]. ASME Paper, 1999 - GT - 441, 1999.

［8］ Lee S Y, Kim K Y. Design optimization of axial flow compressor blades with three-dimensional navier-stokes solver［J］. KSME International Journal, 2000, 14(9): 1005 - 1012.

［9］ Ashihara K, Goto A. Turbomachinery blade design using 3d inverse design method, cfd and optimization algorithm［R］. ASME Paper, 2001 - GT - 0358, 2001.

［10］ Oyama A, Liou M S, Obayashi S. Transonic axial flow blade shape optimization using evolutionary algorithm and three-dimensional navier-stokes solver［R］. AIAA Paper, AIAA - 2002 - 5642, 2002.

［11］ Madavan N K. Turbomachinery airfoil design optimization using differential evolution［C］// The Second International Conference on Computational Fluid Dynamics, Sydney, 2002.

［12］ Ahn C S, Kim K Y. Aerodynamic design optimization of a compressor rotor with navier-stokes analysis［J］. Journal of Power and Energy, 2003, 217(2): 179 - 183.

［13］ Sonoda T, Yamaguchi Y, Arima Y, et al. Advanced high turning compressor airfoils for low reynolds number condition - part Ⅰ: design and optimization［J］. Journal of Turbomachinery, 2004, 126(3): 350 - 359.

［14］ Khurana M S, Winarto H, Sinha A K. Application of swarm approach and artificial neural networks for airfoil shape optimization［R］. AIAA Paper, AIAA - 2008 - 5954, 2008.

［15］ Goinis G, Stollenwerk S, Nicke E, et al. Steady state versus time-accurate cfd in an automated airfoil section optimization of a counter rotating fan stage［R］. ASME Paper, 2011 - GT - 46190, 2011.

［16］ Park K, Turner M G, Siddappaji K, et al. Optimization of a 3 - stage booster: part Ⅰ - the axisymmetric multi-disciplinary optimization approach to compressor design［R］. ASME Paper, 2011 - GT - 46569, 2011.

［17］ Faller W. A unified rnn blade flow model: rotating blade and yawed turbine conditions［R］. AIAA Paper, AIAA - 2006 - 197, 2006.

［18］ William J, Joanne L. Aerodynamic performance optimization of a rotor blade using a neural network as the analysis［R］. AIAA Paper, AIAA - 1992 - 4837, 1992.

［19］ Rai M M, Madavan N K. Aerodynamic design using neural networks［J］. AIAA Journal, 38(1): 173 - 182.

［20］ Oyama A, Liou M S. Transonic axial-flow blade optimization: evolutionary algorithm/three-dimensional navier-stokes solver［J］. Journal of Propulsion and Power, 2004, 20(4): 612 - 619.

［21］ Oyama A, Liou M S. Multiobjective optimization of a multi-stage compressor using evolutionary algorithm［R］. AIAA Paper, AIAA - 2002 - 3535, 2002.

［22］ Li J, Tsukamoto H. Optimization of aerodynamic design for cascade airfoil by means of boltzmann selection genetic algorithms［R］. AIAA Paper, AIAA - 2000 - 4521, 2000.

［23］ Temesgen M, Wahid G. Global- and local-shape aerodynamic optimization of turbine blades［R］. AIAA Paper, AIAA - 2006 - 6933, 2006.

［24］ 刘波,周新海,严汝群.轴流压气机可控扩散叶型的数值优化设计［J］.航空动力学报. 1991,16(1): 9 - 13.

［25］ 靳军,刘波,曹志鹏,等.基于 NURBS 的三维轴流压气机叶片的几何型面优化研究［J］.航空动力学报,2005,20(4): 625 - 629.

[26] 刘波,梅运焕,靳军,等.基于 NURBS 的叶片优化设计研究[J].机械科学与技术,2006,25(7):844-847.

[27] 丁伟,刘波,曹志鹏,等.基于多目标遗传算法的多级轴流压气机优化设计[J].推进技术,2006,27(3):230-233.

[28] 刘波,靳军,南向谊,等.高空低雷诺数二维叶栅叶型优化设计研究[J].燃气涡轮试验与研究,2007,20(4):1-6.

[29] 王雷,刘波,梁俊,等.基于多级环境下的双排对转压气机优化设计[J].航空动力学报,2010,25(6):1381-1387.

[30] 王雷,刘波,项效镕,等.双级对转压气机叶型优化研究[J].机械科学与技术,2010,29(7):886-890.

[31] 史磊,刘波,张鹏,等.商用发动机 10 级高压压气机一维特性优化设计[J].航空动力学报,2013,28(7):1564-1569.

[32] 刘波,曹志远,黄建,等.跨声速轴流压气机非轴对称端壁造型优化设计[J].推进技术,2012,33(5):689-694.

[33] 杨小东,刘波,张国臣,等.基于人工蜂群算法与 NURBS 的吸附式叶型优化设计[J].航空动力学报,2014,29(8):1855-1862.

[34] 卢金铃,席光,祁大同.反问题与神经网络相结合的混流泵叶片优化设计[J].西安交通大学学报,2004,38(3):308-312.

[35] 樊会元,席光,王尚锦.一个神经网络结合遗传算法的叶轮逆命题设计方法[J].航空动力学报,2000,15(1):47-50.

[36] 李军,丰镇平,沈祖达,等.透平跨音速叶栅的优化设计[J].航空动力学报,1997,12(3):287-290.

[37] 宋立明,李军,丰镇平.跨音速透平扭叶片的气动优化设计研究[J].西安交通大学学报,2005,39(11):1277-1281.

[38] 宋立明,李军,丰镇平.ARDE 算法及其在三维叶栅气动优化设计中的应用[J].工程热物理学报,2005,26(2):221-224.

[39] 李军,李国君,丰镇平.应用复合进化算法的叶栅气动优化设计方法的研究[J].机械科学与技术,2005,24(4):412-414.

[40] 金东海,桂幸民.混合遗传算法的研究及其在压气机叶型优化设计中的应用[J].航空学报,2006,27(1):29-32.

[41] 金东海,展昭,桂幸民.基于混合遗传算法的压气机叶型自动优化设计[J].推进技术,2006,27(4):349-353.

[42] 金东海,李泯江,桂幸民.高负荷低速轴流风扇数值优化设计与实验研究[J].推进技术,2009,30(6):696-702.

[43] 赵伟光,金东海,桂幸民.压气机叶栅非轴对称端壁造型的优化设计[J].工程热物理学报,2013,34(6):1047-1050.

[44] 周正贵.混合遗传算法及其在叶片自动优化设计中的应用[J].航空学报,2002,23(6):571-574.

[45] 周正贵.压气机叶片自动优化设计[J].航空动力学报,2002,17(3):305-308.

[46] 汪光文,周正贵,胡骏.基于优化算法的压气机叶片气动设计[J].航空动力学报,2008,23(7):1218-1224.

[47] 苗雨露,周正贵,邱名.吸附式风扇/压气机叶型自动优化设计[J].航空发动机,2013, 39(3):46-58.

[48] 赵振国,周正贵,陶胜.吸附式压气机转子叶片气动优化设计[J].航空动力学报,2015, 30(3):726-735.

[49] 周明,孙树栋.遗传算法原理及应用[M].北京:国防工业出版社,1999.

[50] 王小平,曹立明.遗传算法-理论、应用与软件实现[M].西安:西安交通大学出版社, 2002.

[51] 钟兢军,王会社,王仲奇.多级压气机中可控扩散叶型研究的进展与展望,第一部分可控 扩散叶型的设计及发展[J].航空动力学报,2001,16(3):205-211.

[52] 程荣辉,仲永兴.压气机可控扩散叶型研究的回顾和展望[J].燃气涡轮试验与研究, 1991,4(4):25-29.

[53] 刘波.流-势函数法的人工密度格式在叶型设计中的应用[J].航空动力学报,1988,3(3): 223-226,282.

[54] Stephens H E, Hobbs D E. Design and evaluation of supercritical airfoils for axial flow compressor[R]. AD AO71200, 1979.

[55] Hobbs D E, Weingold H D. Development of controlled diffusion airfoil for multistage compressor application[R]. ASME Paper, 1983-GT-211, 1983.

[56] Drela M. Two-Dimensional Transonic aerodynamic design and analysis using the Euler equations[D]. Cambridge: Massachusetts Institute of Technology, 1985.

[57] Drela M. Mises implementation of modified abu-ghannam/shaw transition criterion (second revision)[R]. M.I.T. Aero-Astro, 1998.

[58] Drela M, Giles M B. Viscous-inviscid analysis of transonic and low reynolds number airfoils [J]. AIAA Journal, 1987, 25(10):1347-1355.

[59] Schreiber H A, Steinert W, Sonoda T, et al. Advanced high turning compressor airfoils for low reynolds number condition - part Ⅱ: experi-mental and numerical analysis[J]. Journal of Turbomachinery, 2004, 126(4):482-492.

[60] 航空发动机设计手册总编委会.发动机设计手册第 8 册压气机[M].北京:航空工业出版 社,2000.

[61] 陈志民.压气机端区修型技术研究及应用[D].北京:北京理工大学,2015.

第3章
高负荷压气机串列叶片设计技术

3.1 串列叶片造型方法概述

3.1.1 串列叶片概念的提出及研究概述

串列叶片是由相距很近的前后两排叶片构成的组合叶片,如图3-1所示。

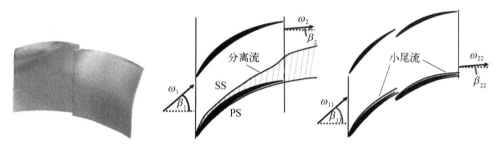

图 3-1 串列叶片示意图　　　　图 3-2 单列叶型和串列叶型附面层发展的对比

如图3-2所示,串列叶片能减小吸力面附面层分离的根本原因是前后叶片间的缝隙流道将高能来流加速,并引向后叶片的吸力面,吹除了前叶片尾迹的低能区,新的附面层会在后叶片的前缘重新形成,阻止了附面层分离的发展。因此,串列叶片可以减轻大弯角叶片附面层的分离程度,采用双排串列叶片来分担负荷,串列叶片能够支持更大的气动载荷,而不会带来过大的气动损失。

早在20世纪20年代初,研究人员提出了开缝式机翼,通过缝隙(或孔)来引入新的附面层分布,控制附面层发展,达到增大升力(或载荷),延缓或消除气流分离的目的,这是串列叶片的最早雏形[1],串列叶片即相当于沿展向全部开缝的开缝式叶片。

早期的串列叶片技术尚未成熟,没有投入实际的应用,相关研究集中在串列叶栅上展开,主要有两个方向:通过叶栅实验研究串列叶栅前后排叶片的匹配关系,通过理论解析串列叶栅的流动。

20世纪70年代,NASA和美国普惠公司对高负荷风扇级应用串列技术进行了研究,比较了普通转子与串列转子的性能。限于对转子结构强度的要求,将串列叶片设计成打孔形式,如图 3-3 所示。实验结果表明,所有实验转子的等熵效率、质量流量均低于设计值,而串列转子更低;串列转子的稳定裕度也更低。Brent 等[2]对 5 个核心压气机中间级完成了单级实验,其中转子 B、C、E 采用串列设计,前后叶片载荷分配比分别为 20%∶80%、50%∶50%、50%∶50%,转子 E 改变了沿展向加功量,降低了近端壁的负荷。实验结果表明,串列转子前、后叶的均匀加载性比非均匀加载性能要好;但转

图 3-3　普惠公司高负荷串列转子

子 B、C 均未达到设计要求,转子 E 超过设计压比,但效率低 1.5%;同时,与普通级相比,串列转子的稳定裕度并没有得到提升。

20 世纪 90 年代以来,随着压气机技术水平的进一步提高,传统的叶片设计方法遇到了瓶颈,发展高性能的压气机要求减少压气机流动损失和级数,提高级压比、级效率和稳定裕度,而限制级压比和级效率的一个主要因素是附面层分离。在较大气流转折角下,叶片吸力面的附面层分离损失会明显增大,由于串列叶栅具有高负荷、低损失的特性,作为能实现更高载荷的技术重新受到了重视。研究人员基于叶栅风洞实验和计算流体力学(computational fluid dynamics, CFD)方法对串列叶栅进行了广泛的研究。实验结果证明了与相同参数的叶栅相比,串列叶栅可以提供更大的负荷而且拥有较小的损失。

国内外大量研究证实了串列叶型是提高压气机负荷、扩大压气机喘振裕度的有效方法[3-16],并将其应用于多种航空发动机压气机中,作为压气机的末级静子的有透默Ⅲc、J85、阿杜斯特、AJI-31φ 等发动机;作为末级风扇静子的有 JT15D、阿杜尔、JT8D、GE J-79 等发动机。同时,CFD 方法的崛起给串列叶片的研究带来了新的契机。

一般来说,串列叶型的造型算法与所采用的用于描述串列叶型前后叶相互关系的参数系统关系极大,而在串列叶片的发展史上,串列叶型的几何参数系统一直没有一个严格的标准,故本节首先定义造型程序所采用的串列叶型的几何参数,然后介绍串列基元叶型和串列叶片的造型方法。

3.1.2　串列叶型的几何参数

1. 几何参数的定义

串列叶型是由前后两排叶型组合而成的组合式叶型。串列叶型作为一个整体,有总弦长、几何进口/出口角、稠度等总体参数,还有特有的用于描述前后两排叶型相互关系的相互关系参数;串列叶型作为两排叶型的组合,还有每排叶型的单

个叶型参数(如最大相对厚度),且单个叶型的参数与普通叶型无异。

为了规范描述串列叶型前后叶相互关系的几何参数,选取如图 3-4 所示的常见定义。

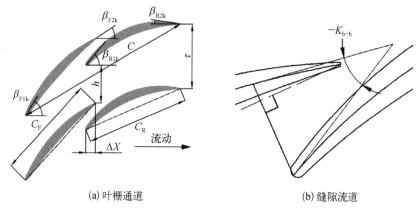

(a)叶栅通道　　　　　　　　(b)缝隙流道

图 3-4　串列叶型几何参数示意图

表示串列叶型前后叶相互关系的参数定义如下。

(1)轴向重叠度(axial overlap,AO)定义为前排叶片前缘至后排叶片前缘的轴向重叠距离 ΔX 与前排叶片弦长 C_F 之比。

$$AO = \Delta X / C_F \tag{3-1}$$

当前后叶轴向无重叠时,定义 AO ≤ 0。分母为前排叶片弦长 C_F,而不是前排轴向弦长或整体轴向弦长。

(2)节距比例(percent pitch,PP)定义为前排叶片尾缘与后排叶片前缘之间的节向(栅距方向)距离 h 与栅距 t 之比。

$$PP = h/t \tag{3-2}$$

(3)弦长比 CR 定义为后排叶片弦长 C_R 与前排叶片弦长 C_F 之比。

$$CR = C_R / C_F \tag{3-3}$$

(4)弯角比 TR 定义为后排叶片弯角 θ_R 与前排叶片弯角 θ_F 之比。

$$TR = \theta_R / \theta_F \tag{3-4}$$

(5)后排叶片中心流近似攻角 K_{b-b}。如图 3-4(b)所示,从后排叶片前缘点作前排叶片弦线的垂线,与前排叶片中弧线得到交点。前排叶片中弧线在该交点处的几何角与后排叶片中弧线在前缘点处的几何角之差即 K_{b-b}。当前缝隙流道呈收敛形式时,$K_{b-b} < 0$;若呈扩张形式,则 $K_{b-b} > 0$。K_{b-b} 近似等于后排叶片中心流的攻角。

对实际叶型进行设计时,往往已知总体几何参数,包括总弦长 C 或总轴向弦长 C_Z、几何进口角 β_{F1k}、几何出口角 β_{R2k} 和稠度 τ,再加上以上 5 个独立的相互关系参数,就可以在单个叶型造型方法和参数已知的情况下,唯一确定前后叶片弦长 C_F、C_R 和弯角 θ_F、θ_R 及整个串列叶型的型面。

2. 几何参数对叶型和流动的影响

实际上,串列叶型参数对叶型和流动的影响往往是几个参数综合产生的影响,但是每个参数的影响的侧重点不同,有必要予以单独讨论。

1)轴向重叠度 AO

轴向重叠度 AO 与节距比例 PP 共同决定了前后排叶片的相对位置。在造型中,仅改变轴向重叠度 AO 的输入值,对串列叶栅造型的影响如图 3-5 所示。注意总轴向弦长、节距比例、弦长比等其他输入参数保持不变,虽然后排叶片与前排叶片的轴向距离在拉大,但是由于总轴向弦长的约束,后排叶片的弦长与前排叶片弦

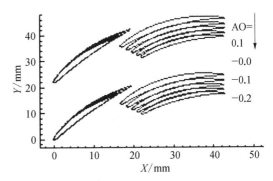

图 3-5　轴向重叠度对串列叶栅造型的影响

长相应变短,并保持弦长比一致。由前述的定义可以知道,轴向重叠度 AO 表示前后两排叶片之间的轴向距离关系。对于串列叶型,由于前排叶片的存在,改变了后排叶片的气流流入情况,而改变的程度随轴向距离而变化。

由于轴向重叠度 AO≪0 时,前后排间的轴向距离很大,类似普通的两排叶栅,相互的影响很小。当 AO 逐渐增大时,由于一般情况下 $K_{b-b} < 0$,收敛的缝隙流道开始形成,前排叶片压力面附近的高能流体开始对后排叶片吸力面的附面层产生吹除作用,叶型损失逐渐变小。而当轴向重叠度 AO≫0 时,缝隙流道成为收敛-扩张通道,扩压带来的逆压梯度会影响附面层的吹除效应,流动损失上升,性能不佳,而且叶片的加工和安装也变得更加困难。因此,在其他参数,尤其是节距比例 PP 不变的情况下,一定存在一个使流动情况和性能最佳的轴向重叠度 AO。

伴随着串列叶栅的发展,国内外研究人员一直在寻找最佳轴向重叠度 AO。最终通过实验发现,轴向重叠度 AO 和节距比例 PP 对流动和性能的影响比弦长比 CR 和弯角比 TR 要大,最佳轴向重叠度 AO 分布在[-0.1,0]内,其中不少研究认为 0 是最佳值,数值计算也得到了同样的结果。值得注意的是,上述最佳轴向重叠度 AO 的取值并不是孤立的,而是与最佳节距比例 PP 相匹配的,两者存在一个最佳组合。

2)节距比例 PP

在造型中,仅改变节距比例 PP 的输入值,对串列叶栅造型的影响如图 3-6 所

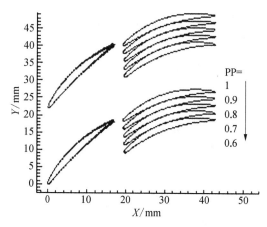

图3-6　节距比例 PP 对串列叶栅造型的影响

示。注意总轴向弦长、轴向重叠度、K_{b-b} 等其他参数保持不变,由于 K_{b-b} 的约束,前排叶片的几何出口角会有微小变化。

节距比例把前排叶片通道内的流动分成两部分,其中一部分就是通过缝隙流道的流体,这部分流体喷射入后排叶片吸力面的附面层,增加附面层中流体的能量,防止或推迟分离。节距比例的改变,使缝隙流道的宽度改变,对附面层的影响也随之改变。但是这种改变的程度随着轴向重叠度的减小而逐渐减弱,当轴向重叠度 AO≪0 的时候,节距比例 PP 就不起作用了。可以说,节距比例 PP 是配合轴向重叠度 AO 起作用的。

当节距比例 PP 很接近 0 的时候,后排叶片的压力面很接近前排叶片的吸力面,这两个面之间形成的缝隙,能使流体对后排叶片压力面上的附面层产生影响,这样的串列叶栅称为倒置串列叶栅。一般倒置串列叶栅的流动和性能比正常串列叶栅要差,这是因为后排叶片的吸力面附面层分离没有得到控制,而压力面的附面层分离原本不严重,高能来流的吹除作用有限。

节距比例 PP 越大,前后叶型之间所形成的间隙流道对气流加速的作用越强,串列叶栅的性能随之上升;但是当节距比例 PP 过大,如 PP∈[0.9,1] 时,或者流道堵塞,或者前叶与后叶的匹配出现问题时,前排叶片尾缘的掺混损失更大,后排叶片吸力面流动也易分离。

在节距比例 PP∈[0.7,0.9] 时,配合合适的轴向重叠度 AO 可以得到较好的性能。通过实验和数值计算发现,最佳节距比例 PP∈[0.8,0.9] 时的性能最好(特别是靠近 0.9 时)。在总轴向弦长等其他参数保持不变的情况下,仅改变弦长比 CR 的输入值,对串列叶栅造型的影响如图 3-7 所示。

弦长比会显著地影响流动情况,如果某排叶片弦长太短,将不利于其承担较大的气流转折角或负荷。当弦

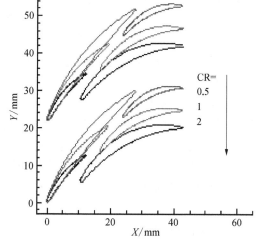

图3-7　弦长比 CR 对串列叶栅造型的影响

长比增加的时候,一方面,前排叶片弦长相对减小,附面层增长的表面长度减小,附面层较薄,不易发生分离;另一方面,前排叶片吸力面附面层的形状因子增长更快,增加分离的倾向。当后排叶片弦长增加时,即使扩压速度比较小,附面层增长经过一个较长的距离,也能增长到较大的厚度。数值计算或实验验证结果普遍认为,弦长比 CR = 1.0 是最佳的方案。

3) 弯角比

同样,保持总轴向弦长等其他参数不变,在造型中仅改变弯角比 TR 的输入值,TR 对串列叶栅造型的影响如图 3 - 8 所示。

和弦长比一样,弯角比会对叶栅流动情况产生较大影响。弯角比 TR 表示前后排叶片负荷或加功量的分配,但是它的值并不表示后排叶片与前排叶片加功量的比值。例如,弯角比 CR = 1.0 并不表示后排叶片的加功量与前排叶片的加功量相等,实际上前排叶片比后排叶片具有更大的加功量。数值计算或实验结果验证,弯角比 CR = 2.0 是最佳的方案。

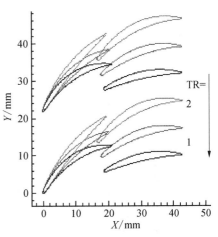

图 3 - 8　弯角比 TR 对串列叶栅造型的影响

4) K_{b-b}

在造型中仅改变 K_{b-b} 的输入值,对串列叶栅造型的影响如图 3 - 9 所示。为了形成收敛的缝隙流道, K_{b-b} 的取值一般为负。当 K_{b-b} 减小时,缝隙流道的收敛程度加大。若进一步减小至 $K_{b-b} < -10°$,在前后叶片上,将发生气流分离,性能变差。K_{b-b} 的负值过大会产生如下不利影响:① 易造成前叶片尾缘处速度较低,使前排叶片吸力面上的扩压度变高,导致附面层分离;② 在前排叶片压力面上减速;③ 后排叶片前缘处的流动性能很差,致使后排叶片压力面上发生分离。当 $K_{b-b} > -5°$ 时,缝隙流道容易出现局部甚至整体扩张,不利于吹除后排叶片吸力面附面层,综合来说, $[-8°, -4°]$ 是最优的取值区间。

设计者可以依据弯角比调整前后叶型的载荷分布,依据节距比例和轴向重叠度调整前后叶型的相对位置等。由于设计的自由度增多,且互相之间存

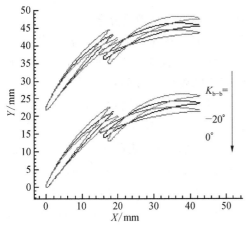

图 3 - 9　K_{b-b} 对串列叶栅造型的影响

在影响,在保证整体叶型的几何参数时会出现前、后叶的多种组合,因此产生串列叶型前、后叶之间的匹配问题,这需要设计者具有一定的经验。

以上5个参数中,轴向重叠度AO和节距比例PP对串列叶栅造型的影响最大。根据其他文献和作者的设计经验,5个参数的推荐取值如表3-1所示。

表3-1　串列叶型设计参数的推荐值

设计参数	AO	PP	CR	TR	K_{1r-b}
推荐值	[−0.1, 0.1]	[0.8, 0.92]	[0.9, 1.3]	[1.7, 2.2]	[−8°, −4°]

3.1.3　串列基元叶型的生成

1. 单个叶片的造型

串列基元叶型的生成中首先要完成的是单个叶片的造型,通过调用造型程序实现。当单个叶型的弦长和几何进口/出口角确定后,根据造型方法、叶型类型及相关参数生成单个叶片的型面坐标。

单个叶片的造型主要有两种方法:① 中弧线叠加厚度分布;② 依据设计目标对吸、压力面坐标或者曲率分布的要求,采用多项式函数、样条函数或者多段圆弧曲线直接生成型线,然后径向积叠生成三维叶片。本节采用第一种方法。

在单个叶片造型中,中弧线有多种类型供选择,如两段圆弧、三次多项式、四次多项式等。厚度沿弦长分布也有多种类型供选择,如两段圆弧、前段圆弧+后段三次多项式、前段圆弧+后段四次多项式等。注意两段圆弧的中弧线加上两段圆弧的厚度分布并不是MCA,MCA的吸、压力面分别由两段圆弧构成,但是厚度分布并不满足两段圆弧的规律。中弧线和厚度分布叠加造型的好处是可以灵活地分别控制中弧线和厚度分布,增加了设计自由度。本节选用两段圆弧中弧线和前段圆弧+后段三次多项式的厚度分布。

中弧线的分布决定了叶型弯角沿弦长的分布,也就很大程度上决定了功沿弦长的分布。本节采用的两段圆弧中弧线的挠度位置为两段圆弧的衔接点,挠度相对弦长位置可调,两段圆弧的中弧线分布如图3-10所示。

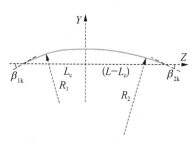

图3-10　两段圆弧中弧线分布示意图

厚度分布影响吸力面和压力面的曲率,并直接影响叶型表面压力分布。在前后厚度分布的连接点,厚度的大小和一阶导数相等;在前后缘,厚度分布与前后小圆/椭圆光滑连接,前后缘可以是圆或椭圆。中弧线叠加厚度分布示意图如图3-11所示。

本节的叙述重点在串列叶片的前后叶匹配的优化,限于篇幅,单个叶型的造型方法不再赘述。

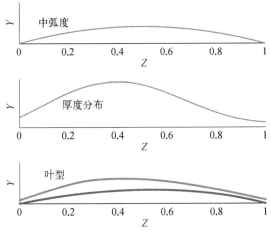

图 3-11　中弧线叠加厚度分布示意图

2. 串列叶型的生成

根据前述对几何参数的定义,选择 4 个总体几何参数作为输入:总弦长 C 或总轴向弦长 C_Z、几何进口角 β_{F1k}、几何出口角 β_{R2k}、稠度 τ。选择 5 个前后叶相互关系参数:轴向重叠度 AO、节距比例 PP、弦长比 CR、弯角比 TR、K_{b-b},以及单叶型相关设计参数作为输入,可以唯一确定出串列叶型的型面。

为了增加实用性,输入总弦长 C 或总轴向弦长 C_Z 是可选择的。输入总体弦长比输入前叶弦长的好处在于,有利于控制总弦长的大小,而总弦长可以根据压气机总体设计结果直接确定,便于实际的设计。

几何进口/出口角 β_{F1k} 和 β_{R2k} 分别根据压气机 S2 通流设计得到的进出口气流角 β_{F1}、β_{R2},减去冲角和落后角得到。对于单个叶型,落后角可以通过落后角模型自动预估,但是串列叶型不在众多落后角模型的适用范围。采用初始预估,结合 CFD 计算结果修正几何出口角 β_{R2k} 的方法,可以使出口气流角 β_{R2} 接近目标值。

稠度 τ 除了生成叶栅外,还可根据式(3-2)求出前后叶片的周向相对位置。在生成平面叶栅时仅输入稠度,而在生成三维叶片的基元叶型时可以选择输入叶片数和半径,以确定各流面的栅距和稠度,也可以选择输入中径处的稠度计算出叶片数。

5 个前后叶片的相互关系参数可以用表 3-1 的推荐值,也可以根据该推荐值进行进一步优化。单个叶型的参数根据经验取值,也可以通过优化寻找最优参数设计。

如图 3-4 所示,以输入总弦长为例,由于前后叶片安装角不同及存在间隙,总弦长并不等于前后叶片的弦长相加,所以前后叶片的弦长并不能直接用弦长比 CR 求出。同样,由于 K_{b-b} 的存在,总弯角并不等于前后叶片弯角相加,即前叶片几何出口角 β_{F2k} 并不等于后叶片几何进口角 β_{R1k},同时根据 K_{b-b} 的定义,两者的差值也不严格等于K_{b-b},所以前后叶片的弯角并不能直接用弯角比 TR 和K_{b-b}求出。对于式(3-1),如果没有前叶片弦长C_F,轴向重叠长度ΔX也无法求出,所以求出满足输入条件约束的前后叶片弦长和弯角是串列叶型几何造型的关键。

由于几何关系的复杂性,难以采用解析的方法得到前后叶片的弯角和弦长,可以采用如下算法:根据总弦长C、弦长比 CR 初始预估前后叶片弦长,根据总体几何进口/出口角β_{F1k}、β_{R2k}、弯角比 TR 和K_{b-b}预估前后叶片几何进口/出口角,将预估值作为单叶片造型模块的输入,生成前后叶型,并得到前后叶型的安装角,以此确定前后叶片的位置和当前状态的总弦长、K_{b-b}。 然后根据输入的总弦长、K_{b-b}修正前后叶片弦长和几何进口/出口角,通过不断迭代修正,最终使串列叶型满足输入约束。实践证明,迭代收敛很快,精度和稳定性都能完全满足要求,算法的流程如图3-12 所示。

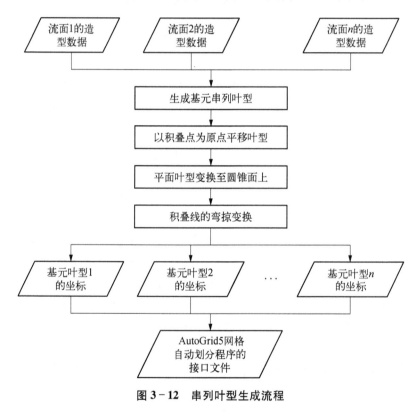

图 3 - 12　串列叶型生成流程

3.1.4　三维串列叶片的造型

1. 三维串列叶片造型的流程

利用前述的造型方法可以得到串列叶片的基元叶型,然后按照如图3-13 所示的流程生成串列叶片:先输入不同径向位置的造型数据,生成若干个锥形展开面上的基元叶型,并将基元叶型以选定的积叠点为原点平移,然后将锥形展开平面上的基元叶型映射至圆锥面上,再将基元叶型按一定的弯掠规律平移轴向和周向坐标,最后这些叠放在不同径向位置的基元叶型组成了三维叶片。

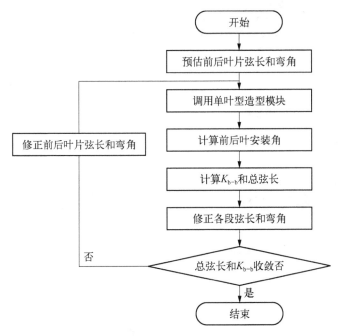

图 3 - 13　串列叶片造型生成流程

2. 积叠点的选择

串列叶片是在平面串列叶栅的基础上通过径向积叠生成的,首先要选择积叠点,对于单个叶片,一般以重心、前缘或尾缘作为积叠点。对于串列叶片,本节研究的造型程序提供如下 6 种积叠点供选择:前叶前缘、前叶尾缘、后叶前缘、后叶尾缘、重心、前后叶间隙中心。其中,本节均选择常用的重心积叠。在径向积叠线的条件下,6 种积叠点生成的叶型径向投影如图 3 - 14 所示。

3. 锥形展开面向锥面的映射

为了方便计算叶栅参数和引用平面叶栅的实验数据,叶型一般是在平面(流面)上进行设计的。但是流面实际上是一个回转面,假设流线倾角不变,可以把基元叶型前缘到后缘之间的流面看作一个圆锥面,基元叶型造型需要在圆锥的展开平面上进行。圆锥展开面上生成的平面基元叶型,需要重新映射回圆锥面,这类似于扇形平面卷回圆锥的过程。

在如图 3 - 15 所示的圆锥流面上,设基元叶型前缘的径向高度为 R_1,后缘的径向高度为 R_2,轴向弦长为 C_Z,圆锥母线与轴向的夹角(流面倾角)为 α,则有

$$\alpha = \tan^{-1}\left[(R_2 - R_1)/C_Z\right] \tag{3-5}$$

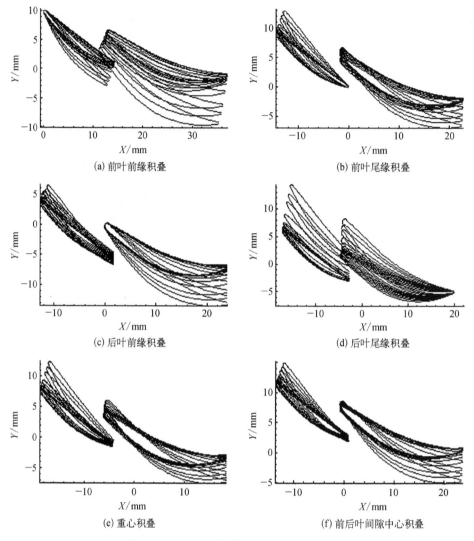

(a) 前叶前缘积叠　　　　　　　(b) 前叶尾缘积叠

(c) 后叶前缘积叠　　　　　　　(d) 后叶尾缘积叠

(e) 重心积叠　　　　　　　　(f) 前后叶间隙中心积叠

图 3-14　不同积叠点生成的叶型径向投影

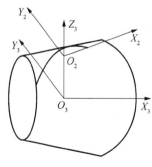

图 3-15　圆锥流面示意图

该圆锥的展开面是一个扇形环面,扇面上基元叶型的二维笛卡儿坐标系 $O_2X_2Y_2$ 以积叠点 O_2 为原点,X_2 轴与流线方向一致,Y_2 轴为周向。已知积叠点 O_2 的径向高度为 R_S,则坐标点 (X_2, Y_2) 到扇形圆心的距离 l 为

$$l = \sqrt{(R_S/\sin\alpha + X_2)^2 + Y_2^2} \qquad (3-6)$$

圆锥展开面上的叶型映射到圆锥面后,采用三维笛卡儿坐标系 $O_3X_3Y_3Z_3$ 来描述,其中 Z_3 轴为过积叠点的径向线,X_3 与圆锥轴线重合,Y_3 与 Y_2 方向一致。则圆锥

展开面上叶型坐标点(X_2, Y_2)映射到圆锥面上叶型坐标点(X_3, Y_3, Z_3)的映射关系为

$$X_3 = l\cos\alpha - R_S\cot\alpha \tag{3-7}$$

$$Y_3 = l\sin\alpha\sin\left[\csc\alpha\arcsin(Y_2/l)\right] \tag{3-8}$$

$$Z_3 = l\sin\alpha\cos\left[\csc\alpha\arcsin(Y_2/l)\right] \tag{3-9}$$

4. 叶片的掠形

积叠线是连接不同叶展处的基元叶型积叠点的连接线,无弯掠的叶片积叠线是一个径向线。如图3-16所示,叶片的掠形通过积叠线在轴向的变化来实现,积叠线在某一叶展处的轴向偏移量Z'就是该叶展处基元叶型整体的轴向偏移量。

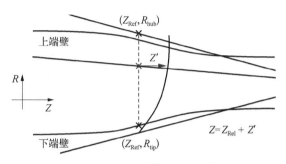

图3-16　积叠线轴向变化示意图

如图3-17所示,在造型程序中,积叠线有三种轴向形式可选择。

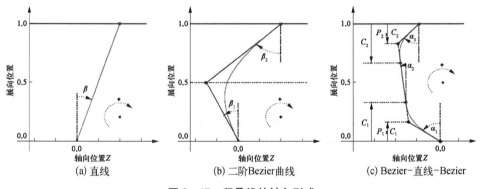

图3-17　积叠线的轴向形式

(1) 直线,控制参数为轴向倾斜角。这种形式的特点是控制非常简单,但是不够灵活,很难使叶根和叶尖同时达到最佳的掠形。

(2) 二阶 Bezier 曲线,有三个控制点,一个在叶根,一个在叶尖,一个在50%叶展处,控制参数为叶根和叶尖处的轴向倾斜角。这种形式的特点是可以分别对叶根和叶尖运用不同掠形,且控制参数少,在计算资源有限的情况下有利于减小全局三维优化的时间规模,兼顾了灵活性和控制便捷性,故本节采用该形式的掠形。

（3）两段二阶 Bezier 曲线中间光滑拼接一段直线（简称 Bezier -直线- Bezier），控制参数为叶根和叶尖处的轴向倾斜角、中间直线段的轴向倾斜角、叶根段和叶尖段的径向长度、叶根段和叶尖段第二个控制点的径向高度。采用这种形式可以灵活地对叶根段、叶中段和叶展段运用不同掠形，但是控制变量较多，在计算资源有限的情况下不便于实现全局三维优化，故没有采用该形式。

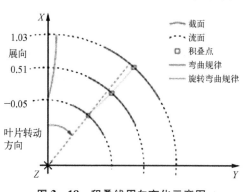

图 3 - 18　积叠线周向变化示意图

5. 叶片的弯曲

叶片的弯曲通过积叠线的周向变化来实现，积叠线的周向变化与轴向变化是相互独立的。如图 3 - 18 所示，在圆柱坐标系 (Z, R, θ) 下，造型程序积叠线的周向位置和偏移量是以方位角 θ 来表示的，也就是说基元叶型是以周向旋转而不是平移的方式实现叶片弯曲的。

如图 3 - 19 所示，在造型程序中，积叠线的周向形式也共有三种可选择：直线、二阶 Bezier 曲线和两段二阶 Bezier 曲线中间光滑拼接一段直线（Bezier -直线- Bezier）。

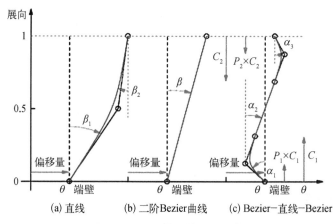

图 3 - 19　积叠线的周向形式

3.2　基于并行多点采样策略的串列叶栅多目标优化设计技术

3.2.1　引言

基于前面的分析可知，以往研究者们对串列叶栅研究主要是通过分析不同的轴向重叠度 AO 和节距比例 PP 对串列叶栅设计点或设计攻角性能的影响,获得较优的前后叶排的位置关系,然而很少从优化匹配角度关注其他造型参数对串列叶栅性能的影响。因此,本节基于多目标优化方法详细研究了串列叶栅的 5 个造型参数:弯角比、弦长比、后排近似攻角、轴向重叠度和节距比例对串列叶栅设计攻角和非设计攻角性能的影响。另外,CFD 方法的发展和计算机性能的提高使结合 CFD 方法的优化方法在压气机设计中获得了越来越广泛的应用。CFD 方法耗时长,而优化算法,特别是多目标优化算法需要大量的数据样本,这将显著增加优化时间。因此,基于改进粒子群优化(improved particle swarm optimization,ISPO)算法[17]、改进的 Kriging 模型[18]并行多点采样策略、物理规划方法,可以建立一套多目标优化设计系统,该优化系统既能显著减小多目标优化问题的计算量,又能完成高负荷串列叶栅多目标优化设计。

3.2.2 多目标优化系统

考虑到气动优化问题的多峰值和非线性特点,在处理优化变量较多的优化问题中,算法必须具有良好的收敛速度和收敛精度,为此发展了一种改进粒子群优化算法,该算法通过自适应选择粒子的角色和自适应调整控制参数,大大改善了标准粒子群算法的性能。基于改进粒子群优化算法、改进的 Kriging 模型并行多点采样策略、物理规划方法,建立了一套多目标优化设计系统,该多目标优化系统流程如图 3-20 所示,首先根据优化问题选择合适的优化变量,使用优化的拉丁超立方[19](optimized Latin nypercube sampling,OLHS)方法获取样本库,并使用数值模型计算样本对应的多个目标函数值。其次,构造每个设计标函数的偏好函数和综合偏好

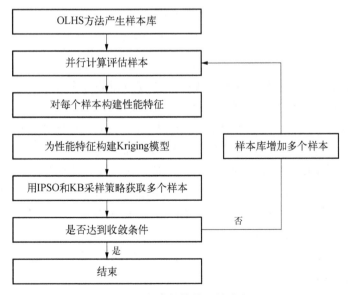

图 3-20 多目标优化系统流程图

函数的 Kriging 模型。然后,基于改进粒子群优化算法和 Kriging 模型的改进并行多点采样策略获取多个采样点,最后使用数值模型并行计算多个采样点对应的多个目标函数值,并判断是否满足收敛条件,若不满足,则把评价后的多个采样点加入样本库并重新开始下一轮优化。

3.2.3 改进并行多点采样策略

1. 并行多点采样策略

与其他传统代理模型相比,Kriging 模型的优点主要是不仅能预测未知样本的结果,还能给出预测结果的误差。传统的基于 Kriging 的优化系统中,一次迭代过程只评价(采用 CFD 方法)一个样本点并使用该样本去更新 Kriging 模型,这种采样策略称为串行单点采样策略。串行单点采样策略主要有最大化的均方差(mean square error, MSE)准则、最小化预测(minimizing predictive, MP)准则、最大化的期望加点准则(expectation infill, EI)准则、最大化的改进概率(probability improvement, PI)准则和置信下界(lower confidence bounding, LCB)准则。Kriging 模型常用的性能优秀的加点准则是 EI 准则和 PI 准则,如式(3-10)和式(3-11)所示,EI 准则和 PI 准则选择的样本综合考虑了样本的开发能力(最小化预测目标函数)和探索能力(最大化预测方差),基于 EI 准则和 Kriging 模型的优化方法即是著名的高效全局优化(efficient global optimization, EGO)方法。

$$\max \mathrm{EI} = \begin{cases} (f_{\min} - \tilde{f})\phi(u) + s\varphi(u) & (s > 0) \\ 0 & (s \leqslant 0) \end{cases} \qquad (3-10)$$

$$\max \mathrm{PI} = \phi(u) \qquad (3-11)$$

$$\min \mathrm{LCB}(x) = \tilde{f} - As \qquad (3-12)$$

式中,$\tilde{f}$ 是目标函数在 x 处的 Kriging 模型预测值;s 是 Kriging 模型预测的均方误差;$\phi(u)$ 是标准正态分布的分布函数;$\varphi(u)$ 是标准正态分布的密度函数;$f_{\min}$ 是已知样本点的目标函数的最小值;A 为自定义参数。

然而,根据相关的文献和作者大量的实践经验,EI 准则过分关注于 Kriging 的探索能力,因而弱化了新增样本点的开发能力,收敛速度较慢。

为了充分利用现代的高性能计算机,在基于代理模型的优化系统中,一次迭代过程并行评价多个样本点并使用多个样本点去更新 Kriging 模型可以加快优化的过程,这就是并行多点采样策略。常用的并行多点采样策略主要有多点局部改善期望(multipoint local expected improvement, MLEI)准则、多点全局改善期望(q-points expected improvement, qEI)准则、kriging believer(KB)准则、多点改善概率(multipoint probability improvement, MPI)准则和多点置信下界(multipoint lower confidence bounding, MLCB)准则。qEI 准则基于蒙特卡罗模拟方法计算多元正态分布的密度函数和分布函数,进而计算出最优的多个并行采样点;由于多元正态分布的密度函数和分布函数的计算量较大,KB 准则是一种计算量小且有较高精度的近似 qEI 准则,在一次迭代中,KB 准则首先使用 EI 准则选择样本点,并使用 Kriging 模型的预测值代替真实值,更新 Kriging 模型并重复使用 EI 准则选择样本点,直至获得所要求的多个并行采样点。相比其他并行多点采样策略,基于 EI 准则的 KB 准则能较好地平衡新加样本的探索能力(最大化预测方差)和开发能力(最小化预测目标函数)。MLEI 准则和 MPI 准则类似,基于局部数值优化方法(如序列二次规划方法、拟牛顿方法)分别获取多个局部最大的 EI 和 PI 函数值的样本点作为多个并行采样点。MLCB 准则通过给定不同的自定义参数 A,通过全局优化方法使 LCB 函数值最小化(LCB 准则),获取多个并行采样点。

2. 改进并行多点采样策略

基于以上的分析可知,常用的并行多点采样策略都是基于单一的加点准则选择多个样本点,因此相应的并行多点采样策略也同时具有单一加点准则的缺点。可以混合多个加点准则选择多个样本点,因此设计了一种基于多个采样准则的改进并行多点加点准则。

(1)由于 MP 准则选择的样本点位于当前最优解附近,MP 准则提高了 Kriging 模型在当前最优解局部的近似精度,加快了基于 Kriging 模型的优化算法的收敛速度。因此,根据 MLEI 准则和 MPI 准则的设计思想,发展了基于 MP 准则的多点加点准则,即 MMP 准则。

(2)基于 KB 准则的原理,对 MMP 准则和 MPI 准则进行了改进,发展了 MMP - new 和 MPI - new 并行多点采样准则,主要原理和采样流程与 KB 准则类似。MMP - new 和 MPI - new 并行多点采样准则的主要流程:在一次迭代中,MMP - new 和 MPI - new 准则首先分别使用 MP 准则和 PI 准则选择单个样本点,并使用 Kriging 模型的预测值代替真实值,更新 Kriging 模型,并重复使用 MP 准则和 PI 准则选择单个样本点,直至获得所要求的多个并行采样点。

(3)使用基于 KB、MPI - new 和 MMP - new 准则的混合采样准则实现并行多点采样。混合采样准则采用 KB、MMP - new 和 MPI - new 准则的主要原因是这两种准则是使用广泛且性能较优的多点加点准则。然而,随着优化迭代的进行,KB 准则和 MPI - new 选择的样本点过多地关注样本的探索能力(最大化预测方差);而 MMP - new 与 MP 准则一样,选择样本时过多地关注样本的开发能力(最小化预测目标函数),因此组合 KB、MPI - new 和 MMP - new 准则的混合采样准则能较好地平衡样本的探索能力和开发能力。

3. 数值验证

为测试常用的串行单点采样策略——EGO 方法和并行多点加点准则(KB、MPI、MMP、MPI - new、MMP - new 准则和基于 KB、MPI - new、MMP - new 准则的混合采样准则)的性能,选用 3 个测试函数[Rosenbrock(f_1)、Rastrigin(f_2)和 Griewank(f_3)]对上述的 7 种采样策略进行测试,测试函数如式(3-13)~式(3-15)所示,其中 D 为函数的设计变量数。为了表述方便,使用 Present 代表当前使用的混合采样准则。数值测试中,3 个函数的设计变量为 10,采用的全局优化算法是改进粒子群优化算法,局部优化算法为 L-BFGS-B 拟牛顿法。对于每一个测试函数,基于 7 种采样策略的 Kriging 模型的优化算法均独立运行 30 次,每一次循环迭代 30 步。

$$f_1 = \sum_{i=1}^{D-1} \left[100 \times (x_{i+1} - x_i)^2 + (x_i - 1)^2 \right] \tag{3-13}$$

$$f_2 = \sum_{i=1}^{D} \left[x_i^2 - 10 \times \cos(2\pi x_i) + 10 \right] \tag{3-14}$$

$$f_3 = \frac{\sum_{i=1}^{D} x_i^2}{4\,000} - \prod_{i=1}^{D} \cos\left(\frac{x_i}{\sqrt{i}}\right) + 1 \tag{3-15}$$

经过 30 次独立优化后,目标函数平均值的收敛历史如图 3-21 所示。由图可知,基于 EGO 优化方法的 3 个测试函数的目标函数值是最大的,证明了并行多点加点准则的性能优于串行单点采样策略。对比 6 个并行多点加点准则的优化结果可知,改进的 MPI-new 准则和 MMP-new 准则的性能优于原始的 MPI 准则和 MMP

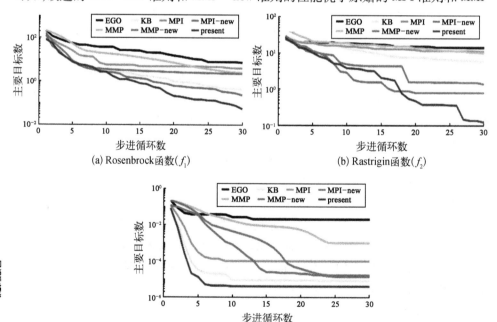

(a) Rosenbrock函数(f_1)　　　　(b) Rastrigin函数(f_2)

(c) Griewank函数(f_3)

图 3-21　目标函数平均值的收敛历史

准则,基于 KB、MPI - new 和 MMP - new 准则的混合采样准则的性能是最优的。

3.2.4　物理规划

物理规划是一种能大大减少优化问题计算成本的多目标优化方法。物理规划根据设计者经验将每个设计目标转换为具有相同数量级的偏好函数,通过求各偏好函数均值的常用对数构建多目标优化问题的综合偏好函数。物理规划首先将设计目标的偏好类型分为越小越好、越大越好、趋于某值最好和在某取值范围内最好4 种偏好函数,然后根据设计者经验确定每个设计目标的区间边界值,进而求出设计目标的偏好函数值。图 3 - 22 为越小越好偏好函数(Class1S 型偏好函数)的示意图及区间划分示意图。

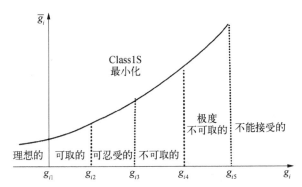

图 3 - 22　Class1S 型偏好函数的示意图及区间划分示意图

3.2.5　研究对象和数值方法

1. 研究对象介绍

为了凸显串列叶栅的性能特点,选取某性能优越的 CDA 叶栅,该叶栅参数如表 3 - 2 所示。串列叶栅的几何形状如图 3 - 23 所示,表 3 - 3 给出了表征串列叶栅前后叶型关系的 5 个造型参数的定义,其中 AO 为轴向重叠度,PP 为节距比例,CR 为弦长比、TR 为弯角比、K_{b-b} 为后排近似攻角。在保证 CDA 叶栅造型参数不变条件下,为了获得性能较优的初始串列叶栅,参考以往的研究结果,选取串列叶栅 5 个造型参数的初始值,如表 3 - 4 所示。

表 3 - 2　CDA 叶栅的主要设计参数

参　　数	数　　值
栅距/mm	68.9
弦长/mm	127.14
展弦比	1.998

续　表

参　　数	数　值
几何进口角/(°)	53
几何出口角/(°)	−7

表 3 - 3　串列叶栅前后叶型造型参数的定义

参　　数	定　义
AO	d_Z/C_Z
PP	t/S
TR	$(\beta_{21} - \beta_{22})/(\beta_{11} - \beta_{12})$
CR	C_{RB}/C_{FB}
K_{b-b}	$\beta_{12} - \beta_{21}$

表 3 - 4　串列叶栅的 5 个造型参数初始值

TR	CR	PP	AO	K_{b-b}
1.5	1	0.8	0	−6°

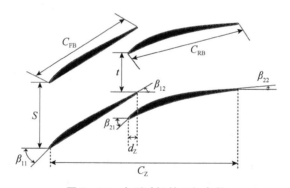

图 3 - 23　串列叶栅的几何参数

2. 数值方法

CFD 数值模拟采用商业软件 NUMECA,对有限体积形式的三维雷诺平均 Navier - Stokes 方程进行定常求解,湍流模型采用 Spalart - Allmaras 方程模型,固体表面采用无滑移和绝热的条件,进口总温(288.15 K)和总压(101 325 Pa)保持不变,通过改变来流方向和出口流量得到需要的进口马赫数和攻角。网格生成由 NUMECA/AutoGrid5 网格模块完成,单个叶型采用 O4H 型结构化网格,串列叶栅网格由前后叶栅的 O4H 型网格通过非周期匹配连接而成,保证网格正交性>10°。为了满足 SA 湍流模型对附面层 Y^+ 小于 10 的要求,近壁面网格尺度取为 $1×10^{-6}$ m, 数值模拟计算域的叶栅通道由叶栅进出口向上游及下游延长 1.5 倍轴向弦长形成,以确保数值模拟的精确性。

为了研究网格数对 CDA 叶栅和串列叶栅数值模拟结果的影响,在进口马赫数为 0.7 和 $-2°$ 攻角条件下,分别采用 5 套不同的网格对 CDA 叶栅和串列叶栅进行数值模拟,计算结果如表 3-5、表 3-6 所示,叶栅的总压损失系数和静压升的定义分别如下:

$$\omega = (P_1^* - P_2^*)/(P_1^* - P_1) \tag{3-16}$$

$$P_t = P_2/P_1 \tag{3-17}$$

式中,ω 为总压损失系数;P_t 为叶栅的静压升;P_1^* 表示叶栅进口质量平均总压;P_2^* 表示叶栅出口质量平均总压;P_1 表示叶栅进口质量平均静压;P_2 表示叶栅出口质量平均静压。

其中,进出口参数的具体数值是在距离进出口约为 1.5 倍轴向弦长处质量平均计算得到的。

表 3-5　不同网格数量下的 CDA 叶栅数值模拟结果

网格数	13 245	21 514	34 354	43 745	53 634
总压损失系数	0.033 7	0.031 5	0.029 3	0.029 3	0.028 2
总压	1.243	1.247	1.249	1.250	1.250

表 3-6　不同网格数量下的串列叶栅数值模拟结果

网格数	30 404	44 244	60 196	74 852	83 124
总压损失系数	0.034 4	0.032 1	0.028 7	0.027 2	0.027 0
总压	1.248	1.252	1.253	1.254	1.254

根据表 3-5 和表 3-6 的计算结果,在保证计算结果精度的同时尽可能减少 CFD 的计算量,以便后续串列叶栅优化的快速进行,CDA 叶栅和串列叶栅的最终计算网格分别为 43 745 和 74 852,CDA 叶栅和串列叶栅具体的展向(I)、周向(J)及流向(K)网格节点数分别是 $2×115×189$ 和 $2×197×189$。CDA 叶栅和串列叶栅最终的计算网格分别如图 3-24 和图 3-25 所示。

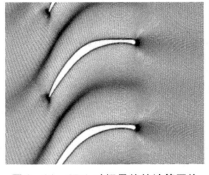

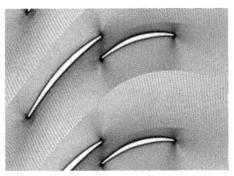

图 3-24　CDA 叶栅最终的计算网格　　图 3-25　串列叶栅最终的计算网格

3.2.6　高负荷串列叶栅的优化

为了验证本节的多目标优化系统的性能和改善串列叶栅非设计攻角的性能,首先借助多目标优化系统获取5个串列叶栅造型参数在串列叶栅设计攻角和非设计攻角性能都较优时的取值。在串列叶栅多目标优化的基础上,为了研究串列叶栅5个造型参数对串列叶栅设计攻角和非设计攻角性能的影响,也进行了串列叶栅在大正攻角和大负攻角下的单目标优化设计,其主要流程和多目标优化设计流程相似。

图3-26为进口马赫数为0.7时CDA叶栅和原始串列叶栅(ORG-TAN)的攻角-总压损失系数及攻角-静压升特性对比,从图中可以看出,原始串列叶栅的正攻角性能优于CDA叶栅,但是CDA叶栅的负攻角性能优于原始串列叶栅,说明了采用表3-4中原始串列叶栅的5个造型参数可以获得正攻角性能较优的串列叶栅。根据CDA叶栅和原始串列叶栅的攻角损失特性,选取-2°为串列叶栅设计攻角,-6°和3°分别为大负攻角和大正攻角的优化工况,串列叶栅多目标优化的目标是尽可能同时减小-6°和3°攻角下的总压损失系数,约束时-2°攻角的总压损失系数不增大,同时保证3个攻角下的静压升不小于原始静压升。与串列叶栅多目标优化类似,串列叶栅在大正攻角和大负攻角下的单目标优化的工况点分别选取为3°攻角和-6°攻角。

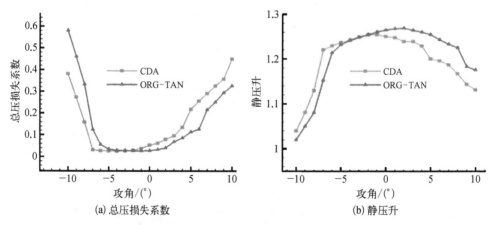

(a) 总压损失系数　　　　　　　　(b) 静压升

图3-26　CDA叶栅和原始串列叶栅(ORG-TAN)的攻角-总压损失系数及攻角-静压升特性对比

研究的目的之一是探索串列叶栅前后叶型关系的5个造型参数的对串列叶栅设计攻角和非设计攻角性能的影响,因此串列叶栅的优化变量是表征串列叶栅前后叶型关系的5个造型参数,优化变量的上下界如表3-7所示,在优化过程中串列叶栅的几何进口/出口角和叶栅的造型参数均保持不变,以研究串列叶栅前后排叶片的5个造型参数的影响。

表 3-7　串列叶栅的优化变量的上下界

变量	TR	CR	PP	AO	K_{b-b}
上界	3	2.5	0.95	0.2	10°
下界	0.7	0.5	0.5	-0.2	-10°

3.2.7　优化结果和分析

为了描述方便,使用 ORG-TAN、-6-TAN、3-TAN 和 OPT-TAN 分别表示原始串列叶栅、-6°攻角优化后的串列叶栅、3°攻角优化后的串列叶栅和多目标优化后的串列叶栅。表 3-8 和表 3-9 分别比较了优化前后串列叶栅在-6°和3°攻角的总压损失系数和 5 个造型参数的取值。在进口马赫数为 0.7 条件下,CDA 叶栅和优化前后串列叶栅的攻角-总压损失系数及攻角-静压升特性对比见图 3-27。

表 3-8　串列叶栅的总压损失系数对比

攻角	ORG-TAN	OPT-TAN	-6-TAN	3-TAN
-6°	0.054 9	0.043 2(21%)	0.024(56%)	0.129(135%)
3°	0.068 1	0.044 4(35%)	0.013 1(81%)	0.031(55%)

表 3-9　串列叶栅 5 个造型参数的取值对比

叶栅	TR	CR	PP	AO	K_{b-b}
ORG-TAN	1.5	1	0	0.8	-6°
-6-TAN	1.387	1.787	0.177	0.903	-5.68°
3-TAN	2.741	0.745	-0.019 5	0.925	-5.9°
OPT-TAN	2.46	1.306	0.14	0.928	-6.37°

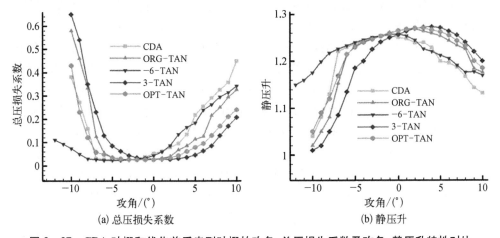

(a) 总压损失系数　　　　　　　(b) 静压升

图 3-27　CDA 叶栅和优化前后串列叶栅的攻角-总压损失系数及攻角-静压升特性对比

在串列叶栅多目标优化中,串列叶栅设计攻角($-2°$攻角)的总压损失是约束条件,因此进行过多目标优化后,OPT－TAN、-6－TAN 和 3－TAN 在$-2°$攻角下的总压损失系数基本保持不变。优化后,与原始叶栅相比,多目标优化后的串列叶栅(OPT－TAN)在全攻角下的总压损失系数减小了,静压升增加了,-6－TAN 串列叶栅明显减小了负攻角的损失,3－TAN 串列叶栅明显改善了正攻角性能。在攻角为$-6°$时,-6－TAN 和 OPT－TAN 的总压损失系数分别降低了 56% 和 21%。在攻角为 $3°$ 时,3－TAN 和 OPT－TAN 的总压损失系数分别降低了 55% 和 35%。

经过多目标优化后,与性能优秀的 CDA 叶栅比较,最优串列叶栅(OPT－TAN)在负攻角下的总压损失系数与 CDA 叶栅基本保持一致,在正攻角的总压损失系数明显小于 CDA 叶栅。优化中加入了串列叶栅设计攻角($-2°$攻角)总压损失的约束条件,因此三个优化后的串列叶栅的 PP 值和 K_{b-b} 值的变化较小,也说明了 PP 值较大(约为 0.9)和 K_{b-b} 取负值(约为$-6°$)有助于串列叶栅实现较优的设计攻角性能。因此,OPT－TAN、3－TAN 和 6－TAN 的主要区别是 AO、TR 和 CR 的取值差异,即 AO、TR 和 CR 取值对串列叶栅非设计攻角的性能有重要影响。由表 $3-8$ 和图 $3-27$ 可知,OPT－TAN 可以获得较好的非设计攻角性能,拥有较大的稳定工作范围,对比分析 OPT－TAN 和-6－TAN 的 5 个造型参数可知,-6－TAN 串列叶栅通过减小 TR 改善了大负攻角的性能,但同时增大了大正攻角的流动损失。同理,对比分析 OPT－TAN 和 3－TAN 的 5 个造型参数可知,3－TAN 串列叶栅通过减小 CR 减弱了大正攻角的流动损失,但同时恶化了大负攻角的性能。最优串列叶栅的 AO 值为 0.14,负的 AO 值能使其获得较好的大正攻角的性能。下面进一步分析串列叶栅在$-6°$、$3°$攻角下的总压损失系数和流场结构特点。

1. $3°$攻角的流场特点

如图 $3-27$ 所示,优化之后,3－TAN 在正攻角下的性能最优,其次是 OPT－TAN 和 ORG－TAN。因此,下面通过分析这三个串列叶栅在 $3°$ 攻角时的流场特点,找到串列叶栅在正攻角性能较优时 5 个造型参数的取值规律。

图 $3-28$ 和图 $3-29$ 分别表示了 OPT－TAN、ORG－TAN 和 3－TAN 在 $3°$ 攻角下的马赫数等值线和近壁面静压分布规律。由图可知,三个串列叶栅后排叶型的流场良好、流动损失小,主要区别是前排叶型的流动规律。对于原始串列叶栅(ORG－TAN),前排叶型尾缘存在大尺度的分离,尾缘的低能流体和尾迹相互掺混,形成大范围的低速区和严重的掺混损失。优化之后,OPT－TAN 明显减弱了前排叶型尾缘的分离损失和尾迹的掺混损失,但 OPT－TAN 前排叶型的尾迹还存在一定的掺混损失;3－TAN 进一步减弱了串列叶栅的前排叶型尾缘的掺混损失。由图 $3-29$ 和表 $3-9$ 可知,在 $3°$ 攻角时,与 ORG－TAN 对比,OPT－TAN 通过减小前排叶型的负荷(增大 TR 值)来减弱前排叶型的尾缘分离损失和尾迹大范围的掺混损失。与 OPT－TAN 对比,3－TAN 串列叶栅增大了(减小 CR 值)前排叶型的轴向弦长,减小了前排叶型单

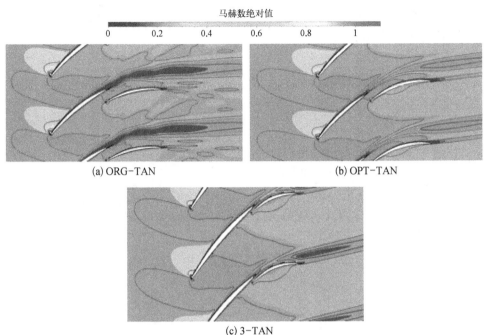

图 3-28 ORG-TAN、OPT-TAN 和 3-TAN 串列叶栅在 3°攻角下的马赫数等值线

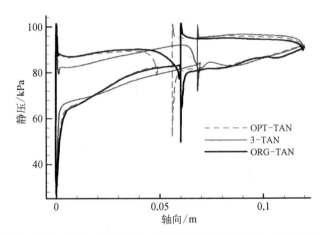

图 3-29 ORG-TAN、OPT-TAN 和 3-TAN 串列叶栅在 3°攻角下的近壁面静压分布

位轴向弦长的负荷,进一步减弱了尾迹掺混损失。但由图 3-27 中的串列叶栅性能对比可知,3-TAN 串列叶栅与原始叶栅相比,其负攻角的流动损失明显增大。

2. -6°攻角的流场特点

由图 3-27 可知,优化之后,-6-TAN 在负攻角下的性能最优,其次是 OPT-TAN 和 ORG-TAN。因此,下面通过分析这三个串列叶栅在-6°攻角下的流场特点,找到串列叶栅在负攻角性能较优时,5 个造型参数的取值规律。图 3-30 和图

3－31分别给出了 ORG－TAN、OPT－TAN、－6－TAN 在－6°攻角下的马赫数等值线和叶栅近壁面静压分布规律。

马赫数绝对值

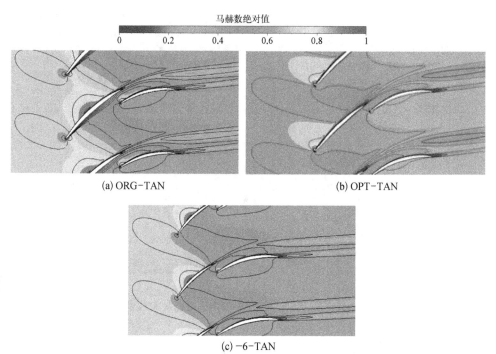

(a) ORG-TAN　　　　　　　　　　(b) OPT-TAN

(c) -6-TAN

图 3 - 30　ORG－TAN、OPT－TAN 和－6－TAN 串列叶栅在 3°攻角下的马赫数等值线

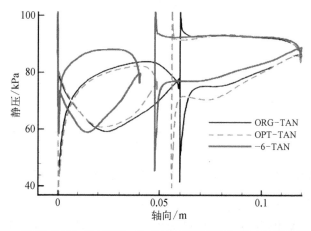

图 3 - 31　ORG－TAN、OPT－TAN 和－6－TAN 串列叶栅在 3°攻下时的近壁面静压分布

由图 3 - 30 可知,原始串列叶栅(ORG－TAN)的总压损失主要是前排叶型压力面的较大尺度的分离损失、前排叶型尾迹的掺混损失和后排叶型尾缘的分离损失。优化之后,OPT－TAN 明显减弱了前排叶型压力面大范围的分离损失和尾迹的掺混损失,－6－TAN 进一步减弱了前排叶型压力面的分离损失和尾迹的掺混损失。ORG－TAN 与 OPT－TAN 的后排叶型的流动规律基本一致,－6－TAN 略微减少了后排叶型尾缘的分离损失。

由图 3－31 和表 3－9 可知,－6°攻角下,与原始串列叶栅相比,OPT－TAN 减小了前排叶型负荷(增大 TR 值),进而减弱了 ORG－TAN 前排叶型压力面的大范围分离损失和尾迹的掺混损失。与 OPT－TAN 相比,－6－TAN 增大了 CR 值、减小了TR 值,显著增大了前排叶型单位轴向弦长的负荷,并明显减小了原始串列叶栅的"实际负攻角"。由图 3－27 可知,与 OPT－TAN 和 ORG－TAN 相比,－6－TAN 前排叶型前缘只存在小范围的逆压区(吸力面压力高于压力面压力),进而改善了ORG－TAN 的流动损失。但由图 3－27 中串列叶栅的性能对比情况可知,－6－TAN 相比原始叶栅,其正攻角的流动特性明显恶化。

由以上的讨论可知,为了改善串列叶栅正攻角的流动特性,可以减小串列叶栅前排叶型的负荷或增大前排叶型的轴向弦长。减小串列叶栅前排叶型的负荷或轴向弦长可以减弱串列叶栅负攻角流动损失。因此,为了改善串列叶栅非设计攻角的性能和扩宽叶栅的稳定工作范围,减小串列叶栅前排叶型的负荷是一种有效的方法。

3.2.8　小结

本节基于改进粒子群优化算法、改进的 Kriging 模型并行多点采样策略、物理规划方法三个模块,建立了一套多目标优化设计系统,该系统可以快速地实现串列叶栅设计攻角和非设计攻角的多目标优化设计,改善高负荷串列叶栅的设计质量,研究小结如下。

(1)采用基于 KB、MPI－new 和 MMP－new 的混合采样准则的改进并行多点采样方法的优化算法可以极大地减少优化问题的计算量。

(2)多目标优化后的串列叶栅在全攻角下的总压损失系数减小了,静压升增加了,在进口马赫数为 0.7 的条件下,在攻角分别为－6°和 3°时,总压损失系数分别降低了 21% 和 35%,证明了本节设计的多目标优化系统具有很好的实际应用价值。

(3)PP 值较大(约为 0.9)和 K_{b-b} 值取负值(约为－6°)时有助于串列叶栅实现较优的设计攻角性能,减小串列叶栅前排叶型的负荷可以改善串列叶栅非设计攻角的性能并扩宽其稳定工作范围。

3.3　大弯角串列叶型形状及相对位置的耦合优化设计技术

3.3.1　引言

为了完成串列叶型的快速优化设计并进一步减小串列叶型的损失,提高串列叶型设计的质量,建立了一套结合改进粒子群优化算法、自适应 Kriging 模型、NURBS 参数化方法的串叶型优化设计系统,可以实现叶型形状和叶型相对位置的耦合优化设计。在使用遗传算法[20]等传统进化算法对压气机叶型进行优化设计的过程中,研究者发现遗传算法的性能受优化变量数目的影响很大,优化变量的增加会导致遗传算法出现局部最优解。因此,研究者提出了一种基于粒子群算法的改进算法,采用人工免疫算子对粒子群进行变异处理可以有效保持种群多样性,并自适应改变粒子的惯性因子、学习因子、邻域粒子数目,因此可以有效地平衡算法的全局和局部寻优能力。通过与经典粒子群优化(particle swarm optimization, PSO)改进算法进行比较,结果表明该改进算法的收敛速度和收敛精度都有了明显改善。

此外,运用 NURBS 方法实现了串列叶型的参数化,设计了一种 NURBS 控制点的扰动方法,证明了采用改进 EI 准则能使 Kriging 模型更容易跳出局部最优解。应用该系统对某大弯角串列叶型进行优化,优化结果表明:在设计工况,优化后叶型的总压损失系数降低了 39.6%,优化后的叶型在全攻角下的总压损失系数减小了,静压升增加了,在正攻角下的性能改善更明显,证明了耦合优化设计方法具有很好的实际应用价值。

3.3.2 改进粒子群算法

1. 标准粒子群算法

标准粒子群算法是由 Kennedy 等借鉴鸟类寻找食物的自然现象提出的一类基于种群的随机全局优化技术[21],在此算法中,粒子通过跟踪两个极值来更新自己,一个是粒子 x_i 自身找到的最佳位置 P_i,称为粒子 x_i 的个体极值;另一个是全局极值 P_g。标准粒子群算法分为局部粒子群优化算法和全局粒子群优化算法。局部粒子群优化算法中,P_g 是领域内粒子的极值;全局粒子群优化算法中,P_g 是全部粒子的极值。粒子群优化算法的位置和速度更新由式(3-18)表示:

$$v_{ij}^{t+1} = wv_{ij}^t + c_1 r_1 (P_{ij}^t - x_{ij}^t) + c_2 r_2 (P_{gj}^t - x_{ij}^t)$$
$$x_{ij}^{t+1} = x_{ij}^t + v_{ij}^{t+1}$$

$$(3-18)$$

式中,$i = 1, 2, \cdots, N$,其中 N 为粒子群规模;$j = 1, 2, \cdots, D$,其中 D 为优化变量数;c_1、c_2 为非负常数,分别称为个体学习因子和社会学习因子;r_1、r_2 为 $[0,1]$ 中的随机数;w 为惯性因子。

在标准 PSO 算法中,惯性因子的作用是保持粒子运动的惯性,平衡算法的全局搜索和局部搜索能力。若惯性权重较大,则全局搜索能力强,局部搜索能力弱,算法的收敛速度较快,但是寻优精度不高。此外,学习因子取值决定了个体历史信息和种群历史信息对粒子运动轨迹的影响程度,若设置的学习因子过大,粒子可以迅速向目标区域运动,但可能很快跳出最优区域;若设置的学习因子太小,粒子可能在远离目标的区域振荡。因此,设置恰当的惯性因子和学习因子对于 PSO 算法寻优有很重要的意义。

2. 改进粒子群优化算法

粒子群优化算法具有收敛速度较快的优点,同时也可能陷入局部最优解,因此为了改善粒子群优化算法的性能,提出了一种改进粒子群优化算法。首先,在局部粒子群算法的基础上对算法进行改进,所以邻域粒子的选取十分重要,本节中的邻域粒子选择方法是选择决策空间中与粒子 x_i 欧氏距离最近的 n_{um} 个粒子。

其次,为了平衡粒子的开发和探索能力,根据粒子半径和粒子函数值的大小自适应改变粒子的惯性因子、学习因子、邻域粒子数目。以求函数的最小值为例,具体如下:

$$r_i = \sqrt{\sum_{d=i}^{D} (\bar{x}_d - x_{id})^2} \tag{3-19}$$

$$z_i = \begin{cases} z_{max} & (r_i < \bar{r}_{min} \text{ and } f_i > \bar{f}_{max}) \\ z_{min} & (r_i > \bar{r}_{max} \text{ and } f_i < \bar{f}_{min}) \\ z_{max} - \dfrac{(z_{max} - z_{min})(r_i - r_{min})}{(r_{max} - r_{min})} & (\text{else}) \end{cases} \tag{3-20}$$

式中, r_i 是粒子半径; $\bar{x}_d$ 是粒子群的平均位置; z_i 代表粒子的惯性因子、学习因子、邻域粒子数目; $\bar{r}_{min}$ 是半径小于粒子平均半径的粒子的平均半径; $\bar{r}_{max}$ 是半径大于粒子平均半径的粒子的平均半径; $\bar{f}_{min}$ 是函数值比平均函数值小的粒子的平均函数值; $\bar{f}_{max}$ 是函数值比平均函数值大的粒子的平均函数值。

此外,当算法陷入局部最优时,可采用人工免疫算子对粒子群进行变异处理。判断变异后的粒子与原始粒子的优劣,若变异粒子优于原始粒子,则使用变异粒子替换原始粒子。采用适应度值的变化率来判断算法是否陷入局部最优,适应度值的变化一定程度上反映了历史最佳粒子位置的变化过程。若适应度值连续多次不变化或缓慢地变化,则认为算法可能处于陷入局部最优。具体过程是在迭代开始时把适应度值连续不变化次数 n_{stop} 设置为 0,然后按如下规律变化:

$$f_{slope} = (f_g^{t+1} - f_g^t)/f_g^t \tag{3-21}$$

$$n_{stop} = \begin{cases} n_{stop} + 1 & (f_{slope} \leqslant m_{slop}) \\ 0 & (f_{slope} > m_{slop}) \end{cases} \tag{3-22}$$

式中, f_{slope} 是适应度值变化率; f_g^t 是迭代第 t 代时找到的最优适应度值; m_{slop} 是适应度值变化率。

若 $n_{stop} \geqslant m_{maxstop}$ ($m_{maxstop}$ 为适应度值连续不变化次数阈值),则算法陷入局部

最优,应采用人工免疫算子对粒子群进行变异处理,具体过程如下。

$$\phi^t = c - a^{(1-t/T)^b} \tag{3-23}$$

$$x_i^t = \begin{cases} x_i^t + f^t x_i^t r_r & (r > 0.5) \\ x_i^t - f^t x_i^t r_r & (r \leqslant 0.5) \end{cases} \tag{3-24}$$

$$x_i^t = \begin{cases} x_{2i}^t & [f(x_{2i}^t) < f(x_i^t)] \\ x_i^t & (\text{else}) \end{cases} \tag{3-25}$$

式中,ϕ^t 为变异尺度;T 为总迭代次数。

为了平衡种群多样性和局部搜索能力,式(3-23)保证了算法在进化初期采用较大的变异尺度,在进化后期,变异尺度逐渐缩小。通常,c 的取值区间为 $(1,2)$,a 的取值区间为 $(0,1)$,b 取 2,r_r 取 $(0,1)$ 的随机数。

3. 算法测试

为了验证改进粒子群算法的有效性,选用 4 个测试函数(f_1 和 f_2 为单峰函数,f_3 和 f_4 为多峰函数)对算法进行测试,测试函数如表 3-10 所示,其中 D 为函数的设计变量数,函数的可接受值是指当优化算法在函数评价次数达到最大评价次数时还未获得可接受值,则该次优化失败。

表 3-10　测试函数

测 试 函 数	变量变化区间	最小值	可接受值	名　称
$f_1(x) = \sum\limits_{i=1}^{D-1} \left(\sum\limits_{j=1}^{i} x_j^2 \right)^2$	$[-100,100]$	0	100	Quadric
$f_2(x) = \sum\limits_{i=1}^{D-1} \left[100 \times (x_{i+1} - x_i)^2 + (x_i - 1)^2 \right]$	$[-10,10]$	0	100	Rosenbrock
$f_3(x) = \sum\limits_{i=1}^{D} \left[x_i^2 - 10 \times \cos(2\pi x_i) + 10 \right]$	$[-5.12,5.12]$	0	50	Rastrigin
$f_4(x) = \dfrac{\sum\limits_{i=1}^{D} x_i^2}{4\,000} - \prod\limits_{i=1}^{D} \cos\left(\dfrac{x_i}{\sqrt{i}} \right) + 1$	$[-600,600]$	0	0.01	Griewank

表 3-11 给出了其他 5 种改进 PSO 算法的参数设置,其中算法参数的含义与前面相同,R 表示重组期。DMS-PSO、CLPSO 和 FPSO 分别采用了动态多种群方法、新型的速度更新公式和动态的种群结构来增加种群的多样性;APSO 基于状态函数,把优化过程分为探索、开发、陷入局部最优、收敛四个状态,进而动态调整粒子参数,加快粒子群的收敛速度;MPSO 基于邻域最优粒子更新粒子速度增加种群多样性、采用精英保存策略加快粒子收敛。根据相关参考文献的参数设置方法,计算得到表 3-12 和表 3-13 中的结果。

表3-11　改进POS算法的参数设置

算　法	年　份	参数设置方法	参　数　设　置
DMS-PSO[22]	2005	动态多种群方法	$w:0.9\sim0.4, c_1=c_2=2, m=3, R=5$
CLPSO[23]	2006	综合学习方法	$w:0.9\sim0.4, c=1.5, m=7$
FPSO[24]	2009	自适应方法	$w:0.9\sim0.4, \text{sum}(c_i)=4$
APSO[21]	2009	全局性方法	自适应方法
MPSO[16]	2016	适应性方法	$c_1=2$

表3-12　函数评价次数的平均值和算法的成功率比较

函　数		DMS-PSO	CLPSO	FPSO	MPSO	APSO	IPSO
f_1	MFE	175 263	193 165	63 852	45 126	23 154	15 342
	SR	0.892	0.13	1	1	1	1
f_2	MFE	96 250	76 231	25 430	12 572	6 328	4 316
	SR	1	1	1	1	1	1
f_3	MFE	133 826	53 261	89 265	21 246	3 867	3 128
	SR	1	1	0.92	1	0.95	1
f_4	MFE	96 352	81 352	53 162	13 854	8 105	6 150
	SR	0.76	1	1	1	1	1

表3-13　测试函数的最优值的平均值和标准差比较

函　数		DMS-PSO	CLPSO	FPSO	MPSO	APSO	IPSO
f_1	平均值	35.7	416	2.5×10^{-3}	5.6×10^{-9}	3.2×10^{-9}	5.3×10^{-13}
	标准差	43.2	235	6.1×10^{-3}	3.9×10^{-9}	5.3×10^{-9}	7.1×10^{-12}
f_2	平均值	25.3	10.8	5.85	5.75	1.6	3.6×10^{-2}
	标准差	26.7	9.6	1.6	1.08	5.3	7.8×10^{-2}
f_3	平均值	21.6	3.6×10^{-11}	5.9	6.3×10^{-12}	3.6×10^{-14}	5.6×10^{-15}
	标准差	8.7	5.9×10^{-11}	4.3	5.2×10^{-12}	6.2×10^{-14}	8.1×10^{-15}
f_4	平均值	1.3×10^{-2}	9.5×10^{-13}	3.8×10^{-6}	2.47×10^{-11}	3.0×10^{-2}	5.1×10^{-8}
	标准差	4.8×10^{-2}	6.3×10^{-13}	6.5×10^{-6}	5.34×10^{-11}	2.5×10^{-2}	6.3×10^{-8}

在算法测试中,4个函数的设计变量为30,算法种群规模为30,6种算法均独立运行30次。首先测试算法的收敛速度和鲁棒性,此时6种改进PSO算法的收敛条件为达到4个测试函数的可接受值,若在函数评价次数达到2×10^5时(最大评价次数)还未获得函数的可接受值,则该次优化失败。表3-12给出了独立运行30次优化后,6种改进PSO算法获得函数可接受值时函数评价次数的平均值(MFE)和算法的

成功率(SR),其中 SR 表示 30 次测试中,算法获得函数可接受值的次数与总测试次数的比值。由定义可知,MFE 值越小,表示算法的收敛速度越快;成功率 SR 越接近1,表示算法的鲁棒性越好。由表 3－12 可知,无论是单峰函数还是多峰函数,IPSO 的收敛速度和鲁棒性都是最好的,APSO 和 MPSO 的收敛速度和鲁棒性也较好。

为了测试算法的收敛精度,6 种改进 PSO 算法的收敛条件设为函数评价次数达到 2×10^5。表 3－13 给出了 30 次测试得到的测试函数的最优值的平均值和标准差,由表可知,在 6 种改进 PSO 算法中,IPSO 找到了 3 个函数的最优平均值和标准差;对于 f_4,CLPSO 得到了最优解,MPSO 和 IPSO 也得到了较好的平均值和标准差,证明了 MPSO 和 IPSO 拥有很好的收敛精度和鲁棒性,且 MPSO 的最优解优于IPSO,说明 IPSO 在拥有快速收敛速度的同时牺牲了部分收敛精度。

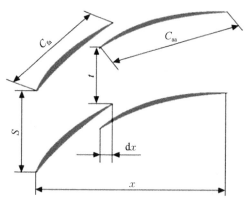

图 3－32　串列叶栅的几何形状和参数

3.3.3　研究对象

选取某串列叶型作为研究对象,串列叶型的几何形状和参数如图 3－32所示,图中 t 表示后排叶片前缘与前排叶片尾缘的周向间距、S 表示栅距、C_{fa} 表示前排叶片弦长、C_{aa} 表示后排叶片弦长。表 3－14 给出了串列叶型的几何参数定义,原始串列叶型的基本参数如表 3－15 所示,其中 AO 为轴向重叠度,PP 为周向间距,C_{eff}、S_{eff}、σ_{eff} 分别代表有效弦长、有效栅距、有效稠度,β_{11} 为进口气流角,β_{22} 为出口气流角。

表 3－14　串列叶型的几何参数定义

几 何 参 数	定　　义
AO	dx/x
PP	t/S
C_{eff}	$(C_{fa} + C_{aa})/(1 + AO)$
S_{eff}	$(1 - 0.5AO)S$
σ_{eff}	C_{eff}/S_{eff}

表 3－15　串列叶型的基本参数

$\beta_{11}/(°)$	$\beta_{22}/(°)$	C_{eff}/m	S_{eff}/m	σ_{eff}
50	0	0.050	0.02	2.5

3.3.4　数值方法

CFD 数值模拟采用商业软件 NUMECA/Fine,对有限体积形式的三维雷诺平均 Navier – Stokes 方程进行定常求解,湍流模型采用 Spalart – Allmaras 方程模型。为满足求解方程的封闭性和解的适定性,固体表面采用无滑移和绝热的条件,进口总温(288.15 K)、总压(101 325 Pa)保持不变更。采用 NUMECA/AutoGrid5 网格生成模块,生成 O4H 型结构化网格,优化中保证串列叶型的网格正交性>10°。

为了研究串列叶型网格数对数值模拟结果的影响,在设计工况下,分别对 9 套不同的网格进行数值模拟,计算结果如图 3 – 33 所示。由图可知,当网格数大于 50 000 时,串列叶型的总压损失系数和静压升保持不变。为了兼顾优化的时间和计算的精度,计算网格数取为 50 000,最终的计算网格如图 3 – 34 所示。

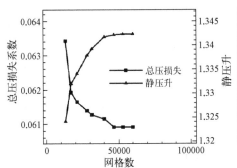

图 3 – 33　不同网格数下的数值模拟结果　　　图 3 – 34　串列叶型的计算网格

3.3.5　NURBS 参数化方法

NURBS 参数化方法能够实现叶型的局部修型,对于曲线的表达更为光滑和精确,且以较少的控制点便可实现复杂曲线的参数化,可有效减少优化变量个数,在叶型优化领域比传统的基于多项式的拟合更具优势。采用中弧线叠加厚度分布的方法生成压气机二维叶型,分别采用 8 个控制点的 NURBS 曲线对单个叶型的中弧线和厚度分布规律进行参数化,如图 3 – 35 所示,其中 C 代表叶型弦长,T 代表叶型厚度。单个叶型参数化后得到的控制点共有 16 个,串列叶型参数化后控制点共有 32 个。

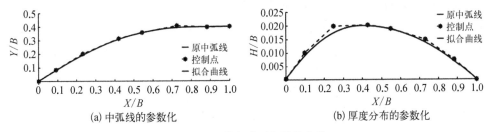

(a) 中弧线的参数化　　　　　　　　　　(b) 厚度分布的参数化

图 3 – 35　单个叶型参数化方法

3.3.6　自适应 Kriging 模型

在 Kriging 模型中,为了使新加样本点最大限度地提高模型的预测精度,一般使用加点准则来选择新样本点,常用的加点准则是 EI 准则,以求目标函数的最小值为例,该准则如下[22]:

$$E[I(x)] = \begin{cases} (y_{\min} - \tilde{y})\phi(u) + \tilde{s}\varphi(u) & (s > 0) \\ 0 & (s \leq 0) \end{cases} \quad (3-26)$$

式中, $u = (y_{\min} - \tilde{y})/\tilde{s}$, $\tilde{y}$ 是目标函数在 x 处的 Kriging 模型预测值, $\tilde{s}$ 是 Kriging 模型预测的均方误差; $\phi(u)$ 是标准正态分布函数; $\varphi(u)$ 是标准正态分布的密度函数; $y_{\min}$ 是已知样本点的目标函数的最小值。

式(3-26)中的第一部分表示在当前最小目标函数值点附近进行搜索,目的是搜索预测值比当前最小目标函数值小的样本点;第二部分表示不确定区域搜索,目的是搜索预测值有较大不确定性的样本点,以尽可能地提高模型的预测精度。基于 EI 准则的 Kriging 模型是一种两阶段模型:第一阶段是利用已知样本训练 Kriging 模型;第二阶段是基于已建立的 Kriging 模型,使用优化算法搜索最优解,并且第一阶段的误差会影响第二阶段结果的精度。自适应 Kriging 模型使用改进的 EI 准则来搜索新的样本点,改进的 EI 准则把原始的两阶段 EI 准则整合为一个阶段,在训练 Kriging 模型的同时搜索最优解,即同时获取最小目标函数值的样本点和预测值有较大误差的样本点,具体过程是求解式(3-27)所示的约束优化问题[22]。

$$\begin{cases} \max_{x, y^h, \theta} E[I(x, y^h)] \\ \text{s. t. } 2\ln \dfrac{L_0}{L_{\text{cond}}(x, y^h, \theta)} < \chi^2 \left[\text{erf}\left(\dfrac{1}{\sqrt{2}}\right), \text{dof} \right] \end{cases} \quad (3-27)$$

式中 χ^2 表示卡方分布; L_0 为约束函数; erf 为误差函数。

由式(3-27)可知,在使用改进 EI 准则进行的优化过程中,为了同时获取目标函数值最小值的样本点和预测值有较大误差的样本点,模型参数 θ 、优化变量 x 、模型预测目标值 y^h 同时改变,式中的约束条件是为了确定预测值有较大误差的样本点,在满足约束的基础上获得目标函数值最小值的样本点。下面使用 IPSO 算法结合 EI 准则和改进 EI 准则优化 Goldstein-Price 函数。GP 函数如式(3-28)所示。其中, x_1 属于[-3, 3], x_2 属于[-2, 2],在设计区域,该函数有 3 个局部极值(-0.6, -0.4),(1.2, 0.8),(1.8, 0.2)和一个全局极值(0, -1)。图 3-36 给出了 GP 函数取对数后的云图,其中五角星号表示该函数的 4 个极值点。图 3-37 和图 3-38 分别给出了使用 EI 准则和改进 EI 准则的优化迭代云图,其中初始训练样本点取为 6 个,用实心圆表示,优化值使用星号表示。由图可知,采用原始 EI 准则在迭代 22 次后找到了函数的全局最小值,而采用改进 EI 准则在迭代 9 次后得到函数全局极小值,改进 EI 准则大大减少了优化次数。此外,与原始 EI 准则相比,采用改进 EI 准则更容易跳出局部最优解。

$$f = \left[1 + (x_1 + x_2 + 1)^2 (19 - 14x_1 + 3x_1^2 - 14x_2 + 6x_1 x_2 + 3x_2^2) \right] \times$$
$$\left[30 + (2x_1 - 3x_2)^2 (18 - 32x_1 + 12x_1^2 + 48x_2 - 36x_1 x_2 + 27x_2^2) \right]$$
$$(3 - 28)$$

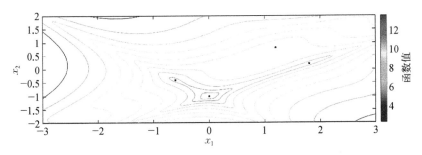

图 3 - 36 GP 函数值取对数后云图

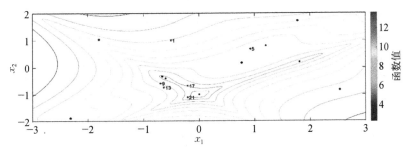

图 3 - 37 使用 EI 准则优化的迭代云图

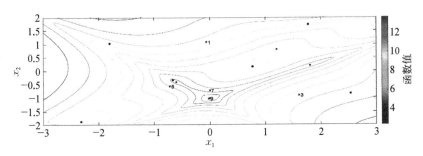

图 3 - 38 使用改进 EI 准则优化的迭代云图

3.3.7 优化系统简介

建立了一套串列叶型形状参数与相对位置参数的耦合优化设计系统,优化系统主要由 NURBS 参数化方法、CFD 数值计算、自适应 Kriging 模型和 IPSO 算法组成,基本步骤如下。

(1) 根据原始叶型的离散点使用 NURBS 方法对串列叶型参数化,依据原始叶型的流场特点选取部分控制点作为叶型参数,选取叶型的轴向重叠度 AO 和周向间距 PP 作为叶型的相对位置参数。

(2) 使用拉丁超立方抽样方法获取样本库,并用 CFD 软件计算样本的性能,其中拉丁超立方抽样可以保证样本点在样本空间分布的均匀性。

(3) 使用 IPSO 算法优化叶型,得到优化后的叶型形状参数和相对位置参数,优化中使用自适应 Kriging 模型代替 CFD 软件来预测叶型性能。

(4) 使用 CFD 软件计算最优叶型,判断是否满足收敛条件,若满足则结束程序,否则把计算得到的最优点加入样本点,并返回第(3)步。

1. 优化变量

选取串列叶型中弧线和厚度分布规律的 32 个 NURBS 控制点和串列叶型的轴向重叠度 AO、周向间距 PP 作为优化变量,优化过程中,参考相关文献,AO 值在 [-0.1, 0.1] 内变化,PP 值在 [0.6, 0.95] 内变化。由于 NURBS 方法具有局部修改特性,当控制点较多时,个别控制点的不规则大幅度移动将会在型线的局部产生大的凹坑或凸起,为了防止产生不合理叶型,构建的优化系统设计了一种新的控制点扰动方法。作为优化变量的控制点限定沿着叶型法线方向的移动,这样用一个横坐标便可以描述每个控制点,控制点处叶型型线的法向曲率值从初始叶型中获取并且在优化过程中保持恒定,这样可以从一定程度上防止畸变叶型的产生。经反复实验发现,由式 (3-29) 确定的横坐标最大移动量较为合理。

$$\Delta = \mu \frac{r_{\text{ange}}}{\mid s_{\text{lop}} \mid + 0.5} \tag{3-29}$$

式中,$r_{\text{ange}} = 1 \times 10^{-4}$;$\mu$ 为系数,属于 [0, 10];s_{lop} 为叶型中弧线的法向斜率值。

2. 优化目标函数

考虑到优化对象是直列串列叶型,因此优化目标在保证直列串列叶型静压升不小于原始叶型静压升的基础上,应尽可能减小叶型的总压损失系数,优化目标函数的选取如式 (3-30) 所示。

$$F = \begin{cases} 1 & [P_2/P_1 < (P_2/P_1)_{\text{lim}}] \\ \omega & (\text{else}) \end{cases} \tag{3-30}$$

由式 (3-30) 可知,若叶型静压升小于静压升的限制值,将目标函数赋予总压损失系数极大值,通常取 1;否则目标函数等于叶型总压损失系数。其中,F 表示优化算法的目标函数;ω 表示叶型总压损失系数,$(P_2/P_1)_{\text{lim}}$ 表示静压升的限制值,取值为原始叶型的静压升。

3.3.8　优化结果和分析

为了表述方便,本节使用 ORG 表示优化前的叶型,OPT 表示优化后的叶型。表 3-16 为优化前后叶型的气动参数的对比,由表可知,优化后的总压损失系数由 0.059 8 降低到 0.036 1,降低了 39.6%,但静压升略有升高。

表 3-16　优化前后叶型气动参数比较

参　数	ORG	OPT
总压损失系数	0.059 8	0.036 1
静压升	1.342	1.345

图 3-39 分别为优化前后叶型的攻角-总压损失系数和攻角-静压升特性对比,从图中可以看出,在进口马赫数为 0.8 时,优化后的叶型在全攻角下的总压损失系数减小了,静压升增加了,优化后的叶型在全攻角下的性能都得到了改善,在正攻角下的性能改善更明显,证明采用优化设计方法不仅能在优化工况下提升叶型性能,而且在全工况下也能使叶型性能得到较大提升,该优化系统具有很好的实际应用价值。

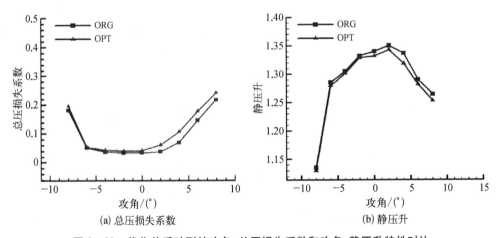

图 3-39　优化前后叶型的攻角-总压损失系数和攻角-静压升特性对比

图 3-40~图 3-42 分别展示了优化前后串列叶型的几何形状、中弧线、厚度分布规律的对比。由图 3-42 可知,前排叶型在轴向弦长 5%~50% 范围内的叶型的厚度增大了;在轴向弦长 50%~80% 范围内,叶型的厚度减小了;后排叶型在轴向弦长 20%~80% 内的叶型的厚度都减小了。此外,由图 3-41 可知,前排叶型和后排叶型的中弧线曲率在大部分弦长范围内都减小了。叶型厚度和中弧线的变化可以改变叶型的弯度和负荷分布,下面将进一步分析。从图 3-40 可以看出,优化后减小了串列叶型的缝隙面积和流过缝隙的流量,缝隙流量满足对前后排附面层的吹吸条件,减小了与主流区流动的掺混损失。

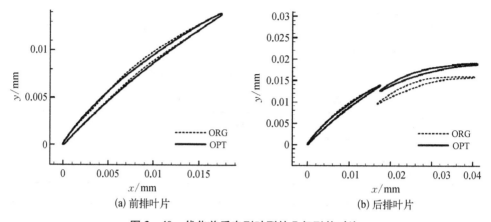

(a) 前排叶片   (b) 后排叶片

图 3-40 优化前后串列叶型的几何形状对比

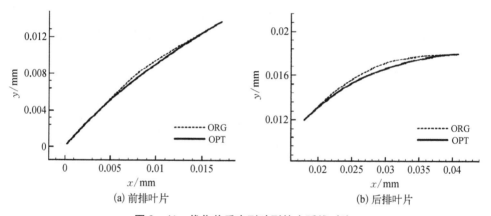

(a) 前排叶片   (b) 后排叶片

图 3-41 优化前后串列叶型的中弧线对比

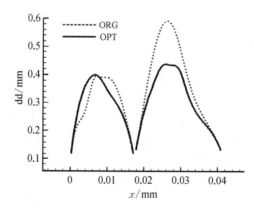

图 3-42 优化前后串列叶型的厚度分布规律对比

1. 设计攻角分析

图 3-43~图 3-45 分别展示了进口马赫数为 0.8 时,设计攻角(2°)下优化前后串列叶型的近壁面静压分布、马赫数云图、熵增云图对比。由图 3-43 可知,优化后,前排叶型吸力面前部的逆压梯度减小了,吸力面的逆压梯度减小有利于减少吸力面的流动摩擦损失和高马赫数引起的激波损失。后排叶型的负荷减少了,负荷减少有利于减小叶型的逆压梯度,减弱尾缘的流动分离。与原始设计对比,优化后叶型的负荷分布更加均匀。

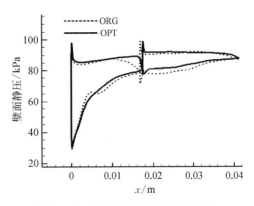

图 3-43 优化前后串列叶型近壁面静压分布对比

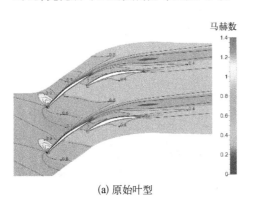

(a) 原始叶型

(b) 优化后叶型

图 3-44 2°攻角下优化前后的串列叶型马赫数云图对比

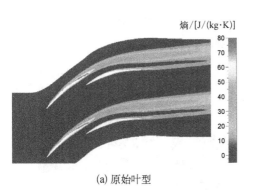

(a) 原始叶型

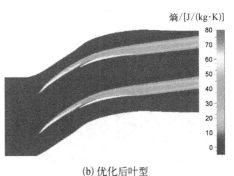

(b) 优化后叶型

图 3-45 2°攻角下优化前后的串列叶型熵增云图对比

由图 3-44 可知,优化后前排叶型尾迹的低速区明显减小了,很大程度上减小了前排尾迹与主流的掺混损失。对于后排叶型,由于前排叶型尾迹的影响,后排叶型尾迹的低速区增加。但总体综合来看,前排叶型尾迹低速区的减小引起的掺混损失减少更加明显。由图3-45可知,优化后前排叶型的高熵区明显减小了,原始叶型的整个通道的熵增明显大于优化后的叶型。

另外,优化后减小了串列叶型的缝隙面积和流过缝隙的流量。串列叶型的缝隙流动对串列叶型有两方面的重要影响:一方面,缝隙流动可以抽吸前排叶型压力面的低能流体,可以减少前排叶型低能流体的摩擦损失;另一方面,缝隙流动与主流掺混也会引起额外的掺混损失。因此,在缝隙流动实现第一个目标之后,应尽可能减少流过缝隙的流体,减少缝隙流动与主流掺混引起的掺混损失,这可以在图3-45中得到证明。从图3-45可看出,优化后流过缝隙的流量减少,前排叶型的熵增和尾迹的掺混损失明显减小。

2. 非设计攻角分析

图3-46和图3-47分别为进口马赫数为0.8、攻角为-2°时优化前后串列叶型的马赫数云图、熵增云图的对比。由图3-46可知,优化后,前排叶型的高马赫数区减小了,叶型的激波损失也减少了。此外,前排叶型的尾迹低速区也减小了,同时后排叶型尾迹低速区有所增大。但由图3-47可知,优化后整个叶栅通道高

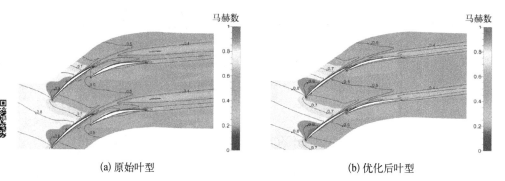

(a) 原始叶型　　　　　　　　　　　　(b) 优化后叶型

图3-46　-2°攻角下优化前后串列叶型马赫数云图对比

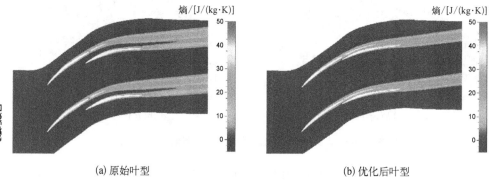

(a) 原始叶型　　　　　　　　　　　　(b) 优化后叶型

图3-47　-2°攻角下优化前后串列叶型熵增云图对比

熵区减小了,整个叶型的激波损失也减少了,这说明串列叶型缝隙结构的变化会引起前后排叶型尾迹低速区的变化,当串列叶型的尾迹低速区位于后排叶型时,串列叶型具有更好的性能。图 3-48 展示了进口马赫数为 0.8、攻角为 4°时优化前后串列叶型的熵增云图对比,由图可知,优化后前排叶型的高熵区明显减小了,整个串列叶型的高熵区也减小了。

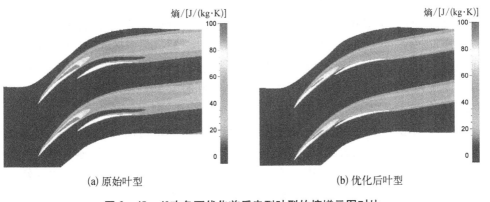

(a) 原始叶型　　　　　　　　　　　　　　　(b) 优化后叶型

图 3-48　4°攻角下优化前后串列叶型的熵增云图对比

3.3.9　小结

为了完成串列叶型的快速优化设计和进一步减小串列叶型的激波损失,本节建立了一套结合改进粒子群优化算法、自适应 Kriging 模型、NURBS 参数化方法的串列叶型优化设计系统,并应用该系统实现了某串列叶型的形状参数与相对位置参数的耦合优化设计,得到以下结论。

首先,在粒子群算法中,自适应改变粒子的惯性因子、学习因子、邻域粒子数目可以有效地平衡算法的全局和局部寻优能力。其次,采用人工免疫算子对粒子群进行变异处理可以有效保持种群多样性。

运用 NURBS 方法实现了串列叶型的参数化,设计了一种 NURBS 控制点的扰动方法。

与原始叶型相比,优化后的叶型在整个攻角范围内的总压损失系数明显减小了,静压升明显增大了。在优化工况下的总压损失系数相对减少了 39.6%,证明了本节研究的耦合优化设计方法具有很好的实际应用价值。

在 Kriging 模型的加点准则中,与原始 EI 准则相比,采用改进 EI 准则大大减少了优化次数。此外,采用改进 EI 准则更容易跳出局部最优解。

适当减小串列叶型的缝隙面积,可以减少缝隙流动与叶型主流的掺混损失。

3.4　弯掠优化对高负荷跨声速串列转子的影响分析

3.4.1　引言

高的叶片马赫数和严峻的三维流动效应是跨声速高负荷压气机的主要特点，这将增加跨声速压气机的高强度激波损失和二次流损失。弯/掠叶片作为改善转子三维激波结构和减少跨声速压气机二次流损失的有效手段，已广泛应用于高负荷风扇、压气机的气动设计当中[23~28]。文献[29]~[31]通过研究证明了转子前掠可以改善转子激波的三维结构，改善转子叶尖处的流场，减弱叶尖激波损失，以及减弱激波和附面层相互作用的损失，改善压气机性能和稳定裕度。文献[32]和[33]中研究发现，后掠叶片可以提高转子的峰值效率，但可能减小稳定工作范围。文献[34]采用不同的参数化方法对跨声速转子进行三维弯曲造型设计，研究发现叶片正弯（弯向叶片压力面）可以提高跨声速转子的效率，改变跨声速转子激波的三维结构。文献[35]对跨声速转子进行了前掠和正弯联合三维设计，同时对转子中部截面的基元叶型进行了二维设计以改善弯掠转子中部性能，最终设计的跨声级性能显著提高，级最大效率提高了3%，失速裕度提高了40%。

以上研究结果表明，前掠和正弯叶片都可以降低激波强度，减少激波与附面层的损失，改善压气机的气动性能。鉴于三维弯掠改善压气机性能的良好效果，研究者们充分利用优化算法结合代理模型的优化技术挖掘了三维复合弯掠来提高压气机性能的潜力。文献[6]和[7]采用遗传算法结合神经网络模型对跨声速转子叶片进行三维弯掠优化设计，优化造型减小了跨声速转子叶片大部分叶展的损失，激波位置后移，激波损失明显减少。

串列叶片虽然具有高负荷、高效率的特性，但由于串列叶型前后排叶片相互干涉严重，串列叶片的三维流动特性与常规压气机相比更为严峻，采用流动控制技术减弱强三维流动特性对于串列叶片的影响具有重要意义。鉴于三维弯掠造型技术可以较好地改善压气机流动性能，以某高负荷跨声速串列转子作为研究对象，研究三维弯掠优化对串列转子性能的影响，设计了一套基于 NURBS 参数化方法和Kriging 代理模型的串列转子三维弯掠优化系统，分别研究掠形优化、弯形优化和复合弯掠优化对串列转子性能的影响，目的是进一步探索掠形和弯形造型技术降低跨声速串列转子内流动损失的机理，提高跨声速串列转子的气动性能。

3.4.2　研究对象及数值方法

1. 研究对象介绍

以高负荷跨声速串列转子作为研究对象，串列叶型的几何模型如图 3-23 所示，表 3-17 给出了串列叶型的参数定义，其中表征串列叶型前后排叶型相对位置的 5 个参数是弦长比 CR、弯角比 TR、轴向重叠度 AO、周向间距 PP、后排近似攻角 K_{b-b}。高负荷跨声速串列转子的气动设计参数如表 3-18 所示，表 3-19 给出了高负荷跨声速串列转子的几何设计参数，该高负荷跨声速串列转子采用了基于 NURBS 中弧线的高性能叶型，其设计特点如下：较高的叶尖进口马赫数、较高的负荷和较高的质量流量。经三维数值模拟验证，该高负荷转子的设计压比为 2.9，设计效率高达 90.2%，稳定裕度为 8.8%。

表 3-17　串列叶型的参数定义

变　量	定　义
θ_{fa}	$\beta_{11} - \beta_{12}$
θ_{aa}	$\beta_{21} - \beta_{22}$
θ_{OA}	$\beta_{11} - \beta_{22}$
AO	dx/x
PP	t/S
TR	θ_{aa}/θ_{fa}
CR	C_{aa}/C_{fa}
K_{b-b}	$\beta_{12} - \beta_{21}$
C_{eff}	$(C_{fa} + C_{aa})/(1 + AO)$
S_{eff}	$(1 - 0.5AO)S$
σ_{eff}	C_{eff}/S_{eff}

表 3-18　高负荷跨声速串列转子的气动设计参数

参　数	数　值
流量/(kg/s)	76
转速/(r/min)	12 720
压比	2.9
绝热效率	0.91
转子叶片数	30
转子叶尖相对马赫数	1.6
轮毂比	0.45

表 3-19　高负荷跨声速串列转子的几何设计参数

参　数	轮　毂	叶　中	叶　尖
几何进口角/(°)	-40	-56	-65
几何出口角/(°)	35	-16	-35

参　　数	轮　　毂	叶　　中	叶　　尖
稠度	2.9	2.5	2.3
弦长比	1	1	1
弯角比	3.0	3.2	3.5
轴向重叠度	0.05	0.05	0.05
后排近似攻角	−2	−3	−2
周向间距	0.85	0.85	0.85

2. 数值方法介绍

采用 NUMECA 软件中的 AutoGrid5 自动网格生成模块生成 O4H 型结构网格，网格正交性>20°，通过对单排叶片进行网格无关性分析，发现在网格数大于 45 万时，单排叶片的性能不再随网格增加而变化。因此，串列转子网格总数取为 90 万，串列转子叶顶间隙采用蝶形网格，转子壁面的第一层网格尺寸为 10^{-6} m，串

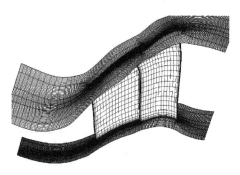

列转子网格沿轴向、周向和叶展方向的网格节点数为 185×83×59。数值模拟采用 NUMECA 软件，对有限体积形式的三维雷诺平均 Navier - Stokes 方程进行定常求解，湍流模型采用 Spalart - Allmaras 模型。进口给定均匀分布的总温（288.15 K）、总压（101 325 Pa）、轴向进气，出口边界给定平均静压。串列转子的计算网格如图 3 - 49 所示。

图 3 - 49　串列转子的计算网格

3.4.3　复合弯掠优化方法

复合弯掠优化设计是基于优化算法和优化 Kriging 模型建立起来的，Kriging 模型适用于拟合高度非线性、多峰值的问题，广泛应用于优化设计中，在优化过程中使用代理模型可以大大节省优化时间和成本。Kriging 模型中普遍使用模式搜索法寻找最优的相关参数，然而模式搜索法对初始值十分敏感，因为初始值的原因无法收敛于最优值，导致 Kriging 模型的拟合精度差。因此，优化设计中使用优化算法优化 Kriging 模型，基本思想是借助优化算法的全局搜索能力，获取使 Kriging 模型的似然函数取最大值的相关参数，从而保证 Kriging 模型具有最佳的预测精度。

通过改变串列转子积叠线的轴向和周向坐标进行串列转子的三维弯掠造型，在进行三维优化造型之前，首先对串列转子叶片进行参数化，分别利用 10 个控制点的 NURBS 曲线对叶片压力面和吸力面型线进行拟合，对机匣和轮毂同样使用 NURBS

曲线进行拟合,叶片的三维积叠线由子午积叠线(掠形设计)和周向积叠线(弯形设计)组成,分别利用 9 个控制点的 NURBS 曲线对其进行参数化拟合,图 3-50 为串列转子子午积叠线的 NURBS 参数化,其中横坐标 z 代表串列转子子午积叠线轴向坐标相对于初始积叠线轴向坐标的变化量。

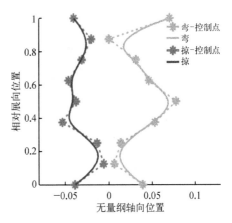

图 3-50　串列转子子午积叠线的
NURBS 参数化

优化过程中保持叶型、轮毂和机匣的数据不变,为了分别研究弯掠造型对高负荷串列转子的影响,串列转子复合弯掠优化分两步进行,首先保持积叠线周向自由度(弯)不变,研究掠形优化对串列转子的影响;然后保持初始设计的积叠线子午向自由度(掠)不变,研究弯形优化对串列转子的影响;最后结合前两步的优化结果,研究复合弯掠造型对高负荷串列转子性能的影响。弯掠造型优化的优化目标是在不降低压比和流量的条件下尽可能提高跨声速风扇的等熵效率,优化工况选取为压气机近设计点。

3.4.4　弯掠优化结果与分析

图 3-51(a)为子午积叠线掠形优化前后的分布规律,图 3-51(b)为周向积叠线弯形优化前后的分布规律。图 3-51(a)横坐标 z 代表串列转子子午积叠线轴向坐标相对于初始积叠线轴向坐标的变化量,正负号分别代表前掠串列转子和后掠串列转子;图 3-51(b)中的横坐标 θ 代表串列转子周向积叠线的周向坐标相对于初始积叠线周向坐标的变化量,正负号分别代表反弯转子(弯向吸力面)和正弯转子(弯向压力面)。

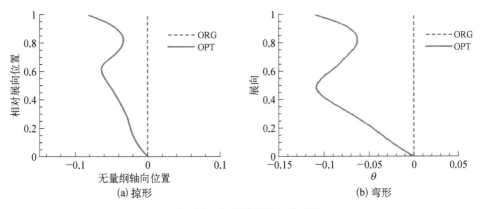

(a) 掠形　　　　　　　　　(b) 弯形

图 3-51　串列转子积叠线对比

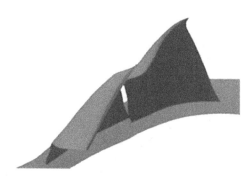

**图 3 - 52   复合弯掠优化后的
串列转子三维形状**

从图 3 - 51 中可以看出,三维弯掠优化后的串列转子子午积叠线和周向积叠线均呈反 S 形分布规律,串列转子子午积叠线呈前掠-后掠-前掠的规律,在60%叶展处串列转子后掠;图 3 - 51(b)中显示,串列转子周向积叠线呈先正弯后反弯再正弯的规律,在 50% 叶展以下和 80% 叶展以上,串列转子正弯。图3 - 52 给出了复合弯掠优化后的串列转子三维形状,由图 3 - 52 和以上的分析可知,掠形优化后,串列转子整体前掠;弯形优化后,串列转子整体正弯。

图 3 - 53 为设计转速下串列转子优化前后的特性对比。根据串列转子特性曲线,选取近最高效率点作为串列转子设计点。从图中可以看出:原始串列转子设计点压比为 2.9、设计效率为 90.2%、稳定裕度为 8.8%,前掠转子设计点的压比为2.96、设计效率为 91.2%、稳定裕度为 7.5%,正弯转子设计点的压比为 2.966、效率 91.23%、稳定裕度为 10.8%,复合弯掠转子设计点的压比为 3.0、效率为91.67%、稳定裕度为 8.4%。由以上分析和图 3 - 53 可知,虽然前掠转子在近设计点的压比和效率增加了,但是引起了串列转子的稳定裕度的下降,相比之下正弯转子的性能得到了很大提升,复合弯掠转子的压比和效率增加是最明显的,但是稳定裕度也有一定的下降,主要原因是复合弯掠优化转子是由掠形优化和弯形优化的结果复合形成的,不是弯形和掠形同时优化的结果,因此保留了掠形优化转子的一些特性。由于优化过程是在压气机近设计点完成的,下面主要针对近设计点进行分析。

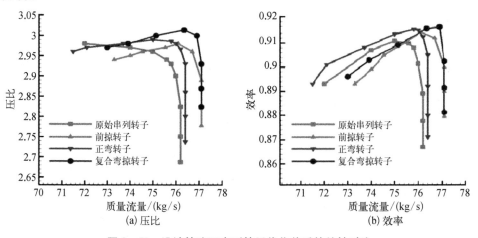

(a) 压比   (b) 效率

图 3 - 53   设计转速下串列转子优化前后的特性对比

1. 弯掠优化对串列转子轴向流动的影响

高负荷串列转子弯掠优化造型前后转子在设计点时出口截面的总压比和效率展向分布见图 3-54,由图可知,与原型转子相比,正弯转子和复合弯掠转子在 20%~80% 叶展区域内的负荷提高,叶根和叶尖区域负荷减少;前掠转子在叶根区域的负荷也有少许降低,在 20% 叶展以上截面处的负荷增加;由效率展向分布图可知,与原型转子相比,前掠转子改善了原型转子在 30% 叶展以上的性能,正弯转子提高了原型转子 95% 叶展以下的效率,95% 叶展以上的效率和原型转子基本一致,复合弯掠转子提高了原型转子在整个叶展的效率。由图 3-54(b) 可知,前掠串列转子的叶尖损失最小,正弯转子叶根的损失最小,复合弯掠转子叶中截面的损失最小。

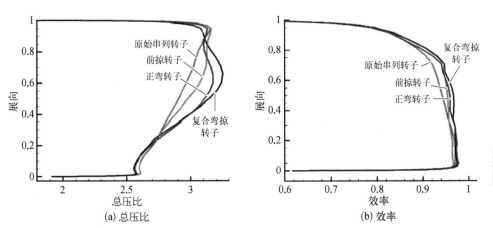

图 3-54　高负荷串列转子弯掠优化造型前后转子在设计点时出口截面的总压比和效率展向分布图

由以上分析,前掠转子能改善转子叶中和叶尖的性能,这主要有两方面原因:一方面,前掠叶片叶尖压力比叶中的压力高,形成了由叶尖指向叶中的压力梯度,减弱了叶中附面层向叶尖的迁移,进而减少了叶尖附面层的摩擦损失;另一方面,前掠叶片可以减弱通道正激波的激波强度,降低激波损失(从后面的分析可知)。此外,正弯转子可以改善叶片大部分叶展区域的性能,主要是因为正弯叶片产生了由压气机端壁指向叶展中部的压力梯度,从而促使压气机端壁的低能流体向叶中迁移,减小了叶尖和叶根处低能流体引起的摩擦损失。正弯叶片增加叶中截面效率的原因是正弯叶片可以减弱通道正激波的激波强度和减少激波导致的附面层分离损失。复合弯掠转子同时具有前掠转子和正弯转子的特点,因此改善了原型转子在整个叶展区域的性能。

高负荷串列转子弯掠优化造型前后设计点的叶中截面相对马赫数云图见图 3-55,由图可知,4 个串列转子叶尖截面都是前缘斜激波和通道正激波的激波结构,与原始串列转子相比,正弯转子、前掠转子、复合弯掠转子的斜激波结构和波前马赫数基本保持不变,但是3个优化后的转子通道正激波的波前马赫数均小于原型串列转子,其中前掠转子通道正激波的波前马赫数最小,这也是前掠转子叶尖的损失最小的原因。复合弯掠转子与正弯转子的相对马赫数云图基本保持一样,说明弯形造型在复合弯掠造型里起主导作用,4个串列转子的后排叶型的相对马赫数云图基本保持一致。

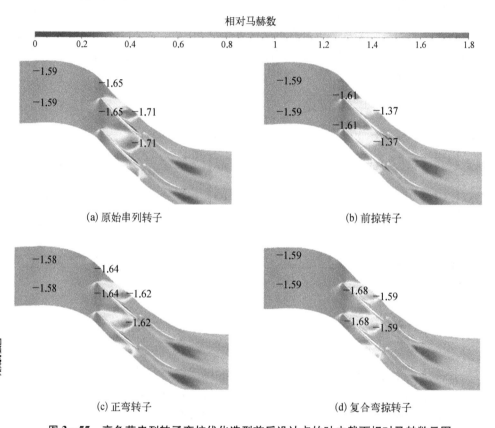

图 3-55　高负荷串列转子弯掠优化造型前后设计点的叶中截面相对马赫数云图

　　由图3-56可知,4个高负荷串列转子的叶尖截面都是前缘斜激波和通道正激波的激波结构,与原始串列转子相比,前掠、正弯、复合弯掠设计都大大降低了通道正激波的波前马赫数,通道正激波的激波强度很弱,激波损失很小。前掠、正弯、复合弯掠设计的叶中截面通道正激波激波损失的减小使转子在20%叶展以上的性能得到了很大改善,也说明前掠和正弯造型影响了20%叶展以上截面的激波结构,减少了通道正激波的损失。

　　图3-57高负荷为串列转子弯掠优化造型前后设计点的叶尖截面(近轮毂截面)相对马赫数云图,由图可知,原始串列转子和正弯转子的相对马赫数云图基本

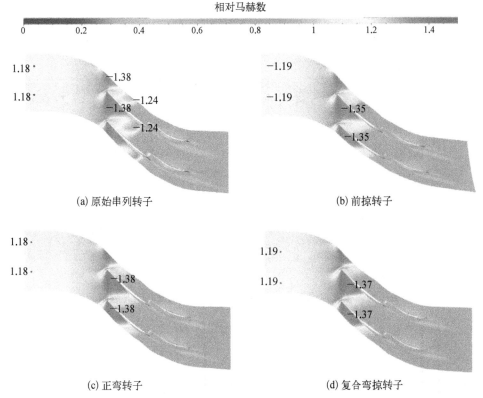

相对马赫数

图 3 - 56　高负荷串列转子弯掠优化造型前后设计点的
叶尖截面相对马赫数云图(50%叶展处)

一致,前掠转子和复合弯掠转子后排叶片尾缘的分离有少许增加,这也是图 3 - 54
(b)中前掠转子和复合弯掠转子叶根效率较低的原因。

　　由图 3 - 55~图 3 - 57 可知,弯掠造型后串列转子的后排叶片的相对马赫数云
图基本保持一致,弯掠造型对后排叶片的影响较小,因此图 3 - 58 只给出了串列转
子设计点前排叶片不同叶展处的近壁面静压分布图,由图可知,弯掠优化改变了叶
片负荷的轴向分布,50%叶展的前缘和中部负荷均有所增加,而后部负荷基本不
变;90%叶展的前缘和中部负荷也有所增加,但是后部负荷有一定的降低,这可以
在一定程度上减小 90%叶展截面激波后的附面层分离;设计点的叶根为负攻角状
态,前掠转子和复合弯掠转子的尾缘负荷较小。跨声速串列转子的主要特点是有
显著的激波损失,转子叶片近壁面静压突升的位置可以近似看成激波位置,由图
3 - 58 可知,在叶尖截面,前掠转子和复合弯掠转子的激波位置有少许前移,正弯
转子激波位置基本不变;在叶中截面,4 个串列转子的激波位置基本一致。联系叶
尖、叶中截面相对马赫数分布云图可知,叶尖和叶中截面效率提升的原因为波前马
赫数的降低减弱了激波的强度,进而减少了激波损失。

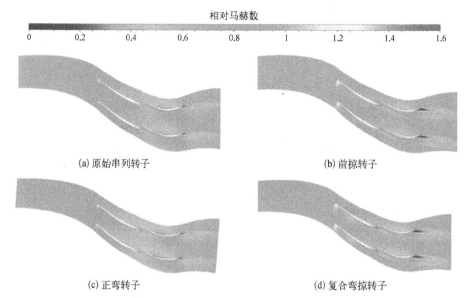

相对马赫数

(a) 原始串列转子

(b) 前掠转子

(c) 正弯转子

(d) 复合弯掠转子

图 3-57 高负荷串列转子弯掠优化造型前后设计点的叶尖截面相对马赫数云图(5%叶展处)

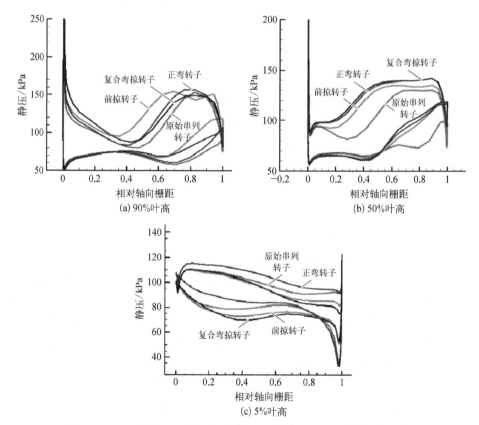

(a) 90%叶高

(b) 50%叶高

(c) 5%叶高

图 3-58 串列转子设计点前排叶片不同叶展处的近壁面静压分布图

2. 弯掠优化对串列转子展向流动的影响

图 3-59 为串列转子弯掠优化前后转子出口的单位质量流量云图(左侧为压力面,右侧为吸力面,下同),由图可知,弯掠优化后,串列转子叶中和叶尖的流通能力得到了改善,单位面积的质量流量有一定程度的增加。

单位质量流量/(kg/s)

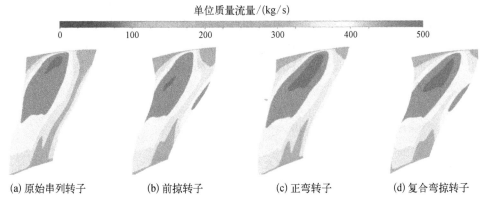

(a) 原始串列转子　　(b) 前掠转子　　(c) 正弯转子　　(d) 复合弯掠转子

图 3-59　串列转子弯掠优化前后转子出口的单位质量流量云图

图 3-60 为串列转子弯掠优化前后转子出口的熵增云图,由图可知,与原始串列转子相比,正弯转子的叶中和叶尖截面的熵增明显降低了,前掠转子叶中截面的熵增较小,复合弯掠转子叶中和叶尖截面的熵增最小,弯掠优化改善了叶中、叶尖截面大部分区域的流动。此外,前掠转子和复合弯掠转子叶根截面的熵增有少许增加,这与前掠转子叶根效率较低的结果一致。

熵/[J/(kg·K)]

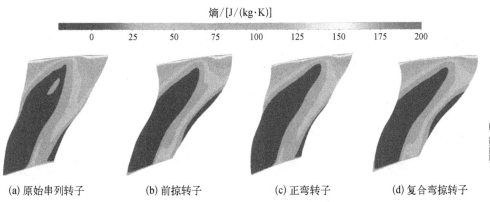

(a) 原始串列转子　　(b) 前掠转子　　(c) 正弯转子　　(d) 复合弯掠转子

图 3-60　串列转子弯掠优化前后转子出口的熵增云图

图 3-61 为弯掠优化前后串列转子前排叶片吸力面的静压和壁面极限流线图,由图可知,与原始串列转子相比,端壁附面层的迁移导致前掠转子吸力面的分离线终止位置由原来约 80% 叶展处增加到了 100% 叶展处,前掠转子端壁附面层的

迁移导致前排叶片尾缘全叶展产生堵塞,这也是前掠转子的稳定裕度降低的原因之一。此外,由图3-61可知,串列转子在轮毂和机匣附近正弯,正弯叶片使端壁处的低能高熵流体向叶中流动,从而增加了正弯转子叶中附近的分离损失。但由图3-61可知,叶中附近的分离终止于90%叶展处,与原始串列串列转子一致;复合弯掠转子的壁面极限流线和正弯转子基本保持一致。由前排叶片吸力面的静压分布图可知,与原始串列转子前排叶片相比,前掠转子的叶中和叶尖、正弯转子的叶中、复合弯掠转子的叶中均存在小部分低速高压区,这是因为弯掠优化后,叶尖和叶中截面的通道正激波的激波位置有少许前移,激波之后的附面层分离程度有一定的增加。

静压/kPa

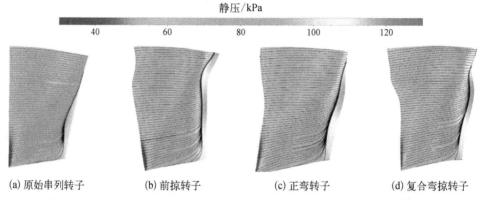

| (a) 原始串列转子 | (b) 前掠转子 | (c) 正弯转子 | (d) 复合弯掠转子 |

图3-61　弯掠优化前后串列转子前排叶片吸力面的静压和壁面极限流线图

　　图3-62为串列转子弯掠优化前后后排转子吸力面的表面静压和壁面极限流线图,由图可知,4个转子的表面静压和壁面极限流线基本一样,由此可知,三维弯掠优化设计对后排叶片的流动影响较小,这是因为弯掠三维优化主要通过改变负荷的展向分配来改善激波的结构和损失,高负荷串列转子的后排叶片一般为亚声

静压/kPa

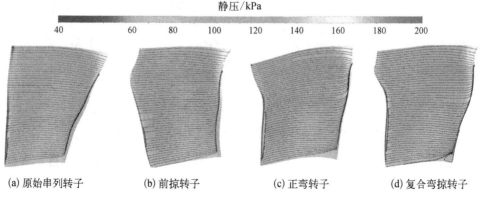

| (a) 原始串列转子 | (b) 前掠转子 | (c) 正弯转子 | (d) 复合弯掠转子 |

图3-62　串列转子弯掠优化前后后排转子吸力面的表面静压和壁面极限流线图

速流动,因此三维弯掠优化对后排叶片的影响较小。为了减少计算量,三维弯掠优化中可以考虑去掉串列转子的后排叶片,在前排叶片优化完成后按照设计的前后排相对位置参数重新设计后排转子。

3. 弯掠优化对串列转子叶尖间隙流动的影响

图3-63为串列转子弯掠优化前后设计点近叶尖间隙的相对马赫数云图,由图可知,4个串列转子近叶尖间隙截面的激波结构由前缘斜激波和通道正激波组成,与原始串列转子相比,前掠转子和复合弯掠转子减弱了前排叶片的通道正激波强度,减小了激波损失,但是前掠转子和复合弯掠转子后排叶片的通道低速区明显增加了,叶尖间隙的低速气流在叶片吸压力面的压力梯度作用下绕过叶片叶顶间隙形成叶尖泄漏流,因此增大了叶尖泄漏流的强度和损失,这也是前掠转子和复合弯掠转子稳定裕度减小的原因。正弯转子在降低前排叶片的通道正激波强度的同时没有增加叶尖泄漏流的强度和损失。

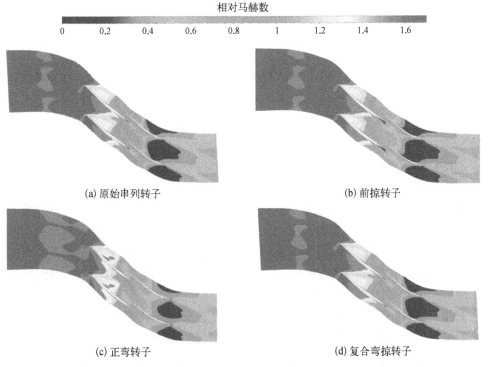

图3-63 串列转子弯掠优化前后设计点近叶尖间隙的相对马赫数云图

图3-64为串列转子设计点近叶尖间隙的熵增云图,由图可知,与原始串列转子相比,弯掠优化后的3个串列转子减小了前排叶片通道正激波的激波损失。但前掠转子和复合弯掠转子并没有减小后排叶片的叶尖泄漏流损失,正弯转子减小了后排叶片的叶尖泄漏流损失。

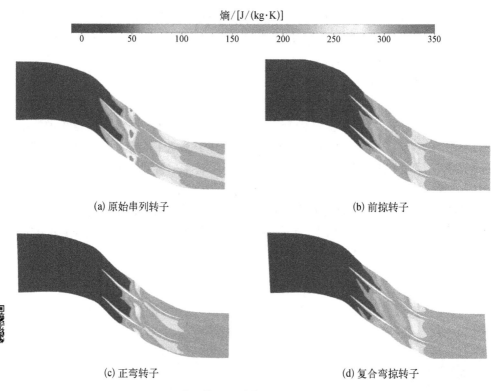

熵/[J/(kg·K)]

0　　50　　100　　150　　200　　250　　300　　350

(a) 原始串列转子　　　　　　　　　　(b) 前掠转子

(c) 正弯转子　　　　　　　　　　　(d) 复合弯掠转子

图 3 - 64　串列转子设计点近叶尖间隙的熵增云图

3.4.5　小结

结合 NURBS 参数化方法和 Kriging 代理模型对跨声速高负荷串列转子进行弯掠优化造型研究,深入探索了前掠造型、正弯造型、复合弯掠造型技术对串列转子性能的影响,研究发现三维弯掠优化可以改善串列转子的性能,主要结论如下。

(1) 与原始串列转子相比,前掠转子、正弯转子和复合弯掠转子在近设计点的效率分别提高了 1%、1.03%、1.47%,正弯转子的稳定裕度增加了 23%,但前掠转子和复合弯掠转子稳定裕度有少许下降。

(2) 在高负荷跨声速串列转子的弯掠优化造型中,前掠造型能改善串列转子叶中和叶尖的性能,叶根性能有所下降;正弯造型能改善串列转子叶展大部分区域的性能。弯掠优化造型提升串列转子效率的原因是转子通道正激波波前马赫数降低,而激波位置基本不变。

(3) 三维弯掠优化重新分配了串列转子展向和轴向的负荷,降低了串列转子尖部和中部的激波强度,改善了串列转子叶展大部分区域的流通能力,跨声速串列转子的三维弯掠优化对串列转子后排叶片流动的影响较小。

(4) 正弯转子减弱叶顶间隙激波损失的同时也减小了叶尖泄漏流损失。前掠转子和复合弯掠转子虽然减弱了串列转子叶顶间隙的激波强度,但增加了叶尖泄漏流的损失。

参考文献

[1]　吴国钏.串列叶栅理论[M].北京:国防工业出版社,1996.

[2]　Brent J A, Cheatham J G, Clemmons D R. Single-stage experimental evaluation of tandem-airfoil rotor and stator blading for compressors, part Ⅴ - analysis and design of stages d and e [R]. NASA Report, CR - 121008, 1972.

[3]　Sanger N. Analytical study of the effects of geometric changes on the flow characteristics of tandem-bladed compressor stators[R]. NASA Report, TN - D - 6264, 1971.

[4]　Haut R C. Experimental study of tandem blades for rotor blade usage in a single stage axial flow compressor[D]. Knoxiville: University of Tennessee, 1975.

[5]　庄表南,郭秉衡.双圆弧单排叶栅和串列叶栅流动性能的试验研究[J].航空动力学报, 1989,4(2):169 - 172.

[6]　Benetschik H, Gallus H. Inviscid and viscous flow in transonic and supersonic cascades using an implicit upwind relaxation algorithm[R]. AIAA Paper, AIAA - 90 - 2128, 1990.

[7]　Sachmann J, Fottner L. Highly loaded tandem compressor cascade with variable camber and stagger[R]. ASME Paper, 1993 - GT - 235, 1993.

[8]　周正贵,吴国钏.自由流紊流度对串列叶栅性能的影响[J].航空动力学报,1996,11(1): 1 - 3.

[9]　Vandeputte T W. Effects of flow control on the aerodynamics of a tandem inlet guide vane[D]. Virginia: Virginia Polytechnic Institute and State University, 2000.

[10]　Roy B, Mallik M P. Feasibility study of tandem blades using mises code [C]//The 7th National Conference on Air Breathing Engines and Aerospace Propulsion, Kanpur, 2004.

[11]　Canon-Falla G A. Numerical investigation of the flow in tandem compressor cascades[D]. Vienna: Vienna University of Technology, 2004.

[12]　Nezym V U, Polupan G P. A new statistical-based correlation for the compressor tandem cascade parameters effects on the loss coefficient[R]. ASME Paper, 2007 - GT - 27245, 2007.

[13]　McGlumphy J. Numerical investigation of subsonic axial-flow tandem airfoils for a core compressor rotor[D]. Virginia: Virginia Polytechnic Institute and State University, 2008.

[14]　王掩刚,魏崃,陈为雄.大弯角串列叶型优化设计与数值分析[J].推进技术,2014, 35(11):1469 - 1474.

[15]　魏巍,刘波,李俊.大弯角串列叶栅间隙效应数值研究[J].航空工程进展,2013,4(4): 443 - 449.

[16]　魏巍,刘波,曹志远,等.高负荷小型压气机大弯角串列静子特性[J].航空动力学报, 2013,28(5):1066 - 1073.

[17]　宋召运.压气机串列叶片的优化设计及其与端壁抽吸相结合的流动控制机理研究[D]. 西安:西北工业大学,2020.

[18]　Krige D G. A Statistical approach to some basic mine valuations problems on the witwatersrand

[J]. Journal of the Chemical, Metallurgical and Mining Engineering Society of South Africa, 1951, 52(6): 119 - 139.

[19] Jin R, Wei C, Sudjianto A. An efficient algorithm for constructing optimal design of computer experiments[J]. Journal of Statistical Planning and Inference, 2016, 134(1): 268 - 287.

[20] 薛亮,韩万金. 基于遗传算法与近似模型的全局气动优化方法[J]. 推进技术,2008, 29(3): 360 - 366.

[21] Kennedy J, Eberhart R. Particle swarm optimization[C]//International Conference on Neural Networks, Washington, 1995.

[22] Jones D R, Schonlau M, Welch W J. Efficient global optimization of expensive blackbox funcitons[J]. Journal of Global Optimization, 1998, 13(4): 455 - 482.

[23] Gummer V, Wengeru U, Kau H P. Using sweep and dihedral to control three-dimensional flow in transonic stators of axilal compressors[J]. Journal of Turbomachinery, 2001, 123(1): 40 - 48.

[24] Gallimore S J, Bolger J J, Cumpsty N A, et al. The use of sweep and dihedral in multistage axial flow compressor blading, part 2: low and high speed designs and test verification[C]// ASME Turbo Expo 2002 Power for Land, Sea, and Air, New York, 2002.

[25] Gallimore S J, Bolger J J, Cumpsty N A, et al. The use of sweep and dihedral in multistage axial flow compressor blading, part 1: university research and methods development[J]. Journal of Turbomachinery, 2002, 124(5): 533 - 541.

[26] Okui H, Verstraete T, Van D, et al. Three-dimensiona design and optimization of a transonic rotor in axial flow compressors[J]. Journal of Turbomachinery, 2011, 135(3): 77 - 88.

[27] Sasaki T, Breugelmans F. Comparison of sweep and dihedral effects on compressor cascade performance[J]. Journal of Turbomachinery, 1998, 120(3): 454 - 463.

[28] 茅晓晨,刘波,张国臣,等. 复合弯掠优化对跨声速压气机性能影响的研究[J]. 推进技术, 2015,36(7): 996 - 1004.

[29] 张鹏,刘波,茅晓晨,等. 三维造型和非轴对称端壁在跨声速压气机中的应用[J]. 推进技术,2016,37(2): 250 - 257.

[30] Blaha C, Kablitz S, Hennecke D K, et al. Numerical Investigation of the flow in an aft-swept transonic compressor rotor[R]. ASME Paper, 2000 - GT - 0490, 2000.

[31] Denton J D, Xu L. The effects of lean and sweep on transonic fan performance[R]. ASME Paper, 2002 - GT - 30327, 2002.

[32] Wadia A R, Szucs P N, Crall D W, et al. Foward swept rotor studies in multistage fans with Inlet distortion[R]. ASME Paper, 2002 - GT - 30326, 2002.

[33] Bergner J, Kablitz S, Passrucker H, et al. Influence of sweep on the 3d shock structure in an axial transonic compressor[R]. ASME Paper, 2005 - GT - 68835, 2005.

[34] Benini E, Biollo R. On the aerodynamics of swept and leaned transonic compressor rotors[R]. ASME Paper, 2006 - GT - 90547, 2006.

[35] 毛明明. 跨声速轴流压气机动叶弯和掠的数值研究[D]. 哈尔滨: 哈尔滨工业大学,2008.

第 4 章
叶轮机内部二次流动的端壁控制技术

4.1 叶轮机内部二次流动的形成与发展

叶轮机械内部流场本质上是高压、高温、强压力梯度下的强三维性、强非定常性、强剪切的复杂流动,而叶片通道中的复杂流动势必会引起各种流动损失,其中主要包括叶型损失、二次流损失、尾迹损失、叶尖泄漏损失、跨声速叶栅中的激波损失等,燃气涡轮还包括冷气与主流的掺混损失,在所有损失中,叶型损失和二次流损失占据着主要地位。

叶型损失主要与叶型的几何参数和气动的设计需求等有关,而二次流损失则是由二次流动引起的相关损失,在叶轮机械领域,通常将异于主流方向的流动统称为二次流动。叶片通道中存在着多种形式的二次流现象,广义上可将叶尖泄漏流动和冷气射流统称为二次流现象,而狭义上的二次流主要包括叶片附面层的径向潜移、端壁附面层的横向迁移,以及端区内的马蹄涡、通道涡、角涡等流动结构,其中叶片附面层的径向潜移会导致低能流体在叶片/端壁角区内堆积,从而增加端区内的流动损失,因此狭义的二次流可认为是端区二次流现象,而影响端区二次流动的关键因素则是端区内的端壁附面层和压力梯度。

随着压气机朝着高负荷、高效率的方向发展,压气机叶片中的二次流现象越来越明显,叶栅存在由于逆压梯度而产生的回流区,如果回流区的范围扩大到叶片吸力面和轮毂端壁上,就会出现角区失速现象,因而分离损失在压气机叶栅总损失中也占很大的比例。

一般认为,涡轮通道中的二次流损失可达总流动损失的 30%~50%,甚至更高。对于高性能燃气涡轮,为进一步提升其性能指标并最大限度地缩小体积、增加发动机推重比,需要尽可能地提高涡轮级负荷和气动效率,因此涡轮通道中的二次流现象更为严重。

二次流损失在叶栅总损失中所占的比例越来越大,因此研究二次流特性及其涡系结构,对降低二次流损失有着重要的意义。端壁边界层、边界层的分离及其他三维效应流动都会形成二次流,壁面黏性效应、壁面压力梯度的大小和方向决定了二次流的大小和方向,同时叶栅通道的弯曲产生的横向压力梯度和叶片端壁的附面层会影响二次流的发展。

不同来流条件及不同的叶片几何形状都会对二次流的生成产生影响。本节分析叶轮机械流场中二次流动的成因,特别关注有旋涡等强烈二次流现象产生的叶片排内部的流动结构,探讨二次流在叶片排中与主流的相互作用机理;分析叶轮机械中各叶片排二次流旋涡结构、强度,以及二次流在叶片通道和出口处的发展变化情况,为减少叶轮机械中二次流的损失和提高叶轮机械效率提供有效的控制途径。

4.1.1　轴流叶轮机内部二次流动定义

对二次流进行定义的目的是寻找一种参照基准,能够较为方便地分析复杂流动所造成的损失。由于主流定义不同,二次流也有不同的定义形式,有将二元等熵流定义为主流,也有将轴对称流定义为主流的。主流方向的定义有多种,不同的主流定义可以有不同的二次流形式:如果是直叶栅,可以取中叶展处的流动速度为主流速度;对于环形叶栅,主流方向可以取为叶栅叶展处的平均几何方向。在叶轮机械的实际研究中,通常以"拟流向"的速度视为主流速度,二次流就是速度在当地拟流向垂直平面内的投影分量,通常取叶栅平均气流方向或中间高度的气流方向作为主流基准方向,也可以取叶栅设计几何出口角方向作为基准方向,实际速度在这个方向垂直平面内的分量可视为二次流分量。

本节采用平均气流角方向来定义主流,二次流速度为当地速度矢量在垂直于主流方向截面上的投影,分量定义如图4-1和图4-2所示。

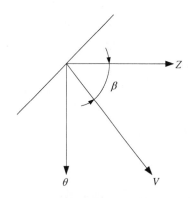
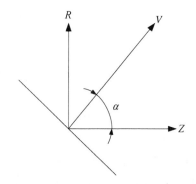

图4-1　二次流速度切向分量示意图　　图4-2　二次流速度径向分量示意图

在压气机转子叶片排中,叶片是扭转的,如果将中叶展处的平均气流角方向作为主流方向,与叶片尖部和根部的主流方向有较大的偏差,因此可以选定不同叶展处的周向平均气流角方向作为此叶展高度处的主流方向,同一半径处的速度矢量在主流方向法平面上的投影为二次流速度。

二次流周向速度分量和径向速度分量表达式分别为

$$\text{Sec}_u = - W\sin\bar\beta + U\cos\bar\beta \tag{4-1}$$

$$\text{Sec}_v = - V\cos\bar\alpha + W\sin\bar\alpha \tag{4-2}$$

式中,周向平均气流角 $\bar\alpha$、$\bar\beta$ 的定义分别为:$\bar\alpha = \dfrac{\int_d^u \alpha \mathrm{d}l}{\int_d^u \mathrm{d}l}$,$\bar\beta = \dfrac{\int_d^u \beta \mathrm{d}l}{\int_d^u \mathrm{d}l}$。

4.1.2　叶轮机内部二次流的产生及特点分析

到目前为止,人们通过实验数据、理论分析及数值模拟,对二次流动的产生机理及由此造成的二次流损失的影响因素有了一定的认识。在涡轮通道中,二次流现象通常表现为各种涡系结构,如马蹄涡、通道涡等,并且主要集中于端区内,这些涡系的生成和发展不仅与涡轮叶栅的几何参数有关,而且也受来流条件、流场品质等气动参数的影响。从另一个角度来讲,二次流动现象可认为是各种涡系的运动。因此,对涡轮内部流场中各种涡系结构的认识和分析已成为研究者们更为关注的研究方向。

图 4-3 分别为涡轮叶栅、压气机叶栅通道的二次流模型图和二次流流线图[1-5]。从图中可以看出,涡轮叶栅通道内的二次流主要包含以下几个部分。

叶片前缘处的进口附面层卷起形成马蹄涡,马蹄涡的压力面分支后来发展成为通道涡的涡核,而通道涡是叶栅通道内二次流的主要部分。在图 4-3(a)中,通道涡下面在端壁区域形成了新的附面层,称为横流"B"。

进口附面层上游的气流会沿着叶栅通道发生偏转,形成横流"A"。端壁分离线是进口附面层的底部与叶栅端壁的交汇线,它将进口附面层和下游新形成的附面层(横流"B")分隔开。而端壁附着线是压力面和吸力面气流的分割线,其与端壁分离线的交点称为鞍点。

新形成的附面层,即横流"B",延伸到叶片吸力面,形成了吸力面分离线,并且有一部分注入了通道涡,推动了通道涡的发展。而马蹄涡的吸力面分支,即反转涡,依然停留在通道涡的上方,并且随着通道涡的发展而逐渐远离叶栅端壁。

在叶片吸力面/叶栅端壁的交汇处可能存在一个小角涡,其旋转方向与通道涡的旋转方向相反。这样,角涡可以纠正端壁角区域的气流过度折转,但它也会引起额外的损失。此外,一旦涡轮叶栅的二次流卷成涡流,那么任何气流的加速都会给涡流注入更多的旋转动能。这样就会产生一种效应,即可以通过推迟端壁二次流的初始发展来达到抑制二次流发展的效果。

图 4-3(c)、(d)分别为压气机叶栅通道的二次流模型图和二次流流线图。压气机叶栅基本的二次流特征与涡轮叶栅相同,但是也存在着以下几点不同的特征:

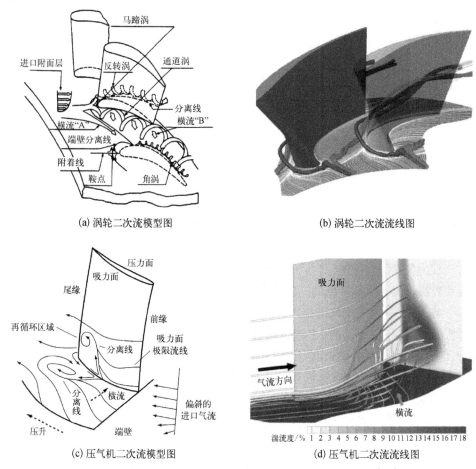

(a) 涡轮二次流模型图   (b) 涡轮二次流流线图

(c) 压气机二次流模型图   (d) 压气机二次流流线图

图 4-3   叶轮机械(涡轮、压气机)叶栅通道二次流演示图[1-5]

压气机叶片转折角与涡轮叶片相比非常小,通常只有 30°~50°,而涡轮叶片的转折角在 100°左右。经典二次流理论认为,较小的气流转折角产生的二次流强度也低,这样,在进口总压类似的情况下,与典型涡轮叶栅相比,典型的压气机叶栅一般具有更小的二次流损失[5]。

压气机叶栅的气流会发生扩散,涡系的发展就会受到抑制。而扩散会导致涡流的快速混合,因此在涡轮叶栅中出现的较小的涡流(如反转涡、角涡)一般不会在压气机叶栅中出现。然而,压气机叶栅端壁的过度折转很有可能导致流动分离,尤其是当压气机特性提升,引起叶片排周向静压升提高的时候,流动分离现象会更加显著。

当然,与涡轮叶栅相比,压气机叶栅往往存在着独特的"三维分离"现象:当叶片气动载荷较低的时候,叶片吸力面/端壁角区的低动量流体会与叶片表面分离,但是仍然有前进的动能;当叶片气动载荷增大到一定程度的时候,叶栅通道会产生回流,此时,回流或者发生在叶栅端壁区域,或者发生在叶片吸力面上,

Lakshminarayana[6]将前者称为"端壁失速",后者称为"叶片失速",这两种失速结合起来称作"角区失速"。压气机中的角失速现象可以参考图4-3(c)。一旦压气机叶栅发生"角区失速",叶栅端壁和叶片吸力面同时存在着较大的回流区域,因此会造成严重的气流损失。

因此,对于压气机,往往很难归纳概括出其二次流损失的强度,这取决于压气机的设计参数,如扩散因子、De Haller 数、叶片展弦比,等等。如果存在着严重的"角区失速",端壁损失将占总损失的30%以上。而当出现较小的泄漏流之后,"角区失速"得到了明显地抑制,端壁损失占总损失的比例也会下降。

综上所述,对于一个设计良好的压气机叶栅,在设计点处采取措施避免或者抑制压气机叶栅的"角区失速"是极为重要的。

4.1.3　叶栅二次流的旋涡模型及其影响效应

早期的叶轮机械二次流研究多采用实验方法,如利用表面油膜法、烟迹法等可视化的方法研究二次流及其涡系结构,探讨二次流现象及其效应,并在此基础上提出了多种二次流旋涡模型。随着计算机技术的发展,数值模拟方法也越来越多地应用于二次流的研究当中,并取得了富有特色的研究成果。

1966 年,Klein[7]发现了叶片前缘存在滞止点涡(即后来的马蹄涡),并首次给出了滞止点涡和通道涡并存的旋涡模型,如图4-4所示,但该模型并未能准确地解释出马蹄涡与通道涡在叶栅通道中的发展和演化,从此,气动力学研究者们开始将进口旋涡的研究作为分析涡轮通道中二次流现象的新方向。与此同时,相关实验研究的侧重点也发生了相应转变,人们开始认为二次流现象是端壁来流附面层在叶栅通道内的扭曲变形,因此急需对涡轮叶栅内部的流场结构进行更为深入的了解。

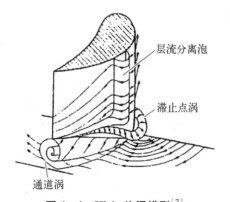

图 4-4　**Klein 旋涡模型**[7]

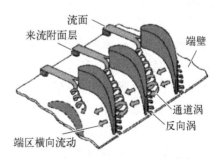

图 4-5　**Langston 旋涡模型**[8]

Langston 等[8]提出了包含马蹄涡、通道涡及反向涡的现代旋涡模型,如图4-5所示。该模型将马蹄涡的发展演化过程进行了完善:马蹄涡是由端壁来流附面层与叶片前缘相互作用形成的,其压力侧分支与通道涡旋向一致,因此会逐渐与通道涡相融合;吸力侧分支与通道涡旋向相反,最终会在叶栅出口的吸力面/端壁角区内形成反向涡。

1986 年 Ishii 等[9]则采用油膜与烟线显示技术对涡轮叶栅进口马蹄涡结构开展了更为深入的研究,并根据实验结果提出了一种新的进口旋涡模型,如图 4-6 所示,该模型认为,在叶片前缘上游近端壁处有四种不同类型的涡系结构同时存在于两个分离区内,而这两个分离区内的流场有各自不同的流动机理,并认为该模型将有助于控制并限制通道涡发展。可见,这一时期关于涡轮叶栅通道中涡系结构的研究主要集中在马蹄涡、通道涡及角涡等几种典型涡系。

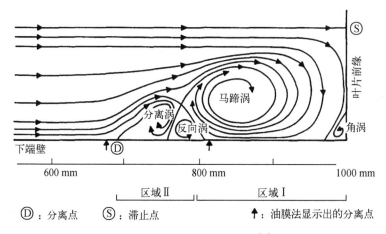

图 4-6 Ishii 进口旋涡模型[9]

在 Langston 旋涡模型的基础上,关于涡轮叶栅中马蹄涡和通道涡的发展、演化过程的研究得到了进一步发展。1987 年,Sharma 等[10]在前人实验研究结果的基础上,发展了另一种涡轮叶栅端区旋涡模型(Sharma - Butler 旋涡模型),如图 4-7 所示,该模型认为,当端壁来流附面层与叶片前缘相遇后,具有周向涡量的涡线转化为具有流向涡量的两条马蹄涡分支,且两者旋向相反;而 P&W 的流动显示实验表明,仍有部分端壁来流附面层并没有成为该马蹄涡的一部分,而是流向了叶片吸力面,并沿吸力面向叶中方向爬升,最终在叶栅出口高于通道涡处流出通道,如图 4-7(a)所示。

如图 4-7(b)所示,端壁来流附面层内的底层流体会在通道内的端壁上形成一条分离线 S_2,而在此分离线之后[图 4-7(b)中的区域Ⅱ],端壁附面层会重新生成(即端壁再生附面层),但受端区横向压力梯度的影响,该附面层发生了横向流动,同时马蹄涡压力侧分支在向下游发展的过程中不断卷吸新生成的端壁附面层内的低能流体,最终形成通道涡。可见,端壁附面层内的低能流体在通道涡形成过

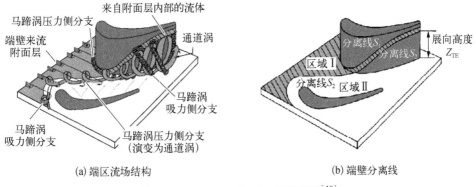

(a) 端区流场结构　　　　　　　　　(b) 端壁分离线

图 4-7　Sharma-Butler 旋涡模型[10]

程中扮演着十分重要的角色,由此,Sharma 认为上述现象才是二次流及端壁损失产生的主要机理,而这一机理来自流体的黏性,因此采用经典的无黏旋涡理论无法获得理想的二次流涡量或叶栅端壁损失。另外,马蹄涡吸力侧分支与压力侧分支旋向相反,且紧贴于端壁,直到与通道涡在吸力面相遇后,受通道涡的影响,马蹄涡吸力侧分支会远离端壁,并绕着通道涡向下游发展。

Goldstein 等[11]基于涡轮叶栅端区内质量传输(热传递)的变化并结合以前的研究结果于 1988 年给出了 Goldstein-Spores 旋涡模型,如图 4-8 所示,与其他模型不同的是该模型认为马蹄涡吸力侧分支起初同样存在于吸力面/端壁角区内,但其会在分离线处(图 4-8 中的点 D 处)开始远离壁面,并沿着吸力面且紧邻于通道涡流向下游;同时,该模型也指出,实际上马蹄涡吸力侧分支的具体走势与叶栅的几何参数及通道的流动状态有关,但可以肯定的是马蹄涡吸压力侧分支均会远离壁面并沿着吸力面流出叶栅通道;而且该模型还认为,端区横向压力梯度是导致压力面附面层流到端壁、端区内的低能流体流到吸力面的主要原因。

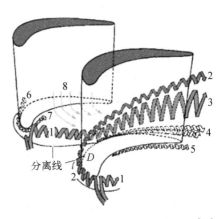

图 4-8　Goldstein-Spores 旋涡模型[11]

1-马蹄涡压力侧分支;2-马蹄涡吸力侧分支;3-通道涡;4-吸力面/端壁角涡;5-压力面/端壁角涡;6-吸力面前缘角涡;7-压力面前级角涡;8-压力面附面层流入端区的流体

Wang 等[12]继续在前人关于端区涡系结构的研究基础上,于 1995 年提出了一种更为全面的涡轮叶栅端区涡系结构模型,如图 4-9 所示。Wang 等通过多烟线显示实验,不仅进一步确定了 Sharma-Butler 模型中关于来流附面层分层现象,且在前缘发现了呈周期性变化的多涡结构,并认为当马蹄涡系流入通道后,多涡结构将逐渐演变为单涡形式;压力侧分支在端区向叶片吸力面偏移,在距前缘约 1/4 弧

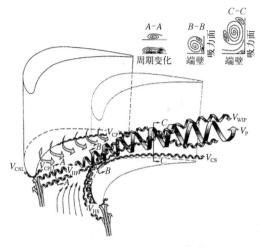

图4-9　Wang 旋涡模型[12]

V_{HS}-马蹄涡吸力侧分支;V_{HP}-马蹄涡压力侧分支;V_P-通道涡;V_{WIP}-通道涡诱导的壁面涡;V_{CS}-吸力面/端壁角涡;V_{CP}-压力面/端壁角涡;V_{CSL}-吸力面前缘角涡;V_{CPL}-压力面前缘角涡

长处与部分吸力侧分支相遇;通道涡形成后同样会向吸力面偏移,并在向下游发展的过程中卷吸周围主流流体,以提高强度;马蹄涡吸力侧分支在与压力侧分支相遇后移动到通道涡之上,并绕通道涡流向下游,成为通道涡系的一个小分支;另外,在马蹄涡吸力侧分支与压力侧分支相遇处,通过烟线显示实验发现了一个紧贴于吸力面的壁面涡,并认为该涡由强通道涡诱导产生并与通道涡构成新的涡对,其具有很强的流量传输能力。

根据上述关于涡轮叶栅中端区二次流及各种涡系结构的认知和发展过程可以发现,叶栅通道中的涡系结构主要包括马蹄涡系、通道涡系及角涡、壁面涡等,当然,上述模型中均放大了各旋涡的旋转强度。虽然对于不同的涡轮叶栅,因几何参数和气动特性的差异,会影响到通道中二次流及各涡系结构的分布,但目前为止,上述旋涡模型已基本涵盖了涡轮叶栅流场中所形成的涡系结构。根据上述几种旋涡模型可以看出,通道涡在各涡系结构中占主导地位,只是不同模型的组成成分有所不同,而且对于马蹄涡吸力侧分支与压力侧分支/通道涡之间的相互作用也未得到清晰的认识。但是,关于旋涡模型的研究将有助于对涡轮叶栅中二次流现象的认识和理解,也可为改善涡轮叶栅内部流场、提升叶栅气动性能提供一定的依据。

4.2　非轴对称端壁技术的发展与应用

4.2.1　涡轮非轴对称端壁技术的发展

非轴对称端壁造型技术作为一种降低涡轮叶栅端区二次流损失的有效途径,近年来已经成为端区二次流被动控制技术的研究热点之一。产生端区二次流现象的主要原因是叶栅通道中存在着较强的横向压力梯度,这不仅会使端壁附面层内的低能流体发生横向流动,而且也会间接地增大通道涡的强度。非轴对称端壁造型方法的基本原理是根据流体力学理论,通过控制流线曲率来降低通道内端壁附近的横向压力梯度,非轴对称端壁造型的思想是控制端壁曲面沿周向和轴向两个方向的构造。

早在 20 世纪 70 年代,就有学者提出了针对涡轮叶栅的非轴对称端壁造型方法。但直到 90 年代,非轴对称端壁造型技术在涡轮叶栅中的应用才取得了实质性的进展。Rose[13]针对某高压涡轮导叶端壁提出了一种非轴对称端壁造型的方法,该方法通过端壁的周向和轴向控制函数的乘积来构造非轴对称端壁的曲面,在亚声流场中,周向控制函数取 sin 三角函数,在超声流场中取基于傅里叶级数的周向控制函数。结果表明,涡轮叶栅通道的周向压力场的不均匀度下降了 70%,这揭示了非轴对称端壁造型的有效性。

Harvey 等[14]和 Hartland 等[15]针对某具有 100°转折角的涡轮叶栅端壁做了造型,具体方法是在叶栅周向采用傅里叶级数的控制函数,在叶栅轴向采用 B 样条曲线控制函数,然后通过这两个曲线的乘积构造端壁曲线。他们在低马赫数(约为0.1)条件下对造型后的端壁进行了实验,实验结果为涡轮叶栅的总压损失下降了20%。Harvey 等建立的方法被推广到其他涡轮叶栅和发动机真机实验中,在低的出口马赫数条件下,该造型方法取得了不错的效果。Hartland 等[16]的造型方法:选取半 cos 函数为叶栅周向控制函数,选取叶片中弧线曲线为叶栅轴向控制函数,在 Durham 的叶栅上进行了实验和 CFD 数值模拟,数值计算的结果表明,二次流损失下降了 6%,而二次流动能下降了 61%,实验的结果验证了该端壁造型方法的有效性。

Nagel 等[17]针对某低压涡轮导叶做了端壁造型,采用压力面、吸力面形状函数和周向变化的衰减函数来构造端壁曲面,这些函数的参数由叶栅通道的设计参数来定,出口马赫数取为 0.59。Saha 等[18]沿用了这种造型思路,也通过选取周向和轴向控制函数的方法来构造端壁曲面,详见图 4-10(a)。他们对九种非轴对称端壁造型进行了数值计算,计算结果显示,最优的非轴对称端壁造型使得周向平均的总压损失下降了约 3.2%。后来,Gustafson 等[19]又在低马赫数条件下对造型后的叶栅进行了实验,实验结果表明,质量平均的压力损失下降了 50%。Praisner 等[20]采用选取控制点进行优化的方法来获得涡轮叶栅的端壁造型曲面,造型后的三组曲面详见图 4-10(b)。数值计算结果表明,效果最优的端壁(Pack D-F)叶片排的总压损失降低了 12%;而实验结果是,该叶片排的总损失降低了 25%。Kapil 等[21]在高转折角(127°)跨声涡轮叶栅上设计了三种不同的非轴对称端壁造型,见图4-10(c)。数值计算结果表明,虽然优化后端壁的二次流损失下降了 66%,但是通道内的总压损失只下降了 2%左右。Luo 等[22]采用黏性伴随的方法对某低展弦比的涡轮叶栅进行了优化,优化后的非轴对称端壁高度云图见图 4-10(d)。数值计算的结果显示,优化后叶栅通道内的二次流损失下降了 16.7%,验证了非轴对称端壁造型的有效性。

在国内,西安交通大学、西北工业大学、哈尔滨工业大学、清华大学的科研团队

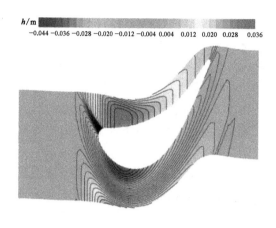

h/m

−0.044 −0.036 −0.028 −0.020 −0.012 −0.004 0.004 0.012 0.020 0.028 0.036

(a) Saha等设计的非轴对称端壁高度云图[18]

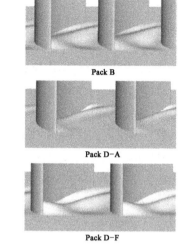

Pack B

Pack D-A

Pack D-F

(b) Prainser等设计的非轴对称端壁三维示意图[20]

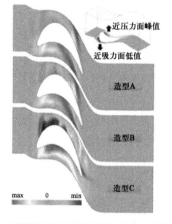

近压力面峰值

近吸力面低值

造型A

造型B

造型C

max   0   min

(c) Kapil等设计的非轴对称端壁高度云图[21]

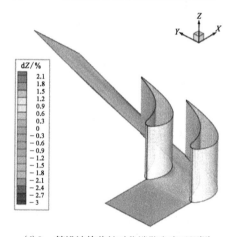

$dZ/\%$

2.1
1.8
1.5
1.2
0.9
0.6
0.3
0
−0.3
−0.6
−0.9
−1.2
−1.5
−1.8
−2.1
−2.4
−2.7
−3

(d) Luo等设计的非轴对称端壁高度云图[22]

图 4-10   涡轮叶栅非轴对称端壁造型示意图

也对非轴对称端壁造型技术、流场结构分析进行了大量研究工作[23-26]，研究成果表明,非轴对称端壁在控制近壁区域二次流动、降低二次流动损失方面有不错的效果,是一种有效的被动流动控制技术。

4.2.2   压气机叶栅非轴对称端壁造型研究进展

压气机叶栅通道是扩散的,二次流强度与涡轮叶栅相比往往较小,采用非轴对称端壁造型控制二次流动获得的收益相比涡轮要小,但由于压气机的逆压梯度大,端壁造型的难度也较大,非轴对称端壁造型技术在压气机中的研究要远远落后于涡轮。近年来,许多研究者在压气机叶栅的端壁造型研究中也取得了一定的进展。

　　Hoeger 等[27]对某跨声压气机叶栅做了非轴对称端壁造型,实验结果表明,端壁造型不仅使近端壁区域的总压损失系数下降了 30%,而且使端壁区域的激波损失大大减小,原因是端壁造型改变了激波的类型,把斜激波变为了正激波。德国宇航研究院的 Dorfner 等[28]利用内流计算软件 TRACE 对 RWTH Aaches 三级压气机的 IDAC3 级做了端壁造型,TRACE 数值计算的结果显示,端壁造型可以大大减小叶栅通道内回流区的面积[图 4-11(a)、(b)],尤其是轮毂附近的回流区几乎全部消失了,因而避免了角区失速的产生,大大提高了压气机叶栅的性能。

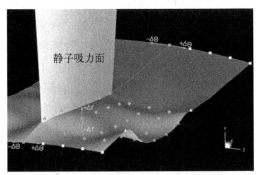

(a) Dorfner等设计的非轴对称端壁高度示意图

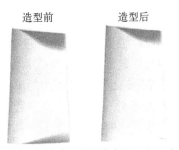

白色区域代表:轴向速度$C_{ax} < 0.0$ m/s

(b) 端壁造型前后叶片吸力面回流区示意图

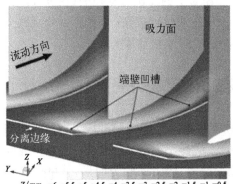

Z/mm　-6 -5.5 -5 -4.5 -4 -3.5 -3 -2.5 -2 -1.5 -1 -0.5

(c) 非轴对称端壁高度云图

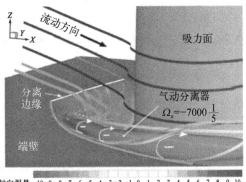

轴向涡量 -10 -9 -8 -7 -6 -5 -4 -3 -2 -1 0 1 2 3 4 5 6 7 8 9 10
$\Omega_x/10^3$　(d) 端壁造型后的叶栅通道流线图

图 4-11　压气机叶栅非轴对称端壁造型示意图

　　罗·罗公司的 Harvey[29]对某低速直列叶栅做了非轴对称端壁造型,实验和数值模拟都证实了端壁造型可以有效地抑制压气机叶栅角区失速,原理为端壁造型增强了叶栅通道内气流的横向流动,使得叶片吸力面和轮毂角区中存在的回流区被横向气流推开,整体上提高了压气机叶栅的性能。显然,这与端壁造型降低涡轮叶栅内二次流损失的机理是矛盾的,因此非轴对称端壁造型在涡轮和压气机叶栅中的应用存在着原理性的差异。后来,Hergt 等[30]自建了优化平台,采用内流计算软件 TRACE 对 IDAC3 压气机级进行了重新端壁造型。在研究中发现,通过非轴对称端壁造型可以在叶栅通道内产生一个新的涡结构——气动分离器[图 4-11(d)],该气动分离器将通道涡和叶片吸力面附面层隔离开来,这样,该压气机叶栅的角区失速得到了明显抑制。数值计算的结果表明,在设计点处,优化后的端壁使得叶栅通道总压损失系数下降了 20.8%;而在非设计点处,叶栅通道总压损失系数下降了 34.9%。

李国君等[31]针对某压气机叶栅利用三角函数构建了叶栅非轴对称端壁的型面,对 5 种不同端壁的叶栅进行了数值模拟,对构建的非轴对称端壁的跨声速直列叶栅进行了数值研究。结果表明,采用非轴对称端壁可有效降低叶栅二次流损失,所建立的非轴对称端壁造型方法效果比较明显。后来,卢家玲等[32]对一台尖部失速型的亚声轴流压气机转子进行了非轴对称机匣造型的设计和研究,对流场进行了定常与非定常的数值模拟。数值计算结果表明,精细设计的非轴对称机匣有效利用了叶顶局部压差及造型面的流线化,实现了对叶顶流动的优化,在不损失压气机整体性能的条件下实现了一定程度的扩稳。近年来,吴吉昌等[33]利用 NUMECA/Design3D 优化软件包在某高负荷压气机叶栅中应用了非轴对称端壁造型,并在设计攻角和非设计攻角下对轴对称端壁和非轴对称端壁结构的高负荷压气机叶栅内部及出口流场进行了详细的分析。分析结果表明:在设计攻角和非设计攻角下采用非轴对称端壁均能改变端壁附近载荷分布,降低叶片通道的二次流动损失;在设计攻角下,叶栅周向质量平均总压损失约减少了 9.4%,在非设计攻角(±3°)下分别减少7.7% 和 11.8%;当非轴对称端壁幅值为 4% 叶展时,二次流动损失最小。

4.3　非轴对称端壁造型方法的研究

非轴对称端壁的造型原理是利用流线曲率来减小流道内部的压力梯度:凸的流线曲率能够加速流动,减小当地静压;凹的流线曲率能够延迟流动,增大当地静压。因此,在叶栅流道上下端壁的压力面侧为凸形,吸力面侧为凹形,就可以减小近端壁处压力面与吸力面之间的压差,达到减少二次流损失的目的。

4.3.1　Rose 非轴对称端壁造型方法[13]

Rose 非轴对称端壁造型方法中,采用周向造型函数 $f_{Rose}(y)$ 实现端壁曲面在周向上从压力面侧到吸力面侧形成上凸曲率到下凹曲率的变化,而轴向造型函数 $h_{Rose}(z)$ 则负责控制端壁曲面上凸(下凹)的程度,即峰值(谷值),因此也可称为幅值控制函数。大量数值计算结果表明,在涡轮导向器叶片通道,内端壁静压沿周向的变化类似于傅里叶级数或三角函数分布,Rose 也进一步指出,对于亚声速叶栅周向造型,可采用简单的正弦函数曲线;而在超声速叶栅中选用相对复杂的傅里叶级数更为合适。并且,三角函数和傅里叶级数也可以保持通道的周向面积不变,降

低喉部面积因端壁造型引起的偏差。Rose 非轴对称端壁造型方法中,周向造型函数选用周期为一个栅距的正弦函数,即

$$f_{\text{Rose}}(y) = \sin\left[\frac{2\pi}{y_n - y_0}\left(y - \frac{y_n + y_0}{2}\right) + \varphi\right] \quad (y_0 \leqslant y \leqslant y_n) \quad (4-3)$$

$$t = y_n - y_0 \quad (4-4)$$

式中, φ 为三角函数中的相位,用于微调正弦函数的周向位置; t 为叶栅栅距。

该造型方法中,轴向造型函数 $h_{\text{Rose}}(z)$ 选取了两段函数:前段为抛物线函数,后段为正弦函数,在点 z_{PTE} 处使正弦曲线与下游轴对称端壁型线的连接光滑过渡,其目的主要是希望端壁曲面沿轴向在叶片尾缘附近产生较强的曲率变化,而在通道前部产生较为平缓的曲率分布,如图 4-12 所示。

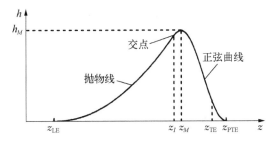

图 4-12　"The Rose Profile"轴向造型函数示意图[19]

$$h_{\text{Rose}}(z) = \begin{cases} k(z - z_{\text{LE}})^2 & (z_{\text{LE}} \leqslant z \leqslant z_I) \\ \dfrac{1}{2}h_M\left\{\sin\left[\dfrac{3}{2} - \dfrac{z - z_{\text{PTE}}}{z_M - z_{\text{PTE}}}\right] + 1\right\} & (z_I \leqslant z \leqslant z_{\text{PTE}}) \\ \rho_{\text{PTE}} = 2 \quad (z_{\text{PTE}} - z_M)/(h_M\pi^2) \end{cases} \quad (4-5)$$

式中, z_I 为前段抛物线函数与后段正弦函数的交点。

最终,"The Rose Profile"轴向造型得到的非轴对称端壁三维曲面主要由周向相位 φ 、端壁曲面峰值(谷值) h_M 及其轴向坐标 z_M 和端壁造型终点的轴向位置 z_{PTE} 四个参数决定。

4.3.2　FAITH 端壁造型方法

FAITH 端壁造型方法是将三维涡轮叶型设计的线性设计系统扩展到非轴对称端壁造型设计中[34,35]。为增加非轴对称端壁曲面凹凸分布的复杂性,在该方法中周向造型函数选用了傅里叶级数中的前三项,而轴向造型函数则定义为由 6 个控制点决定的 B 样条曲线,因此共由 36 个参数决定非轴对称端壁曲面的具体形状。

造型过程共分两步进行：第一步是以降低通道内横向压力梯度为目标；第二步则是在前者的基础上抑制通道出口的过偏转现象，最终获得的非轴对称端壁如图 4-13 所示。同时，数值计算和实验测量均表明，该非轴对称端壁能够降低涡轮叶栅中的二次流强度，减小二次流动能和二次流损失，并且也改善了出口气流角的分布。

图 4-13   FAITH 非轴对称端壁示意图[34]

2001 年，罗·罗公司将该方法应用于遄达 500 发动机高压涡轮的导向器和转子中[36,37]，如图 4-14 所示，数值研究表明，导向器和转子中应用非轴对称端壁造型技术后，端区的叶片负荷均明显后移，出口气流角分布在整体上也更加均匀，通道内的二次流强度也有所降低。最终，高压涡轮效率在设计点处提升了 0.4%；而冷态实验结果显示，级效率升高了 0.59%±0.25%，明显超出了数值计算结果。次年，罗·罗公司又继续利用 FAITH 非对称端壁成型造法对遄达 500 发动机中压涡轮的导向器和转子的轮毂进行了非轴对称端壁造型设计[38]，如图 4-15 所示，并对造型前后的中压涡轮在高中压两级涡轮环境下进行了冷态实验研究（其中高压涡轮的导向器和转子均采用了文献[36]中设计的非轴对称端壁），实验结果表明，在设计工况下中压涡轮的级效率提升了 0.9%±0.4%，与数值计算得到的 0.96%基本一致。

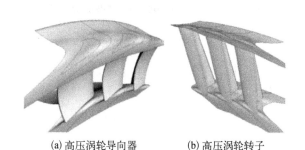

(a) 高压涡轮导向器   (b) 高压涡轮转子

图 4-14   遄达 500 发动机高压涡轮非轴对称端壁示意图[36,37]

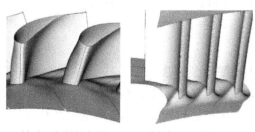

(a) 中压涡轮导向器   (b) 中压涡轮转子

图 4-15   遄达 500 发动机中压涡轮非轴对称端壁示意图[38]

2007 年,罗·罗公司将非轴对称端壁造型技术作为改进手段之一应用到 AVON 发动机的第一级涡轮导向器中[39,40],单单三级涡轮的效率这一项就获得了 0.4% 的收益。2008 年,在罗·罗公司德国航空研究项目的一部分——中等推力(Engine 3E,E3E)发动机核心机的研发中,其高压涡轮第一级导向器同样采用了非轴对称端壁造型技术,如图 4 - 16 所示[41]。经过十几年的系统研究和发展,罗·罗公司已经将非轴对称端壁造型技术成功地推广到实际的工程应用阶段,并且申请了相关的发明专利[41]。

图 4 - 16　E3E 发动机高压涡轮第一级导向器非轴对称端壁示意图[41]

4.3.3　中弧线旋转法

叶型弯曲是导致气流流过叶栅通道时产生横向压力梯度的直接原因,中弧线旋转法[42]将叶型中弧线应用到非轴对称端壁曲面上,希望由此生成的端壁曲面能够抵消端区内的横向压差。中弧线旋转法的周向造型函数 $f_{\text{CRPM}}(y)$ 采用周期为两个栅距的三角函数,即每个栅距内为半个正弦曲线:

$$f_{\text{CRPM}}(y) = \sin\left[\frac{\pi}{y_{\text{PS}} - y_{\text{SS}}}\left(y - \frac{y_{\text{PS}} + y_{\text{SS}}}{2}\right)\right] \quad (y_{\text{SS}} \leqslant y \leqslant y_{\text{PS}}) \quad (4-6)$$

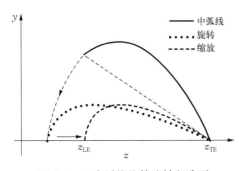

图 4 - 17　中弧线旋转法轴向造型函数示意图[42]

对于轴向造型函数,首先将基元叶型的中弧线绕尾缘点旋转一个叶型安装角的距离,使其弦长方向与轴向重合,然后将其沿轴向缩放至轴向弦长长度,如图 4 - 17 所示,最后在前缘和尾缘处利用倒圆或光顺处理使其与上下游的轴对称端壁曲面光滑过渡。可见,在应用中弧线旋转法进行非轴对称端壁造型时,需要考虑的造型参数较少,实施起来较为方便。

4.3.4　三角函数造型法

三角函数造型法(trigonometirc function profiling method,TFPM)非轴对称端壁造型方法是根据三角函数曲线自身特点提出的[31],该方法沿周向的造型函数 $f_{\text{TFPM}}(y)$ 选取周期为两个栅距的正弦函数,即

$$f_{\text{TFPM}}(y) = \sin\left[\frac{\pi}{y_{\text{PS}} - y_{\text{SS}}}\left(y - \frac{y_{\text{PS}} + y_{\text{SS}}}{2}\right)\right] \quad (y_{\text{SS}} \leqslant y \leqslant y_{\text{PS}}) \qquad (4-7)$$

沿轴向,该方法根据三角函数曲线提出了"单峰"和"双峰"两种幅值控制函数:

$$h_{\text{TFPM}}(z) = \begin{cases} C\cos^3\left[\dfrac{\pi}{z_{\text{TE}} - z_{\text{LE}}}\left(z - \dfrac{z_{\text{TE}} + z_{\text{LE}}}{2}\right)\right] & (z_{\text{LE}} \leqslant z \leqslant z_{\text{TE}})(单峰) \\[3mm] C\cos^3\left[\dfrac{\pi}{z_{\text{TE}} - z_{\text{LE}}}\left(z - \dfrac{z_{\text{TE}} + z_{\text{LE}}}{2}\right)\right] g(z) & (z_{\text{LE}} \leqslant z \leqslant z_{\text{TE}})(双峰) \end{cases}$$

$$(4-8)$$

$$g(z) = D\left|\sin\left[\frac{\pi}{z_{\text{TE}} - z_{\text{LE}}}\left(z - \frac{z_{\text{TE}} + z_{\text{LE}}}{2}\right)\right]\right| + B \qquad (4-9)$$

式中,系数 B、C 和 D 三个参数由设计者给定。

如图 4-18 所示,周向造型函数 $f(y)$ 实现了端壁曲面在周向上从吸力面侧到压力面侧形成下凹到上凸的曲率变化;而轴向造型函数 $h(z)$ 则负责控制端壁曲面上凸(下凹)的程度,即峰值(谷值),因此也可称为幅值控制函数。最终,非轴对称端壁三维曲面的高度分布为

$$S(y, z) = f(y)h(z) \qquad (4-10)$$

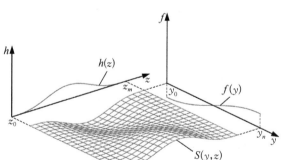

图 4-18　非轴对称端壁曲面造型示意图

4.3.5　压差造型法

压差造型法[43](pressure difference profiling method,PDPM)主要考虑叶栅端区静压分布特性。与三角函数法相同,该方法的周向造型函数 $f_{\text{PDPM}}(y)$ 同样采用周期为两个栅距的正弦曲线。

在轴向,通过以下步骤可以得到与叶栅端区静压分布特性有关的幅值控制函数 $h_{\text{PDPM}}(z)$。

（1）利用数值方法计算得到叶栅通道内端壁处压力面和吸力面静压分布,如图 4-19 所示。

（2）计算各轴向位置处的静压差值,并记录其最大值,即

$$\Delta P_{\max} = \max[P_{\mathrm{PS}}(z) - P_{\mathrm{SS}}(z)] \tag{4-11}$$

（3）各轴向位置处幅值分布初步可由式(4-12)确定:

$$h_{\mathrm{PDPM,1}}(z) = CH_B \frac{P_{\mathrm{PS}}(z) - P_{\mathrm{SS}}(z)}{\Delta P_{\max}} \tag{4-12}$$

式中,H_B 为叶展;C 为幅值控制系数,按叶展的百分比取值。

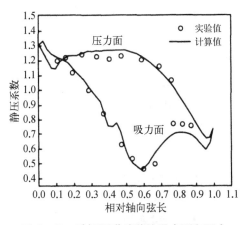

图 4-19　叶栅通道端壁处吸力面和压力
面静压分布示意图[43]

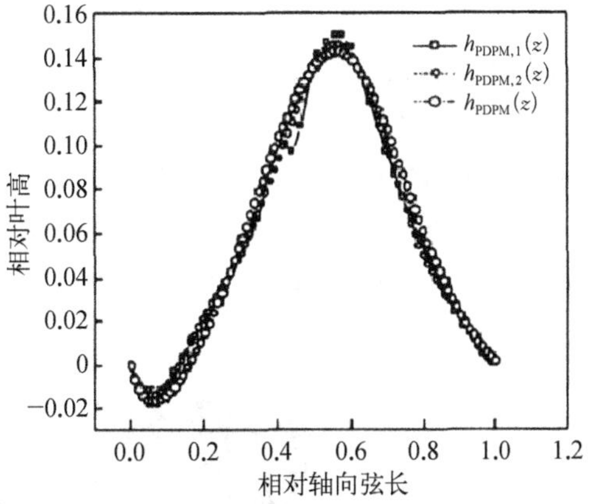

图 4-20　压差造型法幅值控制
函数示意图[43]

（4）为保证获得的非轴对称端壁曲面光滑连续,可利用最小二乘法对式(4-12)进行 n 阶多项式拟合,得

$$h_{\mathrm{PDPM,2}}(z) = \sum_{i=0}^{n} a_i z^i \tag{4-13}$$

式中,a_i 表示 n 阶多项式中各阶系数。

（5）为确保获得的非轴对称端壁曲面在其上下游与轴对称端壁曲面光滑过渡,还需对 $h_{\mathrm{PDPM,2}}(z)$ 进行光顺处理,最终得到压差造型法的幅值控制函数 $h_{\mathrm{PDPM}}(z)$,如图 4-20 所示。

可见,通过压差造型法获得的非轴对称端壁三维曲面可将端壁凹凸分布情况与叶栅通道内端区的静压分布特性紧密结合。

4.3.6　非均匀有理样条函数法

该方法基于 NURBS 对曲面造型进行参数化[44],以 iSIGHTTM 软件为优化平台

并结合 NUMECA 软件建立了一套非轴对称端壁气动优化设计系统,参数化造型的目的是将几何实体表达为基于若干设计变量的参数方程的形式。沿参数 u、v 方向分别为 p、q 次的 NURBS 曲面的定义式为

$$S(u, v) = \frac{\sum_{i=0}^{n} \sum_{j=0}^{m} N_{i, p}(u) N_{j, q}(v) \omega_{i, j} P_{i, j}}{\sum_{i=0}^{n} \sum_{j=0}^{m} N_{i, p}(u) N_{j, q}(v) \omega_{i, j}} \qquad (4-14)$$

式中,$(n + 1) \times (m + 1)$ 个控制点 $P_{i, j}$ 构成曲面的控制网;$\omega_{i, j}$ 为权因子。

B 样条基函数从 $N_{i, p}(u)$、$N_{j, q}(v)$ 定义在节点矢量 $\boldsymbol{U} = \{u_0, u_1, \cdots, u_{n+p+1}\}$、$\boldsymbol{V} = \{v_0, v_1, \cdots, v_{n+p+1}\}$ 上。通过改变控制点的坐标,可以方便地对 NURBS 曲面局部或整体形状进行修改与控制。

造型对象取为一个周期内的端壁曲面,如图 4-21 所示,非轴对称端壁是通过在轴对称端壁的半径分量上叠加半径变化量 ΔR 的方法来实现。轴对称端壁母线由周期边界线和子午型线定义,周期边界线是基于叶型中分线的三次样条曲线。流道子午型线用于控制半径沿轴向的分布,同样定义为三次样条曲线。

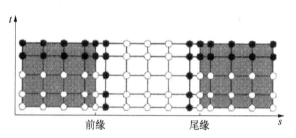

图 4-21　定义半径变化量分布函数的 NURBS 控制网[44]

▨上、下游部分;☐叶片通道内部;○自由控制点;●受约束的控制点

端壁半径变化量分布函数 $\Delta R(s, t)$ 由定义在 $(\Delta R, s, t)$ 参数空间内的 NURBS 曲面实现,其控制网如图 4-21 所示。曲面的 s、t 坐标分别对应无量纲的轴向、周向位置;第一维坐标 ΔR 是端壁半径变化量。为实现较高的设计自由度,NURBS 曲面由上游、叶片通道内部和下游三个子曲面拼接而成,拼接位置位于叶片前缘、尾缘处。各子曲面沿周向方向具有相同的次数,其控制点数均为 $n(n=5)$;沿轴向方向,其控制点数分别为 K_u、K_p、$K_d (K_u = 5, K_p = 7, K_d = 5)$。将各控制点的 ΔR 坐标取值为非零,即可实现端壁曲面在原始轴对称构型上的凹凸造型。

4.3.7　非轴对称端壁序列二次规划优化造型技术

MTU 公司的 Nagel 等[45]首次将数值优化方法(sequential quadratic programming,

SQP)应用到非轴对称端壁造型技术中,并开发了非轴对称端壁造型与涡轮叶片设计相结合的数值优化设计平台,可以分别对涡轮叶型及端壁进行参数化建模,并基于三维 Navier - Stokes(N - S)方程的流场计算,以流动损失最小化为主要目标进行寻优求解。数值优化方法又称序列二次规划法,其中非轴对称端壁造型同样采用沿周向和轴向进行构造的思想,文献[45]中分别称为形状函数 $f_S(y)$ 和衰减函数 $f_D(x)$,最后得到的端壁三维曲面的高度分布为 $\Delta r(y, x) = f_S(y)f_D(x)$,如图 4 - 22 所示。

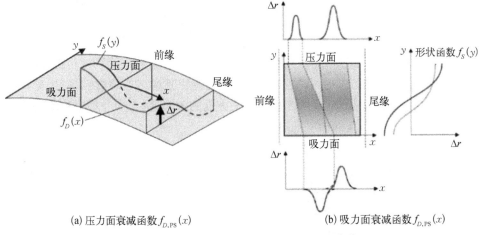

(a) 压力面衰减函数 $f_{D,PS}(x)$　　　　　　(b) 吸力面衰减函数 $f_{D,PS}(x)$

图 4 - 22　MTU 非轴对称端壁造型示意图[45]

MTU 公司对上述优化设计平台不断完善,并采用该优化设计平台对某 1.5 级无冠高负荷涡轮的导器及转子均进行了非轴对称端壁的优化设计[46,47],如图 4 - 23 所示,整级实验结果表明涡轮的级效率约提升了 1%。之后,对某 1.5 级涡轮导向器进行了非轴对称端壁的优化设计和实验研究[48],结果表明,非轴对称端壁对二次流的影响机制与原通道中各涡系结构有关,而且非轴对称端壁导向器对下游转子通道中的流场也有很大的影响。

回顾叶轮机械非轴对称端壁造型技术的发展历史可以发现,该技术的研究方向大致可分为两类:一类是端壁造型方法研究,另一类是端壁优化设计研究。前者最大的优点就是设计时间短,必要时可进行人为干预修正,但这也要求研究者对流场,尤其是端区二次流动现象有较好的理解和充分的把握;而后者则可以在对端区复杂流场不完全了解的情况下,利用数值优化手段获得符合预期目标的最优端壁,但缺点就是设计周期较长,对计算资

图 4 - 23　MTU 叶型和端壁
优化结果[46]

源要求较高,而且优化算法和优化策略对最终结果的影响较大。不仅如此,由于叶栅通道端区二次流动及各涡系的发展极为复杂,各种流动现象的相互作用和相互影响也较为剧烈,因此有关非轴对称端壁对流场影响的机理还有待于进一步揭示。

4.3.8   基于 Bezier 曲线的端壁造型方法及应用

对前面介绍的几种典型的非轴对称端壁造型方法进行相应的改进和整合,并加入一种新的端壁造型方法,建立一套集多种端壁造型方法于一体的非轴对称端壁造型设计平台。基于该设计平台,选取不同的造型方法和造型参数可获得不同形状的非轴对称端壁造型,并对具有不同端壁造型的叶栅通道流场进行数值计算,详细讨论每种造型方法中各造型参数对气动性能和流场结构的影响,对比分析各造型方法在改善流场品质、降低二次流损失方面的效果,旨在为非轴对称端壁造型方法深入研究提供有益的借鉴和参考。

1. 基于 Bezier 曲线的端壁造型方法

根据控制流线曲率来降低通道内端壁附近的横向压力梯度的端壁造型思想,同时考虑到 Bezier 曲线所具有的优点,发展了一种基于 Bezier 曲线的端壁造型设计方法,简称 Bezier 曲线造型法(bezier curves profiling method, BCPM),该方法为非轴对称端壁造型方法提供了一种新思路,即利用选定的 n 个控制点来构造端壁造型函数。

该方法中的周向造型函数 $f_{BCPM}(y)$ 采用周期为两个栅距的正弦函数,其起点和终点以通道相邻叶片的中弧线为基准。考虑到 Bezier 曲线的相关性质,轴向造型函数 $h_{BCPM}(z)$ 选为一条由 5 个控制点构造的 4 阶 Bezier 曲线,如式(4-15)所示:

$$C(t) = \sum_{i=0}^{4} B_{i,4}(t) P_i \quad (0 \leqslant t \leqslant 1) \tag{4-15}$$

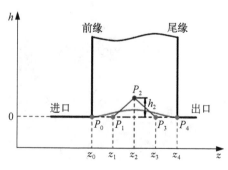

图 4-24   Bezier 曲线造型法轴向
造型函数示意图

式中, P_i 为第 i 个控制点(z_i, h_i); $B_{i,4}(t)$ 为 4 阶 Bernstein 多项式,其定义式为

$$B_{i,4}(t) = \frac{4!}{i! \ (4-i)!} t^i (1-t)^{n-i} \tag{4-16}$$

如图 4-24 所示,5 个控制点(P_i , $i = 0, 1, \cdots, 4$)从叶片前缘到尾缘沿轴向等距分布,同时为了保证端壁曲面在前尾缘处与上下游的轴对称端壁曲面光滑过渡

（即高度和角度连续），并由 Bezier 曲线的端点性质可知，线段 P_0P_1 和线段 P_3P_4 应分别与端壁型线在叶片通道进出口处的走向一致，因此 5 个控制点中只有控制点 P_2 可沿径向变化，其高度也决定了非轴对称端壁曲面的上凸（下凹）程度。

　　2. 非轴对称端壁造型设计平台

　　对比前面介绍的中弧线旋转法、三角函数造型法、压差造型法及前面提出的 Bezier 曲线造型法，不难发现，这四种非轴对称端壁造型方法既有相同点，也有不同之处。相同点在于这四种方法均采用了沿周向和轴向两个方向构造非轴对称端壁三维曲面的思想，如图 4 - 25 所示，周向造型函数 $f(y)$ 实现端壁曲面在周向上从吸力面侧到压力面侧形成下凹到上凸的曲率变化；而轴向造型函数 $h(z)$ 则负责控制端壁曲面上凸（下凹）的程度，即峰值（谷值），因此也可称为幅值控制函数。最终非轴对称端壁三维曲面的高度分布为

$$S(y, z) = f(y)h(z) \quad (4-17)$$

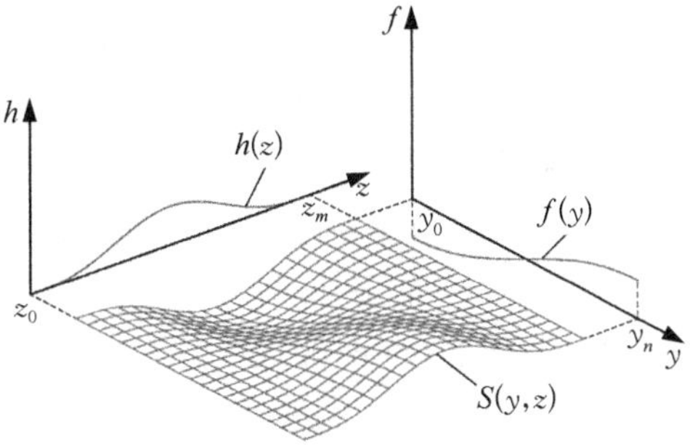

图 4 - 25　非轴对称端壁三维曲面造型示意图

　　不同点在于各方法的周向造型函数中所选取三角函数的周期及各轴向造型函数的形式，为整合上述几种非轴对称端壁造型方法，需要对各自的周向造型函数和轴向造型函数进行相应的改进。

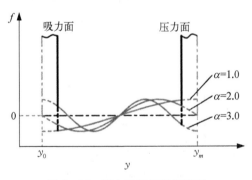

图 4 - 26　周向造型函数示意图

　　1）周向造型函数的改进

　　周向造型函数 $f(y)$ 同样选用三角函数，函数自变量的取值限于通道相邻叶片的中弧线之间，同时本章在周向造型函数中添加了一个造型参数——频率系数 α，如式（4 - 18）所示，可以通过改变 α 的取值来调节非轴对称端壁曲面峰值（谷值）点沿周向的相对位置，如图 4 - 26 所示。

$$f(y) = \sin\left[\frac{\alpha\pi}{y_n - y_0}\left(y - \frac{y_0 + y_n}{2}\right)\right] \quad (y_0 \leqslant y \leqslant y_n) \quad (4-18)$$

　　2）轴向造型函数的整合

　　式（4 - 19）给出了整合后的轴向造型函数，考虑到叶栅通道内部气流压力场变化最为剧烈，同时也是二次流和各种涡系生成和发展的主要区域，因此轴向造型函

数应用在叶片前缘与尾缘之间,从而也决定了非轴对称端壁三维曲面的造型范围。

$$h_i(z) = C_h H_B \bar{h}_i(z) \quad (z_{LE} \leqslant y \leqslant z_{TE})$$
$$i = \text{CRPM, TFPM, PDPM, BCPM}$$

$$(4-19)$$

式中,C_h 为幅值系数;H_B 为叶展;$\bar{h}_i(z)$ 为各造型方法单位化轴向造型函数。

对于选定的叶栅通道,可以根据式(4-19)中的幅值系数 C_h 来确定非轴对称端壁曲面上凸(下凹)的峰值(谷值),并且造型方法选取的不同也会影响最终生成端壁曲面的具体形状。

图4-27分别给出了四种端壁造型方法单位化轴向造型函数的示意图。其中,中弧线旋转法的单位化轴向造型函数是以中弧线的最大挠度为基准进行单位化,并在前尾缘处通过曲线光顺使其与上下游的轴对称端壁曲面光滑过渡;三角函数造型法采用单峰形式;压差造型法的单位化轴向造型函数是对压/吸力面静压系数差值的轴向分布进行9阶多项式拟合,并对其进行了单位化处理,同时也在前尾缘处实施了光顺处理;对于 Bezier 曲线造型法,由式(4-15)可知,其峰值(谷值)点在 z_2 处,即控制点 P_2 的轴向位置,为使 $\bar{h}_{BCPM}(z_2) = 1.0$,$h_2$ 的取值应为8/3,如图4-27(d)所示。

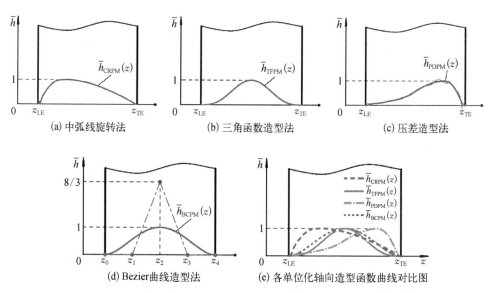

图4-27 四种端壁造型方法的单位化轴向造型函数示意图

对比图4-27(e)中各单位化轴向造型函数曲线可以看到,三角函数造型法和 Bezier 曲线造型法的上凸(下凹)均出现在叶片通道中部,而且三角函数法的上凸(下凹)现象更为集中,其曲率变化程度更强,但在峰值(谷值)点的上下游,曲线出现了比较明显的相反曲率,这将会对流场产生与预期相反的负效应;而 Bezier 曲线造型法的曲率变化就较为平缓。

中弧线旋转法的峰值(谷值)点出现位置与该叶型中弧线最大挠度的相对位置有关,如图 4-27(a)所示,如果最大挠度位置比较靠近叶片前缘,则端壁曲面的上凸(下凹)就会在通道前部出现,此处的曲率变化也最为明显,并且上凸(下凹)的范围也比较广,几乎占据了整个轴向弦长;另外,在叶片前尾缘,尤其是前缘附近,通道进口的轴对称端壁曲面在下游迅速地形成上凸(下凹)曲面,从而形成了强度较大的相反曲率。

压差造型法中峰值(谷值)点的位置主要由叶片负荷分布决定,如图 4-27(c)所示,如果叶片负荷分布为后加载型,上凸(下凹)则位于通道后部,而且该处的曲率变化程度也最大,但在此之前轴向造型函数曲线出现了强度较小的相反曲率。同时,在叶片尾缘附近,端壁曲面在峰值(谷值)点下游需快速地与通道出口的轴对称端壁曲面进行光滑过渡,从而产生了较为严重的相反曲率。可见,采用不同的造型方法构造出的非轴对称端壁三维曲面中上凸(下凹)的相对轴向位置及沿轴向的曲率变化程度也各有不同。

3) 非轴对称端壁造型设计平台的建立

通过对上述几种非轴对称端壁造型方法的改进和整合,建立了一套集多种端壁造型方法于一体的非轴对称端壁造型设计平台,该设计平台的流程示意图如图 4-28 所示,该设计平台提供了上述四种非轴对称端壁造型方法,并且仅需两个造型参数(频率系数和幅值系数)便可以将这四种造型方法整合起来,构造出基于不同造型方法的非轴对称端壁三维曲面,然后经过"网格划分""流场求解"等操作对

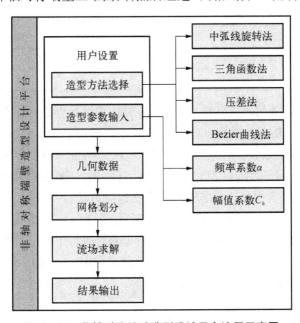

图 4-28　非轴对称端壁造型设计平台流程示意图

造型后的叶栅通道流场进行数值计算分析,最后得到具有非轴对称端壁的叶栅气动特性。

3. 非轴对称端壁造型设计平台在涡轮环形叶栅中的应用

以某一涡轮环形叶栅为研究对象,应用非轴对称端壁造型设计平台对该环形叶栅的轮毂端壁进行非轴对称端壁造型,该环形叶栅叶片采用沿径向等截面积叠规律,采用后加载型亚声速叶型,其主要几何参数见表4-1,表4-2列出了该环形叶栅的气动参数。

表4-1　环形叶栅的几何参数

几 何 参 数	取值（在根部半径 R_{hub} = 410 mm）
弦长 b/mm	88.403
稠度 τ	1.373
叶型安装角 φ/(°)	50.535
几何进口角 β_{0k}/(°)	2.368
几何出口角 β_{1k}/(°)	−73.051
叶展 H_B/mm	60.0
叶片数目	40

表4-2　环形叶栅的气动参数

气 动 参 数	取　　值
进口总压 P_0^*/kPa	1 946.9
进口总温 T_0^*/K	1 544
进口气流角 α_0/(°)	0.0
出口马赫数 Ma_1	0.8

针对该环形叶栅的轮毂端壁,基于非轴对称端壁造型设计平台中的各造型方法获得了相应的非轴对称端壁。每种造型方法中,频率系数 α 分别取 0.5、1.0、1.5、2.0、2.5 和 3.0,幅值系数 C_h 分别选为 2%、4%、6%、8% 和 10%,即对每种造型方法共构造了 30 种上凸(下凹)周向相对位置和峰值(谷值)不同的非轴对称端壁三维曲面,因此针对设计平台中的四种非轴对称端壁造型方法,共获得了 120 种端壁造型。根据周向造型函数 $f(y)$ 和轴向造型函数 $h_i(z)$ 可知,当 $\alpha = 0$ 或 $C_h = 0$ 时,端壁还原为轴对称端壁,最后对造型前后的环形叶栅内部流场进行了相应的数值计算。

图4-29~图4-32 依次展示了 $\alpha = 1.5$、$C_h = 10\%$ 时,采用不同造型方法得到的非轴对称端壁曲面的三维示意图和高度分布图。对比各图中非轴对称端壁曲面的高度分布可以明显看到,尽管上凸(下凹)的周向相对位置及峰值(谷值)相同,但不同的造型方法对其轴向相对位置的影响较大。

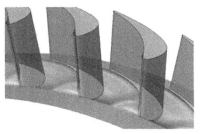

h/mm

(a) 三维示意图　　　　　　　　　　　(b) 高度分布图

图 4 - 29　非轴对称端壁曲面三维示意图和高度分布图(中弧线旋转法)

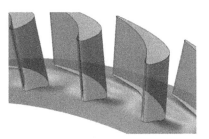
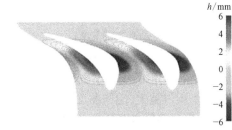

h/mm

(a) 三维示意图　　　　　　　　　　　(b) 高度分布图

图 4 - 30　非轴对称端壁曲面三维示意图和高度分布图(三角函数造型法)

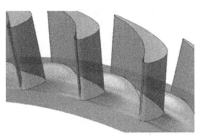
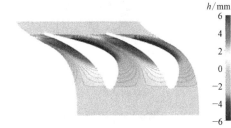

h/mm

(a) 三维示意图　　　　　　　　　　　(b) 高度分布图

图 4 - 31　非轴对称端壁曲面三维示意图和高度分布图(压差造型法)

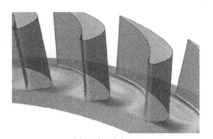
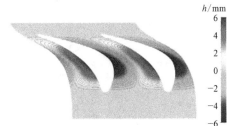

h/mm

(a) 三维示意图　　　　　　　　　　　(b) 高度分布图

图 4 - 32　非轴对称端壁曲面三维示意图和高度分布图(Bezier 曲线造型法)

由图 4-29~图 4-32 可知,采用中弧线旋转法构造出的非轴对称端壁曲面的峰值(谷值)点出现在叶栅通道的前半段,比较靠近叶片前缘(该叶型中弧线最大挠度相对位置为 29.5%),端壁曲率的变化程度也在通道前部内最为剧烈;由于该叶型的负荷分布为后加载型,压差造型法构造出的非轴对称端壁曲面的峰值(谷值)点距离叶片尾缘更近,在约 85% 轴向弦长处,端壁曲率变化最为明显;而对于三角函数造型法和 Bezier 曲线造型法,由于其各自公式的限制,端壁曲面的上凸(下凹)均位于叶栅通道中部,对比两者端壁曲面的等高线疏密程度可以发现,Bezier 曲线造型法的曲率变化较为均匀,而三角函数造型法在上凸(下凹)附近则出现了较为剧烈的曲率变化。

可见,在频率系数 α 和幅值系数 C_h 相同的情况下,选取不同的造型方法不仅会影响非轴对称端壁曲面中上凸(下凹)的轴向相对位置,同时对端壁曲率沿轴向分布的变化也有较大的影响。

图 4-33 显示了在幅值系数($C_h = 10\%$)相同的情况下,频率系数 α 取 1.5 和 2.5 时采用三角函数造型法得到的非轴对称端壁曲面的高度分布。从图中可以看出,频率系数越大,端壁曲面的峰值(谷值)点距离叶片的压(吸)力面越远,同时端壁曲率沿周向的变化也更为剧烈。

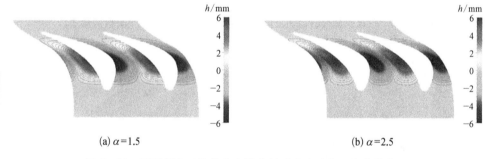

(a) $\alpha=1.5$ (b) $\alpha=2.5$

图 4-33　不同频率系数构造出的非轴对称端壁曲面高度分布图

图 4-34 显示了在频率系数 $\alpha = 1.5$ 的情况下,取不同幅值系数 C_h 时采用 Bezier 曲线造型法得到的非轴对称端壁曲面的高度分布。通过对比可以明显看

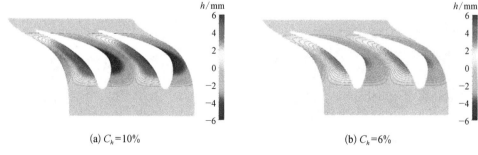

(a) $C_h=10\%$ (b) $C_h=6\%$

图 4-34　不同幅值系数构造出的非轴对称端壁曲面高度分布图

到,幅值系数不仅决定了非轴对称端壁曲面的峰值(谷值),同时也影响了端壁曲率变化的整体剧烈程度,根据图中等高线疏密程度可以发现,幅值系数越小,整体上的端壁曲率变化越趋于平缓。

由以上分析讨论可知,基于非轴对称端壁造型设计平台构造出的端壁三维曲面的具体形状(即凹凸分布及曲率变化趋势)主要受以下几个方面的影响。

(1)对于造型方法,轴向造型函数 $h_i(z)$ 的具体形式不仅会影响端壁曲面中上凸(下凹)的轴向相对位置,而且对其曲率沿轴向分布的变化趋势也有较大的影响。

(2)周向造型函数 $f(y)$ 中的频率系数 α 不仅可以调节端壁曲面中上凸(下凹)的周向相对位置,同时也会影响端壁曲率沿周向的变化程度。

(3)轴向造型函数 $h_i(z)$ 中的幅值系数 C_h 不仅确定了端壁曲面的峰值(谷值),同时也会影响端壁曲率的整体变化趋势。

4. 非轴对称端壁涡轮环形叶栅数值计算分析

下面将针对每种造型方法考察各造型参数对叶栅通道中流动损失的影响,以期总结出关于各造型方法中造型参数的流动损失特性。为便于分析,用 AEW 表示造型前的轴对称端壁(axisymmetric end wall,AEW),而造型后的非轴对称端壁(non-axisymmetric end wall,NEW)以 NEW 表示。

1)中弧线旋转法

图 4-35 展示了总压损失系数相对减小量随频率系数 α 和幅值系数 C_h 变化的分布情况。当频率系数 α 一定时,总体上,总压损失系数随幅值系数 C_h 的增加呈现出逐步增大的趋势,并且随着 α 的增大,这种升高趋势也更加明显;但当 $\alpha=0.5$、2.0、2.5 和 3.0 时,在 $C_h=2\%$ 处均出现了总压损失系数降低的迹象,并且当

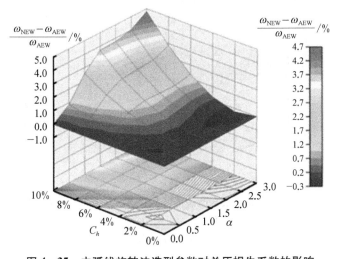

图 4-35 中弧线旋转法造型参数对总压损失系数的影响

$\alpha = 3.0$ 时,总压损失系数降低程度最大。可见,对于中弧线旋转法,当非轴对称端壁曲面上凸(下凹)的周向相对位置在一定范围内,尤其在周向上更远离压(吸)力面时,其峰值(谷值)存在一个损失最低点,而此时的幅值系数一般也比较小。

当幅值系数 C_h 大于6%时,总压损失系数随频率系数 α 的增大而整体上呈上升趋势,并且 C_h 越大,总压损失系数的增加幅度也越大,但在 α 大于2.0以后,损失增加的幅度有所放缓。若幅值系数取值较小(如 $C_h = 2\%$ 和4%),总压损失系数则呈现出先增加后减小的趋势,这也说明了当端壁曲面的峰值(谷值)较小时,上凸(下凹)的周向位置越远离叶片表面,越有助于降低叶栅通道的流动损失。

对比图4-35中的分布曲面可以找到一个损失最低点,即 $\alpha = 3.0$、$C_h = 2\%$,此时,总压损失系数下降约0.24%。由前出所述可知,采用中弧线旋转法造型得到的端壁三维曲面,其峰值(谷值)点在叶栅通道的前半段距叶栅通道进口较近。可见,对于该环形叶栅,当非轴对称端壁曲面的上凸(下凹)位于叶栅通道前部时,其周向位置应远离叶片压(吸)力面,并且其峰值(谷值)不宜过大,取2%叶展时最佳。

2) 三角函数造型法

图4-36显示了采用三角函数造型法时,造型参数对该环形叶栅通道出口总压损失系数及其相对减小量的影响。与中弧线旋转法相比,采用三角函数造型法得到的总压损失系数变化分布有所不同,主要体现在以下两点。

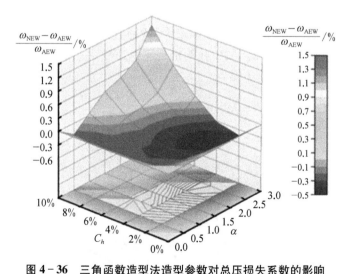

图4-36　三角函数造型法造型参数对总压损失系数的影响

(1) 当频率系数 α 不变时,总压损失系数随幅值系数 C_h 的增加基本表现为先降低后升高的分布趋势,即端壁曲面的峰值(谷值)均存在一个最佳值,并且随着 α

的增大,损失最低点处的 C_h 也逐渐减小。可见,对于三角函数造型法,当端壁曲面的上凸(下凹)的周向位置远离压(吸)力面时,其峰值(谷值)的最佳值变小。

(2)当幅值系数 C_h 固定时,总压损失系数随频率系数 α 的增加情况同样呈现为先减小后增加的趋势。相同地,在端壁曲面的上凸(下凹)峰值(谷值)一定时,其周向相对位置也存在一个最佳值;而随着 C_h 的增大,总压损失系数增大的趋势开始变得更为剧烈,同时损失最低点处的 α 值也减小,这表明了随着端壁曲面峰值(谷值)的增大,其最佳周向位置逐渐向叶片表面靠近。

根据图 4-36 可以发现,与中弧线旋转法相比,采用三角函数造型法得到的损失最低点($\alpha = 2.5$、$C_h = 4\%$)的端壁曲面的上凸(下凹)在周向上距离叶片压(吸)力面更近,而且峰值(谷值)也更高,同时,总压损失系数的下降程度也更大(ω 下降了约 0.46%)。就损失降低点的数目而言,三角函数造型法造型参数的有效(即有助于总压损失系数的降低)选取范围也要比中弧线旋转法更广。

3)压差造型法

采用压差造型法得到的叶栅通道出口总压损失系数关于频率系数 α 和幅值系数 C_h 的分布情况见图 4-37。由前述可知,采用该造型方法获得的端壁曲面的上凸(下凹)主要分布在叶栅通道后半段。与上述两种方法相比,压差造型法得到的非轴对称端壁曲面均未能实现降低叶栅出口流动损失的效果,但是造型参数对总压损失系数的影响还是有一定的规律可循。

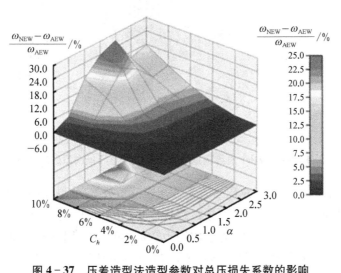

图 4-37 压差造型法造型参数对总压损失系数的影响

首先,对于各频率系数 α,总压损失系数随幅值系数 C_h 的增加程度均是增大的,并且当 $\alpha = 1.5$ 和 2.0 时,总压损失系数在 $C_h = 8\%$ 处出现了突跃式的增加,这说明了位于通道后部的上凸(下凹)曲面在稍远离叶片压(吸)力面时,其峰值(谷值)对叶栅流动损失的影响较大,尤其是当幅值系数过大时,流动损失会急剧增加。

然而,对于幅值系数 C_h,总压损失系数随频率系数的变化基本上呈鼓包式分布,即当幅值系数一定时,端壁曲面的峰值(谷值)点刚远离叶片表面,叶栅通道内的流动损失就会大幅度升高,并且随着 C_h 的增加,这种现象更加明显;而当上凸(下凹)靠近通道中线附近时,总压损失系数的增加幅度有所下降。

可见,对于采用压差造型法构造出的端壁曲面,当其峰值(谷值)点稍远离叶片表面时,对叶栅通道内部流场的恶化最为严重。总之,压差造型法并不适合在该环形叶栅中应用。

4)Bezier 曲线造型法

图 4-38 给出了 Bezier 曲线造型法的计算结果。采用 Bezier 曲线造型法得到的非轴对称端壁曲面的凹凸分布与三角函数造型法相似,所以造型参数对总压损失系数的影响与三角函数造型法有一些相似之处;但 Bezier 曲线造型法构造出的端壁曲面的曲率变化更为平缓,因此其总压损失系数的变化规律还有一些不同之处。

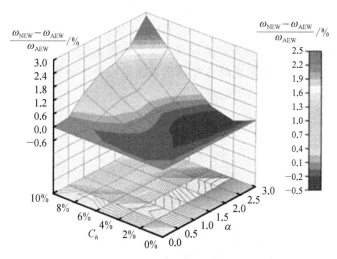

图 4-38　Bezier 曲线造型法造型参数对总压损失系数的影响

当频率系数 α 一定时,总压损失系数随幅值系数 C_h 的增加同样地呈先降后升的趋势,并且随着 α 的增大,这种分布趋势也更为明显;但与三角函数造型法不同的是,对于每一个 α,其最佳幅值系数均为 2%。可见,采用 Bezier 曲线造型法时,其峰值(谷值)不能取太大,并且当峰值(谷值)取最佳值时,无论其周向相对位置在何处,均能够降低环形叶栅通道内的流动损失。

对于幅值系数 C_h,仅有当 $C_h = 2\%$ 时,总压损失系数随频率系数 α 的增加而持续降低,其余情况下基本上与三角函数造型法的变化趋势类似。但当 $C_h = 10\%$ 时,无论上凸(下凹)的周向位置取在何处,总压损失系数均是增大的。由此可见,对于 Bezier 曲线造型法,当幅值系数 C_h 取 2% 时,端壁曲面的峰值(谷值)点在周向上应尽量远离叶片的压(吸)力面,这一点与三角函数造型法也有所不同。

整体而言,对于该环形叶栅,采用 Bezier 曲线造型法进行非轴对称端壁造型时,其幅值系数 C_h 应取 2%,而频率系数 α 应尽量大一些,即端壁曲面上凸(下凹)的周向位置应尽量靠近叶栅通道中线附近。与三角函数造型法相比,采用 Bezier 曲线造型法时,造型参数的有效取值范围要小一些,而且在表中所列的范围内,总压损失系数的最大降低幅度(ω 下降了约 0.41%)也略小一些。

综上分析可知,四种端壁造型方法中的造型参数对叶栅通道出口总压损失系数的影响规律也各不相同,但对于有效果的造型方法,造型参数均出现了损失最低点,即频率系数与幅值系数之间存在最佳的造型参数匹配,而且在损失最低点处,非轴对称端壁曲面上的峰值(谷值)点均远离叶片表面,同时峰值(谷值)的取值也均较小,一般为 2%~4% 叶展。

本节首先根据非轴对称端壁造型思想发展了一种 Bezier 曲线造型法的造型方法,然后通过对中弧线旋转法、三角函数造型法、压差造型法及 Bezier 曲线造型法进行相应的改进和整合,建立了一套集多种端壁造型方法于一体的非轴对称端壁造型设计平台。采用该设计平台不仅有效地减少了构造非轴对称端壁时所需的造型参数,可以更为方便快捷地生成不同形状的非轴对称端壁三维曲面,而且也集合了网格划分、流场求解等自动化操作,可在非轴对称端壁造型后快速地对其流场进行数值计算分析。然后以某一涡轮环形叶栅为研究对象,应用该设计平台对其轮毂壁面进行了多种非轴对称端壁造型,详细对比了各端壁曲面的高度分布和曲率变化,系统分析了不同造型方法及各造型参数对叶栅通道中流动损失和内部流场的影响。通过上述的研究工作,可以得到以下结论。

(1) 非轴对称端壁造型设计平台中的各造型方法主要影响端壁曲面上凸(下凹)的轴向相对位置及曲率分布沿轴向的变化趋势,其中中弧线旋转法和压差造型法对端壁曲面的影响与研究对象的叶型几何特性和叶片气动特性有关;三角函数造型法和 Bezier 曲线造型法仅受各自公式的限制,使得端壁曲面的上凸(下凹)均位于叶栅通道中部。除此之外,各种造型方法构造出的端壁曲面在轴向上均会出现不同程度的负效应现象。造型参数中,频率系数不仅可以调节端壁曲面上凸(下凹)的周向相对位置,同时也影响了端壁曲率沿周向的变化程度;幅值系数则确定了端壁曲面上凸(下凹)的峰值(谷值),同时也影响了端壁曲率的整体变化趋势。

(2) 各造型方法中的造型参数对该环形叶栅通道出口平均总压损失系数的影响规律各不相同,但对于能够降低通道出口总压损失的造型方法,造型参数均出现了损失最低点,即频率系数与幅值系数之间存在最佳的造型参数匹配,而且最佳造型参数匹配表明,损失最低点处非轴对称端壁中的上凸(下凹)曲面均远离叶片表面,同时峰值(谷值)的取值也均较小,一般为 2%~4% 叶展。

4.4　轴流压气机非轴对称端壁造型技术

4.4.1　跨声速轴流压气机非轴对称端壁造型优化设计

采用凸凹的非轴对称端壁造型取代传统的轴对称端壁来控制局部二次流是提高叶轮机械性能的有效方法之一。目前,对非轴对称端壁的研究和应用主要集中于涡轮,有关非轴对称端壁在跨声速轴流压气机中的应用较为少见。为探索非轴对称端壁提高跨声速轴流压气机性能的潜力,本节以 NUMECA 的 Design 3D 模块为平台,基于所搭建的三维数值模拟优化平台,针对某跨声速轴流压气机转子进行非轴对称轮毂优化造型,深入分析非轴对称轮毂造型对跨声速压气机流场结构及性能的影响机理。

1. 物理模型与计算方法

以跨声速轴流压气机 NASA Rotor 35 为研究对象,运用 NUMECA 软件全三维优化方法对其进行非轴对称轮毂造型优化设计,以期改善轮毂局部流场结构,提高跨声速轴流压气机的性能。Rotor 35 转子的主要几何参数如下:叶片数为 36 个、展弦比为 1.19、进口轮毂比为 0.7、叶尖稠度为 1.3、叶尖弦长为 5.6 cm、叶尖速度为 455 m/s[49,50]。

采用 AutoGrid 模块自动生成结构性网格,间隙内采用蝶形网格,离开叶片表面第一层网格的距离为 10^{-6} m,网格总数约 32 万。数值计算过程采用 FINE／TURBO 软件包,应用 Jameson 有限体积差分格式并结合 Spalart - Allmaras 湍流模型对相对坐标系下的三维雷诺平均 Navier - Stokes 方程进行求解,空间离散采用二阶精度的中心差分格式,时间项采用 4 阶 Runge - Kutta 方法迭代求解,CFL 数取 3.0,同时采用隐式残差光顺方法及多重网格技术以加速收敛过程。边界条件给定进口总温、总压和气流角,出口给定平均静压,设计转速下的压气机特性数值模拟结果与实验结果对比如图 4 - 39 所示[50,51]。从等熵效率特性和总压比

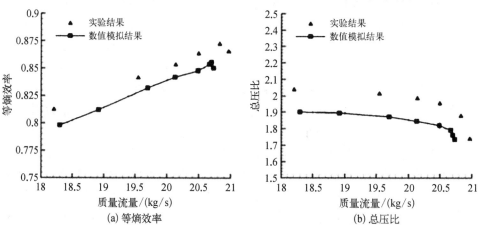

(a) 等熵效率　　　　　　　　　　(b) 总压比

图 4 - 39　设计转速下的压气机特性数值模拟结果与实验结果对比

特性对比图可以看出,数值模拟结果与实验结果走势一致,说明所采用的数值模拟方法可信。

2. 非轴对称轮毂参数化造型与优化方法

1) 非轴对称轮毂参数化造型

在 Fine/Design 3D 中进行非轴对称轮毂参数化造型的目的是用有限个简单的控制参数来表达轮毂曲面,在优化过程中自动调整各控制参数,实现非轴对称轮毂曲面的改型。图 4-40 为非轴对称轮毂参数化造型方法示意图,非轴对称轮毂造型设定在相邻两个叶片叶根截面中线及两个中线前后延伸段所围的区域,并限定在进口(inlet)与出口(outlet)之间。在造型区域内平行于叶根截面中线和前后延伸段设置 5 条控制线,依次为"start cut""cut 1""cut 2""cut 3"和"end cut",控制线前后延伸至非轴对称区域前后边界。为保证轮毂各周期间几何连续性,"start cut"和"end cut"保持一致。

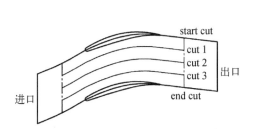

图 4-40　非轴对称轮毂参数化造型示意图

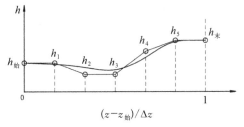

图 4-41　非轴对称轮毂造型控制曲线

在各控制线上添加扰动量 ΔR,每个控制线上的扰动规律采用 7 个控制点的 Bezier 曲线定义,如图 4-41 所示。各曲线始、末点固定于原轴对称轮毂相应位置,以满足轴对称区域与非轴对称造型区域间的几何连续性;为满足一阶几何连续性,设定控制点 h_1、h_5 分别与 $h_始$、$h_末$ 相等,并固定该值。各控制线沿圆弧引导线创建非轴对称轮毂面,即实现非轴对称轮毂造型。

2) 优化方法

Fine/Design 3D 的优化过程是基于人工神经网络、遗传算法和近似函数技术展开的。优化前采用 Fine/Design 3D 中的 Database_Generation 模块生成数据库,数据库的样本保持压气机叶型、叶片积叠规律及机匣线不变,采用离散层取样方式对参数化的压气机轮毂面上的 12 个优化变量在原值附近作微扰动,生成 50 个样本,该取样方式将几何约束分为多个子区域,可以保证生成的样本具有全局代表性。优化过程应用 Fine/Design 3D 中的 Optimization 模块,采用人工神经网络来描述目标函数与优化参数之间的关系,通过遗传算法寻找目标函数的最优值。优化目标为,在流量不减少的情况下,同时提高跨声速压气机转子的等熵效率和压比,优化工况选取为压气机的最高效率点。

3. 优化造型结果及分析

1）优化造型后压气机性能

优化造型后形成的非轴对称轮毂如图 4-42 所示,非轴对称轮毂在靠近叶根

处向下凹,叶片通道内向上凸起,且凸包靠近叶片压力面一侧。图 4-43 给出了优化造型前后的压气机特性计算与实验结果对比情况,由图可知,优化造型后的压气机等熵效率和总压比均高于原型压气机,优化工况点等熵效率提高了 0.31%,总压比提高了 0.31%。非轴对称轮毂优化造型后的全工况范围内的总压比均有不同程度提高,在优化工况点附近提高较大,近失速工况点提升较小;压气机效率在优化工况点附近有不同程度的提升,近失速工况点的效率基本不变。因此,非轴对称轮毂优化造型后的压气机能够保证最高效率点附近的等熵效率和总压比提升,又能保证较好的变工况性能。

图 4-42　优化造型后形成的非轴对称轮毂

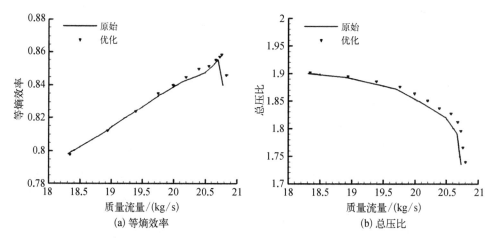

(a) 等熵效率　　　　　(b) 总压比

图 4-43　优化造型前后的压气机特性计算与实验结果对比

2）流场分析

（1）非轴对称轮毂造型对压气机 S1 流面流场的影响。

图 4-44 为原型压气机和非轴对称轮毂优化造型压气机叶根 10% 叶展的相对马赫数分布图。从 10% 叶展的马赫数分布对比可以看出,优化造型后的压气机激波强度明显减弱,波前马赫数由 1.33 降低到 1.26,激波形状更加向后倾斜,激波范围变宽;同时,叶片尾缘的低速区范围有所减小,尾迹区减小,说明优化造型后激波与附面层干扰减小,降低了附面层分离,损失减小,这是非轴对称轮毂优化造型使压气机等熵效率和总压比提高的一个重要原因。

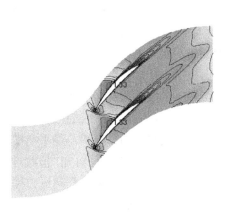
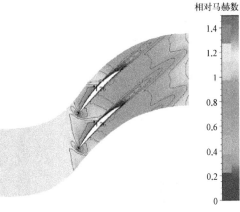

(a) 原型压气机　　　　　　　　　(b) 非轴对称轮毂优化造型压气机

图 4 - 44　原型压气机和非轴对称轮毂优化造型压气机叶根 10%叶展的相对马赫数分布图

（2）非轴对称轮毂造型对压气机转子近壁面相对马赫数分布的影响。

转子叶片近吸力面相对马赫数对比见图 4 - 45。叶片吸力面沿轴向弦长中部均可见明显的分界线,分界线处即为通道激波位置,激波后为激波诱导附面层分离区。由图可知,非轴对称轮毂优化造型后,叶片下半部分的分离区显著减小,靠近叶根处的分离区减小地最为明显,表明优化造型后的轮毂不仅有效调整了端壁区域的二次流动,同时降低了叶根附近的激波强度,使附面层分离位置后移,分离区显著减小,有效降低了通道内的流动损失。

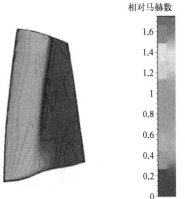
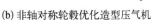

(a) 原型压气机　　　　　　　　　(b) 非轴对称轮毂优化造型压气机

图 4 - 45　转子叶片吸力面近壁面相对马赫数对比

图 4 - 46 对比了非轴对称轮毂造型前后转子叶片吸力面、轮毂处的极限流线/静压云图。由图可知,非轴对称轮毂造型后,端壁近壁面区域流动改善明显,原转子吸力面轴向弦长中部有自叶根到叶尖的分离线,为通道激波诱导附面层分离;非轴对称

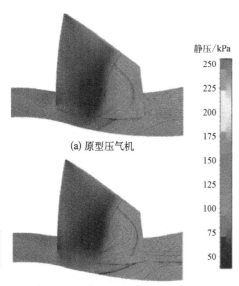

(a) 原型压气机

静压/kPa

250
225
200
175
150
125
100
75
50

(b) 非轴对称轮毂优化造型压气机

图 4-46　非轴对称轮毂造型前后转子叶片吸力面、轮毂处的极限流线/静压云图

轮毂造型后,自叶根到 15% 叶展区域的激波诱导附面层分离基本消除,进一步验证了非轴对称轮毂可有效降低跨声速轴流压气机激波强度,消除附面层分离。在原压气机约 50% 轴向弦长后,端壁区域横向二次流明显,主要原因是波后气流速度降低,气流沿原流线的离心力降低而不能平衡横向压力梯度;由图 4-46(b) 可知,非轴对称轮毂造型降低了端壁区域的横向压力梯度,削弱了端壁区域的横向二次流动。

(3) 非轴对称轮毂造型对压气机根、中、尖截面载荷分布的影响。

图 4-47 分别展示了原型和非轴对称轮毂优化造型后 10%、50% 和 90% 叶展截面处的静压分布对比。对比三个分图可以看出,非轴对称轮毂造型对叶根附近载荷分布的影响较大,对 50% 叶展和 90% 叶展截面的载荷分布影响较小。由图 4-47(a) 可知,非轴对称轮毂对 10% 叶展截面处 20%~50% 轴向弦长区域的影响最大,载荷减小,叶片吸力面的静压突升消失,代之以均匀的静压升高,其他区域的载荷略有增加,载荷分布更为合理,这与前述的该截面通道激波强度减小相吻合。

(4) 非轴对称轮毂造型对压气机转子气动参数沿叶展分布的影响。

图 4-48 和图 4-49 分别展示了非轴对称轮毂优化造型进口相对气流角和出口总压分布的对比。由图可知,在叶展尖部局部区域,非轴对称轮毂优化造型后的压气机转子进口相对气流角基本不变,叶片负荷也基本不变,该区域出口总压保持不变;在叶展中部的大部分区域,优化造型后压气机转子的进口气流角增大约 0.3°,气流向正攻角方向移动,导致叶片在该区域的负荷增大,反映在出口总压沿展向分布图上,在该区域的出口总压均有所提高,压气机压比的提高主要是叶展中部区域的总压提高的结果;优化造型后的转子叶根局部区域相对气流角有所减小,最大减小 0.4°,叶根局部区域的叶片负荷减小,该区域的转子出口总压降低,但叶根局部的总压降低远小于叶展中部的总压升高,压气机的整体总压是升高的。

由此,非轴对称轮毂造型在整个叶展范围内对跨声速压气机转子的流动参数进行重新调整,针对叶根二次流动较强、损失较大的截面区域,非轴对称轮毂造型通过调整轮毂附近的压力分布来调整气流参数、降低叶片负荷,从而减小该区域的损失;对于叶展中部二次流不明显、激波强度较小的区域,提高该区域叶片的负荷,从而在保持总效率提高的情况下增大压气机负荷。

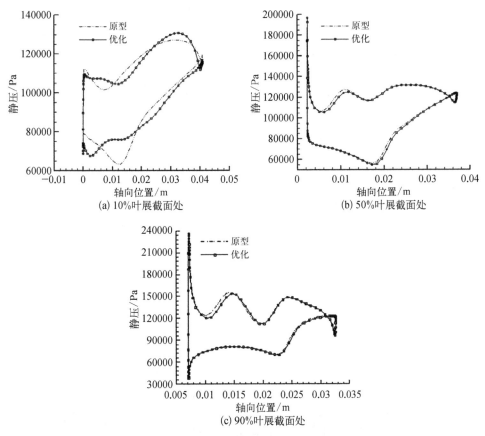

(a) 10%叶展截面处

(b) 50%叶展截面处

(c) 90%叶展截面处

图 4-47　原型和非轴对称轮毂优化造型后 10%、
50%和 90%叶展截面处的静压分布对比

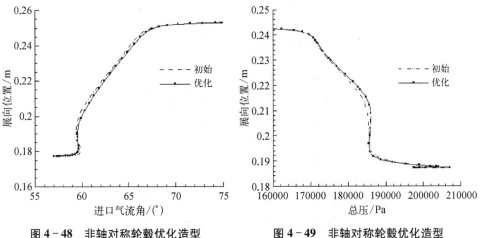

图 4-48　非轴对称轮毂优化造型
进口相对气流角对比

图 4-49　非轴对称轮毂优化造型
出口总压分布对比

4.4.2 非轴对称端壁造型在对转压气机中的应用[51]

有关非轴对称端壁的研究尚集中在涡轮和常规压气机中,而对转压气机由于减少了中间起整流作用的静子叶排,可以在质量减小的情况下实现相同的压升比,其结构形式和流场特性大不相同,在非轴对称端壁控制二次流动造型研究中也有其特殊性。下面将介绍采用优化方法对某对转轴流压气机进行非轴对称端壁造型,并对造型前后的压气机流场进行深入分析,旨在探索非轴对称端壁对对转轴流压气机性能的影响,进一步提高对转压气机性能。

本节研究对象为西北工业大学轴流式双排对转压气机实验台,实验台结构示意图如图 4 - 50 所示,实验台实物图如图 4 - 51 所示。实验台设计点流量为 6.4 kg/s、绝热效率为 0.89、总压比为 1.22,其主要参数如表 4 - 3 所示。转子转动方向如下:从进口沿气流方向看,第一级转子 R1 为顺时针旋转,第二级转子 R2 为逆时针旋转。

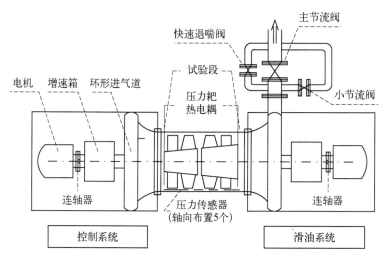

图 4 - 50   轴流式双排对转压气机实验台结构示意图

图 4 - 51   轴流式双排对转压气机实验台实物图

表 4-3 轴流式双排对转压气机实验台主要参数

参 数	进口导叶	转子 1(R1)	转子 2(R2)	出口导叶
叶片数	22	19	20	32
间隙	—	0.5 mm	0.5 mm	—
轮毂比	—	0.485	0.641	—
设计转速	—	8 000 r/min	−8 000 r/min	—

如图 4-52 所示,数值模拟结果发现对转压气机在设计转速近失速点,出口导流叶片叶尖出现分离并伴有较大旋涡区,因此在出口导叶上采用非轴对称机匣造型,期望减弱对转压气机出口倒叶尖部的分离,提高压气机性能。

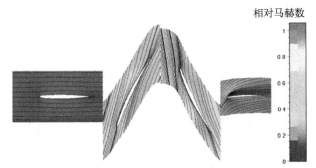

相对马赫数

图 4-52 设计转速下近失速点 98%叶展相对马赫数流线分布

1. 非轴对称机匣优化造型方法

优化造型对象取一个周期的机匣曲面,将原轴对称压气机机匣用有限个简单的控制参数来进行参数化表示,在优化造型中调整各控制参数以实现非轴对称造型,并同时提高压气机性能,图 4-53 为非轴对称机匣优化造型示意图。

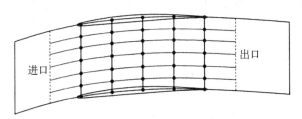

进口 出口

图 4-53 非轴对称机匣优化造型示意图

Fine/Design 3D 的优化过程是基于人工神经网络、遗传算法和近似函数技术展开的。优化前采用 Fine/Design 3D 中的 Database_Generation 模块生成数据库,数据库的样本保持压气机叶型、叶片积叠规律及机匣线不变,采用离散层取样方式对参数化的压气机机匣面上的 18 个优化变量在原值附近作微扰动,生成 90 个样本,该取样方式将几何约束分为多个子区域,可以保证生成的样本具有全局代表性。优化过程应用 Fine/Design 3D 中的 Optimation 模块,采用人工神经网络来描述目标函数与优化参数之间的关系,通过遗传算法寻找目标函数的最优值。确定的优化目标为:在流量和压比不减少的情况下,提高对转压气机转子的等熵效率,优化工况选取为压气机的近失速工况。

2. 对转压气机非轴对称端壁造型结果及分析

对转压气机出口导叶处非轴对称造型后的机匣形状如图 4-54 和图 4-55 所示,非轴对称机匣在叶片尖部附近向压气机内部形成凸包,压力面约 20%栅距处向机匣外部形成一个凹槽,凹槽最大深度为 12 mm。优化造型后的出口导叶总压损失系数降低 3.3%,对转压气机整机效率提高 0.1%,并保证了设计点效率与压比基本不变。

图 4-54　对转压气机出口导叶处
非轴对称机匣形状

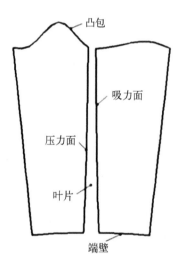

图 4-55　沿出口导叶 50%轴向
弦长的截面形状

图 4-56 对比了非轴对称端壁造型前后对转压气机出口导叶 99%叶展截面的流线与静压分布,从图中流线分布可知,原型压气机出口导叶尖部攻角约 40°,气流从前缘开始分离,叶片吸力面存在大片旋涡区域,分布于叶片吸力面前缘到尾缘整个吸力面;非轴对称机匣造型后,压气机出口导叶尖部冲角不变,叶片吸力面的分离和旋涡区明显减小,气流分离和旋涡仅局限于叶片前缘,非轴对称机匣有效改善了端壁区域流动,遏制了尖部气流分离。

由图 4-56 中的静压分布可知,与以往非轴对称端壁造型减弱端壁区域横向压力梯度不同,非轴对称端壁造型明显增大了端壁区叶片通道内的压力梯度,叶片压力面侧高压区域范围增加。非轴对称端壁造型压力面形成凹槽,吸力面形成凸

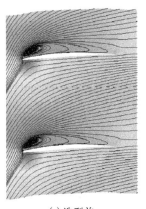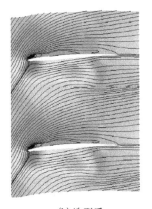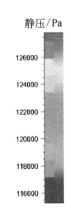

静压/Pa

(a) 造型前　　　　　　　　　　(b) 造型后

图 4 - 56　非轴对称端壁造型前后对转压气机出口导叶
99%叶展截面的流线与静压对比图

包,增大了端壁区域横向压力梯度,有效提高了对转压气机的性能,究其原因是对转压气机出口导叶尖部在该工况下的来流为大攻角,叶片通道内存在由吸力面到压力面的横向速度分布,端壁区域由叶片压力面到吸力面的横向压力梯度可有效减小横向速度分布;同时,增大的压力梯度将叶片吸力面分离区压缩,遏制了叶片吸力面气流分离,气流转折角增加,端壁区域气流损失减小。

图 4 - 57 展示了非轴对称端壁造型前后 50%叶展、90%叶展及叶尖处的叶片表面压力分布对比图。由图可知,非轴对称机匣对 50%叶展处的叶片表面压力分布的影响极小,非轴对称机匣造型前后压力分布曲线几乎重合;90%叶展处的压力分布有较大区别,5%～25%弦长处,叶片吸力面静压略有增加,压力梯度减小,30%～65%弦长处,压力面静压升高,压力梯度增加;叶尖处非轴对称机匣对叶片表面压力分布的影响较大,5%～10%轴向弦长处,叶片吸力面静压降低,静压极小值点前移,该现象与叶片吸力面旋涡区域减小、涡核前移相符,增大的横向压力梯度减小了横向速度分量,使分离的气流倾向于贴向叶片吸力面流动,从而减小气流分离;叶尖 30%～65%弦长处的叶片压力面静压增加,压力梯度升高,其他弦长处的压力梯度有所减小。

图 4 - 58 和图 4 - 59 分别展示了非轴对称机匣造型前后出口导叶周向平均气流角、周向平均总压损失系数沿径向分布对比图。出口气流角结果表明,出口气流角受非轴对称机匣的影响较大,非轴对称机匣对出口气流角的影响不仅局限于机匣附近,非轴对称机匣造型后 45%～100%叶展处的出口气流角均有所减小,最多减小 2°。出口气流角减小表明非轴对称端壁有效减小了该区域的横向速度分量,气流转折角增加,对转压气机出口导叶的扩压能力提高;沿叶展方向,气流角分布更趋均匀,可有效减小压气机出口气流掺混损失。

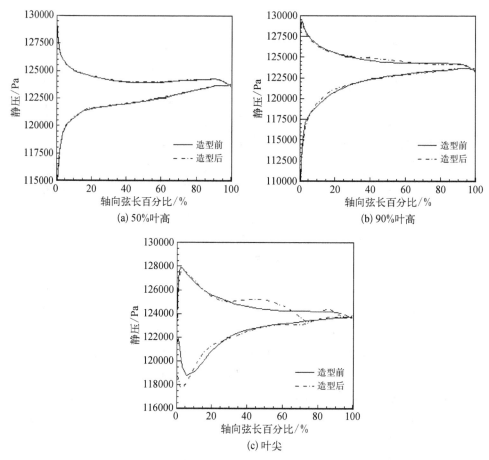

(a) 50%叶高

(b) 90%叶高

(c) 叶尖

图 4-57 出口导叶不同叶展处的表面压力分布

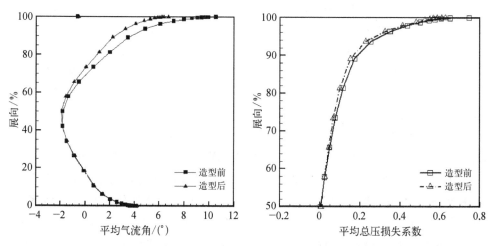

图 4-58 非轴对称机匣造型前后出口导叶
周向平均气流角沿展向分布对比

图 4-59 非轴对称机匣造型前后出口导叶周向
平均总压损失系数沿展向分布对比

4.4.3　小结

基于 NUMECA Design 3D 优化平台,对跨声速轴流压气机转子 Rotor 35 进行了非轴对称轮毂优化造型,采用优化方法对某对转轴流压气机进行非轴对称端壁造型,在设计转速下对优化前后轴流压气机进行了全工况数值模拟,并深入分析了非轴对称轮毂优化造型对跨声速压气机和对转压气机流场结构的影响机理,归纳如下。

(1)非轴对称轮毂优化造型同时提高了跨声速压气机的效率和压比,最高效率点效率提高 0.310%,压比提高 0.307%;优化后,全工况范围内的压比均有不同程度的提高,效率在优化工况点附近均有提升,优化造型后的压气机变工况性能较好。

(2)非轴对称轮毂优化造型可通过调整轮毂处的压力分布来降低叶根附近的激波强度;10%叶展通道内的波前马赫数降低 0.07,激波形状更加向后倾斜,激波强度明显降低,激波附面层干扰减小;叶片近壁面的低速区范围减小,尤以叶根附近附面层分离区域的减小最显著,损失降低。

(3)非轴对称轮毂优化造型可以通过调整跨声速压气机功沿叶片径向的分布来提高压气机效率和负荷;压气机叶根附近的二次流较强、损失较大,叶展中部流动情况较好,优化造型减小了叶根附近的截面负荷,增大了叶展中部负荷,同时提高了压气机的效率和压比。

(4)成功地对双排对转压气机出口导叶机匣进行了非轴对称端壁优化造型,使得端壁区域的压力梯度减小,有效减弱了端壁区域的横向二次流动;总压损失系数降低 3.3%,对转压气机整机效率提高 0.1%。

4.5　高压涡轮导向器非轴对称端壁优化设计技术

非轴对称端壁造型方法的研究不仅体现了端壁造型方法的方便性和快捷性,而且也证实了非轴对称端壁造型技术具有改善端区流场品质、降低端区二次流损失的能力,但同时也暴露了造型方法存在的问题和缺陷,即需对研究对象的气动特性具有充分的掌握才能选取出合适的造型方法和最佳的造型参数匹配,这就要求设计者对端区流场结构具有较为深刻的理解,才能实现对端区二次流动的控制和提升流场品质的目的。在设计者未能对端区复杂流场完全了解的情况下,借助数值优化方法并结合全三维流场数值计算实现的非轴对称端壁优化设计可以获得满足预期目标的最优的非轴对称端壁曲面。

下面将利用建立的非轴对称端壁造型设计平台选定某一高亚声速高压涡轮导向器的轮毂端壁,采用基于人工神经网络的遗传算法对该高压涡轮导向器机匣和轮毂端壁进行非轴对称端壁优化设计,深入分析采用优化方法获得的非轴对称端壁在改善高压涡轮导向器端区流场结构方面的流动机理,旨在为非轴对称端壁优化设计法研究提供有益的借鉴和参考。

4.5.1 端壁参数化造型方法

叶轮机械中,几何形状的定义及其控制是叶轮机械气动优化设计的一个重要环节,而采用参数化造型方法则可以利用较少数目的控制点来拟合复杂的几何形状,从而大大地降低寻优空间的规模。但由于优化过程中优化变量的数目和性质,以及几何型线约束的个数和类型等均依赖于所选用的参数化方法,参数化造型方法在整个气动优化设计过程中至关重要。

为了实现非轴对称端壁三维曲面的优化设计,首先需要对端壁曲面进行相应的参数化建模,即根据选定的参数化方法构造通道内非轴对称端壁的几何形状。NUMECA 软件中 AutoBlade™ 模块采用了一种由一组"端壁切割线(Cut$_i$)"放样生成端壁三维曲面的造型思想,对于高压涡轮导向器这种轴流式的叶轮机械,一般是以端壁处叶型中弧线为基准定义端壁切割线,如图 4-60 所示,每个导向器通道内沿周向等距分布了 n 条切割线。

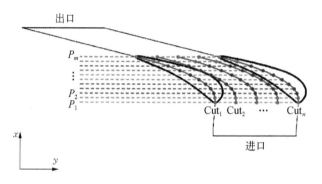

图 4-60 端壁切割线定义示意图

对于每一条切割线,均由沿轴向等距选取的 m 个控制点 $P_i(z_i, h_i)$ 所决定。考虑到 Bezier 曲线特有的性质及优点,每条切割线均为由 m 个控制点 P_i 生成的 $m-1$ 阶 Bezier 曲线,如图 4-61 所示。

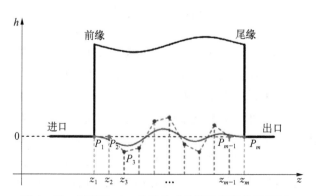

图 4-61 根据 Bezier 曲线生成的端壁切割线示意图

同时,为了确保非轴对称端壁曲面在其上下游与轴对称端壁曲面光滑过渡,控制点 P_1 和 P_2 及 P_{m-1} 和 P_m(即图中红色原点)的径向高度 h_i 将会被固定,因此对于每条切割线,将有 $m-4$ 个控制点可沿径向波动。最后,参数化后的非轴对称端壁三维曲面是由这 n 条切割线生成的放样曲面。

导向器通道内部的气流压力场变化最为剧烈,同时也是二次流和各种涡系生成和发展的主要区域,而且在实际的工程应用中,导向器缘板(叶冠)的轴向尺寸也很大程度上限制了非轴对称端壁三维曲面向叶片前缘上游和尾缘下游的延伸空间,因此在非轴对称端壁优化过程中,端壁的应用范围选取在叶片前缘与尾缘之间。另外,若非轴对称端壁向通道上下游延伸,为保证端壁曲面周向的连续光滑,这就要求第一条切割线(图 4-60)与相邻通道的最后一条切割线的控制点具有相同的约束,因此会降低生成非轴对称端壁三维曲面的自由度。综上所述,非轴对称端壁优化设计中优化变量的数目共为 $[(m-4)n]$ 个。

4.5.2　数值优化方法

叶轮机械气动优化设计的难点不仅在于要确保所采用的数值优化算法能够获得全局最优解,更在于因流场数值计算耗时过长造成的优化时间成本巨高。并且在多目标气动优化过程中,目标函数通常具有多峰性,存在多个局部极值点。单纯使用基于梯度的数值优化算法极易落入局部极小值的陷阱,难以获得全局最优解,而遗传算法这类随机性优化方法具有鲁棒性好、全局寻优能力强等优点,但在寻优过程中要时刻对适应函数进行评估,导致在实际工程应用,尤其是叶轮机械气动优化设计中的计算量过大。然而将遗传算法与人工神经网络(artificial neural network,ANN)近似模型结合使用,便可克服这一困难,因此主要采用基于人工神经网络的遗传算法实现对非轴对称端壁三维曲面的优化设计。

该气动优化设计流程如图 4-62 所示,以非轴对称端壁优化设计为例,其具体过程如下:首先对高压涡轮导向器叶片和端壁进行参数化建模并选取生成端壁三维曲面的控制点及其优化范围,同时对各控制点进行随机赋值生成形状各异的非轴对称端壁曲面;其次设计优化目标函数并对具有不同端壁曲面的高压涡轮导向器的三维流场进行数值计算,从而建立由不同端壁曲面和对应优化目标函数值构成的样本数据库;然后由人工神经网络根据对数据库反复学习和不断训练,建立控制点与优化目标之间的近似模型;最后利用遗传算法寻找该近似模型中的最优解,并对其流场进行数值计算校验;若遗传算法(genetic algorithm,GA)得到的最优解与 CFD 计算结果有差异且未达到预期的优化目标,则将其作为新的训练样本补充到数据库中,并重新进行上述过程,即启动下一个循环迭代。随着循环的不断进行,数据库中的训练样本数目也逐渐增多,而此时人工神经网络也会更加准确地预测出控制点与优化目标之间的关系,从而寻找到最佳的非轴对称端壁曲面。

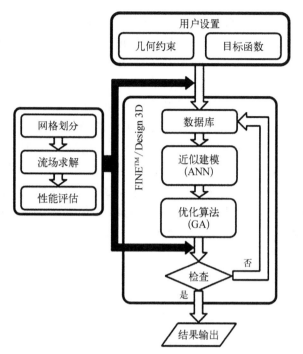

图 4 - 62　$FINE^{TM}/Design\ 3D$ 气动优化设计流程图

4.5.3　目标函数设计

在非轴对称端壁优化设计中,优化目标应满足在保证优化前后高压涡轮导向器质量流量不变的条件下,尽可能地降低导向器的流动损失。针对这种多目标优化问题,可以将上述各优化目标转换为各自的惩罚项(penalty term,PT),即计算值偏离目标值越远,其对应的罚值越大,从而将原始的、具有强约束的最小化问题转化为一个无约束的最小化问题。最终,目标函数可定义为所有罚函数项之和,即

$$OF = \sum PT_i \qquad (4-20)$$

式中,某一罚函数项定义为

$$PT = W\left(\frac{Q_{imp} - Q}{Q_{ref}}\right)^k \qquad (4-21)$$

式中,Q 为计算值;Q_{imp} 为目标值;Q_{ref} 为用于无量纲化的参考值,一般取为目标值 Q_{imp},若目标值 $Q_{imp} = 0$ 时,参考值 Q_{ref} 取为 1;k 为罚函数的指数,一般取为 2;W 为权重因子,用于调节该罚函数项在目标函数中的比例。

在目标函数设计中又添加了一个特殊的罚函数(merit function,MF),其作用是

强迫优化过程在收敛到最佳候选值之前能够覆盖整个寻优空间,有助于优化过程在迭代前期遍历到其他未知的寻优空间区域,从而尽可能地避免因样本分布过于集中而导致优化过程陷入局部极值点的危险,该罚函数的具体定义如下:

$$\mathrm{MF} = \begin{cases} \lambda \left| 1 - \dfrac{\min \| \mathrm{OM} \|}{\max \| M_1 M_2 \|} \right| & (\lambda > 0) \\ 0 & (\lambda \leqslant 0) \end{cases} \qquad (4-22)$$

$$\lambda = \lambda_{\mathrm{iteration}} \left(1 - \dfrac{i}{\lambda_{\mathrm{range}} N_{\mathrm{iteration}}} \right) \qquad (4-23)$$

式中,OM 代表每步迭代中遗传算法寻找到的最优解;M_1 和 M_2 分别为数据库中的训练样本;i 为当前迭代步数;$N_{\mathrm{iteration}}$ 为总的优化迭代步数;$\lambda_{\mathrm{iteration}}$ 为控制该罚函数幅值的缩放因子;λ_{range} 为优化迭代中使用该罚函数的步数范围,一般取为总迭代步数的 1/4 左右。

最终,非轴对称端壁优化设计中的目标函数定义为

$$\mathrm{OF} = \mathrm{PT}_{\mathrm{Loss}} + \mathrm{PT}_{\mathrm{Mass}} + \mathrm{MF} = W_{\mathrm{Loss}} \left(\frac{\mathrm{Loss} - 0}{1.0} \right)^2 + W_{\mathrm{Mass}} \left(\frac{\mathrm{Mass} - \mathrm{Mass}_{\mathrm{imp}}}{\mathrm{Mass}_{\mathrm{imp}}} \right)^2 + \mathrm{MF}$$

$$(4-24)$$

式中,$\mathrm{PT}_{\mathrm{Loss}}$、$W_{\mathrm{Loss}}$ 分别为流动损失对应的罚函数项及其权重因子;$\mathrm{PT}_{\mathrm{Mass}}$、$W_{\mathrm{Mass}}$ 分别为质量流量对应的罚函数项及其权重因子;Mass 为质量流量;$\mathrm{Mass}_{\mathrm{imp}}$ 为目标质量流量;Loss 为流动损失。

4.5.4 高压涡轮导向器中非轴对称端壁造型优化设计

以某高压涡轮导向器为研究对象,对其机匣端壁和轮毂端壁在设计工况下 ($Ma_1 = 0.82$) 进行非轴对称端壁的优化设计。根据前面分析可知,非轴对称端壁对通道端区内的流场结构影响较大,而对其他区域的影响较小,因此轮毂和机匣的端壁优化过程可分别进行,这也将大大降低寻优空间的规模。其实,过多的优化变量不仅会成倍增加优化过程的计算量,而且也会增加全局最优解的寻优难度,但优化变量过少将会降低非轴对称端壁曲面的多样性,无法进一步提升端壁造型技术的潜力。综合衡量,在确定的端壁优化设计中,共选取 5 条切割线线,每条切割线由 11 个控制点所决定,因此优化变量一共有 35 个,并结合前面的分析,每个优化变量的优化范围选取为 20% 叶展。同时,权衡优化时间成本及近似模型的准确性,数据库中的训练样本数目取为优化变量的 5~6 倍。目标函数中,通过调节权重因子 W_{Loss} 和 W_{Mass} 保证 $\mathrm{PT}_{\mathrm{Loss}}$ 与 $\mathrm{PT}_{\mathrm{Mass}}$ 之比约为 3∶1,即优化目标更侧重于流动损失的最小化。

1. 优化方案设计

前面提到的总压损失系数是指从高压涡轮导向器进出口总压降的角度来衡量流动损失，除此之外，还可以根据通道中气流的实际焓降与理想焓降之比来衡量高压涡轮导向器中气流的能量损失，由此定义的能量损失系数 ξ 如下：

$$\xi = \frac{h_1 - h_{1,is}}{h_0^* - h_{1,is}} = \frac{\frac{1}{2}v_{1,is}^2 - \frac{1}{2}v_1^2}{\frac{1}{2}v_{1,is}^2} \qquad (4-25)$$

式中，h_0^* 为高压涡轮导向器通道进口总焓；$h_{1,is}$、$v_{1,is}^2$ 分别为高压涡轮导向器通道出口的理想静焓和理想速度；h_1、v_1 分别为高压涡轮导向器通道出口的实际静焓和实际速度。

根据式(4-25)可以看出，能量损失系数 ξ 也可以认为是高压涡轮导向器通道内气流的动能损失占理想可用动能的比例。

在非轴对称端壁优化设计过程中，根据流动损失衡量角度，共设计了两套优化方案，具体如下。

1) 方案一

在机匣端壁和轮毂端壁的造型优化设计中，目标函数中的流动损失均以高压涡轮导向器通道出口的总压损失系数 ω 来衡量，即

$$PT_{Loss} = PT_\omega = W_\omega \omega^2 \qquad (4-26)$$

2) 方案二

根据前面分析并由通道出口总压损失沿展向的分布可知，对于该高压涡轮导向器叶片，其叶尖处的负荷小于叶根处，因此与轮毂端壁附近的流场相比，机匣端壁处气流的总压损失相应小一些，所以为进一步减小机匣端区内的流动损失，在机匣端壁的优化设计中，优化目标应以降低通道出口上半叶展内(Upper)的总压损失为主，同时兼顾全叶展内(Full)总压损失的最小化，即

$$PT_{Loss} = PT_{\omega,Upper} + PT_{\omega,Full} \qquad (4-27)$$

在轮毂端壁的优化设计中，目标函数中的流动损失以通道出口的能量损失系数 ξ 来计算，即

$$PT_{Loss} = PT_\zeta = W_\zeta \zeta^2 \qquad (4-28)$$

尽管机匣和轮毂的端壁优化设计是分别开展的，但本章也将优化后的非轴对称机匣端壁和轮毂端壁同时应用到该高压涡轮导向器中，并在设计工况 ($Ma_1 = 0.82$) 下对其流场进行了相应的数值计算。为了便于下面的分析和讨论，对优化前后的高

压涡轮导向器进行符号标记,其中优化前原轴对称端壁的高压涡轮导向器用 AEW_Original 表示,而优化后具有非轴对称端壁的高压涡轮导向器符号标记如表 4－4 所示。

表 4－4　优化后具有非轴对称端壁的高压涡轮导向器的符号标记

方　案	机 匣 端 壁	轮 毂 端 壁	机匣+轮毂
原型	AEW_Original	AEW_Original	AEW_Original
方案一	NEW_Opt#1_Tip	NEW_Opt#1_Hub	NEW_Opt#1
方案二	NEW_Opt#2_Tip	NEW_Opt#2_Hub	NEW_Opt#2

2. 端壁优化结果

图 4－63 和图 4－64 分别为采用两种方案优化后的高压涡轮导向器非轴对称机匣端壁曲面的三维示意图和高度分布云图,其中高度 h 规定为端壁曲面的内法向为正。可见,与相对简单的造型方法相比,结合数值优化方法得到的非轴对称端壁曲面更为复杂,端壁曲面上的凹凸分布更为多样化。进一步对比可以看到,由于方案一和方案二中优化目标的侧重点不同,优化后所得到的非轴对称机匣端壁曲面也有所不同,但总体而言,两者的凹凸分布规律还是有一些相似之处:在通道前

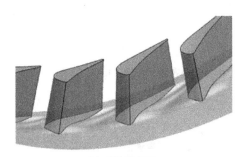 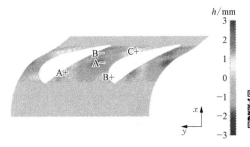

(a) 三维示意图　　　　　　　(b) 高度分布图

图 4－63　非轴对称机匣端壁曲面三维示意图和高度分布图(**NEW_Opt#1_Tip**)

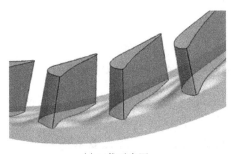 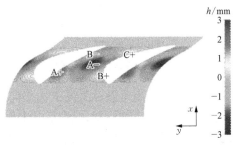

(a) 三维示意图　　　　　　　(b) 高度分布图

图 4－64　非轴对称机匣端壁曲面三维示意图和高度分布图(**NEW_Opt#2_Tip**)

部,叶片吸压力面附近均出现了下凸曲面(A+和B+);在通道中部出现了范围较大的上凹曲面(A-);在通道后部压力面侧出现了小范围的上凹曲面(B-);而在通道喉部下游、吸力面附近又出现了一个下凸曲面(C+)。

图4-65和图4-66分别为两种方案优化后非轴对称轮毂端壁曲面三维示意图和高度分布云图。由图可知,优化后得到的非轴对称轮毂端壁中同样出现了若干个上凸和下凹曲面,而且上凸(下凹)曲面出现的区域整体上也与优化后的机匣端壁相似,不同的是NEW_Opt#2_Hub中没有出现上凸曲面B+。整体而言,与非轴对称机匣端壁相比,优化后的轮毂端壁在通道中后部内端壁曲面的曲率变化程度更为剧烈,这主要是由于两者端区内的流场结构不同。对比图4-65(b)和图4-66(b)还可以看到,NEW_Opt#2_Hub中不仅没有出现上凸曲面B+,而且端壁曲面的高度变化整体上也没有NEW_Opt#1_Hub中明显。

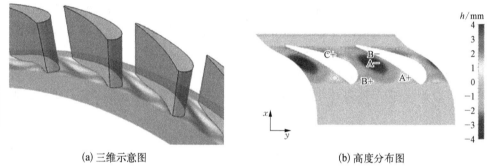

(a) 三维示意图   (b) 高度分布图

图4-65   非轴对称轮毂端壁曲面三维示意图和高度分布图(NEW_Opt#1_Hub)

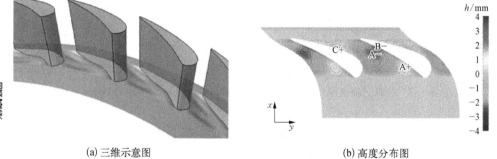

(a) 三维示意图   (b) 高度分布图

图4-66   非轴对称轮毂端壁曲面三维示意图和高度分布图(NEW_Opt#2_Hub)

表4-5给出了设计工况下优化前后高压涡轮导向器通道出口流动损失及质量流量,由表中数据可知,优化后的非轴对称端壁均使该高压涡轮导向器通道出口的流动损失显著降低,而且总压损失系数和能量损失系数的降低效果基本一致。不仅如此,由于目标函数中对该高压涡轮导向器的质量流量进行了一定的约束,优化后的非轴对称端壁对质量流量的影响很小,最大增幅没有超过0.9%。

表 4 - 5　设计工况下优化前后高压涡轮导向器通道出口流动损失及质量流量的对比

工　况	总压损失系数	能量损失系数	质量流量/(kg/s)
AEW_Original	0.068 163	0.049 480	20.225
NEW_Opt#1_Tip	0.067 238(−1.36%)	0.048 842(−1.29%)	20.401(+0.87%)
NEW_Opt#1_Hub	0.062 694(−8.02%)	0.045 695(−7.65%)	20.088(−0.68%)
NEW_Opt#1	0.061 099(−10.36%)	0.044 585(−9.89%)	20.251(+0.13%)
NEW_Opt#2_Tip	0.067 797(−0.54%)	0.049 228(−0.51%)	20.405(+0.89%)
NEW_Opt#2_Hub	0.062 133(−8.85%)	0.045 304(−8.44%)	20.103(−0.60%)
NEW_Opt#2	0.060 828(−10.76%)	0.044 396(−10.27%)	20.265(+0.20%)

对于优化获得的非轴对称机匣端壁,NEW_Opt#1_Tip 的出口总压损失系数降低了 1.36%,而由于 NEW_Opt#2_Tip 的优化目标更侧重于降低通道出口上半叶展内的总压损失系数,其通道出口总压损失系数的降低幅度小于 NEW_Opt#1_Tip。对于优化后的轮毂端壁,其通道出口总压损失系数降低了 8.02%~8.85%,降低幅度远大于采用造型方法得到的轮毂端壁,并且与优化后的机匣端壁相比,其流动损失的降低效果也更为显著。可见,结合数值优化方法获得的非轴对称端壁曲面的确能够大幅度减小高压涡轮导向器通道内的流动损失系数,而且端区内的流动损失系数越大,越能发挥出非轴对称端壁对端区流场品质的改善能力;对比 NEW_Opt#1_Hub 和 NEW_Opt#2_Hub 中的流动损失系数降低幅度可以发现,若优化目标以通道出口平均能量损失系数最小为主,则流动损失系数的降低效果更加明显。

由表 4 - 5 中的数据还可以发现,当将优化后获得的非轴对称机匣端壁和非轴对称轮毂端壁同时应用到该高压涡轮导向器中时,通道出口的流动损失系数降低得更为显著(超过了 10%),两种优化方案均表现出了一加一大于二的效果,可见,当非轴对称机匣和轮毂端壁同时应用时,两者在改善通道内流场品质、降低流动损失系数的作用上相辅相成、相互促进。

图 4 - 67 展示了该高压涡轮导向器在机匣端壁优化前后通道出口总压损失系数的周向平均值沿展向的分布。由图中曲线分布可知,对于该高压涡轮导向器,其通道出口上半叶展内的高损失区主要分布在约 77%叶展处,即吸力面上叶尖附近分离线所处的位置附近。

由于各方案中优化目标的侧重点不同,优化后通道出口总压损失系数的降低范围及程度也各不相同:NEW_Opt#1_Tip 在通道出口大部分叶展范围内(25%~95%叶展)均有效地降低了总压损失系数,尤其是在高损失区内,总压损失系数降低地更为明显;而 NEW_Opt#2_Tip 只有在 69%~95%叶展范围内降低了通道出口的总压损失系数,但其在近机匣端壁附近,总压损失系数的降低程度明显优于

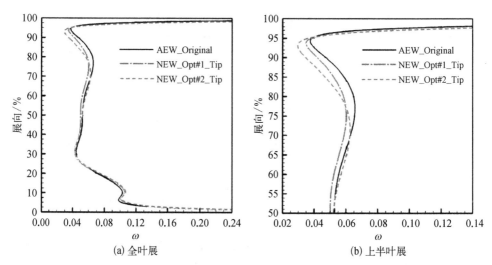

(a) 全叶展　　　　　　　　　　　　　　(b) 上半叶展

图 4-67　机匣端壁优化前后高压涡轮导向器通道出口总压损失系数的周向平均值沿展向的分布

NEW_Opt#1_Tip。可见,正是由于目标函数设计的不同,NEW_Opt#1_Tip 从整体上降低了通道出口的流动损失,而 NEW_Opt#2_Tip 更强调局部流动损失的减少。但进一步对比图 4-67(a)中的曲线分布还可以发现,优化后的机匣端壁均使得近轮毂端壁附近的总压损失系数产生小幅度增大趋势。

　　图 4-68 展示了轮毂端壁优化前后高压涡轮导向器通道出口总压损失系数和能量损失系数沿展向的分布。由图可知,尽管总压损失系数和能量损失系数从不同角度衡量气流的流动损失,但两者的分布趋势基本一致,而且优化后的降低效果也基本相同。

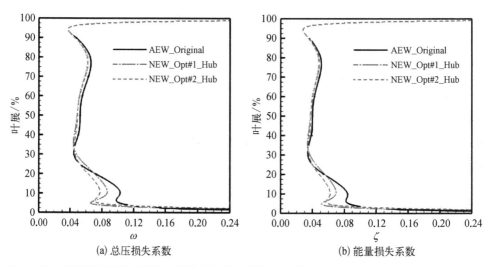

(a) 总压损失系数　　　　　　　　　　　(b) 能量损失系数

图 4-68　轮毂端壁优化前后高压涡轮导向器通道出口流动损失系数的周向平均值沿展向的分布

进一步对比优化前后的曲线分布可以看到,NEW_Opt#1_Hub 和 NEW_Opt#2_Hub 几乎在全叶展范围内降低了通道出口的流动损失,尤其是在近轮毂端壁附近的高损失区内,流动损失系数的降低更为显著。可见,优化后的轮毂端壁不仅提高了轮毂端区内的流场品质,而且对整个通道内的流场也有所改善。但同时也可以发现,NEW_Opt#2_Hub 在高损失区内的流动损失系数降低效果明显优于 NEW_Opt#1_Hub,而 NEW_Opt#1_Hub 在 20%~32%叶展范围内,其流动损失系数还存在小幅度增大趋势。

图 4-69 展示了各方案优化前后高压涡轮导向器通道出口总压损失系数的周向平均值沿展向的分布。由图中曲线分布可以看到,尽管各方案中机匣端壁和轮毂端壁的优化过程是分别进行的,但当优化获得的非轴对称机匣端壁和非轴对称

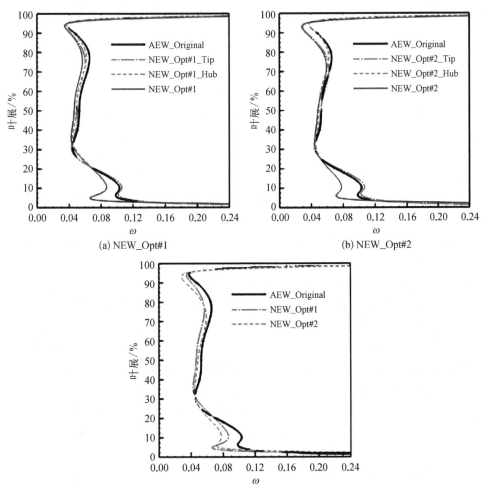

(a) NEW_Opt#1　　　　(b) NEW_Opt#2

(c) NEW_Opt#1 和 NEW_Opt#2

图 4-69　不同方案优化前后高压涡轮导向器通道出口总压损失系数的周向平均值沿展向的分布

轮毂端壁同时应用到该高压涡轮导向器中时,通道出口流动损失系数的降低幅度呈现出相互叠加的效果,即优化后,机匣(轮毂)端壁在轮毂(机匣)端壁的基础上能够继续降低通道出口的流动损失系数;而且,当单独应用机匣端壁时会导致轮毂端区内的总压损失系数有所增大,但当其与轮毂端壁同时应用时,轮毂端区内总压损失系数的降低效果并没受到太大影响。

3. 高压涡轮导向器内部流场分析

由图 4-69 中给出的上半叶展高损失区的总压损失系数分布云图可以看到,该高压涡轮导向器通道出口的上半叶展内的高损失区并不是由机匣端区内的通道涡造成的,即通道涡的涡核并不是高损失点。在高亚声速情况下,涡轮导向器通道内的气流流向速度较快,端壁附面层内的涡量会远大于通道涡的涡量,因此通道涡内部因摩擦而产生的流动损失也将远小于附面层内的损失值,此时通道涡对流动损失的影响主要体现在因其卷吸作用而引起的附面层的再分布。由图 4-69(b)中的总压损失系数分布情况可知,该高压涡轮导向器通道出口上半叶展内的高损失区主要是由已爬升到吸力面上且远离机匣的端壁附面层内的低能流体引起,高损失区内的损失峰值点距机匣壁面约为 27.7% 叶展。

由上述分析可知,采用数值优化方法对机匣和轮毂进行非轴对称端壁优化设计,能够在保证质量流量基本不变的条件下显著地降低高压涡轮导向器通道出口的流动损失,实现预期的优化目标。可见,优化得到的非轴对称机匣和轮毂端壁的确改善了该高压涡轮导向器通道内,尤其是端壁附近的流场品质,因此下面将分别对具有优化获得非轴对称机匣端壁和轮毂端壁的导向器的通道流场结构进行详细分析。

为了能够清晰、准确地反映三维流场的流动状态,可直接利用三维流线来显示高压涡轮导向器通道内部流场的空间结构。尽管通道内的流场结构具有一定的复杂性,但实际工程应用中更关注几种对流场具有较大影响的主要涡系结构,这类涡系的尺度与叶栅通道的几何尺寸具有一定的可比性,更容易利用三维流线捕捉其具体的流动状态,而其他细微的涡系结构影响一般较小。因此,本章只给出通道端区内几种典型的流场结构(即端壁附面层分布和端区内几种主要的涡系结构),并对比上述流场结构优化前后的变化,试图找到优化后的非轴对称端壁对端区流场的影响因素,揭示非轴对称端壁在改善流场品质方面的流动机理和规律。

图 4-70 展示了优化前原高压涡轮导向器(AEW_Original)机匣端区内的三维流场结构。图中端区内的流场结构主要给出了进口的端壁来流附面层(灰色流线)、通道内端壁再生附面层(绿色流线)及马蹄涡吸压侧分支(蓝色流线和粉色流线)。与壁面极限流线图谱相比,图 4-70 中的流线更能直观地体现出端区流场复杂的三维性。

由图 4-70 中的蓝色和粉色流线可以清晰地观察到马蹄涡在叶片前缘上游的

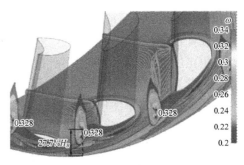

(a) 上游视角　　　　　　　　　　　　(b) 下游视角

图 4 - 70　AEW_Original 机匣端区内的三维流场结构

鞍点处开始生成及分离出的吸压力侧分支在下游发展过程中对周围流体,尤其是端壁附面层内低能流体的卷吸现象。其中,吸力侧分支在绕过叶片前缘和吸力面侧端壁再生附面层后,在通道后部与吸力面相遇,并开始沿吸力面向叶中方向移动;而压力侧分支在到达吸力面后并没爬升到吸力面上,而是在吸力面/端壁角区内发展成为通道涡并流出通道。可见,马蹄涡吸力侧分支在通道下游[图 4 - 70 (b)]并没有与通道涡相遇,同时还可以看到马蹄涡压力侧分支的尺度明显大于吸力侧分支。

观察图 4 - 70 中的绿色流线可以发现,受端区横向压力梯度的影响,压力面侧端壁再生附面层开始向吸力面侧发生迁移,在横向迁移的过程中有部分再生附面层受到马蹄涡压力侧分支的卷吸作用而进一步加剧了横向迁移的趋势,而吸力面侧端壁再生附面层(仅存在于通道前半段)受端区横向压差的作用和端壁来流附面层的挤压及马蹄涡吸力侧分支的影响,仅沿着吸力面向下游流动。

由图 4 - 70 中灰色流线所示的端壁来流附面层可知,当其进入通道后,受到了上述几种流动的共同影响: ① 端壁来流附面层首先与再生附面层相遇并相互挤压[图 4 - 70(a)],靠近压力面侧,受马蹄涡压力侧分支卷吸作用的影响,这两种端壁附面层相遇后便发生了分离。在向下游流动过程中,陆续有部分再生附面层在横向压差的作用下继续挤压已分离和未分离的来流附面层并向吸力面迁移,同时使已分离的来流附面层更加远离端壁,而该部分的再生附面层则在其下方迁移至吸力面,当来流附面层和部分再生附面层与吸力面相遇后便开始沿吸力面爬升; ② 吸力面侧的来流附面层在叶片前缘上游便开始挤压吸力面侧再生附面层,同时受马蹄涡吸力侧分支的影响,两者也发生了分离现象;已分离的来流附面层在通道下游[图 4 - 70(b)]被通道涡所卷吸;而未分离的来流附面层则在横向压差作用下在马蹄涡吸力侧分支和已分离的再生附面层的下方迁移至吸力面,并沿吸力面爬升。

图 4 - 71 和图 4 - 72 分别给出了机匣端壁优化后该高压涡轮导向器(NEW_

Opt#1_Tip 和 NEW_Opt#2_Tip）机匣端区内的三维流场结构。为了确保端区流场结构在优化前后具有一定的可比性，优化后的端壁来流附面层和再生附面层内流线发出点的空间坐标均与优化前相同，而优化后的非轴对称机匣端壁对马蹄涡的生成位置具有一定的影响，因此马蹄涡吸压力侧分支流线的出发位置会略有不同。与优化前相比，由于优化后通道前部吸力面和侧壁面的横向压力梯度有所升高，端壁来流附面层在进入通道后便加剧了其向吸力面横向迁移的趋势，而马蹄涡压力侧分支也在此影响下向吸力面偏移[图 4-71(a) 和图 4-72(a)]。但同时也可以看到，压力侧分支在下游对再生附面层的卷吸作用有所减弱。尽管压力面附近的下凸曲面 A+ 对端区流场的影响较小，但该处的壁面静压还是会因气流的加速而有所降低，压力面附近的横向压力梯度也会相应减小，从而一定程度上降低了压力面侧再生附面层向吸力面横向迁移的强度，进一步降低了其受压力侧分支卷吸作用的影响。

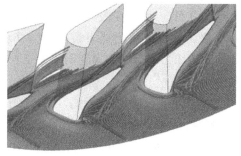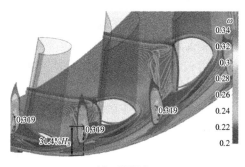

　　　　(a) 上游视角　　　　　　　　　　　　(b) 下游视角

图 4-71　NEW_Opt#1_Tip 机匣端区内的三维流场结构

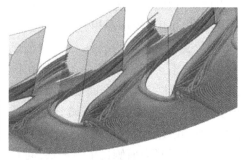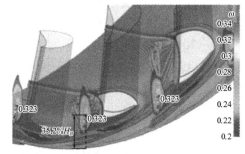

　　　　(a) 上游视角　　　　　　　　　　　　(b) 下游视角

图 4-72　NEW_Opt#2_Tip 机匣端区内的三维流场结构

　　NEW_Opt#2_Tip 的端区横向压力梯度在通道前部增加地更多、轴向范围更大，而且其下凸曲面 A+ 的峰值也比 NEW_Opt#1_Tip 高，因此 NEW_Opt#2_Tip 中的马蹄涡压力侧分支向吸力面偏移的程度更大，而压力面侧再生附面层的横向迁移趋势最小,再生附面层受压力侧分支的卷吸作用最弱。与此同时,端区吸力面附近的流场结构分布在优化后并没有发生太明显的变化。

在通道中部,由于优化后端区从吸力面到压力面的横向压力梯度均有明显减小,压力面侧再生附面层向吸力面横向迁移的趋势会进一步减弱,并且马蹄涡压力侧分支的横向偏移程度也会得到减缓。同时,吸力面附近的横向压力梯度降低得更为显著,因此由图 4-71(b)和图 4-72(b)可以看到,吸力面侧再生附面层和马蹄涡吸力侧分支到达吸力面的位置均有所推迟。

在通道后部,压力面附近的横向压力梯度在优化后继续减小,压力面侧再生附面层的横向迁移趋势也持续减弱。而此时吸力面附近的横向压力梯度在优化后又重新增大,受其影响,马蹄涡压力侧分支及其发展成的通道涡也更为迅速地流向了吸力面。由于 NEW_Opt#2_Tip 的横向压力梯度在吸力面附近的增加幅度略高于 NEW_Opt#1_Tip[图 4-69(c)],由图 4-72(b)可以看到,此时通道涡在叶片尾缘附近已经爬升到了吸力面上。

对比整个端区内的流场结构分布可以发现,压力面侧端壁再生附面层向吸力面的横向迁移趋势始终处于减弱状态,而马蹄涡压力侧分支则更加靠近吸力面,这不仅减弱了压力侧分支及通道涡对压力面侧再生附面层的卷吸作用,降低了通道涡的强度,而且也减少了端壁再生附面层内的低能流体流向并爬升到吸力面。同时还可以注意到,由于吸力面侧的再生附面层和马蹄涡吸力侧分支均推迟到达了吸力面,两者爬升到吸力面的高度均有所下降。

正是由于上述原因,优化后爬升到吸力面上的端壁附面层,尤其是再生附面层内的低能流体明显减少,不仅显著降低了通道出口机匣附近高损失区内的损失峰值,而且也有效地减小了高损失区范围,从而实现了降低高压涡轮导向器通道出口流动损失的优化目标。但由于优化后的通道后部吸力面侧的横向压力梯度增大,加剧了吸力面附近端壁附面层内低能流体流向吸力面的趋势,促使已爬升到吸力面上的低能流体更加远离机匣端壁,导致高损失区及其损失峰值点均向叶中方向偏移。其中,由于 NEW_Opt#2_Tip 的通道涡在叶片尾缘附近已经爬升到吸力面上并与周围的低能流体相互作用,其损失峰值的降低幅度没有 NEW_Opt#1_Tip 那么显著,而且其高损失区也更加远离机匣端壁,正是如此,NEW_Opt#2_Tip 才更加显著地降低了近机匣端壁附近的流动损失,但却增大了 53%～69% 叶展范围内的总压损失系数。

叶轮机械中的宏观流动主要是由流场中的压力分布所控制的,黏性作用只是影响流场结构的因素之一,而主导因素还是叶栅通道中的压力场。尤其是对于端区内的二次流,完全是由压力梯度所控制,流体黏性只是提供了流动耗散的机制。综上分析可以发现,优化后的非轴对称机匣端壁有针对性地改变了端区局部的静压场及压力梯度分布,重新调整了导向器端区内的马蹄涡吸压力侧分支和通道涡的分布及端壁附面层的迁移规律,从而达到了改善端区流场品质、降低端区二次流损失的目的。

　　轮毂端壁优化前后叶根处吸力面动量厚度分布如图 4-73 所示,由于优化后轮毂端区内分离涡的尺度和强度均有显著降低,叶栅后部的附面层分离推迟,动量损失明显降低。此时,通道出口的高损失区主要是由轮毂端区内的通道涡造成的,通道涡的涡核也正是该高损失区的损失峰值点,并且通道涡在通道下游远离轮毂端壁,减弱了其与端壁附面层的相互作用,因此该高压涡轮导向器在轮毂端壁优化后通道出口的高损失区范围明显减小,而且其损失峰值也显著降低。

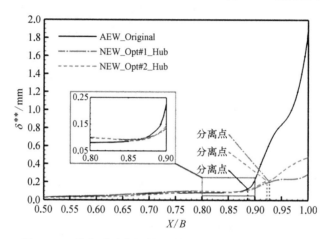

图 4-73　轮毂端壁优化前后叶根处吸力面动量厚度分布

4.5.5　小结

　　通过对某一高亚声速高压涡轮导向器轮毂端壁进行非轴对称端壁造型,讨论了端壁造型方法在该高压涡轮导向器中的应用效果,发现了端壁造型方法的局限性。为此,本章又采用了一种新思路来构造出自由度更高、型面更复杂的端壁三维曲面,并借助数值优化手段开展了非轴对称端壁的优化设计,从而进一步提升了非轴对称端壁造型技术在提高高压涡轮导向器气动性能方面的能力。同时,利用三维流线显示技术详细对比了优化前后端区内几种典型的流场结构,揭示了非轴对称端壁在改善端区流场品质、降低端区二次流损失方面的机理和规律。通过上述的研究工作,可以得到以下结论。

　　(1) 采用基于近似模型的改进遗传算法实现的非轴对称端壁优化设计不仅解决了为构造高自由度端壁三维曲面带来的难题,同时也大大降低了因流场数值计算耗时过长而造成的优化时间成本。根据目标函数的设计,不仅实现了导向器出口流动损失的大幅度降低(尤其是优化获得的非轴对称轮毂端壁,总压损失系数降低了 8.02%～8.85%),而且也在一定程度上保证了导向器质量流量在优化后保持不变。虽然机匣和轮毂的端壁优化设计是分别开展的,而且优化目标中的流动损失也是从不同角度衡量的,但优化后获得的非轴对称端壁曲面中的凹凸分布规律具有一定的相似性,并且当优化后的机匣端壁和轮毂端壁同时应用到该高压涡轮导向器时,流动损失系数的降低程度呈现出一加一大于二的效果,此时,总压损失系数的降低幅度已经超过了 10%。

（2）优化前后高压涡轮导向器端区流场的对比分析表明：① 与端壁造型方法相比,优化获得的非轴对称端壁曲面对叶片表面和壁面的静压影响更加明显,而且由于其凹凸分布更为复杂,端壁曲面对端区横向压力梯度的影响更体现在局部区域的改变上,更具有针对性；② 对于机匣端区,由于优化后的非轴对称机匣端壁改变了端区局部静压场和压力梯度的分布,重新调整了端壁附面层的迁移规律,以及马蹄涡、通道涡的走势分布,从而减弱了马蹄涡压力侧分支及通道涡对端壁附面层内低能流体的卷吸作用,降低了通道涡的强度,而且使得更少的端壁附面层内的低能流体爬升到吸力面上,达到了降低端区二次流损失的目的；③ 对于原高压涡轮导向器轮毂端区,二次流损失产生的主要原因是端区内存在十分严重的分离涡,而优化获得的非轴对称轮毂端壁不仅同样减弱了马蹄涡压力侧分支及通道涡对端壁附面层内低能流体的卷吸作用,更重要的是上凸曲面 C+对气流的加速作用推迟了吸力面静压最低点的轴向位置,增加了吸力面附近低能流体的动量,减小了吸力面尾缘附近的动量厚度,从而推迟了分离涡的形成,显著降低了分离涡的尺度和强度,由此减小了高损失区的范围及损失峰值。

（3）优化后获得的非轴对称端壁在改善端区流场品质、降低流动损失的同时对导向器的叶片负荷也造成了一定的附加影响,改变了导向器出口气流角的分布,降低了主流在通道内的转折能力,从而将影响到下一排动叶进口的来流条件。

参考文献

[1] Glen S, Dwain D, Grant I, et al. The application of non-axisymmetric endwall contouring in a single stage, rotating turbine[R]. ASME Paper, 2009 - GT - 59169, 2009.

[2] Steffen R, Heinz-Peter S. Non-axisymmetric end wall profiling in transonic compressors. part I: improving the static pressure recovery at off-design conditions by sequential huband shroud end wall profiling[R]. ASME Paper, 2009 - GT - 59133, 2009.

[3] Steffen R, Heinz-Peter S. Non-axisymmetric end wall profiling in transonic compressors. part II: design study of a transonic compressor rotor using non-axisymmetric end walls-optimization strategies and performance[R]. ASME Paper, 2009 - GT - 59134, 2009.

[4] Dorfner C, Hergt A, Nicke E, et al. Advanced non-axisymmetric endwall contouring for axial compressors by generating an aerodynamic separator part I: principal cascade design and compressor application[R]. ASME Paper, 2009 - GT - 59383, 2009.

[5] Hawthorne W R. Secondary circulation in fluid flow[J]. Proceedings of the Royal Society, 1951, 206(1086): 374 - 387.

[6]　Lakshminarayana B. Fluid dynamics and heat transfer of turbomachinery[M]. New Jersey: John Wiley, 1996.

[7]　Klein A. Investigation of the entry boundary layer on the secondary flows in the blading of axial turbines[R]. BHRA Report, BHRAT1004, 1966.

[8]　Langston L S, Nice M L, Hooper R M. Three-dimensional flow within a turbine blade passage [J]. Journal of Engineering for Power, 1977, 99(1): 21 – 28.

[9]　Ishii J, Honami S. A three-dimensional turbulent detached flow with a horseshoe vortex[J]. Journal of Engineering for Gas Turbine and Power, 1986, 108(1): 125 – 130.

[10]　Sharma O P, Butler T L. Predictions of endwall losses and secondary flows in axial flow turbine cascades[J]. Journal of Turbomachinery, 1987, 109(2): 229 – 236.

[11]　Goldstein R J, Spores R A. Turbulent transport on the endwall in the region between adjacent turbine blades[J]. Journal of Heat Transfer, 1988, 110(4): 862 – 869.

[12]　Wang H P, Olson S J, Goldstein R J, et al. Flow visuallzation in a linear turbine caseade of high performance turbine blade[R]. ASME Paper, 1995 – GT – 7, 1995.

[13]　Rose M G. Non-axisymmetric endwall profiling in the HP NGV's of an axial flow gas turbine [R]. ASME Paper, 1994 – GT – 249, 1994.

[14]　Harvey N W, Rose M G, Taylor M D, et al. Nonaxisymmetric turbine end wall design: part Ⅰ - three-dimensional linear design system[J]. Journal of Turbomachinery, 2000, 122(4): 278 – 285.

[15]　Hartland J C, Gregory-Smith D G, Harvey N W, et al. Nonaxisymmetric turbine end wall design: part Ⅱ — experimental validation[J]. Journal of Turbomachinery, 2000, 122(4): 286 – 293.

[16]　Hartland J C, Gregory-Smith D G. A design method for the profiling of end walls in turbines [R]. ASME Paper, 2002 – GT – 30433, 2002.

[17]　Nagel M G, Baier R D. Experimentally verified numerical optimization of a three-dimensional parameterized turbine vane with nonaxisymmetric end walls[J]. Journal of Turbomachinery, 2005, 127(5): 380 – 387.

[18]　Saha A K, Acharya S. Computations of turbulent flow and heat transfer through a three-dimensional non-axisymmetric blade passage[R]. ASME Paper, 2006 – GT – 90390, 2006.

[19]　Gustafson R, Mahmood G, Acharya S. Aerodynamic measurements in a linear turbine bladepassage with three-dimensional endwall contouring[R]. ASME Paper, 2007 – GT – 28073, 2007.

[20]　Praisner T J, Allen-Bradley E, Grover E A, et al. Application of non-axisymmetric endwall contouring to conventional and high-lift turbine airfoils[R]. ASME Paper, 2007 – GT – 27579, 2007.

[21]　Kapil P, Santosh A, Srinath V E, et al. Investigation of effect of end wall contouring methods ona transonic turbine blade passage[R]. ASME Paper, 2011 – GT – 45192, 2011.

[22]　Luo J, Liu F, Ivan M. Optimization of endwall contours of a turbine blade row using an adjoint method[R]. ASME Paper, 2011 – GT – 46163, 2011.

[23]　孙皓, 宋立明, 李军, 等. 小展弦比叶栅非轴对称端壁造型及气动性能的数值研究[J]. 西安交通大学学报, 2012, 46(11): 6 – 11.

[24] 刘波,管继伟,陈云永,等.用端壁造型减小涡轮叶栅二次流损失的数值研究[J].推进技术,2008,29(3):355-359.

[25] 黄洪雁,王仲奇,冯国泰.上端壁翘曲对涡轮叶栅流场的影响[J].推进技术,2002,23(1):36-39.

[26] 林智荣,韩悦,袁新.非轴对称端壁与弯叶片联合造型方法及应用[J].工程热物理学报,2014,35(11):2159-2163.

[27] Hoeger M, Cardamone P, Fottner L. Influence of endwall contouring on the transonic flow in a compressor blade[R]. ASME Paper, 2002-GT-30440, 2002.

[28] Dorfner C, Nicke E, Voss C. Axis-asymmetric profiled endwall design by using multi-objective optimization linked with 3d rans-flow-simulations [R]. ASME Paper, 2007-GT-27268, 2007.

[29] Harvey N W. Some effects of non-axisymmetric end wall profiling on axial flow compressoraerodynamics. part Ⅰ: linear cascade investigation[R]. ASME Paper, 2008-GT-50990, 2008.

[30] Hergt A, Dorfner C, Steinert W, et al. Advanced non-axisymmetric endwall contouring for axial compressors by generating an aerodynamic separator part Ⅱ: experimentaland numerical cascade investigation[J]. Journal of Turbomachinery, 2011, 133(2):021027.

[31] 李国君,马晓永,李军.非轴对称端壁成型及其对叶栅损失影响的数值研究[J].西安交通大学学报,2005,39(11):1169-1172.

[32] 卢家玲,楚武利,刘志伟,等.轴流压气机非轴对称机匣造型的研究[J].工程热物理学报,2009,30(2):209-213.

[33] 吴吉昌,卢新根,朱俊强.非轴对称端壁下高负荷压气机叶栅二次流动分析[J].航空动力学报,2011,26(6):1362-1369.

[34] Hartland J C, Gregory-Smith D G, Rose M G. Non-axisymmetric endwall profiling in a turbine rotor blade[R]. ASME Paper, 1998-GT-525, 1998.

[35] Harvey N W, Rose M G, Taylor M D, et al. Non-axisymmetric turbine end wall design: part Ⅰ-three-dimensional linear design system[R]. ASME Paper, 1999-GT-337, 1999.

[36] Brennan G, Harvey N W, Rose M G, et al. Improving the efficiency of the trent 500 hp turbine using non-axisymmetric end walls: part Ⅰ-turbine design[R]. ASME Paper, 2001-GT-0444, 2001.

[37] Rose M G, Harvey N W, Seaman P, et al. Improving the efficiency of the trent 500 hp turbine using non-axisymmetric end walls: part Ⅱ-experimental validation[R]. ASME Paper, 2001-GT-0505, 2001.

[38] Harvey N W, Brennan G, Newman D A, et al. Improving turbine efficiency using non-axisymmetric end walls: validation in the multi-row environment and with low aspect ratio blading[R]. ASME Paper, 2002-GT-30337, 2002.

[39] Blackburn J, Frendt G, Gagne M, et al. Performance enhancements to the industrial avon gas turbine[R]. ASME Paper, 2007-GT-28315, 2007.

[40] 卢家玲,楚武利,朱俊强,等.端壁造型在叶轮机械中的应用与发展[J].热能动力工程,2009,24(6):687-691.

[41] Klinger H, Lazik W, Wunderlich T. The engine 3e core engine[R]. ASME Paper, 2008-

GT - 50679, 2008.

[42] Hartland J C, Gregory-Smith D. A design method for the profiling of end walls in turbines [R]. ASME Paper, 2002 - GT - 30433, 2002.

[43] 郑金,李国君,李军,等. 一种新非轴对称端壁成型方法的数值研究[J]. 航空动力学报, 2007,22(9): 1487 - 1491.

[44] 高增珣,高学林,袁新. 透平叶栅非轴对称端壁的气动最优化设计[J]. 工程热物理学报, 2007,28(4): 589 - 591.

[45] Nagel M G, Baier R D. Experimentally verified numerical optimisation of a 3d-parametrised turbine vane with non-axisymmetric end walls[R]. ASME Paper, 2003 - GT - 38624, 2003.

[46] Germain T, Nagel M, Raab I, et al. Improving efficiency of a high work turbine using non-axisymmetric endwallspart Ⅰ: endwall design and performance[R]. ASME Paper, 2008 - GT - 50469, 2008.

[47] Schupbach P, Abhari R S, Rose M G, et al. Improving efficiency of a high work turbine using non-axisymmetric endwalls part Ⅱ: time-resolved flow physics[R]. ASME Paper, 2008 - GT - 50470, 2008.

[48] Poehler T, Gier J, Jeschke P. Numerical and experimental analysis of the effects of non-axisymmetric contoured stator endwalls in an axial turbine[R]. ASME Paper, 2010 - GT - 23350, 2010.

[49] Reid L, Moore R D. Performance of single-stage axial-flow transonic compressor with rotor and stator aspectratios of 1. 19 and 1. 26, respectively, and with design pressure[R]. NASA Report, NASA - TP - 1337, 1978.

[50] Reid L, Moore R D. Performance of single-stage axial-flow transonic compressor with rotor and stator aspectratios of 1. 19 and 1. 26, respectively, and with design pressure ratio of 1. 82[R]. NASA Report, NASA - TP - 1338, 1978.

[51] 刘波,曹志远,黄建,等. 跨声速轴流压气机非轴对称端壁造型优化设计[J]. 推进技术, 2012,33(5): 690 - 694.

第 5 章
压气机附面层吸附技术

附面层吸附技术是附面层控制中的主动流动控制方法,其主要思路是通过在固壁上设置抽吸缝或者孔,包括对转静子叶片表面/机匣轮毂进行开缝,吸除叶片或端壁表面区域的一部分低能流体,防止或推迟附面层的分离,从而减少损失。与传统的利用提高叶尖切线速度来提高叶片负荷的设计思想不同的是,利用附面层吸气来控制叶片与端壁的分离可以采用更高负荷的叶片而保持较小的损失。叶片负荷的提高,可以减轻压气机重量、减少压气机长度,还会带来其他方面的诸多好处,从而最终改善压气机的效率和成本,因此这项技术吸引了国内外众多学者的目光。

5.1 附面层吸附技术的原理

通过对抽吸抑制附面层分离的机理进行深入分析,对附面层流动的特点进行详细的刻画,借助附面层动量方程的推导及分析,解释附面层吸附对下游流动分离控制的原因,建立附面层吸附控制分离的理论支撑;并从热力学的原理出发解释抽吸能够提高压气机级效率的根本原因,同时详细分析抽吸对叶片形状因子的影响,以便对抽吸可以提高叶片载荷的机理有一个更为清晰的理解。

本节在借鉴已有研究成果的基础上,通过分析抽吸对下游附面层法向动量厚度、给定压比下有效功及叶片扩散度的影响,更为全面深入地论述了附面层吸附的机理及效应。

5.1.1 附面层吸附对下游附面层动量厚度变化的影响

1. 附面层动量方程推导

要控制附面层发展,首先需要了解附面层的发展过程,当气流流过叶片表面时,由于黏性的作用,贴近叶片表面的气流速度非常低,在叶片表面形成了一个很薄的附面层,随着流动的延续,附面层会逐渐增厚,当其厚度达到一定的程度,就会造成附面层分离,使通道内的气流流通能力下降,同时叶片的损失会急剧增加,叶片出口的尾迹也变得更加混乱,影响到下一排叶片的流动。

如果能够对附面层法向厚度增长加以控制,那么就可以避免附面层厚度增长过快而导致的流动分离,基于这样的考虑,在附面层发展的下游区域对一部分低能流体进行抽吸,增大附面层流体的动能,以延缓附面层的法向增长速度。

对于二维流动的连续方程:

$$\frac{\partial(\rho u)}{\partial x} + \frac{\partial(\rho v)}{\partial y} = 0 \tag{5-1}$$

引入附面层边界自由流速度:$u_e(x)$,则有 $u_e\left[\dfrac{\partial(\rho u)}{\partial x} + \dfrac{\partial(\rho v)}{\partial y}\right] = 0$,即

$$u_e\frac{\partial(\rho u)}{\partial x} + u_e\frac{\partial(\rho v)}{\partial y} = 0 \tag{5-2}$$

$$u_e\frac{\partial(\rho u)}{\partial x} = \frac{\partial(\rho u u_e)}{\partial x} - \rho u\frac{\partial(u_e)}{\partial x} \tag{5-3}$$

$$\frac{\partial(\rho v u_e)}{\partial y} = u_e\frac{\partial(\rho v)}{\partial y} \tag{5-4}$$

将式(5-3)和式(5-4)代入式(5-2)中得

$$\frac{\partial(\rho u u_e)}{\partial x} - \rho u\frac{\partial(u_e)}{\partial x} + u_e\frac{\partial(\rho v)}{\partial y} = 0 \tag{5-5}$$

考虑 u 向动量方程:

$$\frac{\partial(\rho u^2)}{\partial x} + \frac{\partial(\rho u v)}{\partial y} + \frac{\partial p}{\partial x} = \frac{\partial \tau_{xy}}{\partial y} \tag{5-6}$$

将欧拉方程 $\rho v\mathrm{d}v + \mathrm{d}p = 0$ 应用于附面层边界:

$$\rho_e u_e\frac{\partial u_e}{\partial x} + \frac{\partial p}{\partial x} = 0 \tag{5-7}$$

将式(5-7)代入式(5-6)得

$$\frac{\partial(\rho u^2)}{\partial x} + \frac{\partial(\rho u v)}{\partial y} - \rho_e u_e\frac{\partial u_e}{\partial x} = \frac{\partial \tau_{xy}}{\partial y} \tag{5-8}$$

由式(5-5)减式(5-8)得

$$\frac{\partial}{\partial x}\left[\rho_e u_e\left(1-\frac{u}{u_e}\right)\frac{\rho u}{\rho_e u_e}\right]+\frac{\partial}{\partial y}(\rho v u_e-\rho v u)+\rho_e u_e\frac{\partial u_e}{\partial x}\left(1-\frac{\rho u}{\rho_e u_e}\right)=-\frac{\partial \tau_{xy}}{\partial y}$$

$$(5-9)$$

对方程(5-9)两边同时积分（从 $y=0,\delta$ ）：

$$\frac{\partial}{\partial x}\left[\rho_e u_e\int_0^{\delta}\left(1-\frac{u}{u_e}\right)\frac{\rho u}{\rho_e u_e}\mathrm{d}y\right]+(\rho v u_e-\rho v u)\left|\begin{matrix}\delta\\0\end{matrix}\right.+\rho_e u_e\frac{\partial u_e}{\partial x}\int_0^{\delta}\left(1-\frac{\rho u}{\rho_e u_e}\right)\mathrm{d}y=-\int_0^{\delta}\frac{\partial \tau_{xy}}{\partial y}\mathrm{d}y$$

$$(5-10)$$

定义位移厚度：

$$\delta^*=\int_0^{\delta}\left(1-\frac{\rho u}{\rho_e u_e}\right)\mathrm{d}y$$

定义动量厚度(动量损失厚度)：

$$\theta=\int_0^{\delta}\left(1-\frac{u}{u_e}\right)\frac{\rho u}{\rho_e u_e}\mathrm{d}y$$

在附面层边界上，$v=0$、$u=u_e$，则式(5-10)中等号左边的第二项为0，代入位移厚度及动量损失厚度，式(5-10)可化为

$$\frac{\partial}{\partial x}(\rho_e u_e^2\theta)+\rho_e u_e\frac{\partial u_e}{\partial x}\delta^*=\tau_{\mathrm{wall}}\qquad(5-11)$$

式中，τ_{wall} 为壁面切应力。

式(5-11)适用于层流和紊流，同时也适用于可压缩流和不可压缩流，在附面层流动过程中，由于速度较小，可近似看作不可压缩流动，同时假定在附面层边界上的密度为常数，即 $\rho_e=\mathrm{const}$，同时考虑到在 y 向的倒数为0，引入形状因子 $H=\delta^*/\theta$，则式(5-11)可变为

$$\rho_e u_e^2\frac{\mathrm{d}\theta}{\mathrm{d}x}+2\rho_e u_e\theta\frac{\partial u_e}{\partial x}+H\rho_e u_e\theta\frac{\partial u_e}{\partial x}=\tau_{\mathrm{wall}}\qquad(5-12)$$

式(5-12)两边同时除以 $\rho_e u_e^2$ 得

$$\frac{\mathrm{d}\theta}{\mathrm{d}x}+(2+H)\frac{1}{u_e}\frac{\mathrm{d}u_e}{\mathrm{d}x}\theta=\frac{C_f}{2}\qquad(5-13)$$

式中，C_f 为表面摩擦力系数，式(5-13)即为附面层动量微分方程(von Karman 动量方程)。

2. 附面层未发生分离时抽吸后附面层的发展

当附面层没有发生分离时,表面摩擦力和压力梯度主导附面层的流动,此时表面摩擦力起主导作用,动量厚度的发展主要由表面摩擦来控制。在这种情况下进行附面层吸附后,抽吸位置后附面层的法向动量厚度的发展变化如图 5-1 所示。

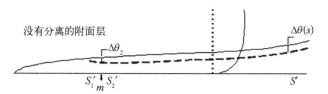

图 5-1　抽吸作用对未分离附面层发展的影响[1]

在这种情况下,$u_e = \mathrm{const}$,那么 $\dfrac{\mathrm{d}u_e}{\mathrm{d}x} = 0$,由式(5-13)可得

$$\frac{\mathrm{d}\theta}{\mathrm{d}x} = \frac{C_f}{2} \tag{5-14}$$

当在叶片表面一定位置处移除一定量的流体后,对下游附面层动量厚度变化的影响可由式(5-15)来评估。

对式(5-14)两边积分可得

$$\theta = \theta_z + \int_{s_z}^{s} \frac{C_f}{2}\mathrm{d}s$$

$$\Delta\theta(s) = \Delta\theta_z \tag{5-15}$$

从式(5-15)可以分析出,沿着流向,动量厚度的变化与抽吸孔处附面层厚度的变化呈线性关系,附面层流体的移除对下游附面层的发展造成的影响非常小。也就是说,在附面层没有发生分离的情况下进行附面层吸附,对下游附面层的发展产生的影响非常小,抽吸的意义不大。

3. 附面层发生分离时抽吸后附面层的发展

当附面层发生严重点分离时,存在一个很大的反压梯度,表面摩擦力系数 C_f 几乎为零,则附面层动量厚度的发展主要由附面层边界速度在流向的梯度来控制。此时,在分离的扩展位置抽吸后,抽吸孔后的附面层法向动量厚度的发展变化如图 5-2 所示。

此时,$C_f = 0$,则有

$$\frac{\mathrm{d}\theta}{\mathrm{d}x} = -(2+H)\frac{1}{u_e}\frac{\mathrm{d}u_e}{\mathrm{d}x}\theta \tag{5-16}$$

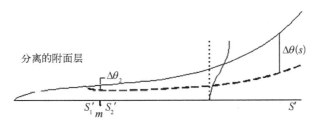

图 5 - 2　抽吸作用对大分离附面层发展的影响[1]

对式(5 - 16)两边积分: $\theta(s) = \theta_2 \exp\left[\int_{s_z}^{s} - (2 + H)\frac{1}{u_e}\frac{\mathrm{d}u_e}{\mathrm{d}x}\mathrm{d}s\right]$,可得

$$\Delta\theta = \theta_2 \exp\left[\int_{s_z}^{s} - (2 + H)\frac{1}{u_e}\frac{\mathrm{d}u_e}{\mathrm{d}x}\mathrm{d}s\right] \qquad (5 - 17)$$

由式(5 - 17)分析可知,附面层动量厚度的变化与附面层边界速度呈指数关系,在分离区只需小量的低能流体吸除就能够对下游附面层的法向动量厚度增长产生很大的影响,也就是说只要在发生分离的上游区域对一定量的低能流体进行吸除就可以实现对附面层分离的有效控制。

5.1.2　从热力学原理出发分析附面层吸附效果

叶栅内的分离与壁面黏性和压力梯度有关。控制分离的基本思想是防止分离,或尽可能推迟分离发生。分离的流体是低能流体,可以通过对低能流体吹气,使其能量增大,克服逆压力梯度;或通过吸气,移走低能流体,减小逆压力梯度,来抑制分离,减小叶栅内的流动损失。通过叶片上低能量空气区的打孔表面,将叶片的附面层低能流体抽出,这在结构上是一种比向附面层吹气更为简便的方法。

抽吸的作用在于在附面层发生分离之前吸去其中已阻滞的流体,在缝后将会形成新的附面层,由于新形成的附面层厚度很薄,它能承受一定的逆压力梯度而不分离。由于没有分离区,压差阻力也大大降低。在叶片速度一定的情况下,吸除高熵流体,可以使后面级所需的压缩功减少,进而提高压气机的效率。从效率的定义来看,其与有效功的大小有直接的关系,既然抽吸能够提高压气机的效率,那么必然也会对压气机的有效功产生影响。根据这一关系,本节从有效功的角度出发,分析抽吸对其产生的影响,图5 - 3为叶片进口和动叶抽吸结构示意图。

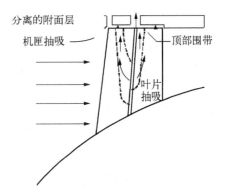

图 5 - 3　叶片进口和动叶抽吸结构示意图[2]

在多级压气机中要产生一定的压比,则需要与之相对应的流量,同时还需要一定的初始机械功。通过吸除流道中的高熵低能流体,可以增加压气机的级效率,其主要原因在于,流体的初始熵值越低,则压缩一定量的流体达到指定压比所需的机械功就越少,这一点可以直接从温熵图的等压线中观察到。通过移除高熵低动量的流体来控制附面层分离的效果比附面层吹除或者流体激励更为有效,这是因为采用流体激励或者附面层吹除的方法时,受到扰动的那部分高熵流体依然存在于流道中,当这部分聚集集中的高熵流体被分散开后,虽然在这部分区域内的流体流态发生了变化,动能也发生了变化,但是会增加其他区域流体的初始熵值。因此,从本质上说,不移除高熵流体,仍旧会消耗较多的压缩功。

考虑一个如图 5-4 所示的简化的抽吸模型($\delta \dot{m}$ 表示抽吸流量),气流的压力从 P_1 提高到 P_3。可以从流道中的任何一个叶片排中抽出气流黏性作用导致的温熵值增加的流体微团,剩余的流体继续流经压气机增压。压气机的压缩过程示意图如图 5-5 所示。传统的压气机压缩过程由实线表示,在进口状态 1 处对质量为 $\dot{m}$ 的流体进行压缩,通过中间站 2,最后压缩到出口站 3。

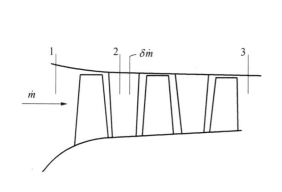

图 5-4　压气机级定义[2]

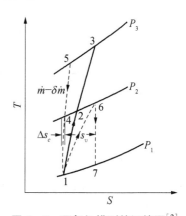

图 5-5　压气机模型的温熵图[2]

如图 5-5 所示,在中间站 2 吸除一小部分高熵流体,抽吸后气流在中间站 2 处分为两部分,吸除的那一小部分流体是受到了较大的黏性作用而导致熵值较高的流体,如状态 6 所示,抽出的这部分流体经过膨胀后压力恢复到与压气机进口压力大小相同的状态 7。抽吸后,熵值降低的大部分流体继续膨胀,通过压缩后从状态 4 达到状态 5。从图中可以看到,抽吸后主流的熵值比未抽吸前有所降低,因此在达到一定压比的条件下所需的压缩功也较少,效率自然升高。

在实际应用时,可以将这些抽吸出的高熵流体引入冷却孔中,用于发动机冷却,或者直接从机身排出,在这里暂不分析这些复杂系统的细节实现问题。假定高熵流体是以理想状态膨胀到压气机进口压力,就可以得到最优效率点。因此,基本上可以认为,加入抽吸以后的压气机可以看作一个混合了两个实际操作的压气机,

在 T-S 图中,较低的部分由平行虚线所表示。抽吸后剩余的核心流体 $\dot{m} - \delta\dot{m}$ 从状态 1 被压缩到状态 4 会产生一个熵增 Δs_c,抽吸出的流体 $\delta\dot{m}$ 从状态 1 压缩到状态 7 的过程中,除了正常产生的熵增 Δs_c 之外,还会产生由于气流黏性效应造成的熵增 Δs_v。由于在状态 4 的初始熵值较低,流经压气机通道的核心流体 $\dot{m} - \delta\dot{m}$ 从 P_2 被压缩到 P_3 需要的功要小一些,所以对于整个压缩系统来说,所需要的压缩功就要少一些,效率会有一定程度的提高。

很明显,这种吸除高熵流体的方法能够在每一级中应用,但是为了简化抽吸效果分析,下面只选取一个位置进行讨论。

首先对压缩功进行分析:为了能够定量地评估一个多级压气机吸除高熵流体所产生的正效果,对抽吸和未抽吸两种情况进行了比较,假定单位流体在单位时间内在出口截面上有相同的压力,采用多变效率对抽吸效果进行评价。

未抽吸时,流体压力从 P_1 提高到 P_3 所需的压缩功 W_{nb} 为

$$W_{nb} = \dot{m} C_p (T_3 - T_1) \qquad (5-18)$$

式中,C_p 为比定压热容。

单位流体做的功为

$$\frac{W_{nb}}{\dot{m} C_p} = T_3 - T_1 \qquad (5-19)$$

为了能够从压力变化角度出发来分析问题,对式(5-19)进行简单变换:

$$\frac{W_{nb}}{\dot{m} C_p T_1} = \frac{T_2}{T_1}\left(\frac{T_3}{T_2} - 1\right) + \left(\frac{T_2}{T_1} - 1\right) \qquad (5-20)$$

引入等熵效率并利用温度和压力之间的多变关系:

$$\frac{T_2}{T_1} = \left(\frac{P_2}{P_1}\right)^{\frac{\gamma-1}{m_p}}, \quad \frac{T_3}{T_2} = \left(\frac{P_3}{P_2}\right)^{\frac{\gamma-1}{\gamma}} \qquad (5-21)$$

将式(5-20)中的温度项消除,可以得

$$\frac{W_{nb}}{\dot{m} C_p T_1} = \left[\left(\frac{P_3}{P_1}\right)^{\frac{\gamma-1}{\gamma}} - 1\right] \qquad (5-22)$$

为了便于分析,对式(5-22)进行变换:

$$\frac{W_{nb}}{\dot{m} C_p T_1} = \left(\frac{P_2}{P_1}\right)^{\frac{\gamma-1}{\gamma}}\left[\left(\frac{P_3}{P_1}\right)^{\frac{\gamma-1}{\gamma}} - 1\right] + \left[\left(\frac{P_2}{P_1}\right)^{\frac{\gamma-1}{\gamma}} - 1\right] \qquad (5-23)$$

进行附面层吸附后的压缩功:当在中间站 2 位置抽吸了部分高熵流体后,原

来的压缩功就被分为两个主要的部分：一部分为流体从状态 1 压缩到状态 2 和中间站 2 除去抽吸后的剩余流体从状态 4 压缩到状态 5 所需的压缩功；另一部分为在中间站 2 抽吸流体的膨胀功。总压缩功的具体表达式如(5-24)所示。

$$\dot{W}_{\text{totb}} = \dot{m}C_p(T_2 - T_1) + (\dot{m} - \delta\dot{m})C_p(T_5 - T_4) - \delta\dot{m}C_p(T_6 - T_7) \quad (5-24)$$

或者写成如下形式：

$$\frac{\dot{W}_{\text{totb}}}{(\dot{m} - \delta\dot{m})C_p} = \frac{\dot{m}}{\dot{m} - \delta\dot{m}}T_1\left(\frac{T_2}{T_1} - 1\right) + T_4\left(\frac{T_5}{T_4} - 1\right) + \frac{\delta\dot{m}}{\dot{m} - \delta\dot{m}}T_6\left(\frac{T_7}{T_6} - 1\right)$$

$$(5-25)$$

利用与式(5-21)类似的温度压力之间的多变关系，将式(5-25)中的温度比替换为压力比，则可以得

$$\frac{\dot{W}_{\text{totb}}}{(\dot{m} - \delta\dot{m})C_p} = \frac{\dot{m}}{\dot{m} - \delta\dot{m}}T_1\left[\left(\frac{P_2}{P_1}\right)^{\frac{\gamma-1}{m_p}} - 1\right] + T_4\left[\left(\frac{P_5}{P_4}\right)^{\frac{\gamma-1}{m_p}} - 1\right] + \frac{\delta\dot{m}}{\dot{m} - \delta\dot{m}}T_6\left[\left(\frac{P_7}{P_6}\right)^{\frac{\gamma-1}{\gamma}} - 1\right]$$

$$(5-26)$$

在 P_2 压力线上，流体被分为两个部分：第一个部分为黏性效应导致的熵值升高的小部分流体 $\delta\dot{m}$；第二部分为抽吸后剩余的核心流体 $\dot{m} - \delta\dot{m}$，其中第二部分流体是我们所关心的。在此，假定在抽吸的作用下，在高熵流体和核心流体压力相等的地方分离被完全抑制了，那么在状态 4，抽吸流体的熵值相对于剩余核心流体的熵值可以表示为

$$\Delta s_v = C_p\ln\left(\frac{T_6}{T_4}\right) \quad (5-27)$$

在状态 2 的流体能量是抽吸的高熵流体和核心流体总和的平均值：

$$\dot{m}T_2 = (\dot{m} - \delta\dot{m})T_4 + \delta\dot{m}T_6 \quad (5-28)$$

合并式(5-27)和式(5-28)，解出 T_4 和 T_6，将其代入式(5-26)，并从式(5-22)中减去并重新整理得到如下的公式：

$$\frac{W_{nb}}{\dot{m}C_pT_1} - \frac{W_b}{(\dot{m} - \delta\dot{m})C_pT_1} = \frac{\delta\dot{m}}{\dot{m}}\left[1 + \left(\frac{P_3}{P_1}\right)^{\frac{\gamma-1}{\gamma}}(e^{\frac{\Delta s_v}{C_0}} - 1) - e^{\frac{\Delta s_v}{C_0}}\left(\frac{P_2}{P_1}\right)^{\frac{\gamma-1}{\gamma}\left(\frac{1}{\eta_p} - 1\right)}\right]$$

$$(5-29)$$

式(5-29)表示了可以通过在中间压力 P_2 处抽出与核心流体相对应的一定量的流体，使压缩功减小。从上面的分析可以得出，抽吸适于在中间压力较低区域进

行,抽吸后的整机效率将会得到提升。

式(5-29)可以写为百分比的形式,并利用式(5-22)对其进行分解,可以得

$$
\frac{\dfrac{W_{nb}}{\dot{m}} - \dfrac{W_b}{(\dot{m} - \delta\dot{m})}}{\dfrac{W_{nb}}{\dot{m}}} = \frac{\delta\dot{m}}{\dot{m}} \left\{ e^{\frac{\Delta s_v}{c_0}} \left[1 - \frac{\left(\dfrac{P_2}{P_1}\right)^{\frac{\gamma-1}{\gamma}\left(\frac{1}{\eta_p}-1\right)} - 1}{\left(\dfrac{P_3}{P_1}\right)^{\frac{\gamma-1}{\gamma}} - 1} \right] - 1 \right\} \tag{5-30}
$$

从式(5-30)可以得到两个重要结论: ① 抽吸流量增加,则效率的获益也会增加;② 被抽吸的那部分流体的熵值越高,得到的收益越高,但是存在一个确定的熵值状态,当在低于这个熵值状态下进行抽吸时,则不会获得收益,下面对这个问题进行讨论。

考虑气流流过一个压气机叶片形成的附面层,在附面层内假定静压不变,并且假定叶片表面是绝热的,则其表面上的静温基本等于滞止温度,附面层流体的熵增可以表示为

$$
\frac{\Delta s_v}{C_p} = \ln\left(1 + \frac{\gamma-1}{2}M^2\right) \tag{5-31}
$$

或者写成如下的指数形式:

$$
e^{\frac{\Delta s_v}{C_p}} = 1 + \frac{\gamma-1}{2}M^2 \tag{5-32}
$$

式中,M 表示叶片相对马赫数。

将这个熵增表达式代入方程(5-30)可以得

$$
\frac{\dfrac{W_{nb}}{\dot{m}} - \dfrac{W_b}{(\dot{m} - \delta\dot{m})}}{\dfrac{W_{nb}}{\dot{m}}} = \frac{\delta\dot{m}}{\dot{m}} \left\{ \frac{\gamma-1}{2}M^2 - \left(1 + \frac{\gamma-1}{2}M^2\right) \left[\frac{\left(\dfrac{P_2}{P_1}\right)^{\frac{\gamma-1}{\gamma}\left(\frac{1}{\eta_p}-1\right)} - 1}{\left(\dfrac{P_3}{P_1}\right)^{\frac{\gamma-1}{\gamma}} - 1} \right] - 1 \right\} \tag{5-33}
$$

从式(5-33)可以了解到,对高熵流体进行抽吸能否改善压气机的级性能取决于流体的相对马赫数。当叶片的相对马赫数低于一个确定的数值时,将气体从状态 1 压缩到状态 6,再膨胀到状态 7 的损失高于从状态 4 压缩到状态 5 的获益。因此,存在一个损失收益之间的平衡,这个平衡马赫数可以表达为

$$\frac{\gamma-1}{2}M^2 = \frac{\left(\dfrac{P_2}{P_1}\right)^{\frac{\gamma-1}{\gamma}\left(\frac{1}{\eta_p}-1\right)} - 1}{\left(\dfrac{P_3}{P_1}\right)^{\frac{\gamma-1}{\gamma}} - \left(\dfrac{P_2}{P_1}\right)^{\frac{\gamma-1}{\gamma}\left(\frac{1}{\eta_p}-1\right)}} \qquad (5-34)$$

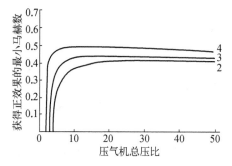

图 5 - 6 总压比与抽吸压比恒定时抽吸获益的最小马赫数随压气机总压比的变化情况[2]

如图 5 - 6 所示,能够使得抽吸获益的最小马赫数为 0.3~0.5,现代压气机的进口级一般都满足这个条件(图中 2、3、4 代表总压比与抽吸压比的比值)。采用叶片相对马赫数估计式,可以定量得出抽吸造成的那部分功降。进一步,在给定压升后,理想功保持常数,并且按照百分比的顺序,功的降低部分转化为效率的升高。

假定在一个相对马赫数为 1 的条件下,抽吸流量按照百分比增加,相应功的减小见图 5 - 7。抽吸的增益受到压气机总压比和抽吸压比百分比的影响较大,1% 的抽吸率使得效率增加了 0.17%。当然抽吸率会受到分离区的高熵流体的限制,对于相对马赫数更高的叶片,获得的增益也会更大,这一点可以从图 5 - 8 上看到,当相对马赫数为 1.5 时,1% 的抽吸率使得效率提高了 0.4%。

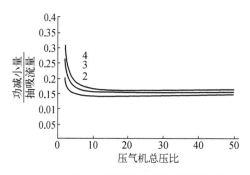

图 5 - 7 $M=1$ 时功减少量与抽吸量之比随总压比的变化情况[2]

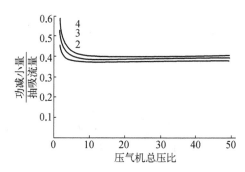

图 5 - 8 $M=1.5$ 时功减少量与抽吸量之比随总压比的变化情况[2]

通过以上分析可知,当叶片的相对马赫数超过 0.5 后,高熵流体的移除能够使得效率大幅度提高。值得注意的是,抽吸作用对压气机总压比和抽吸孔处的压比产生的影响较小,而相对马赫数对性能的提升的影响很大。相对马赫数从 1 增加到 1.5,使得效率提高了一倍多。

5.1.3　小结

本节在归纳分析附面层吸附控制分离相关研究的基础上,通过附面层动量厚度方程的推导,从未分离和发生分离的叶片表面附面层在抽吸作用下的动量厚度变化出发,阐述了抽吸对下游附面层法向厚度增长的影响。在不分离的情况下进行附面层吸附时,抽吸造成的动量厚度减小量沿着流向呈线性变化,对下游附面层发展的影响很小;当叶片附面层发生较大分离时,实施附面层吸附后,附面层动量厚度减小量沿着流向呈指数变化,也就是说,上游动量厚度较小的变化会对下游产生极大的影响。因此,叶片附面层出现大分离时,对一定量流体进行抽吸能够有效抑制产生的分离。

抽吸的热力学原理分析表明,只要在压气机级中进行低能高熵流体的吸除,就会增大压气机的有效功,降低流动损失,从而提高压气机的效率,也就是说,通过抽吸能够在实现压气机压比增加的同时保持高效率。

附面层吸附对叶片形状因子及叶片载荷的影响分析表明,通过附面层吸附,传统压气机叶片的扩散因子有较大幅度提高,且不会造成流动损失的增加,这意味着附面层吸附能够有效地增加叶片的载荷。分析结果表明,在实施附面层吸附后,可以通过保持扩散因子不变而适当降低叶片速度来实现级压比的提高;降低叶片速度会降低进口来流马赫数,可以削弱激波强度以达到减小激波损失的目的,同时也会降低叶片的结构应力。

5.2　附面层吸附技术的发展

5.2.1　附面层吸附技术研究现状

附面层吸附技术作为提高航空发动机性能的主动流动控制技术之一,受到了越来越多的重视,其思路是在叶栅中通过局部施加抽吸来控制附面层流动分离,通过在压气机中发生分离的叶片表面或者叶片通道上下端壁处设置抽吸孔,将流动紊乱区域的部分低能气体抽出,能够延迟分离甚至消除分离,并改善激波-附面层的相互干扰。这样做能够较大幅度增加叶片载荷,在减少叶片数目的同时能够获得期望的压比和效率。

在叶轮机械中,附面层吸附技术有重要的应用价值,叶型头部吸气可以在失速冲角附近提高叶型升力,降低阻力,推迟叶型失速,此外吸气还可以提高压气机的静叶转折能力。

通过附面层吸附来控制附面层的分离并不是一个新概念,早在 1904 年,著名流体力学专家普朗特就做了圆柱绕流的附面层吸附实验,结果表明,抽吸后分离得到了有效抑制,抽吸后的流动显示图像见图 5-9,这是最早对附面层控制的研究[3]。从 20 世纪 40 年代开始,国外就进行了机翼表面附面层吸附研究,目的是想通过在翼型上吸气,移走可能引起分离的低能流体,或者沿下游推迟层流向紊流的转换点,尽量延长边界层的层流区,削弱湍流附面层分离,从而减小损失。实验表明,抽吸能够消除大攻角下翼型表面产生的附面层分离流动,抽吸前后的流线变化分别如图 5-10 和图 5-11 所示[4]。

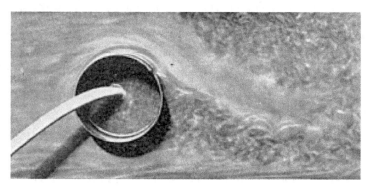

图 5-9　圆柱绕流的附面层吸附

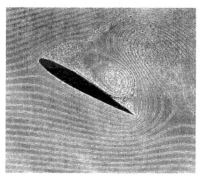

图 5-10　未抽吸前的翼型　　　　　图 5-11　前缘抽吸后的翼型
　　　　　大攻角流动　　　　　　　　　　　　大攻角流动

压气机压比的提高导致沿压气机叶栅流向、横向的压力梯度增加,一方面,沿流向逆压梯度的增加会引起叶片吸力面附面层分离;另一方面,横向压力梯度的增加又会引起端壁区域二次流的增强,两者均会使压气机叶栅内的流动恶化,使叶栅损失增大,最终限制压气机压比的提高。

1997 年,美国麻省理工学院首先提出了吸附式压气机这一概念[5-8],并设计了低速、高速两种单级吸附式压气机,Merchant 在其研究中阐述了附面层吸附对叶片性能的影响,并对某可控扩散叶型的负荷和损失水平进行了附面层吸附效果的分析。对两台吸附式压气机和一个吸附式涡轮出口导叶的数值研究发现,采用较小的抽吸量即可在大部分叶展截面实现较大的负荷。低速吸附式压气机典型截面叶型及 MISES 准三维 S1 面流场图见图 5-12,实验发现,叶片表面抽吸流量为进口流量的 0.5%,另外在端壁处有 2.8% 的抽吸流量,压气机级峰值压比达到 1.58,设计点效率达 90%。该压气机通流截面结构及抽吸结构示意图[5,6]见图 5-13。

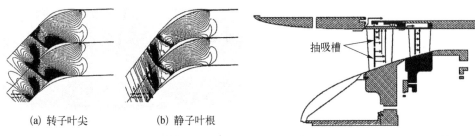

(a) 转子叶尖　　　　(b) 静子叶根

图 5-12　低速吸附式压气机典型截面叶型及
MISES 准三维 S1 面流场图[6]

图 5-13　低速吸附式压气机通流截面
结构及抽吸结构示意图[6]

图 5-14 给出了高速吸附式压气机子午流道结构示意图[7],图 5-15 给出了相应的吸附式转子实物图。该压气机设计叶尖速度为 1 500 ft/s、设计级压比为 3.4,实验测试了不同转速下的压气机特性,与三维黏性求解器 APNASA 的数值模拟结果进行对比,二者吻合较好;设计转速下抽吸流量采用进口流量的 3.5%,压比高于 3.0。

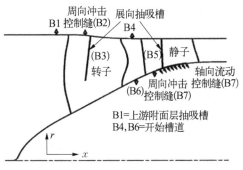

图 5-14　高速吸附式压气机子午
流道结构示意图[7]

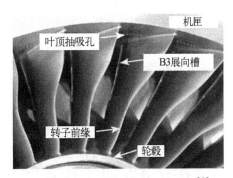

图 5-15　高速吸附式转子实物图[8]

Kerrebrock 等[9]设计并测试了一台吸附式对转风扇,双级吸附式对转风扇设计压比为 3、绝热效率为 87%;设计转速下,实验测得该吸附式对转风扇的压比为 2.9,绝热效率为 89%。图 5-16 给出了该压气机前排转子出口速度三角形,图 5-17 为吸附式转子抽吸结构示意图,抽吸缝自转子叶根延伸到 80% 叶展截面,叶片吸力面的抽吸气流由转子根部排出。

在吸附式压气机叶型设计方面,Merchant 等[10]详细介绍了高压比吸附式压气机设计,设计体系为轴对称通流设计程序耦合准三维叶栅反设计程序,详细介绍了吸附式压气机的叶型特征与设计理念,对超声速吸附式压气机叶型设计有较大参考意义。

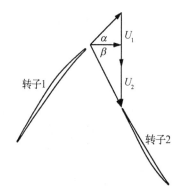

图5-16　吸附式对转压气机前排
转子出口速度三角形[9]

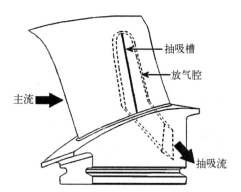

图5-17　吸附式转子抽吸结构示意图[9]

国内有关附面层吸附技术的研究起步较晚,近年来,多家高等院校或研究机构对附面层吸附技术展开了大量研究,其中包括西北工业大学、哈尔滨工业大学、中国科学院工程热物理研究所、北京航空航天大学、南京航空航天大学、中国燃气涡轮研究院等。国内对吸附式的研究主要集中在压气机叶栅内附面层吸附的数值模拟研究和实验验证研究,也有少量的吸附式压气机实验验证研究。

目前,国内外在附面层吸附技术研究所取得的进展主要如下。

(1) 从理论上分析了吸附式压气机研制的技术难点和特点,采用数值模拟、吹风实验、流动可视化及拓扑学分析等手段,详细总结了壁面吸气量、吸气位置、吸气角度等对叶栅内流场结构、损失、叶栅出口气流角等的影响。

(2) 研究发现,附面层吸附可减弱吸力面附面层分离,改变扩压叶栅内的流场分离结构,使叶栅内分离结构由闭式分离向开式分离转化;验证了附面层吸附对提高压气机性能、降低损失、抑制附面层分离的有效性。

(3) 附面层吸附可改变超声速压气机转子的激波结构,抑制激波/附面层分离,改善超声速轴流压气机的转子性能。

(4) 研究了端壁抽吸位置对压气机叶栅角区分离控制作用,探究了控制角区分离的方法;提出了叶片表面、端壁组合抽吸附面层的有效策略。

5.2.2　吸附式风扇/压气机设计技术

随着军用航空发动机不断朝高推重比、高稳定性、低油耗的方向发展,从气动方面来讲,发动机要采用高压比、高效率、大流量、超跨声压气机风扇或桨扇,以及有大焓降、大膨胀比、高效率特性的高温超声速涡轮与之相配套。常规的气动参数和传统结构无法满足上述的这些要求,只有采用新技术、新结构,才有可能满足新一代航空动力装置发展的需求。要提高发动机推重比,无疑可以从两个方面入手:一是提高发动机的单位推力,但是限于传统发动机自身结构及材料等问题,在该方面提高发动机推重比的潜力较小;另一方面,通过新的结构设计减轻发动机自身重量,从而大幅度提高发动机推重比。

提高压气机的压比、效率,同时减小压气机的轴向长度,降低重量一直是压气机设计者孜孜追求的一个目标。如果能够减少压气机的一部分组件也是非常有益的,尤其是叶片数,因为叶片的造价和维护费用非常昂贵。为了达到这个目的,寻求改善单个压气机性能的方法是非常必要的,这就可以实现在满足性能要求的同时采用更小的级数。

众所周知,在压气机中,转子对气流所做的功可以表示为

$$W_R = \omega(r_2 v_2 - r_1 v_1) \tag{5-35}$$

式中, ω 为角速度; $r_1 v_1$、$r_2 v_2$ 为进出口单位流量的角动量(也称为环量)。

由式(5-35)可知,要提高叶片对气流的做功,可以从两个方面入手:一是增加转子的尖部速度,二是增加旋转角速度。但是受叶片结构的限制,现代风扇/压气机的叶片尖部速度不宜过大。因此,必须采取增大叶片转折角的方式来提高叶片的做功能力。但是增大叶片的转折角,在增大叶片负荷、提高做功能力的同时往往会造成严重的附面层分离,因此控制附面层分离对于改善转子性能、提高其做功能力极其重要。

1. 吸附式风扇/压气机的技术特点分析

吸附式风扇/压气机的主要研究目标是提高级压比,改善工作稳定性或适用性,避免高、低周疲劳,以及降低噪声。研究表明,在叶片表面吸气,可以延缓气流分离,提高扩散度,从而提高级压比。吸附式风扇/压气机中将边界层控制应用到叶片、围带、轮毂,这种控制边界层的方法包括从压气机临界区域的主流中进行气体的抽吸。同时,抽出的气体可以用于其他用途,如发动机冷却或者重新注入低压区以改善性能,其主要特点如下。

(1)通过在叶片表面发生分离的区域开缝抽吸,能够有效地延缓或者抑制附面层分离,提高叶片负荷,从而增加级压比。图5-18为某高负荷的超声转子叶片

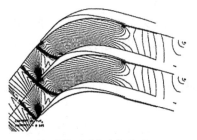
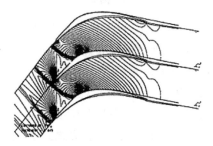

(a) 未抽吸时的叶片附面层　　　　　　　(b) 抽吸后的叶片附面层

图 5 - 18　抽吸对高负荷超速转子叶片附面层的影响

附面层吸附和未抽吸时,从 S1 面观察到的气流流动状况[11]。

从图 5-18 可以看出,经过抽吸后,发生严重分离的叶片表面附面层重新附着在了叶片表面上,这不但有利于减小叶片损失,而且能够增加叶片的负荷,从而提高叶片的做功能力,减少叶片数。计算结果表明,未抽吸时,整个叶片的损失是抽吸后的 3 倍,黏性损失是 10 倍。

(2) 通过附面层吸附在抑制附面层分离、提高叶片载荷的同时,采用较少的叶片数即可达到期望的级效率和压比,能够大幅度减小压气机的质量。

(3) 由于吸附式压气机在叶片表面设置了抽吸缝或者抽吸孔,叶片的强度在开缝位置处大大降低,吸附式压气机叶片的厚度相对于一般压气机叶片要更厚,以便在改善性能的基础上满足强度的要求。

(4) 抽吸使得压比大幅度提高,可以用较小的级数使整个压气机压比达到预期的要求,能够有效地缩短压气机的轴向长度,从而减小整个发动机的质量,若将其与对转技术结合将会取得更大的好处。

对转吸附式发动机与常规发动机的对比示意图如图 5-19。从图中可以清楚地看到对转吸附式发动机的优点:大幅度地减小了压气机和涡轮的级数,整个发动机的轴向长度变得很短,发动机的质量也会大大减小。在一些机动性能要求高的飞行器上采用吸附式对转压气机可以极大地改善其性能。

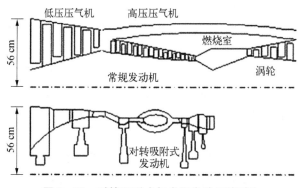

图 5-19　对转吸附式与常规发动机的对比

采用对转技术,叶片排中的流场组织十分关键,如果能够组织好转子间的气动布局就可以较大幅度地提高其效率,而通过附面层吸附则能够更好地实现这一目标。

2. 吸附式风扇/压气机设计技术的发展

从 1993 年开始,麻省理工学院实施了一项相关的叶轮机研究项目,即先进的流动控制技术研究。NASA 格林研究中心与麻省理工学院合作,针对这一技术开展了系列研究工作,提出了蜂巢式航空发动机吸附式风扇级的概念,并进行了机理、设计技术和应用研究,研制了吸附式压气机实验件,对这一设计技术进行了实验验证[6],翻开了风扇/压气机设计的崭新一页。

从图5-20(b)中可以看到,在原始叶片中,载荷被分成了3个不连续的区域,其中两处出现通道激波,大的压力梯度会导致流动剧烈变化,对效率和压比造成很大的负面影响。与之相比,图5-20(c)所示的载荷分布较为理想,进口段的改善较小,但是50%展向位置处的两个不连续区域被削弱,可以有效降低激波前的马赫数,削弱激波,改善流动,从而对级压比和效率起到积极作用。计算结果显示,新设计的吸附式叶片的绝热效率达到了94.1%(抽吸率为0.3%),比原始叶片的绝热效率高出了3%。

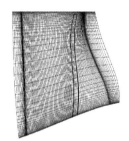 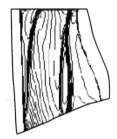 

(a) 吸附式叶片子午面网格　(b) 原始叶片吸力面表面　(c) 新设计叶片吸力面
　　　　　　　　　　　　　　 载荷分布　　　　　　　　 表面载荷分布

图5-20　吸力面抽吸区域子午面网格及原始叶片与新设计叶片表面载荷分布

麻省理工学院曾发明了一系列吸附式压气机的设计,包括两个已经完成的设计结果和一个正在设计的风扇级,描述了使用MISES设计工具解决抽吸问题的过程及一些修正,完全实现了抽吸效应。对于设计出的每一个风扇级,最大载荷区位于转子的尖部和静子的根部,这些区域的流动性能对于整个级的性能起着极大的影响,每一个截面的抽吸位置均位于激波下游,通过抽吸可以消除激波下游的附面层。所设计的叶片经过附面层吸附后,在激波下游很小的距离内压力就可以恢复,因此在此位置进行抽吸能够很好地改善不利的压力梯度。压力恢复后,在吸力面下游处能够使得边界层一直附着于壁面,消除了附面层分离。

麻省理工学院和NASA格林研究中心的研究人员完成了另外一部分吸附式风扇级的气动设计和气动分析方面的工作[12],主要是在保持高效率的前提下对槽道数量进行了最小化设计。转子的应力大大超出了钛材料的承受范围,因此需要制造空心叶片及带有围带的转子,这使得结构方面的设计问题变得非常复杂。通过围带的设计解决了高应力问题,利用炭化纤维造成细丝划痕,能够解决高应力问题。如图5-21所示,设计出的实际静子放气槽道位于叶片表面,放气孔沿着静子轮毂设置。

图5-21　带放气槽和放气孔的吸附式静子

Merchant[13]在其研究中对轴流吸附式压气机的设计过程进行了详细的探讨,并进行了深入的分析,完成了两个孤立转子的设计,其中低速转子在叶片尖部速度为 229 m/s 时的压比达到了 1.6,高速转子在叶片尖部速度为 457 m/s 时的压比达到了 3.5。Jeffrey[8]在硕士研究工作中对高速吸附式对转压气机的设计技术进行了研究,在考虑叶片数、叶片位置、转速、每一排的预旋及叶型形状的条件下完成了一维通道设计、二维叶型设计、叶片积叠及三维黏性分析,设计出了一个三级吸附式对转压气机,三级压气机的压比达到了 27,高出了传统的三级压气机。Kirchner 在文献[14]中介绍了关于对转吸附式压气机的叶片设计方法,即一维通流设计与准三维叶片设计。对于每一级,均在给定扩散因子和进口相对马赫数的限制条件下使压比最大化,指出设计过程中抽吸缝的位置和径向长度对结果的影响较大。通过将附面层吸附与对转技术结合,设计了两级压气机,其压比达到了 9.1,比传统的 6、7 级压气机的压比还要高。

通过大量资料分析可知,在给定叶片速度的情况下,附面层吸附能够使叶片有更高的载荷,从而提高级压比,同时效率也相应提高。附面层吸附技术的引入,拓宽了压气机设计者的设计空间。

3. 吸附式风扇/压气机实验技术的发展

吸附式转子的抽吸实验研究是由 Kerrebrock 等[12]于 1997 年在麻省理工学院完成的。采用附面层吸附的方法对含有 23 个叶片,出口超声的 5 个转子进行了验证,抽吸孔设置在叶片吸力面上激波的下游位置。在实验中观察到吸出的气流呈放射状,在低压区耗散。实验结果表明:进行附面层吸附的叶片有更大的转折角,相应的压气机级有更高的压比,下游区有更高的效率。抽吸实验的另外一个结论是:如果要进行完全抽吸,那么整个级都必须设计成可以实现附面层吸附的结构。

对出口级进行抽吸,性能只得到了很小的改善。为了深入了解这个问题,Kerrebrock 等[15]对低速压气机级的设计和高速压气机级的设计进行了详尽的描述。设计的低速压气机级主要参数如下:压比为 2、尖部马赫数为 1.0;高速压气机级的主要参数如下:压比为 3、尖部马赫数为 1.5。初始设计时,为了阻止附面层分离,给定的抽气流量比较大,低速转子的抽气流量为总流量的 4.9%、静子的抽气流量为总流量的 8.7%。设计的高速转子的抽气流量达到了总流量的 14.4%、静子的抽气流量达到了总流量的 4.4%。第二代吸附式压气机级的设计是由 Merchant 等于 1998 年完成的,适当地减小了抽气流量,级性能得到了明显的改善。

图 5-22 是麻省理工学院和 NASA 格林研究中心研制的一个吸附式转子实验件,从图中可以看到,它的叶片结构和围带与常规压气机转子有所不同,在叶片表面上布置了一系列的小孔,围带上同样设置了小孔。当附面层发生分离时,就可以通过这些布置在叶片表面上的抽吸孔将分离区的低能流体吸出,改善转子性能。

(a) 放气槽道位于叶片表面、放气孔位于　　(b) 开口位于围带、从叶片及围带放气的
　　尖部围带上的吸附式转子　　　　　　　　　吸附式转子

图 5－22　吸附式转子实验件

1998 年,麻省理工学院进行了吸附式风扇的大尺寸模型验证[15]。麻省理工学院与 NASA 格林研究中心、普惠公司和联信发动机公司合作,成功地发展了性能估算及气动和应力分析方法,并进行了吸附式风扇的详细设计和实验,从而提出了两个设计方案:一个是采用低速风扇,可以大大降低民用涡扇发动机风扇的噪声和重量;另一个是采用高速风扇,可以在军用涡扇发动机上用一级风扇代替三级风扇。用 1%～4% 的抽吸流量,可分别获得 1.6 和 3.5 的压比。前者已经实验验证;后者已用三维黏性数值计算方法进行了验算。长远的目标是用 3 级压气机使总压比达到 30,如果把吸附式风扇/压气机与对转技术结合起来,将会在减少压缩系统的级数方面取得更大的好处,2000 年,Jeffery[16] 在此方面进行了研究,取得了一定的效果。

2002 年 12 月,NASA 格林研究中心成功地进行了一次吸附式风扇级的实验[13],实验时转速的变化范围为设计转速的 0～100%,流量的变化范围为设计流量的 0～100%,级压比和流量与一个叶轮机流动分析程序的预测结果吻合很好,在叶片的气动设计和复杂的槽道位置确定方面取得了重大的进展。在相同的转速下,风扇级的压比比传统设备高出 50%,在叶尖速度为 457 m/s 时,其压比达到了3.4。这项研究工作中所采用的气动设计程序是由 MIT 自主发展的 MISES 程序,气动分析程序采用了 NASA 格林研究中心自主发展的 APNASA 程序,这方面的工作仍在进一步开展,下面给出实验的实施方案及转子结构。从图 5－23 所示的转子结构中可以看到,在 7 个不同的位置设置了抽吸孔,这些抽吸孔的位置均位于可能发生分离处,这样在实验的过程中就可以很方便地将发生分离区域的低能流体吸出;图 5－24 所示的是吸附式转子实验件;图 5－25 是进行实验的实验台架;图 5－26 是吸附式静子的实验件。

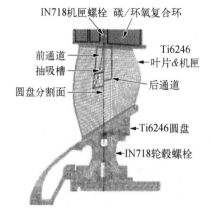

IN718机匣螺栓 碳/环氧复合环

前通道
抽吸槽
圆盘分割面

Ti6246
叶片&机匣
后通道

Ti6246圆盘

IN718轮毂螺栓

图 5-23　转子结构

图 5-24　吸附式转子实验件

图 5-25　实验台架

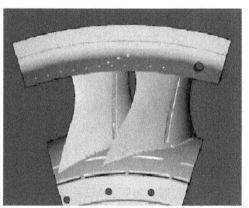

图 5-26　吸附式静子实验件

这项实验对于将来进一步将抽吸应用到压气机中起到了较大的促进作用。据文献[17]描述：吸附式压气机在 F414 发动机改进型中得到了应用,美国 WAATE 计划中将吸附式压气机技术作为多用途核心机的关键技术之一。综上可见,吸附式风扇/压气机在改善压气机性能方面具有极大的潜力,是发展新一代发动机的关键技术之一,具有重要的研究价值。

与国外相比,国内在吸附压气机实验技术的研究方面起步较晚,除了大量的吸附叶栅实验验证外,有研究人员对一台离心风机的叶轮进行了数值分析及实验测试,探讨了开缝位置和缝宽两个因素对风机性能的影响,并对其进行了先期的优化设计[18]。结果表明,附面层控制后,叶轮效率提高了 3.5%,噪声下降了 1.8 dB。文献[19]中在一台双排对转吸附压气机上进行了静子全环抽吸、转子机匣抽吸的组合抽吸实验,在 70%相对转速下,抽吸对效率和稳定裕度的提高均有益处。

因此,非常有必要在抽吸气方面进行更多的探索和实验,以期在可控及可预测的范围内,探明抽吸机理;通过观察抽吸位置、抽吸流量等因素对流场及效率、压比的影响,探索一条有效的抽吸增益途径,为更高性能的风扇/压气机设计和实验验证提供可借鉴的思路与经验。

4. 目前存在的问题及研究趋势

风扇/压气机作为推进系统的一个重要组成部件,其性能的提高对整个推进系统性能的改善起着相当重要的作用,但是同时还要考虑到,引气会导致风扇/压气机结构产生变化,并带来强度问题和引气的利用问题。结构方面,要合理安置相关引气装置,设计合理的引气通路,从已有的资料来看,转子应加装围带,从转子顶部进行抽吸,这样可以利用转子高速旋转产生的离心力将气体从抽吸孔中引出;对于静子,则从机匣位置抽吸。对于抽出的具有一定压力的气体,可以将其导入低压区以改善这部分区域的流动,或者可利用其进行发动机冷却等。主要靠增加叶片的厚度来解决强度问题,这样会牺牲一些减重的利益,但是总体来看,其增益仍然可观;同时,采用新型材料来提高叶片的强度也是一个需要探索的领域。

由于吸附式风扇/压气机的叶片负荷比常规的风扇压气机要高很多,那么就需要对气弹稳定性问题进行深入的考虑。对于跨声风扇/压气机,气动弹性失稳的主要表现形式是失速颤振,有关常规风扇/压气机的气弹稳定性的研究表明,气弹稳定性问题的本质都与转子流场中的三维激波、激波导致的大尺度分离及叶尖泄漏流等因素密切相关,尤其是激波强度、位置及泄漏涡涡量等[20],这就需要研究者发展更为精确的流动分析方法,开展实验研究,对内流场的流动结构进行更为细致深入的了解,通过改善流场结构来解决上述问题。吸附式风扇/压气机的一个特点就是对激波/附面层进行有效控制,通过抽吸附面层来更好地组织通道中的气流流动结构,可以提高吸附式叶片的气弹稳定性,这样就可以抵消一部分由叶片表面开槽带来的负面影响;在将来的实际应用中,吸附式风扇/压气机的叶片也会比常规压气机叶片的厚度要厚一些,这样也会在一定程度上提高叶片的气弹稳定性,但是会抵消一部分减重效果;在吸附式风扇/压气机的研制中还要考虑新型材料的应用,以及在抽吸槽处加装肋板来增加叶片的刚性,以此来提高吸附式叶片的气弹稳定性。

如果吸附式风扇/压气机的技术发展成熟,并采用这种新结构对现有的发动机部件进行更新,将会在工程应用中获得如下收益。

(1)对于民用涡扇发动机,采用吸附式风扇能够减小低速风扇的噪声,并且可以减轻风扇和相应壳体的重量。

(2)在军用发动机中,采用吸附式压气机可以使核心机中高压部分的级数减小很多,从而大大减小发动机的轴向长度和重量。在做功能力增加、重量减小的同时,可以使飞行器的起飞和着陆更加灵活方便。

(3)在某些多任务发动机中,公差会使半径和圆周产生较大的变形,而且这些误差是难以避免的,采用吸附式风扇能够增大现行发动机的稳定性。采用吸附式压气机,可以降低核心机中叶片的速度,因此可以减轻轮盘重量或者增加压气机出口温度,从而提高发动机的效率。在超声速巡航时,发动机的重量是至关重要的,减小压缩系统的重量能够大大提高通流比,增加超声速飞行器的有效载荷,从而减少燃油消耗。

(4) 由于大幅度减小了级数,吸附式风扇/压气机对应新型的发动机结构,如果将其与对转技术结合,将会取得更大的收益。

5.3 吸附式叶型优化设计策略

5.3.1 防止吸附式叶型附面层分离的控制策略

现代航空发动机的压气机中伴随着叶尖切线速度的增加和级数的减小,每一级的负荷将会大大增加。为了保证压气机的高效率及大裕度,必须要减小压气机内部的气动损失,特别是来自叶片表面和端壁上黏性附面层的分离损失。然而,在如此高的负荷下,传统的压气机叶型设计方法仍面临着巨大的挑战。吸附式技术作为主动流动控制技术中的一种,能有效地控制压气机叶片附面层的分离,提高叶片载荷,从而显著提升压升能力和效率。

叶片吸力面上的附面层分离大体上可分为两类,一类是激波诱导型,另一类是强逆压梯度诱导型,本质上都是由强逆压梯度引起,前者主要存在于进口马赫数较高的超跨声叶型,后者主要针对亚声叶型。针对激波诱导型的附面层分离可以在激波与吸力面相碰之处或其下游位置处开缝抽吸。针对无激波而单纯由强逆压梯度诱导的分离,则可以通过对叶栅进行理论分析和数值模拟计算确定最佳抽吸位置和抽吸流量大小,利用搭建的优化平台,完成吸附式叶型的优化设计。

1. 吸附式压气机叶栅数值模拟方法

MISES 程序是国际上公认的具有较高工程精度的准三维叶栅通道分析设计软件[21],运用了大量的空气动力学理论知识和经验参数,进行了较复杂的数学处理来进行编程运算,采用沿流线划分的网格,并将可压缩附面层方程融入主流区的欧拉方程组中,具有准三维计算功能、大小叶片流场计算和附面层吸附计算功能,整个方程组系统采用直接牛顿迭代法求解。程序计算速度快,一般只需要几十步迭代,便可收敛,计算结果与实验的对比表明,程序精度高,基本可满足工程应用需要。

该程序的核心在于将边界层离散方程融合到主流无黏区的整个方程系统中,然后采用牛顿迭代法直接求解整个方程系统,并采用数学模型处理附面层吸附。

附面层吸附数学模型需要准确地预估抽吸对主要气动参数的影响,MISES 程序带有抽吸的计算功能。如图 5-27 所示的模型中,将抽吸缝划分为若干小的区域,每个区域的宽度刚

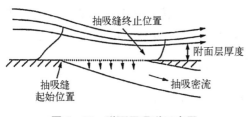

图 5-27 附面层吸附示意图

好等于计算网格在壁面的宽度,抽吸缝的具体形状及其表面粗糙度未在模型中考虑。考虑抽吸效应后,附面层动量和能量积分方程分别为

$$\frac{\mathrm{d}\theta}{\mathrm{d}\xi} = \frac{C_f}{2} - (H + 2 - M_e^2)\frac{\theta}{u_e}\frac{\mathrm{d}u_e}{\mathrm{d}\xi} + \frac{\rho_w v_w}{\rho_e u_e} \tag{5-36}$$

$$\theta\frac{\mathrm{d}H^*}{\mathrm{d}\xi} = \left(2C_D + \frac{\rho_w v_w}{\rho_e u_e}\right) - \left(\frac{C_f}{2} + \frac{\rho_w v_w}{\rho_e u_e}\right)H^* - \left[2H^{**} + H^*(1 - H)\right]\frac{\theta}{u_e}\frac{\mathrm{d}u_e}{\mathrm{d}\xi} \tag{5-37}$$

式中,$\rho_w v_w$ 表示沿抽吸槽法向通过槽的质量流量大小,以方向向下为正。抽吸模型在附面层动量积分方程和能量积分方程中加入了代表抽吸效应的 $(\rho_w v_w)/(\rho_e u_e)$ 项。

2. 数值模拟计算验证

研究对象为某超高负荷两级风扇进口级静子尖部 80% 截面(简称 S1-Tip)叶型,主要设计参数如表 5-1。

表 5-1　超高负荷两级风扇进口级静子尖部 **80%** 截面叶型的主要设计参数

参数	弦长	稠度	最大相对厚度	最大厚度位置	进口马赫数	攻角
S1-Tip	66 mm	1.535	0.075	0.55	0.7	1.4°

首先分析不同抽吸位置对 S1-Tip 气动性能的影响。在每个迭代时刻,重新在通道中生成新的流线,并按流线划分网格。在 S1-Tip 算例中,沿栅距方向的网格数为 20,沿流线方向的网格数为 183。给定进口马赫数和气流角,按此边界条件计算至收敛。

图 5-28 为 S1-Tip 抽吸前表面等熵马赫数分布,在未抽吸时,叶栅通道中的总压损失系数为 0.073 1,压比为 1.176 2。吸力面上从大约 58.4% 弧长位置开始,位移厚度急剧增大。以表面摩擦系数 C_f 减小到 0 作为分离标准判断,大约在 74.1% 弧长位置处,附面层开始出现分离,如图 5-29 所示。

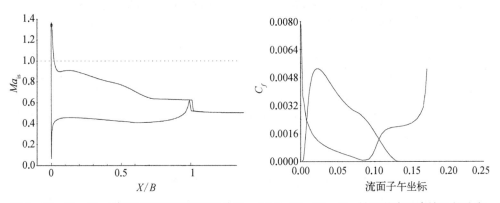

图 5-28　S1-Tip 抽吸前表面等熵马赫数分布　图 5-29　S1-Tip 抽吸前表面摩擦系数分布

当未抽吸计算收敛后,再进行抽吸模拟,设定好除以弦长的相对抽吸位置、抽吸流量和抽吸缝宽度。选定的抽吸位置 $s'_{beg}/s'_{side} - s'_{end}/s'_{side}$ 包括 0.54~0.56、0.62~0.64、0.6~0.68、0.70~0.72、0.74~0.76、0.78~0.80 和 0.82~0.84,涵盖了附面层变厚之前到附面层分离之后的多个轴向位置。在某一抽吸位置上,抽吸率从 0.5%(占进口主流流量的百分比)开始逐渐加大。由于抽吸模型的局限性,当抽吸率超过一定值后计算往往无法收敛。

对于叶栅气动性能的研究,选取总压损失系数和压比两个关键参数。图 5-30 为不同抽吸位置和抽吸率下叶栅的总压损失系数分布,图 5-31 为相应的静压比分布。由图可见,在计算尚能收敛的范围内,随着抽吸率增大,总压损失系数不断减小,压比不断增大。除了 0.54~0.56 位置外,在该位置抽吸,当抽吸率超过 1.5% 后,继续增大抽吸率,叶栅的性能反而下降。可能的原因是,在该位置处附面层附着尚且良好,抽吸对下游附面层发展的控制作用不大,而且容易使主流与叶片表面产生冲击,扰乱原本流动良好的流场,在此综合作用下,叶栅的性能反而下降。越靠近尾缘,附面层发展越充分,需要更大的抽吸率才能控制住分离流动。

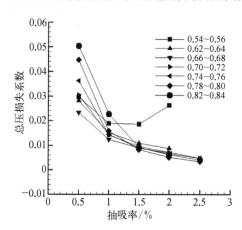

图 5-30 　不同抽吸位置的叶栅总压损失
系数随抽吸率的变化

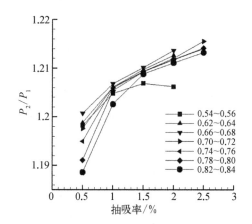

图 5-31 　不同抽吸位置的压比随
抽吸率的变化

当抽吸流量增大到某值后,再增大,其收益就不再明显,工程上追求用最小的抽吸率对性能起到最大的改善作用,此时要根据进口流量、设备的能力和抽吸流体的利用途径等综合确定,原则是抽吸流量不宜太大,一般应控制在进口流量的 5% 以下。最佳抽吸位置大多位于强压力恢复区的开始位置,即应在附面层分离或者变厚之前进行抽吸。

5.3.2　基于蜂群算法的吸附式叶型智能优化设计策略

采用 ABC 算法与 NURBS 参数化方法,搭建一套智能优化设计系统,在提高优化效率的同时,最大限度地降低了优化过程对人员专业经验的依赖,吸附式叶型人工蜂群优化系统如图 5-32 所示。

从图 5-32 中可以看出,优化系统主要由 NURBS 拟合与重构模块、目标函数评价的 MISES 气动计算模块及优化寻优的人工蜂群算法等模块组成。给定的初始叶型是一组离散坐标点,基于最小二乘方法使用 NURBS 曲线对其进行拟合并计算得出 NURBS 控制点,随后对控制点进行一定范围的扰动得到一条新的 NURBS 曲线作为候选叶型。使用 MISES 对得到的候选叶型进行气动性能评估,最后采用人工蜂群算法对众候选叶型实施智能寻优操作并

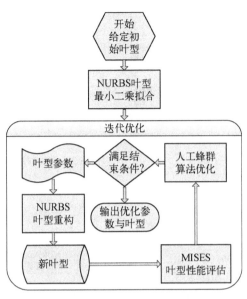

图 5-32　吸附式叶型人工蜂群优化系统

选择出部分性能较优的叶型进入下一步的循环迭代。在算法收敛之前,每循环迭代一次,所得叶型的气动性能就会得到一定程度的提高。得益于人工蜂群算法出色的全局收敛和局部搜索能力,算法收敛之后,得到的叶型可认为是给定设计空间中的最优叶型。

1. 奇异叶型的产生机理及消除措施

奇异叶型指型面明显违背常识的叶型,如吸压力面呈波浪形等非常规形状的叶型,通常是由参数化过程中的参数控制不当造成的。NURBS 曲线本质上是一种分段连续的 B 样条曲线,其基本形状由控制多边形决定,当控制点数目足够多时,NURBS 曲线的形状几乎与控制多边形相同。在参数化过程中,增加控制点可以提高拟合的精确度,但同时也增加了优化变量的个数,给优化带来了更多的计算量,同时也为设计空间的确定带来了难度。

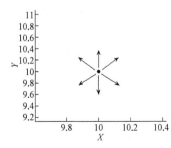

图 5-33　点在平面中的
扰动示意图

对于二维平面中的点,通过优化确定其最佳位置时,必须要确定其扰动规则。理论上,点在平面中的扰动向量可以是任意方向的,即可以充满整个设计平面,如图 5-33 所示,这种情况下,寻优空间是最大的,对应的计算量也最大。

NURBS 曲线的控制点的位置决定了 NURBS 的基本形状,同时,由于 NURBS 的局部修改性,当控制点的扰动不均匀时,会不可避免地造成曲线在局部区域的振荡,如图 5-34 所示。

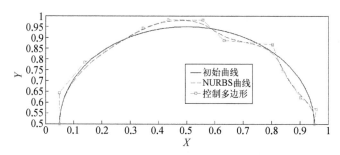

图 5-34   多控制点随机扰动变化示意图

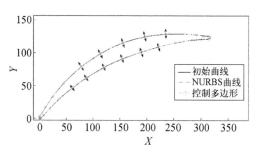

图 5-35   控制点随机扰动产生的畸变叶型

图 5-35 中的 NURBS 曲线共有 12 个控制点,初始形状是一个 180°的半圆,当多个控制点同时发生变化时,新的 NURBS 曲线已不再符合半圆的形状,取而代之的一条布满凹坑和凸起的新曲线。新曲线在各节点处虽然依然是光滑和连续的,但其形状已发生了大幅度的变化,在压气机叶型优化设计领域,这种控制点的随机扰动所产生的新叶型往往是无法被接受的,如图 5-35 所示。

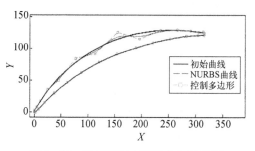

图 5-36   叶型控制点移动方向示意图

图 5-36 中,压力面控制点保持不变,对吸力面的控制点进行随机扰动,生成新的叶型。由于压力面控制点未发生变动,其型线保持不变,这是由 NURBS 的局部修改性决定的。吸力面上多个控制点同时扰动后形成了具有若干凹坑和凸起的非均匀叶型,这种叶型称为奇异叶型。依然可以使用求解器对奇异叶型进行性能评估,但是这种叶型很难应用到实际的造型当中去,因此必须将其去除。

从控制点的分布情况(图 5-36)可以看出,在前后缘处,控制点数目较多、较密集,在叶型的中段处,控制点数目相对较少并且分布较稀疏。因此,扰动控制点时,前后缘处分布密集的控制点的扰动量应尽可能小,避免在小范围内出现多次凹凸。叶型中段处,由于控制点之间的间隔较大,控制点可拥有相对较大的扰动量。其次,为了在优化过程中不改变叶型的弦长及几何进口/出口角,前后缘处的密集控制点应保持不变,仅改变叶型中段上控制叶型整体形状的控制点。控制点的移动方向设为控制点处叶型型线的法线方向,如图 5-36

所示。

叶型控制点的扰动范围是决定是否产生畸变叶型的关键因素,在给定的方向上必须对控制点的上下变动范围进行限制。从图 5 - 36 中可以看出,各控制点的移动范围可以根据该点的位置及其法向斜率来进行关联,经过数值实验,确定使用式(5 - 38)和式(5 - 39)来限定叶型控制点的移动范围。

$$x_i^{\text{low}} = x_i \left(1 - \frac{1}{\mid k_i - \sqrt{\mid k_{\text{max}} - k_{\text{min}} \mid} \mid} r \right) \qquad (5 - 38)$$

$$x_i^{\text{up}} = x_i \left(1 + \frac{1}{\mid k_i - \sqrt{\mid k_{\text{max}} - k_{\text{min}} \mid} \mid} r \right) \qquad (5 - 39)$$

式中, x_i^{low} 和 x_i^{up} 分别为控制点 i 的横坐标扰动量的下限和上限; x_i 为控制点 i 的原始坐标值; k_i 为控制点 i 处叶型的法向斜率; k_{max} 和 k_{min} 分别为各控制点法向斜率的最大和最小值; r 为事先给定的常量。

2. NURBS 在压气机叶型参数化中的应用

叶型参数化方法,即用若干设计参数来描述叶型,希望通过较少的参数达到对叶型几何形状的灵活控制,尽可能地扩大叶片几何的设计域。

NURBS 曲线逼近有较大折转的复杂曲线时,需要大量的控制点才能达到一定的精度。NURBS 拟合叶型的中段图见图 5 - 37,为了保证前后缘不失真,至少需要 40 个控制点才能准确表达一个完整的叶型,而且控制点在叶型的前后缘处的分布十分密集。过多的控制点引入了更多的优化变量,增加了优化计算的时间,另外,在

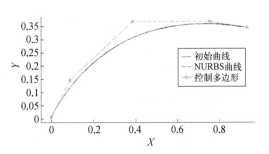

图 5 - 37　NURBS 拟合叶型中段

对分布密集的控制点进行扰动时,容易产生奇异形状。采用式(5 - 33)和式(5 - 34)可以有效避免畸变叶型的产生,但实施相对困难,需要事先计算出各控制点处叶型的法向斜率。

在对有较大折转的曲线进行 NURBS 拟合时才使用更多的控制点,而叶型拟合中,对控制点数目影响较大的区域为叶型的前后缘。叶型中段的曲率较小且不存在反复的折转,与抛物线类似,在对类抛物线的多项式曲线进行 NURBS 拟合时一般只需 4~5 个控制点即可,如图 5 - 37 为使用一条 5 控制点的 3 次 NURBS 曲线拟合叶型中段的结果图。

与图 5 - 36 相比,叶型中段处的控制点数由 12 个减少至 5 个,而对叶型的表

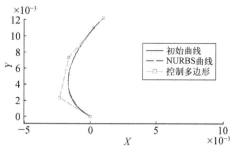

图 5 - 38　采用 NURBS 曲线单独
拟合叶型吸力面前缘

达都基本准确。图 5 - 37 中有 5 个控制点,首末两个控制点决定中段与前后缘的连接点,在优化过程中保持不变,因此只需对中间的 3 个控制点进行扰动,大大减少了优化工作量。

考虑到叶型前缘形状对叶型气动性能的重要性,同样将吸压力面的前缘提取出来进行单独拟合,拟合结果在图 5 - 38 中给出。

考虑到叶型气动性能对尾缘形状的不敏感性,在优化过程中不考虑对尾缘进行处理,这样可进一步减少优化变量数目,加快收敛速度。

基于以上分析,在对叶型进行参数化时,首先将叶型数据分为四段:吸力面前缘、吸力面中段、压力面前缘、压力面中段,然后对各段分别使用 3 次 NURBS 进行拟合。

3. 算例一

1）初始大弯度叶型及 NURBS 参数化

初始叶型几何参数如表 5 - 2 所示(w 表示抽吸槽宽度)。

表 5 - 2　叶型几何参数

参　数	弦长	几何进口角	几何出口角	稠度	安装角	X/B	w/B
参数值	65 mm	50°	-16.65°	2.52	26.46°	67.4%	3%

初始叶型几何形状见图 5 - 39。吸压力面各采用 8 控制点的 NURBS 曲线进行参数化,取 NURBS 控制点作为优化变量,见图 5 - 40。通过限制控制点坐标扰动量的上下限,采用优化算法在此区间进行扰动,生成不同的评估叶型,同时避免产生剧烈波动的不合理叶型。

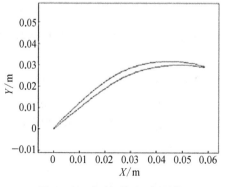

图 5 - 39　初始叶型几何形状

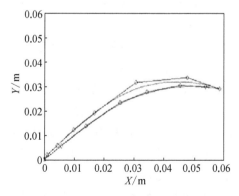

图 5 - 40　叶型 NURBS 参数化

2）优化算法设置及优化结果

采用前述的基于 ABC 算法的优化设计系统对本叶型进行优化,人工蜂群规模设置为 40,迭代次数为 300,优化变量为 NURBS 曲线控制点的横坐标,优化目标为最小化叶型损失。算法运行结束前后的叶型如图 5－41 所示,优化后的叶型安装角有所减小,弯度变化更为平缓,对延缓附面层分离具有积极作用。

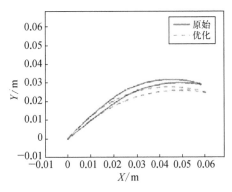

图 5－41　优化前后的叶型对比

4. 算例二：吸附式叶型优化设计研究

以一套内部实验叶栅作为研究对象,叶栅的具体参数见表 5－1,使用上述参数化方法对叶栅吸压力面型线进行参数化,将叶型的几何控制点连同抽吸槽的位置和抽吸量作为优化变量,采用 ABC 算法进行寻优,达到优化设计的目的,吸附式叶栅的气动性能计算由 MISES 程序完成。

选定设计攻角,分别在进口马赫数为 0.5 和 0.7 时使用 MISES 对实验叶栅的 S1 面流场进行了计算,并将得到的表面马赫数与实验值进行了比较。MISES 采用 H 形计算网格,如图 5－42 所示,沿栅距方向的网格数（即流线数）为 20,沿流线方向的网格数为 262,总网格数为 5 240,进口边界条件给定进口气流角,出口边界条件给定背压。

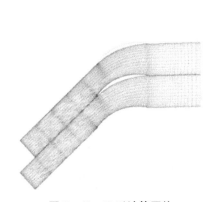

图 5－42　H 形计算网格

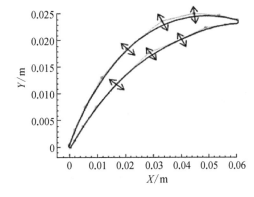

图 5－43　叶型控制点的扰动示意

首先使用 NURBS 曲线分别对吸压力面叶型进行参数化,选择 NURBS 的控制点为优化变量,对控制点进行扰动,以避免产生不合理叶型,叶型控制点的扰动示意见图 5－43。使用该优化系统对算例叶栅进行了优化,优化的目标为最小化叶型损失。抽吸槽位置在 40%～90% 轴向弦长处进行扰动,抽吸率在 0.1%～1.0% 内进行扰动。人工蜂群规模设为 40,进化 100 代,优化过程的收敛曲线如图 5－44 所示。

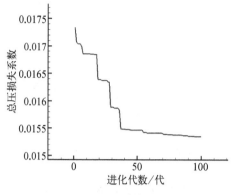

图 5-44   优化计算收敛曲线

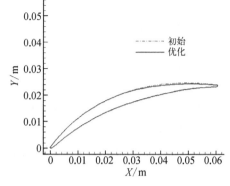

图 5-45   吸附式叶型优化前后对比

从图 5-45 优化前后叶型的对比可以看出,在 50% 相对弦长以后,叶型吸力面型线开始逐渐向压力面偏移,厚度稍有减小,压力面型线有细微的变动。

优化后得到最佳抽吸位置为 58.44% 相对弦长处,在抽吸率达到设定的上限 1% 时,叶型损失最小,这是因为当叶型吸力面附面层较厚甚至出现分离时,抽吸率增大,可使动量厚度变薄,损失减小。

如图 5-46 所示,由于优化策略并未改变叶型前缘的几何形状,优化前后,叶型前缘表面马赫数分布一致,在 20%~58.44% 弦长处,优化后叶型的表面马赫数明显较高且分布相对平缓,负荷相对较小。在抽吸位置之后,马赫数继续平稳下降,相反,优化前的叶型马赫数在后半段趋于平坦,预示附面层可能已经产生分离。

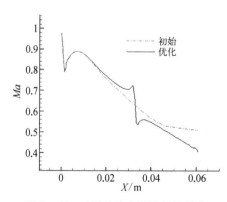

图 5-46   叶型前缘表面马赫数分布

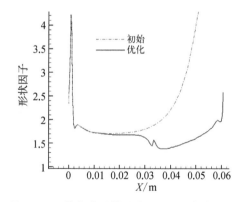

图 5-47   优化前后的吸力面附面层形状因子

从吸力面附面层的形状因子分布图(图 5-47)中可以更加明显地看出,在优化前,吸力面附面层从 50% 相对弦长位置处开始急剧增厚,随后产生分离(形状因子大于 3)。优化后的吸附式叶型,在附面层发展的中期及时将其吸除,及时避免了气流的分离,从而使因分离产生的损失大大减小。

为了分析比较优化前后的叶型攻角特性,计算了两种叶型从 -7.0°~+8.0°,共 16

个攻角下的总压损失系数情况,计算结果见图 5-48。从图中可以看出,在所选择的 16 个攻角中,优化叶型的总压损失系数均低于初始叶型,其中 -5°~+5° 攻角范围内,叶型总压损失系数的降低尤为明显。在大的负攻角和大的正攻角下,两种叶型的总压损失系数逐渐逼近,主要是因为在这种极端情况下,分离已不可避免且分离位置提前,而抽吸槽的位置相对靠后,即便采用更大的抽吸率也很难使附面层重新附着。而在大部分的正常攻角范围内,优化叶型仍具有明显的性能优势。

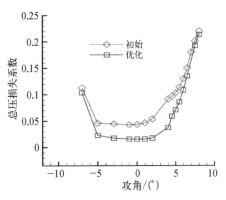

图 5-48　优化前后叶型的攻角特性

5.3.3　吸附式压气机叶型及抽吸方案的耦合优化设计策略

现代航空压气机级的负荷越来越高,如何有效地提升较高级负荷下的压气机性能成了研究的热点[21]。吸附式技术可以有效控制叶片附面层的分离,降低压气机的损失。无论是进行吸附式压气机叶型正设计还是应用反设计,都需要依靠人为的经验。这样的设计过程既费时又费力,而且不一定可以找到最优的叶型及抽吸方案组合。因此,很有必要探索将吸附式压气机叶型和抽吸方案耦合的优化设计系统。本节自主研发了一系列针对吸附式叶型和抽吸方案耦合优化设计程序,其中包括超高负荷静子叶型、超声转子叶型及多缝吸附式叶型耦合优化设计程序,并且将部分耦合优化设计方法与吸附式叶栅实验相结合,完成对吸附式叶型的设计。

1. 叶型和抽吸方案耦合优化设计系统的搭建

本节建立一个吸附式叶型及抽吸方案耦合优化设计方法,采用该优化设计方法,可以高效、智能地完成吸附式叶型及其对应的最佳抽吸方案设计,得到具有最优气动性能的吸附式叶型,图 5-49 为该优化平台的设计流程。

首先需要对叶型进行参数化设计,用较为合理的控制变量描述叶型的几何特征。然后进入优化算法模块,优化算法选用改进型人工蜂群算法,具体模块可参考大弯度叶型优化设计。

1) 叶型参数化

使用叶型中弧线叠加厚度分布(camber line stack thickness distribution, CLSTD)的参数化方法对吸附式叶型进行参数化。同时,引入另一种参数方法,即直接用样条曲线或者多项式来描述叶型吸力面和压力面形状,并首次将类别形状变换(class-shape-transformation, CST)方法引入吸附式叶型的参数化中,也可以采用两种参数化方法结合的混合(Mix)法。

本节分别采用 CLSTD 和 CST 两种参数化方法完成吸附式叶型的参数化,下面

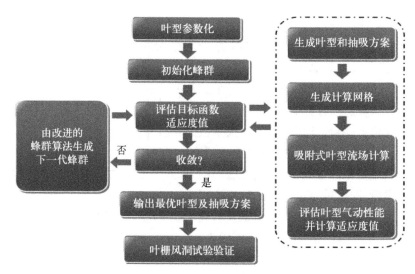

图 5-49   吸附式叶型和抽吸方案耦合优化设计流程图

主要对 CST 方法进行阐述。

CST 方法最早由美国波音公司的 Kulfan 教授于 2006 年提出[22,23]，广泛应用于飞机机翼的设计中，而本节将尝试将该方法应用于压气机吸附式叶型的设计中。

CST 方法通过使用一个类别函数(class function) $C_{N_1}^{N_2}(\Psi)$ 和一个形状函数(shape function) $S(\Psi)$ 来表示叶型的几何形状，式(5-40)给出了应用 CST 方法进行叶型参数化的表达式。

$$\zeta(\Psi) = C_{N_1}^{N_2}(\Psi)S(\Psi) + \Psi\Delta\zeta_{te} \qquad (5-40)$$

式中，Ψ 为叶型 X 轴坐标与弦长 B 之比，X/B；ζ 为叶型 Y 轴坐标与弦长 B 之比，Y/B；$\Delta\zeta_{te}$ 为尾缘厚度项，若尾缘封闭，该项为 0；$C_{N_1}^{N_2}(\Psi)$ 为类别函数，定义式见式(5-41)；$S(\Psi)$ 为形状函数，定义式见式(5-42)；N_1 为叶型前缘控制参数，取值范围为 0.0~1.0；N_2 为叶型尾缘控制参数，取值范围为 0.0~1.0。

$$C_{N_1}^{N_2}(\Psi) = \Psi^{N_1}(1 - \Psi)^{N_2} \qquad (5-41)$$

在 CST 方法中，形状函数 $S(\Psi)$ 可以选择多种方法进行定义，其中性能最稳定的方法是选择 n 阶 Bernstein 多项式的加权和作为 $S(\Psi)$ 的表达式，式(5-42)给出了基于 n 阶 Bernstein 多项式的加权和的形状函数的定义式。

$$\begin{cases} S(\Psi) = \displaystyle\sum_{i=0}^{n} b_i B_n^i(\Psi) = \sum_{i=0}^{n} b_i \left[K_n^i \Psi^i (1 - \Psi)^{n-i} \right] \\ K_n^i = \dfrac{n!}{i!\ (n-i)!} \end{cases} \qquad (5-42)$$

式中，b_i 为 Bernstein 多项式的权重因子，i 取值为 0，1，$\cdots$，n，从而组成了参数向量 $\boldsymbol{b}$。

通过式（5-40）可知，N_1 和 N_2 定义了叶型前后缘几何形状的基本类型，两者的一般取值范围为 $0.0 \sim 1.0$。图 5-50 为 N_1 和 N_2 值对叶型前后缘形状的影响。从图中可以看出，通过改变 N_1 值可以改变叶型前缘的形状，当 N_1 值接近 0 时，前缘曲率明显减小。当 N_1 无限接近 0 时，前缘变为矩形。相反，N_1 越接近 1，前缘曲率越大。当 N_1 无限接近 1 时，前缘变为楔形。而当 N_1 取 0.5 时，前缘接近圆形；N_1 取 0.75 时，前缘接近 Sears - Haack 体。Sears - Haack 体在空气动力学方面应用广泛，被认为是具有最小的空气阻力的形状，因此常应用于高压音与超声翼型/叶型设计。

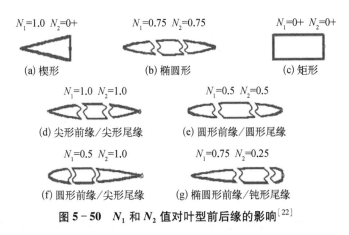

图 5-50　N_1 和 N_2 值对叶型前后缘的影响[22]

N_2 则主要决定叶型尾缘形状，变化规律与 N_1 基本一致。为了使叶型损失最低，本节中 N_1 和 N_2 均取值为 0.75，也就是叶型前后缘均选择接近 Sears - Haack 体的形状[24]。利用 CST 方法对叶型进行参数化时，首先将 N 个叶型数据坐标代入式（5-40），得到如式（5-43）所示的线性方程组。可以看出式（5-43）是一个 $N \times (n+1)$ 阶的矛盾方程组，需要利用最小二乘法进行拟合，最终求解得到 $n+1$ 阶参数向量 $\boldsymbol{b}$，则可以通过改变参数向量 $\boldsymbol{b}$ 来控制叶型几何形状，从而完成叶型参数化。

$$\begin{bmatrix} \zeta_0(\Psi_0) & \zeta_1(\Psi_0) & \cdots & \zeta_n(\Psi_0) \\ \zeta_0(\Psi_1) & \zeta_1(\Psi_1) & \cdots & \zeta_n(\Psi_1) \\ \vdots & \ddots & & \vdots \\ \zeta_0(\Psi_{N-1}) & \zeta_1(\Psi_{N-1}) & \cdots & \zeta_n(\Psi_{N-1}) \end{bmatrix} \begin{bmatrix} b_0 \\ b_1 \\ \vdots \\ b_n \end{bmatrix} = \begin{bmatrix} \zeta(\Psi_0) \\ \zeta(\Psi_1) \\ \vdots \\ \zeta(\Psi_{N-1}) \end{bmatrix} \quad (5-43)$$

式中，$\zeta_i(\Psi_i)$ 为 CST 方法的基函数，$\zeta_i(\Psi_i) = C_{N_2}^{N_1}(\Psi_j) K_n^i \Psi_j^i (1-\Psi_j)^{n-i}$；$\Psi_j$ 为叶型

中第 j 个点的 X 轴坐标与弦长 B 之比，$\Psi_j \in (0, 1)$，$j = 0, 1, \cdots, N - 1$。

前面提到用 n 阶 Bernstein 多项式的加权和作为形状函数 $S(\Psi)$ 的表达式，但不同阶数的 Bernstein 多项式参数化叶型有不同的拟合精度。图 5-51 给出了分别使用 2 阶、4 阶、8 阶、16 阶 Bernstein 多项式的 CST 方法对叶型进行参数化后的残差曲线，目标叶型为超高负荷吸附式叶型。如图 5-51 所示，使用 2 阶与 4 阶 Bernstein 多项式对叶型进行参数化时，拟合精度较低，特别是在叶型的压力面一侧，拟合精度仅仅达到 0.1 mm 量级，参数化精度的缺失可能会使参数化后的叶型气动性能产生较大的改变，未来也会影响叶型优化设计的结果，因此不建议使用。当使用 8 阶和 16 阶 Bernstein 多项式对叶型进行参数化时，拟合精度提高了近 10 倍，可以达到 0.01 mm 量级，具有较高的精度，可以完全满足参数化的需求。

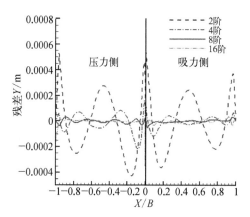

图 5-51　采用 CST 方法对叶型进行
参数化后的残差曲线

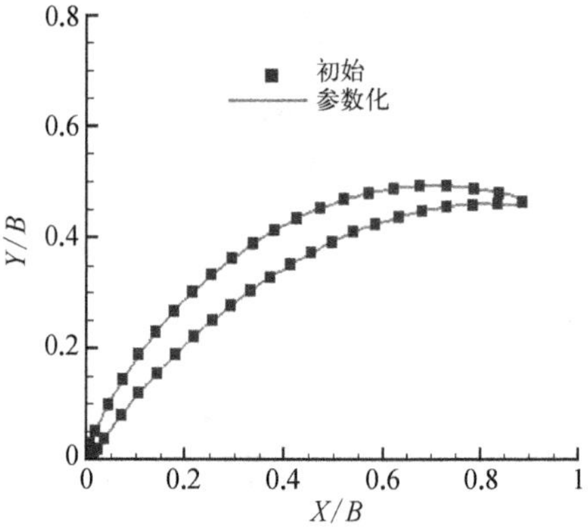

图 5-52　参数化后的叶型与
初始叶型对比

由图 5-51 可知，使用 16 阶 Bernstein 多项式对叶型进行参数化的拟合精度略高于 8 阶，但是使用 16 阶方法时，参数向量 b 的大小将增加一倍，也就意味着在未来的优化设计过程中，优化变量的数量将增加一倍，这会严重降低优化设计的效率，对计算资源造成较大的浪费，因此未选用 16 阶方法，而选用 8 阶 Bernstein 多项式对叶型进行参数化。图 5-52 给出了使用 8 阶 Bernstein 多项式的 CST 方法进行参数化后的叶型与初始叶型对比图。从图中可看出，参数化后的叶型与初始叶型保持了较高的一致性，证明本参数化方法具有较高的拟合精度。

2）优化变量的选取

建立一套将叶型和抽吸方案耦合优化的吸附式压气机优化设计系统，为了保证级间匹配及强度要求，选取重要参数：叶型前段弦长比（BFB）、前段弯度比（FS）、最大厚度相对位置（XLMB）、前缘半径 r_1、尾缘半径 r_2，以及抽吸流量和抽吸位置作为优化变量，而叶片几何进出口角、最大相对厚度等参数则保持不变。图 5-53 给出了不同造型参数对叶型的影响。

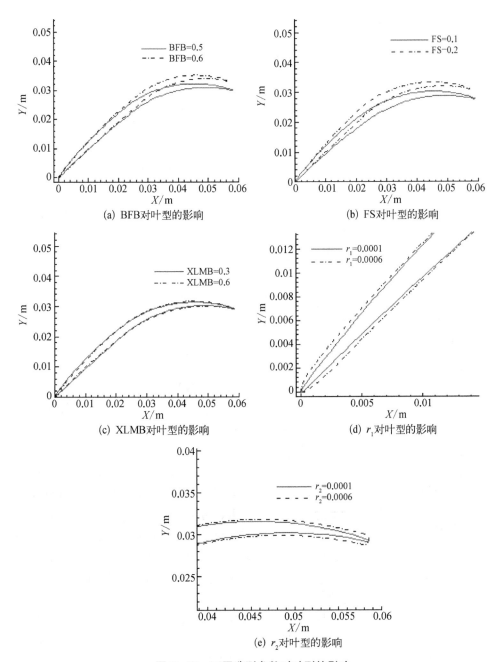

图 5 - 53　不同造型参数对叶型的影响

3) 优化目标函数的选取

本优化系统将人工蜂群算法和 S1 流场计算程序 MISES 相结合对吸附式叶型进行优化设计,优化目标函数的选取如式(5-44)所示。

$$\text{Fitness} = \begin{cases} \max \text{Loss} & [P_2/P_1 < (P_2/P_1)_{\text{lim}}] \\ \text{Loss} & (\text{else}) \end{cases} \quad (5-44)$$

式中,Fitness 表示优化算法的适应度值;Loss 表示叶型的总压损失;max Loss 表示总压损失的极大值,一般取值为 1.0;P_2/P_1 表示叶型的静压升;$(P_2/P_1)_{\text{lim}}$ 表示静压升的限制,一般取为原始设计方案的静压升。

这里所构造的适应度函数不仅将叶型的总压损失作为优化目标,同时也引入了关于静压升的惩罚函数。这是因为在实际优化过程中发现,若仅仅一味地追求总压损失的最小化,会使优化后的叶型多为后加载叶型,也就是说在接近尾缘处的叶型弯度很大,这样叶型的分离区将大大减小,导致叶型总压损失下降。但由于尾缘处分离较大,会使叶型落后角增大,从而使气流转折角减小,叶型负荷降低。优化后,叶型总压损失的降低不能以牺牲叶型负荷为代价,而通过引入叶型静压升的罚函数可以有效控制叶型负荷。用本章提出的方法进行优化,在保证叶型负荷不会降低的基础上,可以使叶型的总压损失降至最小。

4) 优化系统结构简介

图 5-54 即为所构建的优化系统结构图。从图中可看出,首先应先进行叶型的参数化。其次,对原始设计方案进行计算,并将其放入蜂群的第一个个体中。然后,初始化生成人工蜂群,并计算蜂群中每个个体的适应度值。最后,进入人工蜂群算法优化模块,根据适应度值的大小将蜂群分为采蜜蜂和跟随蜂。对于采蜜蜂,继续在原蜜源附近寻找其他蜜源,再进行适应度计算,若新蜜源适应度优于原蜜源,则取代原蜜源。而跟随蜂按照与蜜源适应度成比例的概率选择一个蜜源,在其附近寻找,再进行适应度计算,若新蜜源适应度优于原蜜源,则取代原蜜源。记录这一代蜂群的最优解,然后对每只蜜蜂的搜寻次数进行检查,若搜寻次数超限,该蜜蜂变为侦察蜂,对其个体信息全部进行初始化,再进行适应度计算。结束这一代计算,进入下一代计算,直

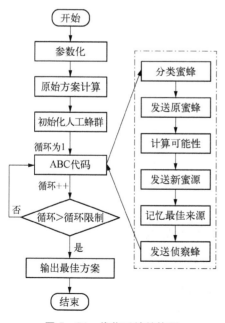

图 5-54 优化系统结构图

至最后完成迭代,输出最优的设计方案。

2. 大弯度吸附式叶型耦合优化设计

1) 研究对象介绍

本算例对叶栅风洞实验中的一套弯度大于 65°的吸附式叶型进行优化设计,目标是保证优化后的吸附式叶型具有较优的气动性能。表 5-3 给出了优化设计目标叶型的基本参数,从表中可以看出该优化设计目标为叶型弯度达到 66.65°,具有较大的弯度,进口马赫数为 0.7。

表 5-3　优化设计目标叶型的基本参数(大弯度吸附式)

变量名	几何进口角/(°)	几何出口角/(°)	弦长/mm	稠度	进口马赫数	设计攻角/(°)
数　值	50	-16.65	65	2.52	0.7	1.9

2) 流场计算程序

Merchant[25] 在原 MISES 程序的基础上加入了附面层吸附的计算功能,采用 MISES 程序可以进行吸附式叶型的数值计算。Merchant 等首先建立了一套针对附面层吸附的简化数学模型,在该模型中将抽吸缝划分为若干个小区域,每个区域的宽度刚好等于计算网格在壁面的宽度,抽吸缝的具体形状及其表面粗糙度未在模型中给予考虑。式(5-45)和式(5-46)分别给出了在考虑了附面层吸附后的附面层动量积分方程和能量积分方程。其中,$\rho_w v_w$ 代表沿抽吸缝法向方向通过的质量流量,其速度方向为向上为正。在附面层动量积分方程和能量积分方程中均添加了抽吸计算项 $(\rho_w v_w)/(\rho_e u_e)$。

$$\frac{\mathrm{d}\theta}{\mathrm{d}s} = \frac{C_f}{2} - (H + 2 - Ma_e^2)\frac{\theta}{u_e}\frac{\mathrm{d}u_e}{\mathrm{d}s} + \frac{\rho_w v_w}{\rho_e u_e} \tag{5-45}$$

$$\theta\frac{\mathrm{d}H^*}{\mathrm{d}s} = \left(2C_D + \frac{\rho_w v_w}{\rho_e u_e}\right) - \left(\frac{C_f}{2} + \frac{\rho_w v_w}{\rho_e u_e}\right)H^* - [2H^{**} + H^*(1 - H)]\frac{\theta}{u_e}\frac{\mathrm{d}u_e}{\mathrm{d}s} \tag{5-46}$$

式中:θ 为附面层动量厚度;C_f 为附面层摩擦系数;s 为流向坐标;Ma_e 为边界层外缘马赫数;u_e 为边界层外缘速度;ρ_e 为边界层外缘密度;v_w 为抽吸缝法向速度;ρ_w 为抽吸缝法向密度;H 为附面层形状因子,即附面层位移厚度 δ 与附面层动量厚度 θ 的比值;H^* 为附面层能量形状因子,即附面层能量厚度 δ^* 与附面层动量厚度 θ 的比值;H^{**} 为附面层密度形状因子,即附面层密度厚度 δ^{**} 与附面层动量厚度 θ 的比值;C_D 为阻力系数。

3) 优化目标函数设计

本节构造的吸附式叶型耦合优化设计的目标函数见式(5-44)。通过式

(5-44)可以看出,在优化设计过程中追求总压损失的最小化,同时也引入了对静压升的罚函数,优化设计后,若叶型的静压升有所降低,则对该叶型的适应度值施加惩罚,这样就可以保证优化设计得到的吸附式叶型不仅具有最小的损失,同时也避免了叶型的负荷减小,也就是说可以得到具有最优气动性能的吸附式叶型。

4)优化变量选取

本小节在进行吸附式叶型耦合优化设计时,仅选择叶型中弧线叠加厚度分布的参数化方法,因此本节选择叶型前段弦长比 BFB、前段弯度比 FS、最大厚度相对位置 XLMB、叶型前缘半径 r_1、尾缘半径 r_2、抽吸流量和抽吸位置 7 个优化变量,表5-4 给出了 7 个优化变量的扰动范围。

表 5-4　优化变量的扰动范围(大弯度吸附式叶型)

优 化 变 量	扰 动 下 界	扰 动 上 界
BFB	0.3	0.7
FS	0.1	0.7
XLMB	0.3	0.7
r_1/mm	0.02	0.6
r_2/mm	0.02	0.6
抽吸流量(相对进口质量流量)	0.1%	1.0%
抽吸位置(相对弦长)	20%	90%

5)耦合优化设计结果分析

选择某吸附式叶型作为优化设计的初始叶型,为描述方便,初始叶型均用initial 表示,而耦合优化设计的叶型用 opt 表示。在优化设计过程中为了保证优化设计的准确性,计算网格的拓扑结构始终保持完全一致。表 5-5 给出了本节利用MISES 程序进行吸附式叶型数值计算过程中的网格参数选取情况,图 5-55 给出了耦合优化设计前后的叶型计算网格。

表 5-5　数值计算网格参数取值(大弯度吸附式叶型)

名　　称	数　　值
网格总数	5 040
沿流线方向网格数	252
沿栅距方向网格数	20
前缘控制参数	0.1
尾缘控制参数	0.9
叶型表面控制点参数	80

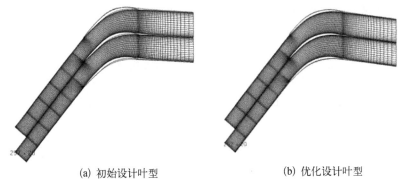

(a) 初始设计叶型　　　　　　　(b) 优化设计叶型

图 5-55　耦合优化设计前后的叶型计算网格(大弯度吸附式)

图 5-56、表 5-6 分别为初始设计叶型与优化设计叶型的型线和优化变量对比。从表 5-6 可以看出,优化设计叶型的 BFB 值明显减小,FS 值略微减小,这表明相较于初始设计,优化设计后将主要集中于叶型后段的负荷前移,用更长的后段弦长来完成绝大部分的气流转折。这样的负荷分布将使得气流可以更为均匀地转折,避免附面层在叶型后段承受较大负荷,导致附面层产生较大分离损失。最大相对厚度比初始设计叶型更为靠后,叶型的前缘半径 r_1 有较大的增加,前缘半径的变化对叶型气动性能的影响将在后面进行详细的分析。优化设计后,抽吸率减小了 0.25%,抽吸位置前移。

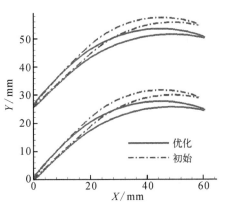

图 5-56　初始设计叶型与优化设计叶型的型线对比(大弯度吸附式)

表 5-6　优化设计前后的优化变量对比(大弯度吸附式叶型)

叶　　　型	initial	opt
BFB	0.476	0.304
FS	0.160	0.124
XLMB	0.485	0.604
r_1/mm	0.131	0.531
r_2/mm	0.117	0.217
抽吸率(相对进口质量流量)	1%	0.75%
抽吸位置(相对弦长)	67%~69%	54%~56%

从表 5-7 中可以看出,与初始叶型相比,优化设计叶型的总压损失系数下降了 27%,气流转折角增大了 4.2°,负荷有一定程度的提升。更为关键的是优化设

计叶型的抽吸率仅为0.75%,相较于初始设计叶型减小了0.25%,降低了吸附式叶型抽吸所消耗的能量。

表5-7 初始设计叶型与优化设计叶型的气动性能对比(大弯度吸附式)

参　数	initial	opt
总压损失系数	0.025 9	0.018 8
静压升	1.264 9	1.265 4
扩散因子	0.54	0.55
气流转折角	55.4°	59.6°

由初始设计叶型与优化设计叶型表面及叶栅通道马赫数分布等值线(图5-57)可以看出,初始设计叶型的前缘半径过小,该吸附式叶型的型线在前缘处具有较大的曲率,导致气流在叶型前缘处产生较大的速度突尖,诱使大量具有高能量的流体质点流入附面层内,加剧了附面层内流体质点之间的动量交换,最终导致层流附面层转捩,进入湍流附面层。从图5-57(a)中可以看出,优化设计叶型中,在40%相

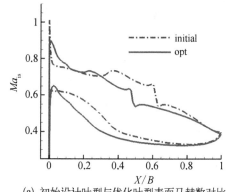

(a) 初始设计叶型与优化叶型表面马赫数对比

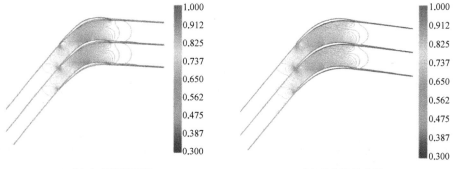

(b) 初始设计叶型　　　　　　　　　　(c) 优化设计叶型

图5-57 初始设计叶型与优化设计叶型表面及叶栅通道
马赫数分布等值线(大弯度吸附式)

对弦长之前,吸力面和压力面等熵马赫数的包裹范围明显大于初始设计叶型,即将吸附式叶型的负荷部分前移。优化设计后将初始设计叶型主要集中于后段的负荷分布前移,使叶型负荷分布更为均匀,避免气流在叶型后段较短距离内完成较大的转折,形成较大的逆压梯度,最终导致附面层发生分离。

为了直观地掌握吸附式叶型附面层内流动的细节,图 5-58 和图 5-59 分别给出了初始设计叶型与优化设计叶型吸力面和压力面附面层的形状因子对比图。从图 5-58 中可以看出,在初始设计叶型前缘处,由于速度突尖的作用,形状因子突增至 3.7 左右,致使层流附面层发生分离,转捩进入湍流附面层。而优化设计的吸附式叶型中,前缘半径适当增加,从而减小了优化设计叶型前缘处的气流加速曲率,气流可以在叶型前缘处完成较为平缓的加速,使吸力面形状因子在前缘处始终保持在较为合理的范围内。在约 10% 相对弦长处,优化设计叶型的吸力面形状因子急速下降,附面层发生转捩。由于层流附面层的摩擦损失小于湍流附面层,优化设计叶型的前缘设计要优于初始设计叶型,可以有效减小叶型损失。通过以上分析可以发现,适当增大吸附式叶型的前缘半径可以消除前缘速度突尖,并且有效推迟附面层的转捩,减小附面层摩擦损失。

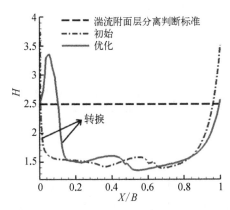

图 5-58　初始设计叶型与优化设计叶型
的吸力面附面层形状因子对比
（大弯度吸附式）

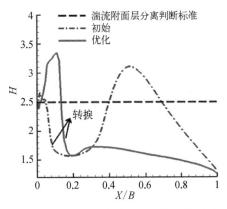

图 5-59　初始设计叶型与优化设计叶型
的压力面附面层形状因子对比
（大弯度吸附式）

通过图 5-58 可以看出,即使初始设计吸附式叶型在 67% 相对弦长处进行了附面层吸附,也很难使附面层一直良好附着在叶型表面。叶型后段的负荷较大,最终导致初始设计叶型在 95% 相对弦长处的吸力面形状因子超过 2.5,湍流附面层发生分离。而优化设计叶型的吸力面形状因子经过转捩后一直小于湍流附面层分离标准,湍流附面层始终附着良好,未发生分离。从图 5-59 中可以看出,在大约 40% 相对弦长处,初始设计叶型压力面形状因子开始上升,并且很快达到了 2.5 以上,湍流附面层产生严重分离,对叶型气动性能带来了较大影响。但由于叶型型线和压力面分离共同作用,在压力面近尾缘处形成了收缩通道,使气流的压力面速度有所增加,压力面附面层产生二次附着。优化设计叶型的压力面附面层一直附着在叶型表面,未发生附面层分离。通过以上分析可知,在该吸附式叶型的气动负荷条件下,更为均匀的负荷分布有助于提升抽吸的效果和吸附式叶型的气动性能。

为了验证采用优化设计方法得到抽吸方案为该叶型的最佳抽吸方案,图 5-60 和图 5-61 展示了优化设计叶型的总压损失系数随抽吸位置和抽吸率的变化曲线。从图中可以看出,抽吸率为 0.75% 时,在优化设计得到的抽吸位置(54% 相对弦长处),吸附式叶型具有最小的的损失;而在 54% 相对弦长处抽吸时,优化设计得到的抽吸率(0.75%)为最佳值。综上所述,本节优化设计得到的抽吸方案为该吸附式叶型的最佳抽吸方案。

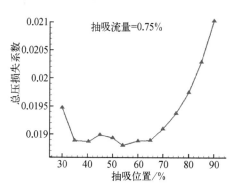

图 5-60　优化叶型总压损失系数随抽吸位置的变化曲线(大弯度吸附式)

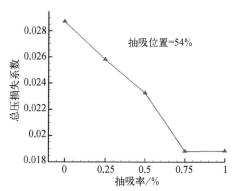

图 5-61　优化设计叶型总压损失系数随抽吸率的变化曲线(大弯度吸附式)

6)叶栅风洞实验验证

前面对吸附式叶型的优化设计结果进行了详细的分析,为了进一步验证所提出的吸附式叶型耦合优化设计方法的准确性和可靠性,对本节中的耦合优化设计叶型和初始叶型均进行了叶栅风洞实验,并对其气动性能进行了对比分析。

图 5-62 为初始设计和优化设计的吸附式叶型的叶栅实验件实物图。该实验是在国防科技重点实验室——西北工业大学翼型、叶栅空气动力学国防科技重点实验室的连续式高亚声速叶栅风洞中进行的。

从图 5-63 设计状态下初始设计叶型和优化设计叶型的叶栅总压恢复系数

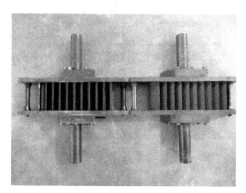

图 5-62　初始设计(左)和优化设计(右)的吸附式叶型的叶栅实验件

尾迹对比中可以看出,在设计状态下,优化设计叶型的总压恢复系数尾迹曲线的"凹坑"宽度和深度较初始设计叶型均有明显减小,这表明优化设计叶型的总压损失要明显小于初始设计叶型,优化设计后叶型的气动性能得到了显著提升。

在设计工况下,优化设计叶型的气动性能要远远优于初始设计叶型,然而压气机叶片有时需要在非设计工况下工作较长时间,因此优化设计叶型在非设计工况下的性能也要加以考虑。图 5 - 64 和图 5 - 65 分别展示了初始设计叶型攻角-总压损失系数和攻角-扩散因子特性。从

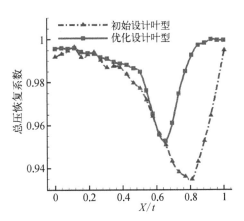

图 5 - 63　设计状态下初始设计叶型和优化设计叶型的叶栅总压恢复系数尾迹对比(大弯度吸附式)

图 5 - 64 中可以看出,优化设计叶型不仅在设计点的性能得到了提升,在 +5° 和 -10° 攻角条件下的总压损失系数也远远小于初始设计叶型,即使在 +10° 攻角条件下,优化设计的叶型总压损失系数也略小于初始设计叶型;在全攻角范围内,优化设计叶型的总压损失系数也均优于初始设计叶型。

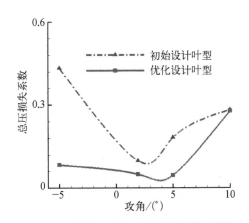

图 5 - 64　初始设计叶型和优化设计叶型的攻角-总压损失系数特性对比

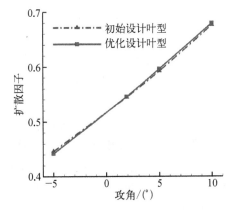

图 5 - 65　初始设计叶型和优化设计叶型的攻角-扩散因子特性对比

从图 5 - 65 中可以看出,优化设计叶型在 +5° 和 +10° 设计攻角条件下的扩散因子均要略高于初始设计叶型,仅在 -10° 攻角条件下略低于初始设计叶型。吸附式叶型耦合优化设计会在一定程度上增大初始设计吸附式叶型的负荷,但效果并不显著。

图 5 - 66 为初始设计叶型和优化设计叶型的马赫数-总压损失系数特性对比,

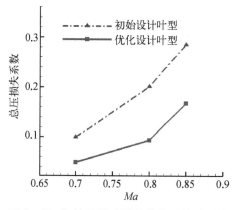

图 5-66　初始设计叶型和优化设计叶型的马赫数-总压损失系数特性对比

从图中可以看出,随着马赫数增大,初始设计叶型和优化设计叶型的总压损失系数均有所增大,但优化设计叶型的总压损失系数始终低于初始设计叶型,说明优化设计叶型不仅在全攻角范围内具有最优的气动性能,在全马赫数范围内也要优于初始设计叶型。通过吸附式叶栅风洞实验验证了本节提出的吸附式叶型耦合优化设计方法具有较高的性能及较好的工程应用价值,优化设计得到的吸附式叶型在不同攻角、不同马赫数条件下的气动性能均要优于初始设计叶型。

3. 超高负荷吸附式叶型耦合优化设计

上面对扩散因子达到 0.55 的吸附式叶型进行了叶型和抽吸方案的耦合优化设计,并且将优化设计叶型与初始设计叶型的气动性能进行了对比分析,总结了此负荷条件下吸附式叶型的设计特点,最后通过叶栅风洞实验验证了本节研究的吸附式叶型耦合优化设计的准确性。在国外公开文献中可查的具有最高负荷的高亚声吸附式叶型的扩散因子可以达到 0.7 以上,下面将采用吸附式叶型耦合优化设计方法设计一套扩散因子可以达到 0.72 的超高负荷吸附式叶型。

1) 优化参数设置

本节优化过程中,仍然使用 MISES 程序对吸附式叶型进行流场数值计算,优化目标函数构造同上,同样将吸附式叶型的总压损失系数作为优化目标。

2) 优化变量选取

分别使用三种参数化方法完成对该超高负荷吸附式叶型的耦合优化设计,包括 CLSTD 法、CST 法和将两者融合的混合(Mix)法。对于 CLSTD 法,同样选取叶型前段弦长比 BFB、前段弯度比 FS、最大厚度相对位置 XLMB、叶型前缘半径 r_1、尾缘半径 r_2、抽吸量和抽吸位置 7 个变量作为优化变量,表 5-8 给出了 7 个优化变量的扰动范围。

表 5-8　超高负荷吸附式叶型耦合优化变量扰动范围

优 化 变 量	扰 动 下 界	扰 动 上 界
BFB	0.3	0.7
FS	0.3	0.7
XLMB	0.4	0.6
r_1/mm	0.1	1.0

优 化 变 量	扰 动 下 界	扰 动 上 界
r_2/mm	0.1	1.0
抽吸率(相对进口质量流量)	0.5%	1.0%
抽吸位置(相对弦长)	30%	95%

对于 CST 方法,选择 n 阶 Bernstein 多项式权重因子组成的参数向量 **b** 和抽吸方案作为优化变量。形状函数选择 8 阶 Bernstein 多项式,因此吸力面和压力面的参数向量 **b** 的数量均为 9 个(b_i, $i = 1, 2, \cdots, 8$)。但为了保证优化设计后叶型几何进口角和几何出口角不发生改变,优化设计过程中,权重因子 b_0 和 b_8 保持不变,仅选择吸力面和压力面的参数向量 b_i($i = 1, 2, \cdots, 7$)作为优化变量,其变化范围为在其初值基础上扰动 20%,抽吸方案的变化范围与 CLSTD 法相同。

3）耦合优化设计结果分析

本节分别使用了三种参数化方法完成对该超高负荷吸附式叶型的耦合优化设计,为了方便描述,分别使用 CLSTD、CST、Mix 表示使用三种参数化方法的优化结果,特别的是采用 Mix 方法优化设计得到的叶型是在 CLSTD 优化设计结果的基础上,再使用 CST 方法优化设计得到的。本节的初始设计叶型通过先优化叶型,再优化抽吸方案的顺序设计得到。表 5-9 展示了优化设计目标叶型的基本参数,由表可知,优化设计目标叶型弯度达到 70°,并且还要保证气流轴向出气,扩散因子要达到 0.73,具有超高的气动负荷和极大的设计难度。

表 5-9 优化设计目标叶型的基本参数(高负荷吸附式叶型)

变量	几何进口角/(°)	几何出口角/(°)	扩散因子	稠度	进口马赫数	设计攻角/(°)
数值	60.0	-10.0	0.73	2.0	0.7	0.0

通过表 5-10 超高负荷吸附式叶型耦合优化设计结果可以看出,每一个优化设计的叶型在气动性能方面均取得了一定的提升。相较于初始设计叶型,CLSTD、CST 和 Mix 叶型的总压损失系数分别降低 23%、8% 和 33%,并且静压升分别提高了 0.20%、0.03% 和 0.27%。也就是说,吸附式叶型耦合优化方法对改善吸附式叶型的性能具有较显著的效果。通过对不同参数化方法的横向对比可以发现,采用 Mix 方法优化设计得到的叶型具有最优的气动性能。采用 Mix 方法优化设计得到的叶型中,仅气流转折角略小于 CLSTD 方法,而在总压损失系数、静压升、扩散因子等方面均保持极大地优势。并且通过表 5-10 可以看出几种优化设计叶型的扩散因子均接近 0.72,气流转折角接近 60°,并且具有较好的气动性能,基本达到了预想的设计目标。

表5-10 超高负荷吸附式叶型耦合优化设计结果

优化变量	Initial	CLSTD	CST	Mix
总压损失系数	0.023 0	0.017 8	0.021 2	0.015 5
静压升	1.306 8	1.309 4	1.307 2	1.310 3
气流转折角	55.11°	60.98°	54.03°	58.60°
扩散因子	0.717 2	0.718 6	0.717 4	0.719 1
抽吸位置	49%~51%	35%~37%	42%~44%	35%~37%
抽吸率	1.0%	1.0%	1.0%	1.0%

初始设计叶型和优化设计叶型对比如图5-67,从图中可以看出,与初始设计叶型相比,优化设计后 CLSTD 叶型的最大厚度位置发生了前移,并且 CLSTD 叶型的前缘半径也有所增大,这样的设计使 CLSTD 叶型在前缘处的厚度要大于初始设计叶型。而与初始设计叶型相比,CST 叶型仅仅对叶型的型面进行了局部调整,这种局部的调整可以使叶型的性能得到一定的提升,并且扩展了寻优的空间,其生成叶型的种类是采用 CLSTD 方法无法的,可以极大地提升优化设计的性能。

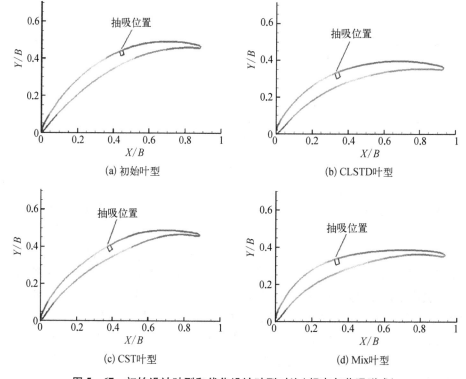

图5-67 初始设计叶型和优化设计叶型对比(超声负荷吸附式)

Mix 叶型是在 CLSTD 叶型基础上优化设计得到的,可以看出 Mix 叶型具有较为特殊的几何形状,类似于"海豚形",叶型前段较厚,后段较薄,并且几乎将所有的气流转折在叶型前段完成,叶型后段呈直线型。对于超高负荷吸附式叶型,这是最完美的一类叶型,在叶型前段,使气流充分转折,然后配合抽吸改善叶型附面层流动状况,在叶型尾缘几乎不扩压,可以使抽吸后附面层一直良好地附着在叶型表面。

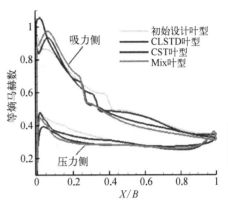

图 5-68 和图 5-69 分别为初始设计叶型与优化设计叶型表面等熵马赫数和叶栅通道马赫数分布等值线图。图 5-70 和图 5-71 分别为初始设计叶型与优化设计叶型吸力面附面层形状因子和压力面附面层摩擦系数对比图,图 5-72 给出了初始设计叶型与优化设计叶型吸力面附面层动量厚度对比图。

图 5-68 初始设计与优化设计叶型表面等熵马赫数对比(超声负荷吸附式)

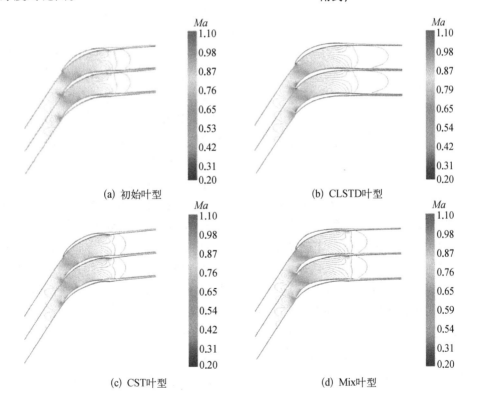

(a) 初始叶型

(b) CLSTD叶型

(c) CST叶型

(d) Mix叶型

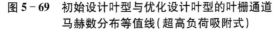

图 5-69 初始设计叶型与优化设计叶型的叶栅通道马赫数分布等值线(超高负荷吸附式)

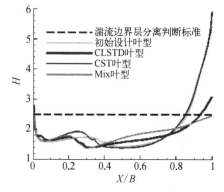

图 5 - 70   初始设计叶型和优化设计叶型的吸力面附面层形状因子对比（超高负荷吸附式）

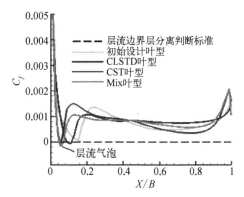

图 5 - 71   初始设计叶型和优化设计叶型的压力面附面层摩擦系数对比（超高负荷吸附式）

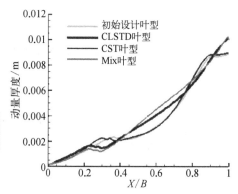

图 5 - 72   初始设计叶型和优化设计叶型的吸力面附面层动量厚度对比（超高负荷吸附式）

由图 5 - 68 可知，相比初始设计叶型，三个优化设计叶型的气流在前缘处均有一个平缓的加速过程，这样的前缘设计可以有效地避免在前缘处产生和初始设计叶型一样的强前缘速度突尖，前缘速度突尖会减小叶型的有效攻角范围，影响叶型的气动性能。然而在叶型前缘气流平缓的加速过程中，峰值马赫数需要被控制。CLSTD 叶型气流在前缘处加速后，峰值马赫数超过了 1.0，导致叶型前缘处会产生较大的逆压梯度。

通过图 5 - 69 同样可以看出，三个优化设计叶型在叶型前段吸力面和压力面的马赫数曲线的包裹面积要明显大于初始设计叶型，也就是说，三个优化设计叶型在前段的负荷要高于初始设计叶型，优化设计后叶型的负荷前移。对于常规叶型来说，这种负荷分布可能会导致其在前段承担过高的负荷，附面层直接产生不可控的分离；但是对于超高负荷吸附式叶型来说，这种负荷分布正可以较完美地发挥附面层的抽吸作用。前段负荷过高时会使附面层恶化，同时通过附面层吸附较好地控制叶型的分离。因此，对于超高负荷吸附式叶型来说，适当地增加叶型前段的负荷是一个更为合理的选择。

由图 5 - 70 可知，初始设计叶型和 CST 叶型在 85% 相对弦长处的吸力面形状因子超过 2.5，叶型的湍流附面层发生分离。而 CLSTD 叶型有效地将叶型吸力面分离推迟至约 95% 相对弦长处，Mix 叶型则完全消除了叶型吸力面的湍流附面层分离，附面层一直在叶型表面附着良好。由于 CST 方法受到了叶型厚度方面的限制,该方法仅可以在每个区域内对叶型的型线进行局部微调,并不能从本质上改变叶型的负荷分布,因此使用 CST 方法对吸附式叶型进行耦合优化设计时需要极大地依赖初始叶型的性能。同样,CLSTD 方法也有缺点,叶型造型过程中,中弧线和厚度分布均由两段圆弧构成,因此叶型在某个区域内的形状不能被灵活修改,这会在很大程度上限制寻优的结果,特别是超高负荷叶型的优化设计。因此,采用 Mix 方法具有最优的设计效果,Mix 方法不但有效地发挥了两者的优点,同时有效地避免了两者的缺点。然而,叶型前段负荷的增加又会带来一些消极的影响。

通过图 5-71 可以看出,叶型前段负荷过高,最终会使叶型压力面一侧产生了层流分离泡。虽然该层流分离泡会在一定程度上对叶型的总压损失产生影响,但其作用范围较窄,作用强度较小,很难对叶型的气动性能产生决定性影响。图 5-73 给出了初始设计叶型和优化设计叶型的进气角-总压损失系数特性对比情况,从图中可以看出,Mix 叶型具有最优的总压损失系数特性。虽然在大负攻角条件下,Mix 叶型的总压损失系数要略大于 CLSTD 叶型,但在其他工况条件下,Mix 叶型的气动性能要远远优于其他设计叶型。

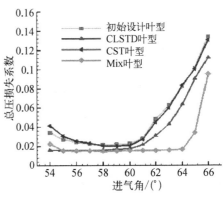

图 5-73　初始设计叶型和优化设计叶型的进气角-总压损失系数特性对比(超高负荷吸附式)

4. 超声吸附式叶型耦合优化设计

本节将应用所提出的吸附式叶型耦合优化设计方法对跨声转子叶型进行优化设计。对于吸附式风扇而言,转子叶尖具有较高的进口马赫数,并且激波与抽吸还会产生干涉影响,因此超声吸附式叶型具有较大的设计难度。

1) 研究对象

选择某两级风扇的第一级转子尖部叶型作为研究对象,所预定的目标是完成进口马赫数达到 1.3 的超声吸附式叶型的耦合优化设计。优化设计目标叶型的基本参数如表 5-11 所示。

表 5-11　优化设计目标叶型的基本参数(超声吸附式叶型)

参数	几何进口角/(°)	几何出口角/(°)	弦长/mm	稠度	进口马赫数	设计攻角/(°)
数值	56.83	45.76	112.3	1.43	1.3	2.0

2) 优化参数设置

耦合优化设计过程中选择 CLSTD 方法和 Mix 方法对叶型进行优化设计。对于 CLSTD 法,同样选取叶型前段弦长比 BFB、前段弯度比 FS、最大厚度相对位置

XLMB、叶型前缘半径 r_1、尾缘半径 r_2、抽吸流量和抽吸位置 7 个变量作为优化变量,表 5-12 给出了 7 个优化变量的扰动范围。

表 5-12   优化变量扰动范围(超声吸附式叶型)

优化变量	扰动下界	扰动上界
BFB	0.3	0.7
FS	0.3	0.7
XLMB	0.3	0.7
r_1/mm	0.01	0.3
r_2/mm	0.01	0.3
抽吸率(相对进口质量流量)	0.1%	1.5%
抽吸位置(相对弦长)	20%	90%

对于 Mix 方法,在 CLSTD 优化设计叶型的基础上再使用 CST 方法进行优化,CST 优化设计过程中,权重因子 b_0 和 b_8 保持不变,仅选择吸力面和压力面的参数向量 $b_i(i=1,2,\cdots,7)$ 作为优化变量,其变化范围为在其初值基础上扰动 20%,抽吸方案变化范围与 CLSTD 方法相同。

3) 耦合优化设计结果分析

通过超声负荷吸附式叶型耦合优化设计的结果(表 5-13)可以看出,每一个优化设计的叶型在气动性能方面均取得了一定的提升。相较于初始设计叶型,CLSTD 和 Mix 叶型的总压损失系数分别降低了 40% 和 47%,静压升分别提高了 8% 和 9%,并且优化设计之后吸附式叶型的抽吸率均减小了 0.3%,降低了抽吸能量。也就是说,超声吸附式叶型耦合优化方法对于改善叶型的性能具有较好的效果。在三个叶型中,Mix 叶型具有最优的气动性能,不仅总压损失系数最小,而且具有最大的静压升,Mix 方法是最有效的超声吸附式优化设计方法。

表 5-13   超声吸附式叶型耦合优化设计结果

变 量	Initial	CLSTD	Mix
总压损失系数	0.1229	0.0740	0.0648
静压升	1.9717	2.1243	2.1420
抽吸位置	79%~81%	62%~64%	62%~64%
抽吸率	1.5%	1.2%	1.2%

初始设计叶型和优化设计叶型对比见图 5-74,从图中可以看出,三个叶型前缘的设计具有较大的差别。其中,初始设计叶型具有最厚的前缘,CLSTD 叶型的前缘半径减小,而 Mix 叶型在前缘处内凹,采用了预压缩叶型的设计。

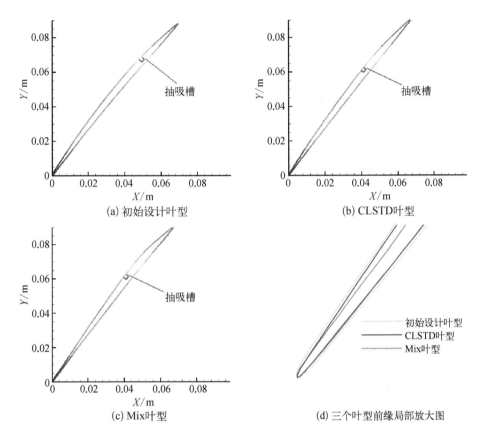

(a) 初始设计叶型　　　　　　(b) CLSTD叶型

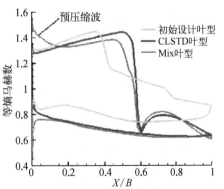

(c) Mix叶型　　　　　　(d) 三个叶型前缘局部放大图

图 5-74　初始设计叶型和优化设计叶型对比(超声吸附式)

初始设计叶型和优化设计叶型的表面等熵马赫数对比见图 5-75。在前缘处，由于 CLSTD 叶型的前缘半径小于初始设计叶型，CLSTD 叶型表面等熵马赫数略小于初始设计叶型；而 Mix 叶型采用预压缩设计，因此在前缘处存在一道预压缩波，气流在经过预压缩之后再加速，这样会有效减小激波前马赫数，从而降低叶型激波损失。从图 5-75 中可以看出，在三个叶型中，初始设计叶型和 CLSTD 叶型的波前马赫数均超过了 1.4，而 Mix 叶型将波前马赫数减小至 1.35。两个优化设计叶型的激波位置均更靠后，初始设计叶型在约 40% 相对弦长处形成激波，而 CLSTD 叶型和 Mix 叶型将激波推迟至 60% 相对弦长处。

图 5-76 初始设计叶型和优化设计叶

图 5-75　初始设计叶型和优化设计叶型表面等熵马赫数对比(超声吸附式)

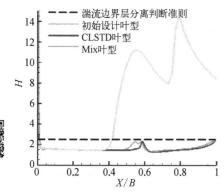

图 5-76　初始设计叶型和优化设计叶型的吸力面附面层形状因子对比（超声吸附式）

型的吸力面附面层形状因子对比表明,初始设计叶型在激波之后,吸力面形状因子急剧增大,达到湍流附面层分离判定标准(形状因子 $H \geqslant 2.5$),吸力面附面层发生严重分离。抽吸之后,虽然吸力面形状因子有所下降,但此时分离已经十分严重,抽吸后附面层并未重新附着在叶型表面。在激波之后,CLSTD 叶型和 Mix 叶型的吸力面形状因子也急速增大,但附面层并未发生分离,此时抽吸使形状因子显著减小,使得吸力面附面层一直附着在叶型表面。CLSTD 叶型和 Mix 叶型的附面层未发生分离,证明该吸附式叶型耦合优化设计方法可以有效地控制超声叶型激波后附面层的分离。

图 5-77 展示了初始设计叶型与优化设计叶型的叶栅通道马赫数分布等值线,从图中可以看出,三个叶型存在不同的激波结构。初始设计叶型存在两道激波,一道为叶型前缘处的弓形附体激波,通道内还存在一道"λ"波;CLSTD 叶型只在通道内存在一道正激波;Mix 叶型在前缘处采用预压缩设计,因此在叶型前缘处存在一道预压缩波,预压缩波与弓型激波之间还存在膨胀波,通道内同样只存在一道正激波。对于超声叶型激波与附面层之间的干涉作用,下面将进行详细的研究与分析。

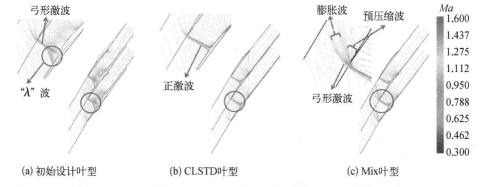

(a) 初始设计叶型　　　(b) CLSTD叶型　　　(c) Mix叶型

图 5-77　初始设计叶型与优化设计叶型的叶栅通道马赫数分布等值线(超声吸附式叶型)

4) 超声叶型激波与附面层吸附的干涉作用

为了更深入地研究激波与抽吸之间的干涉作用,以气动性能最优的 Mix 叶型为研究对象进行了研究分析。图 5-78 和图 5-79 分别是未抽吸条件下 Mix 叶型表面等熵马赫数分布图和叶栅通道马赫数分布等值线。通过图 5-79 可以看出,气流在叶型前缘形成一道弓形附体激波。从顺气流方向看去,弓形激波的右分支在压力面一侧形成一道斜激波,该激波与叶型的通道激波在叶型近吸力面一侧相交,并且穿越通道激波,投射到通道激波之后的区域。气流在通道激波较强的逆压梯度作用下发生较严重的分离,而由于弓形激波右分支的投射作用,附面层的分离更为剧烈,叶型的总压损失系数达到了 0.091 2。结合图 5-78 可以看出,通道激波位于约 48% 相对弦长处,为了更完整地分析抽吸与激波的干涉作用,选取的三个抽吸位置分别为位于 52% 相对弦长处的抽吸位置 1(紧邻通道激波区域)、62% 相对弦长处的抽吸位置 2(紧邻前缘弓形激波右分支投射点区域)和 72% 相对弦长处的抽吸位置 3(远离激波区域),在每个抽吸位置处均选取 3 个不同的抽吸率,表 5-14 给出了不同抽吸方案的具体情况。

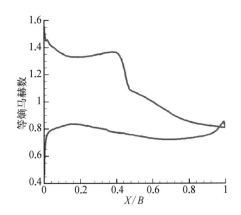

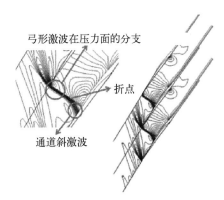

图 5-78   未抽吸条件下 Mix 叶型的表面等熵马赫数分布图

图 5-79   未抽吸条件下 Mix 叶型的叶栅通道马赫数分布等值线

表 5-14   超声叶型激波与附面层吸附方案

编 号	抽 吸 位 置	抽 吸 率
工况 1	52%~54%	0.1%
工况 2	52%~54%	0.3%
工况 3	52%~54%	1.0%
工况 4	62%~64%	0.3%
工况 5	62%~64%	1.2%
工况 6	62%~64%	2.0%
工况 7	72%~74%	0.3%
工况 8	72%~74%	1.0%
工况 9	72%~74%	2.0%

不同抽吸方案下的叶型损失特性如图 5-80 所示,图 5-81 和图 5-82 分别是抽吸位置 1 处的叶型表面等熵马赫数分布图和在抽吸位置 1 处对应的三个抽吸率

下的叶栅通道马赫数分布等值线。从图5-81中可以看出在抽吸位置1,随着抽吸率的增加,激波位置不断后移。结合图5-80可以看出,在抽吸率为0.1%时,通道内的激波结构依然为有前缘弓形激波的右分支与通道激波组合而成的"λ"波;直到抽吸率达到0.3%时,由于通道激波的后移,通道内的两道激波融合为了一道通道激波;继续增加抽吸率,通道内的激波结构就基本保持为一道激波,激波位置也基本保持不变,大约维持在55%弦长处。结合图5-80可以看出,在抽吸率增大到0.3%时,总压损失系数保持在相对较低的水平,也就是说当通道内的两道激波融合为一道通道激波后,对抽吸更为有利。但此时激波已经越过抽吸位置,抽吸效果并非最佳。

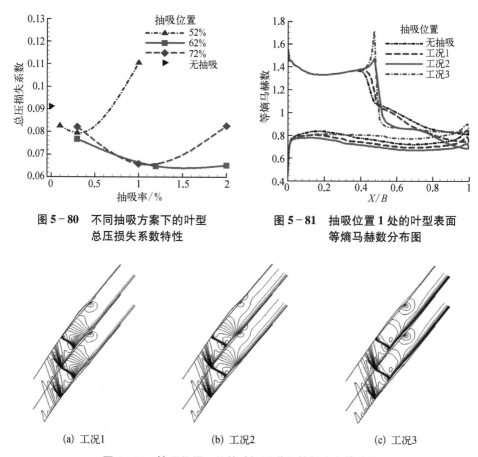

图5-80　不同抽吸方案下的叶型
总压损失系数特性

图5-81　抽吸位置1处的叶型表面
等熵马赫数分布图

(a) 工况1　　　　　(b) 工况2　　　　　(c) 工况3

图5-82　抽吸位置1处的叶栅通道马赫数分布等值线

图5-83和图5-84分别展示了在抽吸位置2处的叶型表面等熵马赫数分布图和在该位置对应的三个抽吸率下的叶栅通道马赫数分布等值线。从图中可以看出,随着抽吸率的增加,激波位置同样不断后移,大约在抽吸率达到1.2%时,前缘

弓形激波的右分支与通道激波融合为一道激波,激波位置位于 60% 相对弦长处附近,而此时抽吸位置正好位于紧邻激波区域。结合图 5 - 83 可以看出,在此处抽吸效果最为理想。继续增加抽吸率,激波位置基本保持不变,只是抽吸位置处的气流加速更为明显。当抽吸率继续增大时,可能导致附面层被完全抽走,气流直接冲击叶片表面,造成叶型总压损失的增加。

图 5 - 85 和图 5 - 86 分别展示了在抽吸位置 3 处的叶型表面等熵马赫数分布图和在该位置对应的三个抽吸率下的叶栅通道马赫数分布等值线。从图中可以看出,随着抽吸率的增加,激波位置发生微小后移,但整体的激波结构并未发生本质的改变,通道内始终有两道激波构成。结合图 5 - 80 可以看出,在此位置进行抽吸,效果也不是很理想。

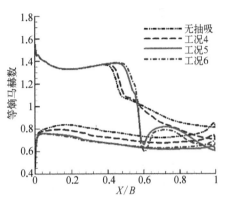

图 5 - 83　抽吸位置 2 处的叶型表面
等熵马赫数分布图

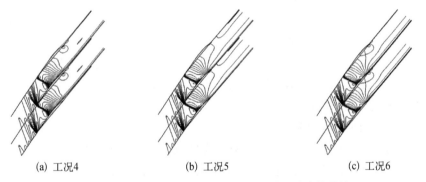

(a) 工况4　　　　　(b) 工况5　　　　　(c) 工况6

图 5 - 84　抽吸位置 2 处的叶栅通道马赫数分布等值线

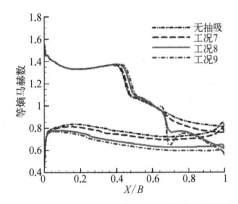

图 5 - 85　抽吸位置 3 处的叶型表面等熵马赫数分布图

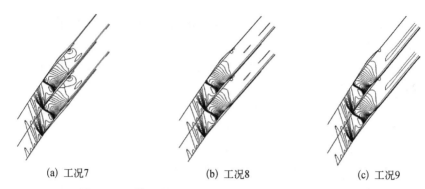

(a) 工况7   (b) 工况8   (c) 工况9

图5-86   抽吸位置3处的叶栅通道马赫数分布等值线

5. 小结

本节研究了一种将叶型和抽吸方案耦合优化的新型吸附式压气机叶型设计方法,采用该优化设计方法可以有效地降低总压损失系数,增大叶型负荷。分别针对进口高亚声和超声吸附式叶型进行了优化设计分析,同时也对激波与抽吸的干涉进行了分析,得到了一些吸附式叶型设计的特征。

针对高亚声吸附式叶型:

(1)采用适当增大前缘半径的设计,可以推迟附面层转捩位置,减小气流的摩擦损失,附面层流动更为合理。

(2)优化设计得到的高亚声吸附式叶型具有更为均匀的负荷分布,可以有效避免吸附式叶型在某个局部较小范围内产生负荷集中。附面层的逆压梯度减小,提高了吸附式叶型的设计效果。

针对超高负荷吸附式叶型:

(1)对于超声吸附式叶型采用载荷后移的设计更为合理。由于在叶型前段有较强的激波存在,将载荷后移会避免气流在前段承受过高的负荷,从而提前发生分离。

(2)优化设计之后将通道内的"λ"波转换成正激波,这种激波结构的转换对于吸附式叶型更为有利。

(3)随着抽吸率的增加,激波位置会后移,通道激波后移会与前缘弓形激波的右分支融合为一道激波,新激波位于前缘弓形激波的右分支投射点。再增大抽吸率,激波位置基本保持不变。

(4)抽吸位置选择在紧邻前缘弓形激波的右分支投射点区域,在适当的抽吸量作用下,抽吸效果最佳。

5.3.4   高空条件下低雷诺数叶型+吸附式叶型耦合优化设计策略

1. 高空低雷诺数条件下的压气机性能衰减分析

雷诺数会对黏性流体的流动特性产生决定性影响,尤其在高空低密度条件下,当压气机的进口雷诺数低于临界雷诺数时,低雷诺数效应将更加显著,并使压气机进入一个不稳定的工作状态。由于受到逆压梯度和雷诺数等因素的综合影响,在低雷诺数条件下,叶型吸力面附面层气流分离造成的总压损失尤为严重。因此,高空低雷诺数条件对压气机的性能及稳定裕度具有较大影响,由某两级风扇在 0 km 和 20 km 下的特性对比(图 5 - 87,其中 DES 表示设计值,TEST 表示实验值)可知,与高度为 0 km 时相比,两级风扇在 20 km 高空下工作时,其性能有较大下降,压比和效率均有较大幅度下降,其中质量流量下降 3% 左右,压比下降 20%,效率下降 6%。

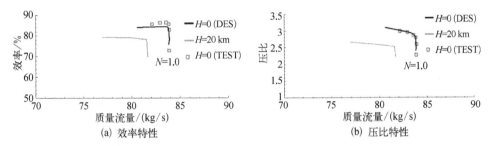

图 5 - 87　某两级风扇在 0 km 和 20 km 下的特性对比(含地面实验)

从图 5 - 88 显示的在 0 km 和 20 km 高度下两级风扇叶尖、叶中、叶根三个截面马赫数等值线分布对比来看,由于高空低雷诺数的影响,气体的黏性作用增强,叶片通道中的流场结构已发生较大的变化,其典型特征如下:20 km 处,叶尖、叶中的激波位置前移推至进口处,叶片表面附面层增厚,黏性损失增加,导致叶片效率下降,同时给级间匹配带来不利影响(尤其在第一级静子叶根处,同时在第二级静子叶根靠尾缘处有分离产生)。

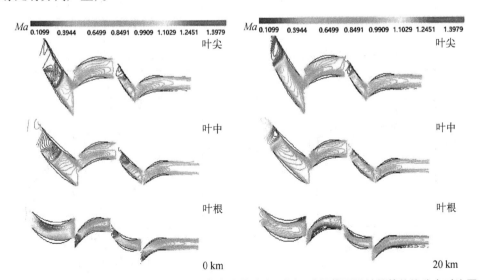

图 5 - 88　某两级风扇在 0 km 和 20 km 高度下的叶尖、叶中、叶根截面马赫数等值线分布对比图

从 0 km 和 20 km 高度下两级风扇的叶尖、叶中、叶根三个截面的叶片表面压力系数分布对比来看,也有较大的差异,如图 5 - 89 所示,从叶根处看,在 20 km 处,第一级静子负荷有较大下降,而叶尖的负荷有所上升,总体的扩压能力下降,第二级静子叶根处的速度扩散增大,易导致附面层分离;从叶尖处看,由于激波位置

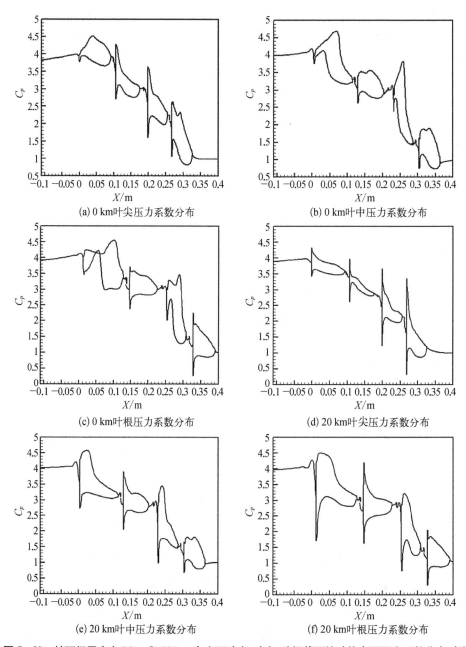

图 5 - 89   某两级风扇在 0 km 和 20 km 高度下叶尖、叶中、叶根截面的叶片表面压力系数分布对比

由槽道中间向进口处的前移,压力面上由于激波产生的压力突升消失;因此,当高度变化引起进口来流条件变化时,各排叶片的负荷分布和流场结构也发生相应的变化,从而对级间匹配特性产生影响,随着高度和级数的增加,这种影响会不断加剧。

从图 5-90 给出的二维叶栅流场熵等值线分布及叶片表面马赫数分布来看,与 0 km 相比,20 km 处的叶型表面附面层增厚较为明显,在靠近尾缘处,有一定程

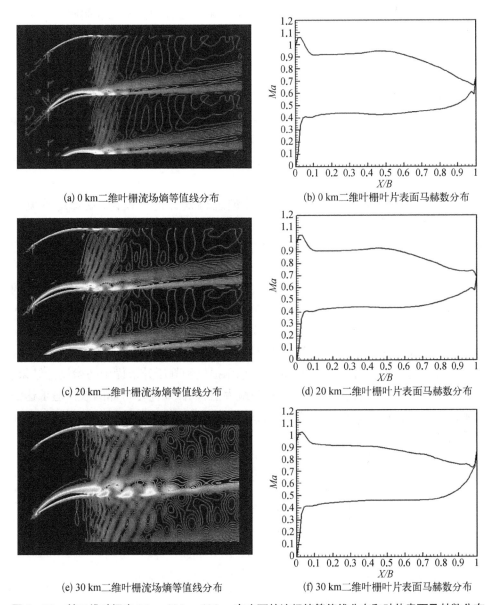

(a) 0 km二维叶栅流场熵等值线分布   (b) 0 km二维叶栅叶片表面马赫数分布

(c) 20 km二维叶栅流场熵等值线分布   (d) 20 km二维叶栅叶片表面马赫数分布

(e) 30 km二维叶栅流场熵等值线分布   (f) 30 km二维叶栅叶片表面马赫数分布

图 5-90 某二维叶栅在 0 km、20 km、30 km 高度下的流场熵等值线分布和叶片表面马赫数分布

度的分离产生并伴随由分离涡的脱落,这说明,高空低雷诺数条件下,叶片表面黏性影响加剧,不仅是叶片损失加大,效率降低,而且对下排叶片性能有重要影响。从两个高度的马赫数分布对比来看,高度为 20 km 时,叶型靠尾缘处的压力梯度突然加大,造成附面层分离,这与流场熵等值线分布的分析结果是一致的。当高度升至 30 km 时,附面层更厚,分离损失更大、旋涡产生更明显。

在高空低雷诺数情况下,为避免压气机性能恶化,就必须在考虑强黏性效应的低雷诺数的抗分离叶型设计上有所突破,鉴于附面层吸附技术在控制附面层分离方面具有独到优势,因此,本节将附面层吸附技术应用于低雷诺数叶型的设计中,研究了一种低雷诺数条件下的吸附式叶型耦合优化设计方法。

2. 流场计算程序及优化目标函数设计

本节同样使用 MISES 程序对低雷诺条件下的吸附式叶型进行数值计算,该程序的转捩模型为一种改进的 Abu - Ghannam - Shaw 模型,该转捩模型将 e^n 模型和 AGS 模型相融合,可以用来对低雷诺数叶型进行设计,并且设计的结果进行了叶栅实验验证。实验结果表明,在低雷诺数条件下的叶型气动计算方面,MISES 程序具有较好的求解精度。

对高空低雷诺数条件下的吸附式叶型进行耦合优化设计,主要是避免发动机在某极特殊状况下进入低雷诺数工作状态,从而对发动机性能产生影响,因此优化目标函数的设计需要同时考虑高空和地面两种状态下吸附式叶型的性能。

式(5-47)给出了本节针对高空低雷诺数条件下吸附式叶型耦合优化设计的目标函数,选择吸附式叶型在低雷诺数条件下的总压损失作为优化目标,同时引入了三个罚函数对其性能进行约束,分别为吸附式叶型在低雷诺数条件下的静压升、吸附式叶型在地面条件下的总压损失和静压升。无论是在低雷诺数条件下还是在地面条件下对叶型进行优化设计,如果其总压损失和静压升未优于初始设计结果,都将对其进行惩罚,其适应度值将被置为最大值,以保证优化目标函数在追求达到吸附式叶型在低雷诺数条件下最优性能最优的同时又保证其地面条件下的气动性能不会降低。

1) 优化目标函数

$$\text{Fitness} = \begin{cases} \omega_{\max}, & \omega_{\text{ground}} > (\omega_{\text{ground}})_{\lim} \\ \omega_{\max}, & (P_2/P_1)_{\text{ground}} < [(P_2/P_1)_{\text{ground}}]_{\lim} \\ \omega_{\max}, & (P_2/P_1)_{\text{low\_Re}} < [(P_2/P_1)_{\text{low\_Re}}]_{\lim} \\ \omega_{\text{low\_Re}}, & \text{else} \end{cases} \quad (5-47)$$

式中,ω 为叶型总压损失系数;$\text{Loss}_{\max}$ 为叶型总压损失系数极大值,本节中取值为 1.0;ω_{ground} 为地面条件下叶型总压损失系数;$\omega_{\text{low\_Re}}$ 为低雷诺数条件下的叶型总压损失系数;$(\omega_{\text{ground}})_{\lim}$ 为初始设计叶型地面条件下总压损失系数;$(P_2/P_1)_{\text{ground}}$ 为地面条件下叶型静压升;$(P_2/P_1)_{\text{low\_Re}}$ 为低雷诺数条件下叶型静压升;$[(P_2/P_1)_{\text{ground}}]_{\lim}$ 为初始设计叶型地面条件下的静压升;$[(P_2/P_1)_{\text{low\_Re}}]_{\lim}$ 为初始设计叶型低雷诺数条件下的静压升。

2) 优化变量的选取

低雷诺数条件下,吸附式叶型耦合优化中选择 CLSTD 方法进行叶型参数化。选取叶型前段弦长比 BFB、前段弯度比 FS、最大厚度相对位置 XLMB、叶型前缘半径 r_1、尾缘半径 r_2、抽吸流量和抽吸位置作为优化变量,表 5-15 给出了 7 个优化变量的扰动范围。

表 5-15　低雷诺数吸附式叶型耦合优化变量的扰动范围

优 化 变 量	扰 动 下 界	扰 动 上 界
BFB	0.3	0.7
FS	0.1	0.5
XLMB	0.3	0.7
r_1/mm	0.1	0.4
r_2/mm	0.1	0.4
抽吸率(相对进口质量流量)	0.1%	0.5%
抽吸位置(相对弦长)	20%	95%

3) 耦合优化的必要性论证

表 5-16 为优化设计目标叶型的基本参数,从表中可以看出,该目标设计叶型弯度超过了 60°,进口马赫数也达到了 0.8,具有较高的气动负荷。

表 5-16　优化设计目标叶型的基本参数(低雷诺数吸附式叶型)

变量	几何进口角/(°)	几何出口角/(°)	弦长/mm	稠度	进口马赫数	设计攻角/(°)
数值	47.52	-13.08	57	2.25	0.8	0.8

为了体现本节研究的高空低雷诺数条件下吸附式叶型优化设计方法的意义,下面详细阐述了针对吸附式叶型在高空低雷诺数条件下进行耦合优化设计的必要性。一般在工程设计中认为,若层流附面层(laminar boundary layer, LBL)的表面摩擦系数 C_f 小于 0,则认为层流附面层发生分离,并且认为层流附面层表面摩擦系数 C_f 小于 0 的区域是层流分离泡作用区域。对于湍流附面层(turbulent boundary layer, TBL),则通过其附面层的形状因子 H 来判断附面层是否发生分离,普遍认为形状因子 H 的值超过 2.5 则认为湍流附面层发生分离,并且认为形状因子突降的位置为附面层转捩发生的位置[26]。表 5-17 给出了初始设计的低雷诺数吸附式

叶型在地面和 20 km 高空的计算结果。图 5-91~图 5-93 分别为初始设计叶型在地面和 20 km 高空的表面马赫数等熵分布图、吸力面表面摩擦系数和形状因子对比。

表 5-17　初始设计的低雷诺数吸附式叶型在地面和 20 km 高空的计算结果

工 况	进口雷诺数	总压损失系数	静压升	抽吸位置	抽吸率
地面	9.87×10^5	0.020 1	1.347 9	50%~52%	0.5%
20 km 高空	5.87×10^4	0.066 7	1.320 2		

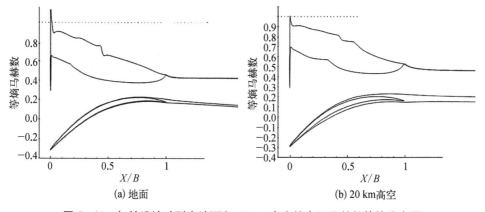

(a) 地面　　　　　　　　　　(b) 20 km高空

图 5-91　初始设计叶型在地面和 20 km 高空的表面马赫数等熵分布图

通过表 5-17 可以看出,初始设计的低雷诺数吸附式叶型在地面条件下具有较好的气动性能,其总压损失系数仅为 0.020 1,结合图 5-92 和图 5-93 可以看出,初始设计叶型在吸力面前缘产生一个宽度不足 1% 极小的层流分离泡,然后层流附面层发生转捩进入湍流状态,湍流附面层发生再附着,直到 98% 相对弦长处,形状因子突升,并且其值超过 2.5,才产生了尺度较小的尾缘分离。从总体上讲,该吸附式叶型在地面条件下的设计是比较成功的。

然而,当高度增加至 20 km,雷诺数降低至 10^4 量级时,其总压损失系数达到了 0.066 7,同时静压升也降低了 0.02。通过图 5-92 和图 5-93 还可以看出,该吸附式叶型在低雷诺数条件下 40%~65% 相对弦长处产生了较大的层流分离泡,然后附面层发生转捩进入湍流,但其湍流附面层未发生再附着,而是发生了大

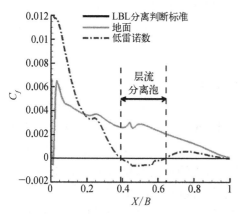

图 5-92　初始设计叶型在地面和 20 km 高空的吸力面表面摩擦系数对比

尺度的湍流附面层分离。综合以上分析可知,随着雷诺数的降低,地面条件下气动性能较优的吸附式叶型的气动性能会大幅度下降。因此,展开针对高空低雷诺数条件下的吸附式叶型设计研究具有较大的必要性和意义。

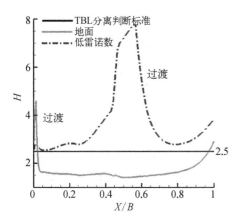

图 5-93　初始设计叶型在地面和 20 km 高空的吸力面形状因子对比

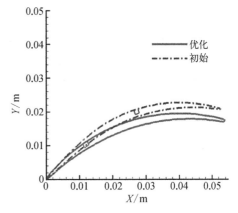

图 5-94　优化设计前后吸附式叶型对比

4) 耦合优化设计结果分析

图 5-94 为优化设计前后吸附式叶型对比图,表 5-18 为优化设计前后的优化变量值对比,综合分析两者可以看出优化设计叶型在前段弦长比 BFB 增加了 0.095 的情况下,前段弯度比 FS 却增加了 0.218,这表明优化设计后叶型前段弯度有所增大,即优化设计叶型前段承担了更大的气动负荷,优化设计叶型产生这种气动负荷布局的原因会在下面进行详细解释。同时,优化设计后叶型最大厚度相对位置有所前移,叶型的前缘半径和尾缘半径均显著增加。优化设计后吸附式叶型的抽吸率未发生变化,但抽吸位置更为靠前。

表 5-18　优化设计前后优化变量值对比(低雷诺数吸附式叶型)

优化变量	优化前	优化后
BFB	0.312	0.407
FS	0.156	0.374
XLMB	0.546	0.443
r_1/mm	0.127	0.259
r_2/mm	0.122	0.396
抽吸率(相对进口质量流量)	0.5%	0.5%
抽吸位置(相对弦长)	50%~52%	21%~23%

　　表 5-19 列出了优化设计前后 20 km 高空和地面低雷诺数条件下的气动性能对比。从表中可以看出,优化设计之后的吸附式叶型在 20 km 高空低雷诺数条件下的总压损失系数明显减小,减小了近 32%。由于在优化设计过程中对叶型的静压升进行了罚函数的约束,优化设计后叶型的静压升增加了 0.01,叶型的负荷有一定增加。同时,对吸附式叶型在地面条件下的气动性能引入了罚函数的约束,因此吸附式叶型优化设计后,其在地面条件下的气动性能也略有提升。

表 5-19　优化设计前后 20 km 高空和地面低雷诺数条件下的气动性能对比

参　数	优　化　前		优　化　后	
	地面条件	20 km 高空	地面条件	20 km 高空
总压损失系数	0.020 1	0.066 7	0.018 8	0.045 6
静压升	1.347 9	1.320 2	1.348 0	1.331 8

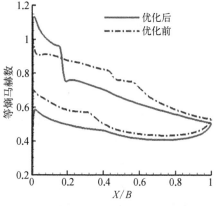

图 5-95　优化设计前后低雷诺数条件下叶型表面等熵马赫数分布对比

　　图 5-95 和图 5-96 分别是优化设计前后在低雷诺数条件下的叶型表面等熵马赫数分布和叶栅通道马赫数分布等值线对比。通过图 5-95 可以看出,优化设计后在低雷诺数条件下的吸附式叶型前段吸力面和压力面等熵马赫数分布曲线所包裹的面积明显增加,这一现象表明优化设计后叶型的负荷前移。通过图 5-96 同样可以看出,由于叶型前段弯度有所增加,气流在叶型前段有显著的加速过程,这种负荷分布设计对常规低雷诺数叶型来说较为不合理。因为低雷诺数条件下层流附面层在叶型前段较

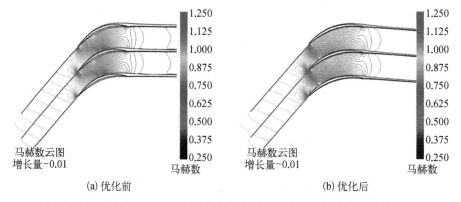

图 5-96　优化设计前后低雷诺数条件下叶栅通道马赫数分布等值线对比

容易产生层流分离泡,若叶型前段具有较高的气动负荷,极易直接引起大面积不可控的附面层分离。但对于低雷诺数吸附式叶型而言,适当地增加叶型前段的气动负荷,并且通过附面层吸附的方式来有效控制层流分离泡,这样可以使叶型转捩进入湍流后承担的负荷有所减弱,叶型的气动性能会得到较大的保证。

优化设计前后低雷诺数条件下的附面层表面摩擦系数和形状因子分布对比分别如图 5-97 和图 5-98 所示。通过图 5-97(a)可以看出,优化设计后叶型吸力面层流分离泡完全消除,结合图 5-98(a)可以看出,优化设计后叶型吸力面附面层的形状因子从 40% 相对弦长处开始明显减小,这表明层流附面层发生转捩(普遍认为附面层形状因子突降,则表明附面层发生转捩)[27, 28]。附面层进入湍流后发生再附着,湍流附面层在叶型表面一直附着良好,直到约 90% 叶型相对弦长处,附面层形状因子突然增大,其值超过 2.5(判定准则)[29],湍流附面层发生分离。而

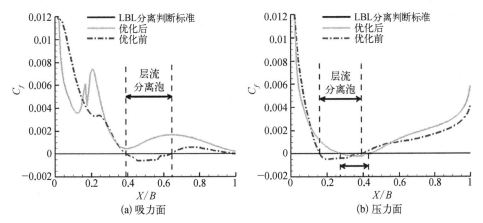

图 5-97 优化设计前后低雷诺数条件下附面层表面摩擦系数分布对比

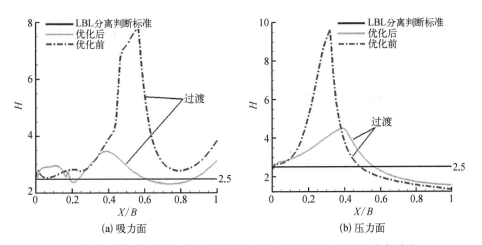

图 5-98 优化设计前后低雷诺数条件下附面层形状因子分布对比

从40%相对弦长处开始,初始设计叶型在吸力面的表面摩擦系数降为负值,叶型产生层流分离泡,并且该层流分离泡一直延续至65%相对弦长处,然后附面层发生转捩,进入湍流状态,但湍流附面层并未发生再附着,进而湍流附面层发生大面积分离。而在叶型的压力面,初始设计叶型从15%相对弦长处产生层流分离泡,并且该层流分离泡一直作用至43%相对弦长处,然后层流附面层产生分离流转捩,转捩后湍流附面层的形状因子一直保持在2.5以下,湍流附面层一直附着良好,并未发生分离。而优化设计后叶型压力面的层流分离泡作用区域显著减小,作用范围仅从28%相对弦长处至40%相对弦长处,转捩后湍流附面层也重新附着在叶型表面,未再发生分离。

图5-99和图5-100分别为优化设计前后低雷诺数条件下吸力面附面层位移厚度δ和动量厚度θ分布对比图。通过图5-99可以发现,在15%相对弦长之前的区域,优化设计叶型的位移厚度要略大于初始设计叶型,也就是说叶型前段负荷的增加使附面层厚度增大了。但从40%相对弦长处开始,初始设计叶型的位移厚度急剧上升,附面层位移厚度的急速增加意味着由于黏性作用,附面层内的流体质量流量相对理想流体的减小程度迅速增加,附面层内的低能流体黏性增强的区域增大。而优化设计叶型在20%相对弦长处添加抽吸作用,抑制附面层位移厚度增长,直到尾缘处,附面层位移厚度才迅速增大。

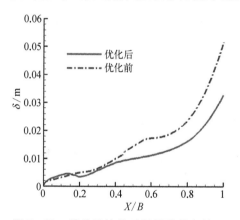

图5-99 优化设计前后低雷诺数条件下吸力面附面层位移厚度δ分布对比

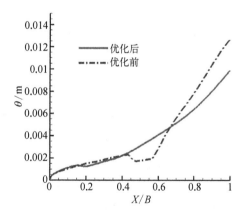

图5-100 优化设计前后低雷诺数条件下吸力面附面层动量厚度θ分布对比

从图5-100中可以看出,在45%相对弦长处之前,初始设计叶型与优化设计叶型的附面层动量厚度基本保持一致,而初始设计叶型在50%相对弦长处对附面层进行抽吸,导致其动量厚度产生突降,但从60%相对弦长开始,其动量厚度急速增长,在70%弦长处超过了优化设计叶型。综合以上分析可以证明,本节研究的低雷诺数吸附式压气机耦合设计方法可以有效地控制层流分离泡引起的分离,也可以有效地减小湍流附面层的分离尺度,同时可以较好地控制附面层位移厚度和动量厚度的增加,有效地减小附面层内的动量损失。

为了进一步探索低雷诺数条件下吸附式叶型的最佳抽吸位置,选择优化设计叶型分别在抽吸位置位于约 13% 相对弦长处(层流分离泡起始发展区)、21% 相对弦长处(层流分离泡中心区)和 30% 相对弦长处(层流分离泡充分发展区)进行抽吸,图 5-101 给出了在不同抽吸方案下优化设计叶型吸力面附面层的表面摩擦系数分布图。从图 5-101(a)中可以看出,在叶型未进行附面层吸附的条件下,叶型层流分离泡起始产生于 13% 相对弦长处,结束于 35% 相对弦长处。通过分析图 5-101(b)~(d)可以明显地看出,无论在层流分离泡起始发展区还是在层流分离泡充分发展区,抽吸的效果均不如本节中通过优化设计得到的效果,在这两个位置即使进行了附面层吸附也未将层流分离泡完全消除,而优化设计得到的最优抽吸位置位于层流分离泡的中心区。层流附面层分离的控制完全不同于湍流附面层,层流分离泡的一般作用范围较小,因此抽吸位置位于层流分

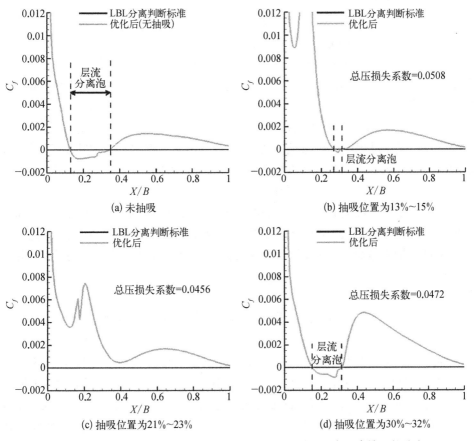

图 5-101 在不同抽吸方案下优化设计叶型吸力面附面层表面摩擦系数分布图

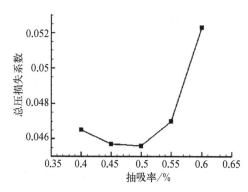

图 5 - 102 最优抽吸位置处抽吸总压损失系数随抽吸率的变化情况

离泡中心区,既可以对层流上游的分离产生积极的影响,又可以对下游的分离泡进行较好的控制。

为了进一步验证本节优化设计得到的抽吸率为最优抽吸率,图 5 - 102 给出了在最优抽吸位置(21%~23%相对弦长)处的总压损失系数随抽吸流量的变化图。从图中可以看出,抽吸率为 0.5%时(本节优化设计得到的抽吸率),吸附式叶型具有最小的损失,证明本节提出的在高空低雷诺数条件下吸附式叶型的优化设计方法具有极高的可信度。

5.3.5　小结

本节研究了吸附式叶栅的参数化方法及气动优化方法,针对 NURBS 参数化过程中容易出现的几何型线变异问题,研究提出了 NURBS 消畸算法,效果良好。基于人工蜂群算法、NURBS、MISES 搭建了智能优化设计系统,并通过实验验证了优化系统的有效性,实验结果表明使用该系统可有效地优化、改善叶型气动性能。通过研究,得到如下结论。

(1) 使用 NURBS 进行压气机叶型的参数化造型时,由于控制点数目较多,各个控制点在优化过程中进行随机扰动,容易产生违反常理的不合理叶型,造成计算资源的浪费。本节通过数值分析和实验,确定了适用于压气机叶型优化的 NURBS 控制点扰动方程,有效减少了不合理叶型的产生。

(2) 优化后的吸附式叶型比优化前具有更加合理的抽吸位置,能够更加有效地减少附面层分离,减小叶型总压损失。设计吸附式叶型时,应先通过优化设计确定最佳抽吸位置,不应盲目认为通过抽吸便可有效减少附面层分离,实现设计目标。

5.4　吸附式压气机叶栅风洞吹风实验

为验证附面层吸附对于提高压气机叶栅性能、降低总压损失的有效性,需要进行吸附式压气机平面叶栅的吹风实验,对扩散因子、弯角、马赫数等不同时的吸气效果进行分析,总结出采用吸气的最佳负荷范围和负荷极限;验证实际吸气效果并检验计算分析的准确度,对吸附式静子叶栅的吸气缝形式、吸气流量、吸气位置影响分析;根据实验结果总结计算修正准则。

本实验是在西北工业大学翼型、叶栅空气动力学国防科技重点实验室的连续式高亚声速叶栅风洞中进行的。

5.4.1　高亚声速平面叶栅风洞介绍

高亚声速平面叶栅风洞的主要部件构成包括气源、稳压段、收敛段、实验段、端壁附面层吸附装置和测控系统,如图5-103所示。

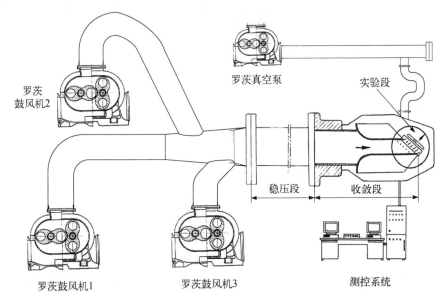

图5-103　高亚声速平面叶栅风洞主要部件构成示意图

（1）气源。由3台R602型罗茨鼓风机并行供气,供气质量流量为9.9 kg/s,总功率为555 kW。

（2）稳压段。圆筒形结构,其内径为1 m,长度为7 m,如图5-104所示。

（3）收敛段。收敛段又分为两段,一段与稳压段相连,其截面由圆形变为矩形;另一段则为可调式矩形截面收敛段,其出口面积能根据叶栅实验（攻角）状态进行无级调节。

图5-104　高亚声速平面叶栅风洞稳压段

（4）实验段。实验段（包括可调式矩形截面收敛段）的外形结构如图5-105所示,其最大风口尺寸为100 mm×300 mm,进口马赫数的实验范围为$Ma_1 = 0.3 \sim 0.95$。整体叶栅固装于实验段

图 5-105　高亚声速平面叶栅风洞实验段

的一个圆盘上,圆盘可由电机和蜗杆、蜗轮机构驱动,在铅垂平面内转动,从而实现叶栅实验攻角的无级调节。

（5）端壁附面层吸附装置。叶栅风洞的附面层吸附由两台罗茨真空泵来完成,该型号罗茨真空泵的主要性能数据如下:出口压力为-34.3 kPa、进口流量为89.5 m³/min、转速为1 450 r/min、电机功率为75 kW。

（6）叶栅进口马赫数调控。在稳压段前的集气环处并列安装了两个蝶阀（Φ300 mm 和 Φ100 mm）,实施叶栅进口马赫数的调控。

（7）轴向速度密度比调控。通过安装于真空管道的两个蝶阀（Φ100 mm、左右各1个）和真空泵上的放气蝶阀（Φ250 mm）来实施调控。

（8）叶栅进口附面层调控。通过安装于真空管道的另外两个蝶阀（Φ100 mm、左右各1个）,实施叶栅进口附面层的调控。

（9）实验件要求。高度为100 mm、弦长为70 mm 左右,能够保证5~7个叶栅通道。

（10）附件。多管式压力计、实验旋转台架、变频器、热电阻温度传感器、24 V 稳压电源。

（11）叶栅实验测试的气动参数包括大气温度和压力、栅前总温、栅前总压、栅前静压、栅后总压、栅后静压、出口气流角、栅后壁面静压等。其中,气动参数的测试方案如下:① 大气温度采用铂电阻温度计测试,测试位置为风洞附近;② 大气压力采用BQY型气压计测试,测试位置为风洞附近;③ 栅前总温 T_1^* 采用铂电阻总温测针测试,测试位置为叶栅风洞稳压段出口处;④ 栅前总压 P_1^* 采用总压测针测试,测试位置为叶栅风洞稳压段出口处;⑤ 栅前静压 P_1,在距叶栅前缘额线40 mm 端壁面处设置静压孔测试;⑥ 栅后总压 P_2^*、栅后静压 P_2、出口气流角 β_2 采用三孔针测试,位于栅后56 mm 处,三孔针沿额线方向移动,测量一个栅距内的气动参数,取加权平均值,三孔针如图5-106所示;⑦ 栅后壁面静压 P_{b2},在距叶栅尾缘额线30 mm 端壁面处设置静压孔测试。

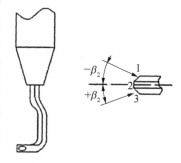

图 5-106　三孔针

5.4.2　两套吸附式压气机叶栅实验

除了前面所述的平面叶栅风洞的各设备外,吸附式压气机叶栅实验台还包括叶片表面附面层吸附真空泵、稳压箱、浮子流量计等,其安装顺序为叶栅抽吸管连接浮子流量计,然后连稳压箱,最后连接真空泵。真空泵在稳压箱中形成稳定的负压,叶片表面和稳压箱之间形成压力差,叶片表面的低能流体首先进入浮子流量计,然后进入稳压箱,最后经真空泵抽吸到大气。采用 H150 型滑阀式真空泵,其抽气速率为 150 L/min。图 5－107 和图 5－108 分别给出了真空泵和稳压箱、浮子流量计实物图。

图 5－107　真空泵和稳压箱　　　　　图 5－108　浮子流量计

吸附式压气机叶片设计为空心叶片,叶片内空腔贯通整个叶展;在叶片吸力面或压力面开抽吸缝,叶片表面低能流体经抽吸缝流入叶片空腔,然后抽吸气流由叶片两端流出,进入抽吸设备中。图 5－109 给出了吸附式叶片实物图和加工图。

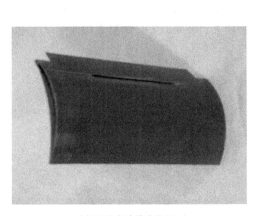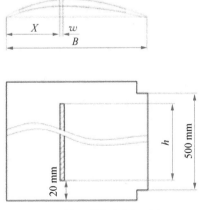

(a) 吸附式叶片实物图　　　　　　(b) 吸附式叶片加工图

图 5－109　吸附式叶片实物图和加工图

　　吸附式压气机叶栅测试段安装局部图如图 5-110 所示,三个分图分别为了吸附式压气机叶栅风洞测试段后部视图、内部视图、前部视图。

(a) 吸附式压气机叶栅风洞测试段后部视图　　　　(b) 吸附式压气机叶栅风洞测试段内部视图

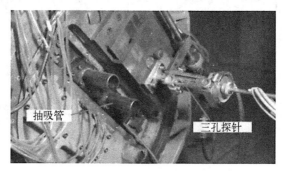

(c) 吸附式压气机叶栅风洞测试段前部视图

图 5-110　吸附式压气机叶栅测试段安装局部图

　　针对两套吸附式压气机叶栅进行实验研究,分别命名为 Blade1、Blade2 叶型,均为亚声速叶型,主要区别在于几何进口角、最大厚度位置不同,见图 5-111。表 5-20 和表 5-21 分别给出了 Blade1、Blade2 叶栅的几何参数。吸附式叶栅实验中,Blade1 叶型抽吸缝位于 67.5%轴向弦长处,Blade2 叶型抽吸缝位于 35.1%轴向

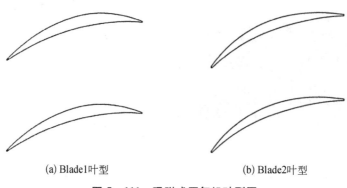

(a) Blade1叶型　　　　　　　　　　(b) Blade2叶型

图 5-111　吸附式压气机叶型图

弦长处;Blade1 吸附式叶型设计攻角为 0.5°,Blade2 吸附式叶型设计攻角为 8.0°,
因此 Blade2 吸附式叶型在未抽吸时分离位置靠前,设计开缝位置明显靠前。

表 5 - 20　Blade1 叶栅几何参数

参　　数	取　　值	参　　数	取　　值
弦长	65 mm	稠度	1.66
几何进口角	40.17°	最大相对厚度	0.08
几何出口角	-13.21°	最大厚度位置	0.61
安装角	15.40°	叶展	100 mm

表 5 - 21　Blade2 叶栅几何参数

参　　数	取　　值	参　　数	取　　值
弦长	65 mm	稠度	1.73
几何进口角	47.08°	最大相对厚度	0.067
几何出口角	-1.98°	最大厚度位置	0.56
安装角	21.27°	叶展	100 mm

为了校验抽吸系统对吸附式叶栅周期性的影响,对 Blade1 叶栅进行了周期性
检验。周期性检验的叶栅损失对比如表 5 - 22 所示。图 5 - 112 和图 5 - 113 为此
工况下,抽吸率不同时的栅后总压恢复系数尾迹对比。由表 5 - 22 可知,该吸附式
叶栅通道的周期性较好,相对误差值在实验允许的范围内。

表 5 - 22　Blade1 叶栅周期性检验(叶栅损失对比)

进口马赫数	进气攻角/(°)	抽吸率/%	通道 1 总压损失系数	通道 2 总压损失系数	相对误差/%
0.6	0.5	0	0.0639	0.0606	5.16
0.6	0.5	0.804	0.0326	0.0337	3.37
0.6	0.5	0.941	0.0328	0.0308	6.1
0.6	0.5	1.064	0.0218	0.0238	9.2
0.6	0.5	1.12	0.0187	0.0215	15.0
0.6	0.5	1.17	0.0188	0.0186	10.6
0.6	0.5	1.225	0.0148	0.0183	23.6

实验测试了两套吸附式压气机叶栅在不同来流工况、不同抽吸率下的性能,主
要是常规未抽吸叶栅总压损失系数、栅后尾迹、叶片表面静压分布、抽吸叶栅总压
损失系数、栅后尾迹随抽吸率的变化情况等。图 5 - 114 为 Blade1 叶栅抽吸前叶片

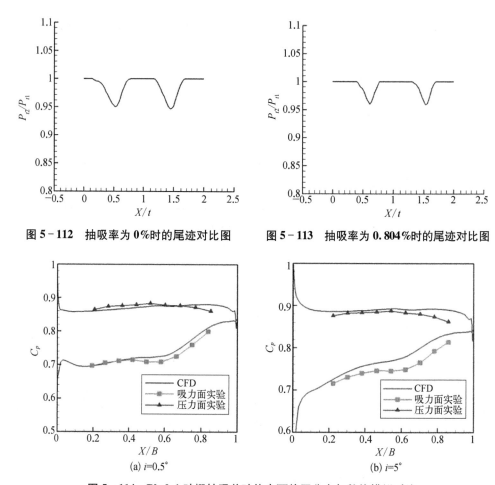

图 5 - 112 抽吸率为 0% 时的尾迹对比图　　　图 5 - 113 抽吸率为 0.804% 时的尾迹对比图

(a) $i=0.5°$　　　　　　　　　(b) $i=5°$

图 5 - 114　Blade1 叶栅抽吸前叶片表面静压分布与数值模拟对比

表面静压分布与数值模拟对比图,从图中可以看出,数值模拟结果与实验结果吻合较好,静压分布趋势一致。由于压气机叶型较薄,叶片内部开设抽吸腔后,叶片表面静压测量难以实现,因此未对抽吸后叶片表面静压系数进行实验验证。

图 5 - 115 展示了来流 $Ma=0.60$ 时的总压损失系数随抽吸率的变化图,其中抽吸率 SC 定义为抽吸流量与进口流量之比。由图可知,附面层吸附对该叶型的性能改善比较显著,采用较小的抽吸率即可实现总压损失系数的大幅降低,在 0.5° 攻角下,采用 0.64% 的抽吸率即可将损失系数降至 0.025,继续增大抽吸率,总压损失系数几乎不再降低,这是由于附面层吸附已将叶片吸力面的低能流体吸除,继续增大抽吸率时,叶片吸力面抽吸缝前已无更多低能流体可以吸除,因而总压损失系数不再降低;5° 攻角工况与 0.5° 攻角趋势一致,附面层吸附后,随抽吸率的增大,总压损失系数逐渐降低,原压气机叶栅总压损失系数为 0.087,随着抽吸率的增大,在抽吸率最大时,总压损失系数降低到 0.03 以下,大幅降低了叶栅损失。总压损失

系数随抽吸率的变化图中,数值模拟所得的总压损失系数与叶栅实验吻合较好,趋势基本一致。因此,设计的 Blade1 吸附式压气机叶型是成功的,附面层吸附大幅控制了叶栅损失;也验证了所采用数值模拟方法的准确性。

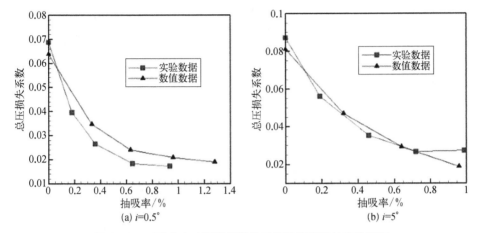

图 5 - 115　**Blade1 叶栅总压损失系数随抽吸率的变化情况**

Blade1 叶栅在来流攻角为 0.5°时,在各抽吸工况下的尾迹曲线对比如图 5 - 116 所示(图中数值表示抽吸率,t 表示叶栅栅后相对间距),该尾迹由出口测量位置总压与进口总压比值得来。栅后尾迹从一个侧面反映了叶栅内部流动结构,从尾迹区的形态可以定性地得到叶栅的损失情况,总压损失系数的减小反映到尾迹区的表现是尾迹区宽度、深度减小。由图可知,来流 $Ma = 0.55$ 的工况下,附面层吸附对流场结构改善非常明显,尾迹区随着抽吸率增大而逐渐向叶片尾缘靠近,尾迹区宽度逐渐减小,尾迹深度逐渐减小,都说明附面层吸附明显地改善了流场结构;尾迹区体现了与总压损失系数减小的相同趋势,在抽吸率为 0.89% 的工况下,附面层吸附已能明显改善尾迹区,随着抽吸率继续增大,尾迹区改善程度不甚明显,因此,在此基础上继续增大抽吸率,叶栅总压损失系数已无法继续下降,此时抽吸缝前叶片吸力面附面层已很薄;在最大抽吸率下,尾迹深度相比未抽吸工况减小了约 1/2,尾迹中心位置向叶片尾缘移动了 21% 栅距,流场明显改善,该工况下,尾迹区变得很微弱,但依然存在,这些主要是由吸力面抽吸缝后附面层重新发展,在叶片尾缘重新增厚,并与压力面附面层汇合而形成的尾迹区。

来流 $Ma = 0.60$ 工况和 $Ma = 0.65$ 工况下,相比 $Ma = 0.55$ 工况,未抽吸工况尾迹区宽度有所减小,但深度明显增大,尾迹最深位置略向叶片尾缘移动,落后角有减小趋势。两种工况下,附面层吸附后,尾迹区变化趋势与来流 $Ma = 0.55$ 工况类似,随着抽吸率增大,尾迹区的宽度逐渐减小,深度逐渐减小,尾迹区中心位置逐渐向叶片尾缘移动,附面层吸附对来流 $Ma = 0.60$ 工况和 $Ma = 0.65$ 工况下的流场也

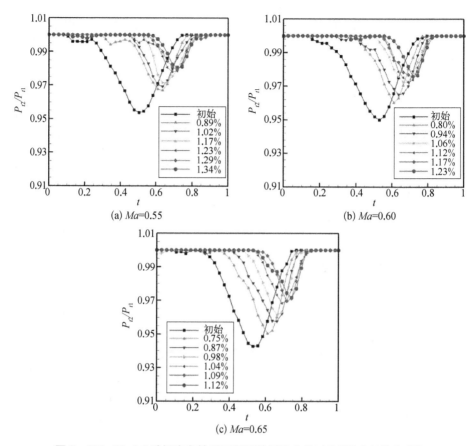

图 5-116 Blade1 叶栅在各抽吸工况下的尾迹曲线对比图(攻角为 0.5°)

得到了较大改善。但这两种工况中,在抽吸率最大时,尾迹区的深度依然比来流 $Ma=0.55$ 工况时大,且随马赫数增大而呈增大趋势。

图 5-117 展示了攻角为 5.0°时 Blade1 叶栅在各抽吸工况下的尾迹曲线对比图。由图可知,来流 $Ma=0.55$ 工况下,未抽吸工况尾迹区宽度、深度均明显大于 0.5°攻角工况,尾迹中心位置远离叶片尾缘,这与平面叶栅性能随攻角变化规律是相符的,随着攻角增大,叶片吸力面尾缘分离区加重,落后角增大,栅后总压损失区域增大,总压损失程度增强。由图可知,来流 $Ma=0.55$ 工况下,附面层吸附对尾迹区改善非常明显,随着附面层吸附率的增大,尾迹区随着抽吸率增大而逐渐向叶片尾缘靠近,尾迹区域的宽度逐渐减小,尾迹深度逐渐减小,尾迹中心位置逐渐向叶片尾缘靠近,都说明附面层吸附可以明显改善流场结构;抽吸率为 0.98% 工况下,附面层吸附已明显抑制了尾迹区,随着抽吸率的进一步提高,尾迹区进一步改善;抽吸率为 1.50% 工况下,尾迹深度相比未抽吸工况减小约 1/3,尾迹中心位置向叶片尾缘移动了 19% 栅距,流场明显改善,但与 0.5°攻角工况相比,

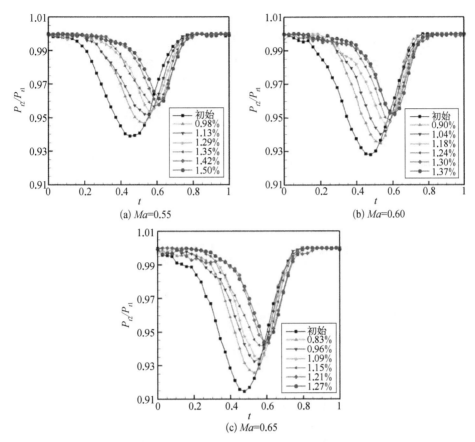

(a) $Ma=0.55$　(b) $Ma=0.60$　(c) $Ma=0.65$

图 5 - 117　Blade1 叶栅在各抽吸工况下的尾迹对比图（攻角为 5.0°）

尾迹改善幅度略小。

　　随着来流马赫数增大，在 $Ma=0.60$ 工况和 $Ma=0.65$ 工况下，未抽吸工况尾迹区变化与 0.5° 攻角工况类似，与 $Ma=0.55$ 工况相比，尾迹区深度明显增大，但在该攻角工况下，尾迹中心位置基本不变。与 0.5° 攻角工况类似，两种工况下，附面层吸附后，尾迹区变化趋势与来流 $Ma=0.55$ 工况类似，随着抽吸率的增大，尾迹区的宽度逐渐减小，深度逐渐减小，尾迹区中心位置逐渐向叶片尾缘移动，附面层吸附对来流 $Ma=0.60$ 工况和 $Ma=0.65$ 工况下的流场也有较明显的改善作用。但这两种工况中，在抽吸率最大时，尾迹区的深度依然比来流 $Ma=0.55$ 工况大，且随马赫数增大而呈增大趋势。

　　图 5 - 118 展示了 Blade2 叶栅在各抽吸工况下的总压损失系数对比图，实验测试了来流攻角为 0°、4.0°、8.0°，来流马赫数为 0.6、0.7、0.8 共 9 种工况下的叶栅性能。由于该吸附式叶型设计工况是来流 $Ma=0.6$、8.0° 攻角，设计攻角较大，附面层吸附缝对于小攻角工况较为靠前，抽吸效果不如 8.0° 攻角工况明显。因此，在

0°攻角下,附面层吸附虽也降低了总压损失系数,但降低幅度不明显,随着来流攻角增大,附面层吸附对总压损失系数的降低作用越来越明显。在设计攻角下,来流 $Ma=0.6$ 工况下,未抽吸时的总压损失系数为 0.152,在抽吸率最大的工况,总压损失系数降至 0.061,大幅降低了叶栅总压损失。因此,所设计的 Blade2 吸附式压气机叶型是成功的,在设计攻角为 8°工况,附面层吸附大幅控制了叶栅总压损失。

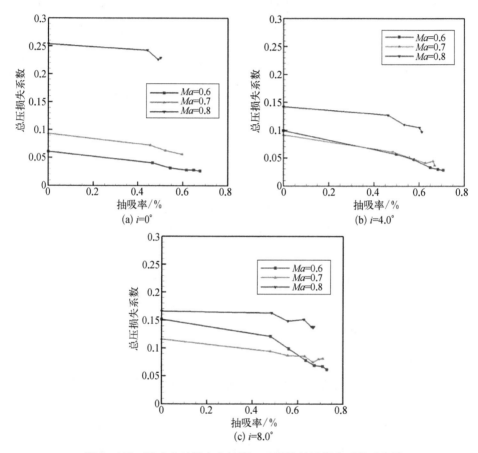

图 5-118 Blade2 叶栅在各抽吸工况下的总压损失系数对比图

攻角为 0°时,Blade2 叶栅在各抽吸工况下的尾迹曲线对比图如图 5-119,该尾迹由测点总压与来流总压比值得来。由图可知,来流 $Ma=0.6$ 工况下,未抽吸时,虽然叶型与 Blade1 不同,但由于该工况下的总压损失系数均较小,吸力面尾缘附面层分离较小,尾迹区与 Blade1 来流 $Ma=0.6$、攻角 0.5°工况大体类似,均体现了叶栅低总压损失工况。来流 $Ma=0.6$ 工况下,附面层吸附对流场结构的改善作用比较明显,尾迹区随着抽吸率增大而逐渐向叶片尾缘靠近,尾迹区域的宽度逐渐减小,尾迹深度逐渐减小,均体现了附面层吸附明显改善流场结构,在抽吸率最大的工况下,尾迹深度减小了 1/3,尾迹中心位置向叶片尾缘移动了 13% 栅距,附面层吸附对该工况流场结构的改善作用也比较明显。

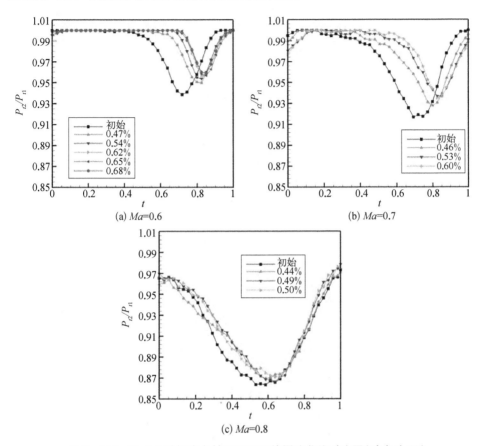

图 5-119 **Blade2** 叶栅在各抽吸工况下的尾迹曲线对比图(攻角为 0°)

随着来流马赫数增大,未抽吸工况尾迹区的宽度、深度明显比来流马赫数为 0.6 时的工况增大,来流 $Ma = 0.8$ 工况下,尾迹区几乎分布在整个栅距范围内,表明该工况下的附面层分离较大,分离区占据了较大的叶栅通道,该工况下的分离是在高来流马赫数下叶片吸力面形成局部激波,导致的激波附面层分离。来流 $Ma = 0.8$ 工况,尾迹中心位置明显远离叶片尾缘,向另一侧叶片移动,此时叶栅落后角明显增大。$Ma = 0.7$ 工况下的尾迹曲线随抽吸率的变化情况与 $Ma = 0.6$ 工况类似,区别在于附面层吸附对该工况下的尾迹曲线改善程度不如 $Ma = 0.6$ 工况明显,在最大抽吸率下,尾迹区深度减小了 24%,尾迹中心位置向叶片尾缘移动了 13% 栅距,附面层吸附也比较明显地改善了该工况流场。附面层吸附对来流 $Ma = 0.8$ 工况下的抽吸效果不明显,尾迹曲线的深度、宽度及尾迹中心位置仅略有改善;由于尾迹曲线体现了叶栅的性能,总压损失系数随抽吸率变化曲线与尾迹曲线随抽吸率变化体现了同一个流场本质,在总压损失系数变化曲线中,$Ma=0.8$ 工况下的总压损失随抽吸率的变化较小,在最大抽吸率工况下,依然保持高损失,这与尾迹曲线变化是一致的。

图 5-120 和图 5-121 分别为攻角为 4.0°、8.0°时,Blade2 叶栅在各抽吸工况下的尾迹曲线对比图,对于来流 $Ma=0.6$ 工况和 $Ma=0.7$ 工况,随着攻角增大,尾迹曲线深度逐渐增加、尾迹区宽度也逐渐增大,尾迹中心位置逐渐偏离叶片尾缘,落后角增大;对于来流 $Ma=0.8$ 工况,尾迹曲线"凹坑"深度在 0°攻角下最深,尾迹区宽度也最宽,8.0°攻角时次之,4.0°攻角时最小。

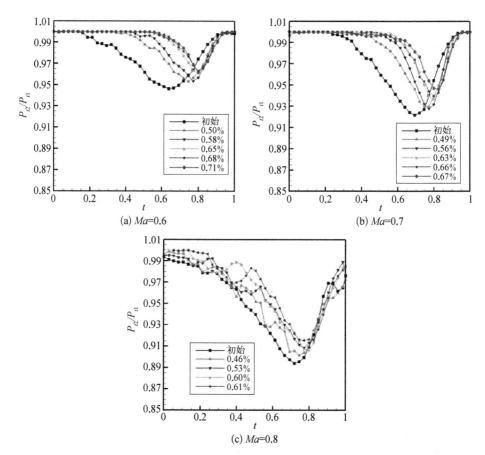

图 5-120 Blade2 叶栅在各抽吸工况下的尾迹曲线对比图(攻角为 4.0°)

随着抽吸率的增大,各抽吸工况尾迹曲线表现出类似的趋势,但以来流 $Ma=0.6$ 工况下的抽吸效果最为明显,来流 $Ma=0.7$ 时次之,来流 $Ma=0.8$ 最弱,该趋势与叶栅总压损失系数变化曲线保持一致。在设计工况下,附面层吸附对尾迹曲线的改善比较明显,随着抽吸率的增大,尾迹区逐渐向叶片尾缘靠近,尾迹区域的宽度逐渐减小,尾迹深度逐渐减小,均表明附面层吸附明显改善了流场结构。在抽

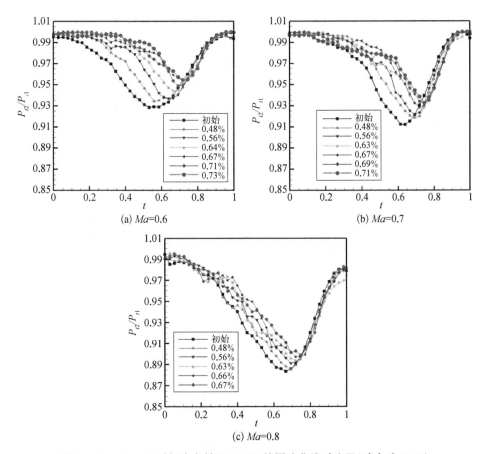

图 5 - 121　Blade2 叶栅在各抽吸工况下的尾迹曲线对比图(攻角为 8.0°)

吸率最大工况下,尾迹深度减小了 36.6%,尾迹中心位置向叶片尾缘移动了 19%栅距,附面层吸附对该工况流场结构的改善也比较明显。

综上所述,所设计的 Blade2 吸附式叶型对于控制大攻角下的附面层分离,改善流场结构是成功的,在设计工况下,附面层吸附后的总压损失系数由 0.152 降至 0.061。

5.4.3　两级风扇进口级静子叶尖常规叶栅实验和吸附式叶栅实验结果分析

1. 两级风扇进口级静子 S1 - Tip 实验结果分析

计算得到的两级风扇进口级静子叶尖 S1 - Tip 在设计工况下的吸力面的最佳抽吸位置为 66%弧长处,在此沿径向开槽,槽宽为 2%弧长,槽高为 60 mm,占整个叶展的 60%。整个抽吸实验中,随着抽吸率的增加,轴向密流比 Ω 略有增大,其值保持在 1.094~1.119,变化不大,可忽略其对实验结果的影响。调整实验设备使整个实验过程中的两端流量计指示的抽气流量相同,保证叶栅两端对称抽气,再加上抽气槽较短,可近似认为抽气流量沿槽均匀分布。通过渐开连接到缓冲罐的蝶阀可逐渐加大抽吸率。

在设计工况下进行实验后,选择了与设计工况相邻的工作状态($Ma = 0.6$、0.5,$i = \pm 5°$、$\pm 10°$)也进行了对比实验,以下主要对设计攻角和$\pm 5°$攻角进行分析。

图 5-122 是在各工作状态下 S1-Tip 的总压损失系数随抽吸率的变化,抽吸率为零时为常规叶栅实验。如图所示,在设计攻角下,常规叶栅实验时的总压损失系数为 0.072,与之前的准三维预测结果非常吻合。抽吸对叶型性能的改善效果非常明显,仅需要很小的抽吸率便可以使总压损失系数大幅度减小。当抽吸率增大到一定数值时,叶栅性能便稳定下来,即使再增加抽吸率,总压损失系数也不会减小。从设计工况($Ma = 0.7$,$i = 1.4°$)的实验结果中可以看出,在达到相同性能改善的前提下,实验所需的抽吸率小于预测值。实验中,0.5%的抽吸率便可以使总压损失系数减小到 0.01 左右,而数值模拟显示,此值大约为 1.0%,远大于实验值。

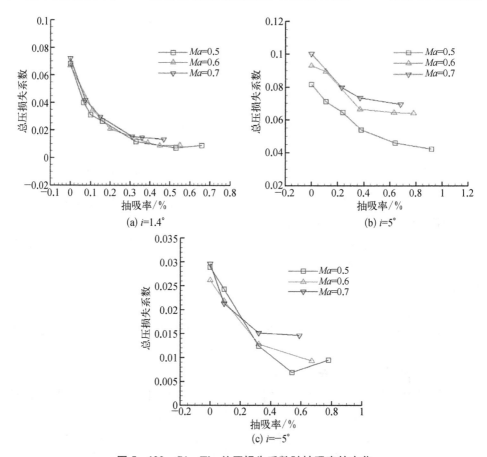

图 5-122 S1-Tip 总压损失系数随抽吸率的变化

由前面分析可知,MIT 在吸附式风扇实验中也遇到了抽吸率偏大的问题。考虑到附面层吸附这一物理过程本身的复杂性,程序中的具体抽吸模型还需要不断改进。

在不同工况下,尾迹区总压恢复系数(P_2^*/P_1^*)随抽吸率的变化曲线如图 5 - 123 所示。尾迹曲线的变化与叶栅总压损失系数的变化应具有内在一致性,即叶栅气动性能的改善使尾迹曲线的总压损失区("凹坑")减小,从而使总压损失系数减小。从图 5 - 123 中可以看出,1.4°攻角下,叶栅性能的抽吸改善效果明显,当抽吸率增加到 0.5%左右时,叶栅性能逐渐趋于稳定,尾迹曲线已无明显变化。在 5°攻角下,叶型的负荷更大,分离加严重且位置提前,叶栅总压损失增大。此时的抽吸槽位置位于分离区内,不再是强压力恢复区的起始位置。前面的数值模拟表明,在此位置抽吸需要更大的抽吸率才能控制附面层的发展,实验结果也印证了这一点。从图 5 - 124 中可以看出,尾迹区"凹坑"宽度和深度明显变大,抽吸改善性能的效果不如 1.4°攻角明显,需要更大的抽吸率。图 5 - 125 显示,-5°攻角下,叶栅气动性能要优于 5°攻角,所需的抽吸率比 5°时要小,但仍然大于 1.4°攻角工况。

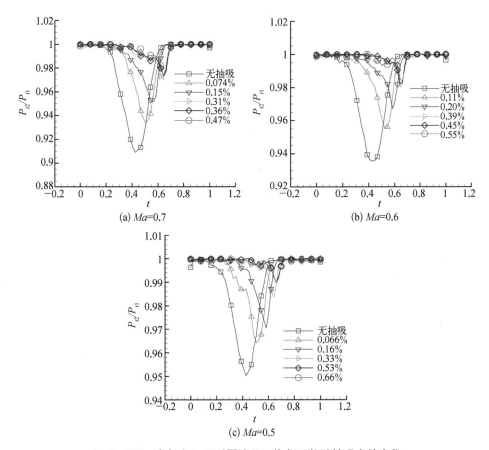

(a) Ma=0.7

(b) Ma=0.6

(c) Ma=0.5

图 5 - 123　攻角为 1.4°时尾迹总压恢复系数随抽吸率的变化

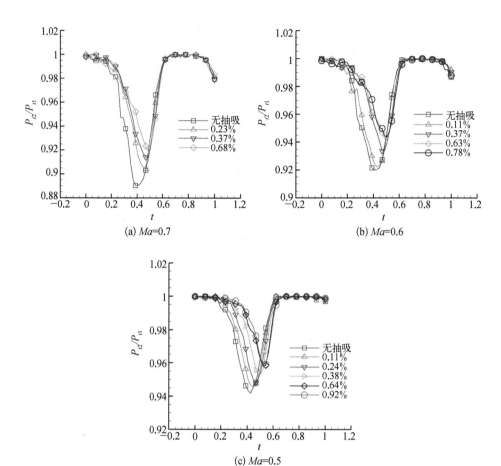

图 5-124 攻角为 5°时尾迹总压恢复系数随抽吸率的变化

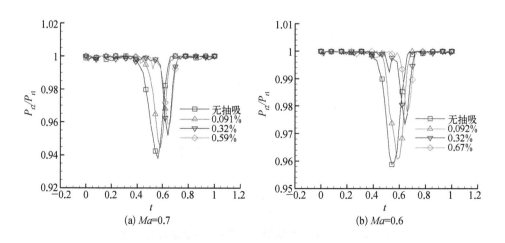

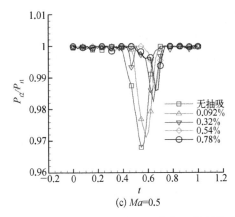

(c) $Ma=0.5$

图 5-125 攻角为-5°时尾迹总压恢复系数随抽吸率的变化

2. 附面层吸附对于气流转折角的影响

附面层吸附的另一个作用就是增加流通能力,降低叶型落后角,进而提高气流在通道内的折转能力。

图 5-126 展示了在不同工况下 S1-Tip 的气流转折角随抽吸率的变化。由图

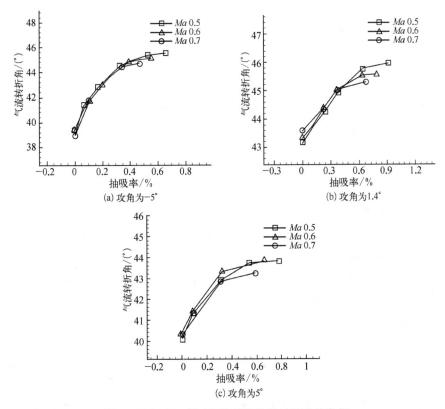

(a) 攻角为-5°

(b) 攻角为1.4°

(c) 攻角为5°

图 5-126 S1-Tip 气流折转角随抽吸率的变化

可知,附面层吸附可以增强吸附式叶栅的气流转折能力。随着抽吸率增加,气流转折角逐渐变大。当抽吸率较小时,气流转折角随抽吸率的变化较为明显。然而随着抽吸率的逐渐增大,气流转折角随抽吸率的变化逐渐放缓。这也从侧面印证了抽吸率增大到一定数值时,叶栅的气动性能趋于稳定。

由表 5-23 中 S1-Tip 在不同工况下的落后角和气流转折角可知,在最佳抽吸率下,叶栅的落后角明显减小,气流转折能力显著增强,尤其在设计攻角时,叶栅性能的改善更为明显。实验结果表明,S1-Hub 关于附面层吸附对于气流转折角的影响也具有相同的结论,因此仅以 S1-Tip 为例,不在此一一列出。

表 5-23 S1-Tip 在不同工况下的落后角和气流转折角

攻角	进口马赫数	不 抽 吸		最 佳 抽 吸 率	
		落后角	气流折转角	落后角	气流折转角
-5°	0.5	13.92°	40.08°	10.17°	43.83°(9.4%)
	0.6	13.65°	40.35°	10.14°	43.86°(8.7%)
	0.7	13.72°	40.28°	10.76°	43.24°(7.3%)
1.4°	0.5	12.49°	38.91°	5.85°	—
	0.6	12.42°	38.98°	6.22°	45.18°(15.9%)
	0.7	12.09°	39.31°	6.68°	44.72°(13.8%)
5°	0.5	15.85°	43.15°	13.04°	45.96°(6.5%)
	0.6	15.67°	43.33°	13.43°	45.57°(5.2%)
	0.7	15.41°	43.59°	13.7°	45.3°(3.9%)

叶片表面开设抽吸槽后,破坏了原始叶型的连续性,当吸附式叶栅不进行抽吸时,气流流经抽吸槽附近时可能会带来额外的叶型损失。因此,有必要单独评估抽吸槽的存在对于叶栅性能的影响。

5.4.4 小结

为进行吸附式叶栅实验研究,应对实验室平面叶栅风洞进行适应性改造,建立一套能对叶片表面附面层进行抽吸的实验系统,包括真空泵、稳压缓冲罐、浮式子流量计和抽吸管路等。在叶栅实验件设计时,首先通过数值模拟手段对抽吸位置方案进行筛选,在最佳抽吸位置处沿径向加工抽吸槽。通过常规叶栅和吸附式叶栅实验研究,详细测量设计和非设计工况和不同抽吸率下的叶栅气动性能,通过分析可以得出以下结论。

(1)在常规叶栅实验中,两套叶栅的设计工况点损失与准三维模拟吻合度较高,验证了对进口级静子叶型的优化设计是成功的。

(2)验证了附面层吸附能够显著改善叶型的气动性能。在两套叶栅的各个工况下,随着抽吸率增加,叶栅总压损失系数及栅后气流尾迹的深度和宽度均减小,出口流场均匀度有较大程度的提高。同时,附面层吸附减小了叶型落后角,提高了气流在叶栅通道内的折转能力。尤其在设计攻角下,气流转折角的改善程度更为显著。

(3) 在设计工况点下确定的抽吸方案在非设计工况下也有较好的性能表现。由于对于不同工况点的最佳抽吸位置会发生变化,而抽吸槽位置是固定不变的。以设计工况点确定抽吸方案是较为合理的选择。

(4) 抽吸槽位置的选取对于吸附式叶栅未抽吸时的性能影响显著。理想的抽吸槽位置对气动性能的影响应尽可能小,且不影响叶栅的攻角和马赫数特性,使其变化趋势尽量与常规叶栅保持一致。

5.5　吸附式风扇/压气机气动设计技术

压气机作为航空发动机三大核心部件之一,减少级数、增加级压比,可有效减小发动机尺寸与质量,提高发动机推重比。然而随着压气机级压比的提高,压气机中不可避免会出现流动分离,加剧二次流动,这将导致压气机内部流动恶化,总压损失增加,并最终限制级压比的提升。众多研究表明,采用全三维气动优化设计方法和附面层吸附技术相结合的途径,可有效改善压气机内部流动结构,提升压气机性能。

5.5.1　抽吸对压气机整体性能参数的影响

通过附面层吸附手段在压气机流场中分离高熵流体可以降低主流的等熵压缩功、提高压气机工作效率,显而易见,附面层吸附对于流场的改善作用明显,但是在附面层吸附对压气机总体参数的影响规律、抽吸效果及附面层效应的综合评价等方面有必要进行深入的研究分析。

对于采用附面层吸附方案的压气机效率计算问题一直是学者关注的重点。尤其在部件实验过程中,依靠外界真空设备的能耗带来的压气机内部局部流场的改善往往会是得不偿失的。附面层吸附问题的研究需要从全局进行考量,关键是抽吸气体的来源。

在发动机整机环境下,压气机中气体的静压远远高于其外部静压,因此附面层吸附无须借助外界能量的辅助。同时,当在压气机中采用附面层吸附技术时,抽吸气体有必要与压气机引气结合起来,通过抽吸结构引出的气流虽然在当地流场中为低能流体,但其本身实际已经具有了较高的压力,完全可以被结合到引气系统中去发挥功效而不是直接被排出,因此流动控制系统与引气系统的有机结合还需要进行巧妙的设计与布局。

为了利用附面层吸附创造更大的性能收益,不仅需要对其深层次的流动机理有很好的理解,更需要一套行之有效的设计工具。吸附式风扇叶片能够承受更高的负荷,其叶片外形与常规风扇叶片存在明显区别,特别是厚度分布及折转角弯度这些设计参数的选取与常规叶型具有本质不同。因此,在设计起始就应充分考虑这些因素,从通流设计、基元造型、叶片三维积叠到最终的全三维校核都应将抽吸的影响考虑进去,这意味着需对传统的压气机气动设计体系进行改进,并摸索出适合应用于吸附式压气机的新叶型。

从公开发表的文献资料来看,MIT 的燃气轮机实验室进行过吸附式风扇设计并经过实验验证,目前已经建立了较为成熟的吸附式设计流程和实验装置,完成了单级低压比、高压比和双级对转吸附式风扇设计和实验[7]。

MIT 的设计精髓在于吸附式叶型设计中采用了带抽吸模块的准三维程序MISES,在三维校核评估中采用了 Adamczyk 开发的 APNASA 通道平均求解器。MISES 程序采用在所求解的控制方程中添加源项的方法模拟抽吸效应。这种建模方式虽不能对真实抽吸孔的形式和布局进行模拟,但其不需在生成抽吸槽处的网格和与主流区网格对接设置中耗费大量时间,能够高效快速的获得抽吸计算结果反馈并与准三维设计加以对比,更适用于在三维校核阶段对抽吸位置和抽吸流量进行快速调整,尤其针对在多个叶排的多个位置开设抽吸槽时最为有效。例如,MIT 高压比吸附式风扇的抽吸方案[7]如图 5-127 和图 5-128 所示,其在各叶排沿展向、轮毂沿周向和弦向及叶尖围带沿周向设置了 7 道抽吸槽。若单独生成各抽吸槽处的网格,不仅费时费力,且增大了三维模拟的收敛难度。因此,采用源项添加法进行三维校核,是高压比吸附式风扇成功设计的有力保障。另外,如前面所说,APNASA 程序具有通道平均性质,能够在一定程度上涉及级间干涉效应,这对级压比高达到 3.5 的高负荷吸附式风扇尤为必要。因此,使用具有源项添加模块并考虑非定常效应的三维校核程序,是吸附式设计流程的最大亮点。

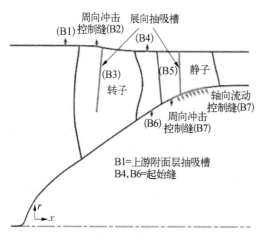

图 5-127 MIT 高压比吸附式风扇
抽吸位置示意图[7]

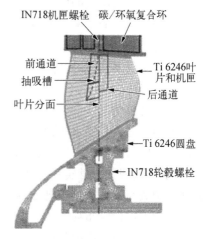

图 5-128 MIT 高压比吸附式风扇
转子结构示意图[7]

　　然而,虽然附面层吸附技术可以有效控制气流的流动分离,但在转子中抽吸会带来叶片强度问题(国外在数次吸附式风扇实验后也确实发现转子叶片出现了裂纹)和抽吸路径布置等结构难题,因此在高压比设计的前提下,为了避免在转动部件中进行附面层吸附带来结构强度等问题,可对转子采用全三维气动优化设计,以改善流场,确保转子效率和结构强度;仅对静叶采用吸附式叶型反设计,以提高其性能。

　　本节将初步尝试建立吸附式设计流程,研究并掌握超声和高亚声吸附式叶型设计的关键技术,提炼出吸附式风扇叶型各相关参数的一般性设计原则,开展超高负荷吸附式风扇/压气机设计技术、数值模拟方法的研究。依托该设计方法,仅仅使用 1.5% 的抽吸率完成一台级压比达 3.21、效率为 87.5% 的高压比吸附式压气机设计。为此将阐述吸附式叶型的设计方法,总结吸附式叶型各部分表面等熵马赫数分布的特点,分析转子和静子叶根、叶中和叶尖典型截面的设计结果,并对典型截面进行抽吸位置和抽吸率优化。最后,采用源项添加法虚拟抽吸孔,分别对吸附式转子和静子进行孤立叶排求解,再以计及非定常效应的非线性谐波法对其进行整级校核。数值验证结果表明,该吸附式风扇与 MIT 的高压比吸附式风扇处于同一量级。然而在抽吸方案上却大为简化,所耗费的抽吸率不到 MIT 的 30%。

5.5.2　吸附式压气机设计与分析方法

1. 设计流程

　　在高负荷设计前提下,由于转子中不抽吸,初始设计后不可避免出现流动分离,众所周知,转子中的流场优劣会影响到下游静子的工作状态及性能,进一步影响到整台压气机的气动性能。同时,先前的研究发现,初始设计完成后,由于转子性能较差波及整机性能时,若在级环境下优化转子,一方面,上游转子的几何变化会使下游静子进口条件变化,进而导致静子中激波空间位置发生变化,由于在静叶表面开设抽吸槽,若激波与抽吸槽相互干涉,容易导致数值发散,将会影响优化工作的正常开展;另一方面,由于转子优化可能涉及多轮优化,级环境下的优化无疑会大大增加计算量。为此,经过大量探索研究,初步确定如图 5-129 所示的设计流程,与常规气动设计流程相比,在经过一维气动方案设计和二维 S2 流面设计后,先设计转子并根据三维流场出现的问题进行优化设计,在设计出性能较优

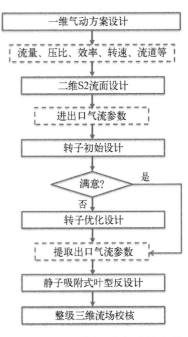

图 5-129　吸附式压气机设计流程

的转子后,提取转子出口气动参数,进行静子不同截面叶型的吸附式反设计,并加以积叠,最后针对设计好的转静子在整级环境下进行三维流场校核。该设计思路的目的是步步为营,将复杂问题分解,分别设计好转子和静子,进而保证整机性能。值得说明的是,进行转子设计时应注意加功量的径向分布,以控制其出口气动参数(绝对马赫数和绝对气流角),使得下游静叶各截面在施加抽吸后能够完成流场控制。

2. 设计与分析

1) 转子初始设计

对转子进行初始设计时,各基元叶型的初始造型结果很重要,若初始造型不好,将影响转子气动性能,会增加后续优化难度,甚至有可能无法通过优化达到设计目标值。先期研究表明,对于该高压比吸附式压气机转子,直接利用常规造型方法设计出的转子气动性能不理想,考虑到采用 NUMECA 软件中的 Autoblade 模块可对转子各基元叶型进行参数化,并可对参数化的叶型按照设计者的要求进行灵活修改,为此在转子初始设计时采用这样的思路:将常规造型得到的转子几何导入 Autoblade 模块中进行参数化,依据不同叶展的来流条件和转子单叶排三维流场计算结果,对不同叶展叶型几何进行调整,直到初始设计结果较为满意为止。

在 Autoblade 模块中,基元叶型在参数化时的构造方式主要由两种:① 中弧线加吸、压力面,即在中弧线上构造相互独立的吸力面和压力面型线;② 中弧线加厚度分布,即给定从前缘到后缘的厚度分布值,结合中弧线形状生成截面叶型。根据先前的设计经验,采用第一种基元叶型参数化方法。对于中弧线的构造,Autoblade 模块中主要提供了简单贝塞尔曲线(通过安装角、几何进口角、几何出口角 3 个控制参数进行描述)、高阶贝塞尔曲线、B 样条曲线和圆弧曲线四种曲线类型,图 5-130 给出了前两种曲线的中弧线参数化构造方法,其中 β_1 为进口几何角,β_2 为出口几何角,Ga 为安装角,$R'\theta-m$ 代表锥面坐标系(R 为径向坐标,θ 为周向坐标,m 为子午向坐标,下同)。各截面吸力面和压力面型线均使用独立的高阶贝塞尔曲线进行拟合构造,图 5-131 给出了该构造方法的示意图,通过调整部分控制

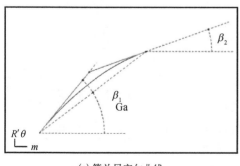

(a) 简单贝塞尔曲线

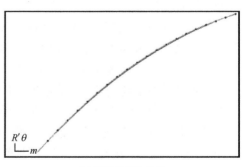

(b) 高阶贝塞尔曲线

图 5-130　中弧线参数化构造方法

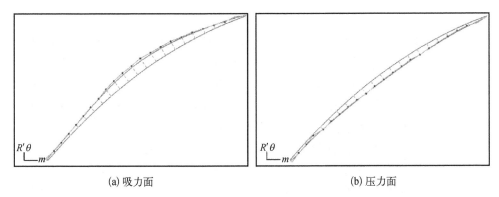

| (a) 吸力面 | (b) 压力面 |

图 5-131　叶型吸力面和压力面型线参数化构造方法

点,便可对叶片吸压力面型线进行修改,得到新的基元叶型。

2) 转子优化设计

转子优化设计工作开展之前首先需要对转子几何进行参数化定义,该过程同样选用前述的 Autoblade 模块。如图 5-132 所示,其大致分为 5 个部分,分别为子午流道轮廓定义、流面定义、积叠线定义、二维叶型定义和其他特性定义。

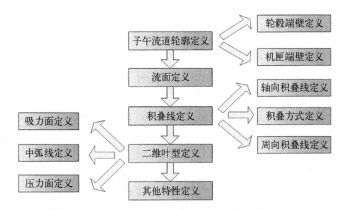

图 5-132　参数化过程示意图

子午流道轮廓包括轮毂端壁和机匣端壁,各个子午流道轮廓的定义允许设计者用 5 种方法来进行控制,包括高阶贝塞尔曲线、B 样条曲线、直线-贝塞尔曲线-直线、直线-B 样条曲线-直线和复合曲线。

流面是二维叶型的构造基准面,其定义方式主要包括平面(轴向和径向)、圆柱面和圆锥面,这里选择圆锥面定义,其非常适用于流道型线沿轴向收缩较大的设计。积叠线的参数化定义包含积叠方式定义、轴向积叠线定义和周向积叠线定义,其中积叠点的选取有叶型重心、前缘点、尾缘点、最大厚度、任意弯度和任意弦长 6 种方式;轴向和周向积叠线定义有直线、贝塞尔曲线-直线-贝塞尔曲线、简单贝塞尔曲线、高阶贝塞尔曲线和 B 样条曲线 5 种方式。而其他特性定义主要包括非轴对称轮毂端壁定义、非轴对称机匣端壁定义等。

优化工作基于叶轮机械气动优化平台 Design 3D 展开,该平台的优化特点是将人工神经网络和遗传算法组合使用,前者为流场评价系统的近似模型,利用后者预测近似模型的全局最优值,实现快速寻优。具体优化流程如下:首先构造包含多个由不同几何外形和对应的 CFD 计算值构成的样本数据库;其次使用数据库中的训练样本构造近似模型;然后基于近似模型使用优化算法对目标函数进行寻优;最后对最优解进行 CFD 模拟,用模拟结果验证近似模型的精度。若优化算法预测得到的最优值与 CFD 模拟结果有差异,且未达到设定的优化目标,将该点及其对应的 CFD 模拟结果作为一个新的训练样本补充到数据库中,启动下一个循环迭代。随着每次迭代后数据库中的训练样本数逐渐增加,近似模型也越来越精确,当优化算法寻优值与 CFD 模拟值最终重合时,整个优化过程结束。

近似模型是用来缩短优化周期的关键技术,一个计算量小且能准确反映优化变量和优化目标之间关系的近似模型可以大大降低优化耗时。近似模型在气动优化过程中取代计算耗时的流场评估程序,能以较少的计算成本达到较高的精度。常见的近似模型构造方法主要包括响应面方法、Kriging 方法和人工神经网络。Design 3D 中的近似模型构造方法为当前应用最为广泛的逆误差传播神经网络,具有自组织、自适应、自学习和记忆联想能力的特点,是解决复杂非线性问题的有效工具。

选取选择遗传算法作为优化算法,选取离散层作为实验设计方法,该方法将几何约束分为多个子区域,具有较好的空间填满性,能够提供足够多的有用信息,可以保证生成的样本具有全局代表性。

气动优化目标是使转子的等熵效率最大化,在优化的过程中还对流量和压比进行约束,保证优化后的流量不变、压比不降低。这些约束均通过罚函数的方式引入,个体适应度的调整方法如下:

$$F'(X) = \begin{cases} F(X), & X \text{ 满足约束条件} \\ F(X) - P(X), & X \text{ 不满足约束条件} \end{cases} \tag{5-48}$$

式中,$F(X)$ 为原始适应度;$F'(X)$ 为考虑罚函数后的新适应度;$P(X)$ 为罚函数。

3)静子吸附式叶型反设计

静子吸附式叶型反设计所使用的工具是 MISES 程序,在吸附式叶型的反设计前需给定一个初始叶型。一般来说,初始叶型既可从标准叶型族中选取,也可使用双圆弧、多圆弧、任意中弧线或参数化造型等多种造型手段。根据设计经验,初始造型的气动性能严重影响着后续的吸附式叶型反设计,初始叶型的表面等熵马赫数分布不能与理想分布相差过远,否则叶型反设计很可能失败。为此,针对初始叶型进行几何调整,对前缘段进行加密,修改叶型的中弧线和厚度分布,调整叶型安装角并缩放或旋转叶型,通过不断调整叶型参数使其气动性能基本满足后续反设计要求,并使造型与 MISES 程序之间实现无缝链接,内嵌输出其数据格式接口,不需要编制额外的数据传递或转换程序。

吸附式叶型反设计的流程如下:首先对进行几何调整的初始叶型,使用 MISES 程序获得无黏初始表面等熵马赫数分布,然后通过给定理想的马赫数分布,反求出对应该分布的叶型及其气动性能,并经过多次调整马赫数分布获得优化后的叶型,最后对其进行带附面层吸附的正问题分析,若附面层分离无法抑制或未达到所期望的性能要求,需要返回无黏反设计阶段重新设计叶型,直到获得满意的结果为止,这一过程通常需要迭代数次才能完成。

3. 高压比吸附式压气机设计

1) 一维气动方案设计

设计的高压比吸附式压气机部分设计参数的选取参考了 MIT 的高压比吸附式压气机,其中主要设计参数如下:级压比 3.2、等熵效率 87%、质量流量 35 kg/s、转速 18 000 r/min、转静子叶片数分别为 28 和 33。图 5 - 133 给出了高压比吸附式压气机子午流道,其中转子机匣型线近似呈直线下压,目的是减小转子尖部扩压程度,适度控制叶尖泄漏流和叶尖通道激波后的分离流动;而转子轮毂型线近似呈直线上抬,目的是提高根部的做功能力,以实现高压比设计目标。

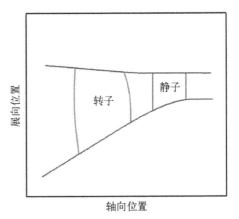

图 5 - 133　高压比吸附式压气机子午流道图

2) 转子设计

(1) 初始设计。

基于 S2 流面计算结果得到的不同叶展叶型进出口气流角,选定攻角和落后角后,利用常规造型方法进行叶片造型后,导入 Autoblade 模块,并依据转子单叶排三维流场计算结果对各截面叶型几何进行调整,经过大量反复的几何调整后,得到的最终转子初始造型后各典型截面的叶型见图 5 - 134。由图可知,转子根部叶型弯角很大,其在整体轮廓上与涡轮叶型十分相似,这是因为转子根部的加功能力较弱,仅靠直线抬升的轮毂无法使根部加功量达到要求。因此,为实现高压比设计目标,则必须增大叶型弯角,增加气流在通道的气流转折。

转子三维流场计算时,叶片通道采用 AutoGrid5 划分网格,生成 O4H 形网格拓扑结构,间隙采用蝶形网格控制网格质量,近壁面网格尺度为 5×10^{-6} m,Y^{+} 值小于 10,网格总数约 76 万。数值计算过程采用 FINE/TURBO 软件包,应用 Jameson 有限体积差分格式对相对坐标系下的三维雷诺平均 Navier - Stokes 方程进行求解,湍流模型选用 Spalart - Allmaras(S - A)模型,固壁选择无滑移绝热边界条件,CFL 数

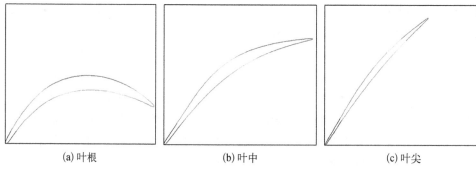

(a) 叶根　　　　　　　　(b) 叶中　　　　　　　　(c) 叶尖

图 5-134　转子不同叶展截面叶型图

取 3.0,同时采用隐式残差光顺方法及多重网格技术加速收敛。边界条件给定进口总温、总压、来流方向和出口背压。三维计算结果表明,最终初始设计的转子在近设计点处的效率达 90.3%,总压比达 3.35。

图 5-135 展示了近设计点处转子不同叶展截面相对马赫数云图/等值线图,在

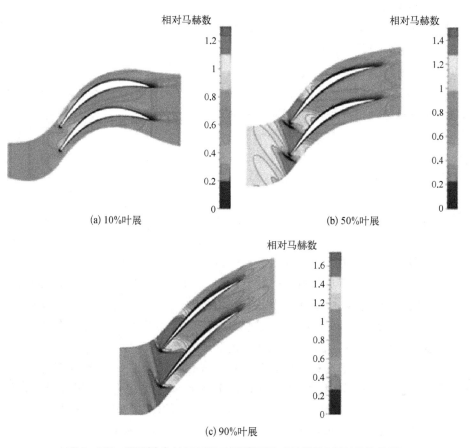

(a) 10%叶展　　　　　　　　　　(b) 50%叶展

(c) 90%叶展

图 5-135　近设计点转子不同叶展截面相对马赫数云图/等值线图

转子90%叶展截面通道存在经典的双激波结构,由叶片前缘斜激波和通道正激波组成。受其影响,转子50%叶展截面通道也保持着清晰的双激波结构,与90%叶展截面不同的是,该叶展截面第一道激波为脱体正激波,气流经过该脱体正激波后在叶片通道中不断加速,并在通道某个位置形成强度较弱的通道正激波。经过优化调整,转子在低叶展区域的流动十分顺畅,没有出现明显的气流分离;而在高叶展区域,由于来流马赫数更高,激波强度更大,同时为实现高压比设计目标,需在激波后的叶片通道再经过一定长度的亚声扩压段继续减速扩压,尽管对该区域叶型几何进行了细致调整,在近设计点处,该区域叶片吸力面仍存在附面层分离现象,这无疑会带来流动损失,降低该区域叶片的效率,这也是后续需要通过三维优化造型需要解决的问题。

(2) 优化设计。

由前面分析可知,该高压比吸附式转子在低叶展流场中的品质较优,但在50%叶展、70%叶展和90%叶展截面,叶片吸力面均存在流动分离现象,这造成了流动损失,降低了转子效率,恶化了转子性能。为尽可能减小或消除转子高叶展区域叶片吸力面附面层分离程度,改善转子内部三维流场,提升转子性能,进而提高整机效率,在近设计点处针对该初始转子进行全三维气动优化设计。同时,为最大限度地提高转子效率,全三维气动优化设计包含叶型优化、积叠线优化和机匣型线优化。

在优化前,首先对该转子进行了高精度的参数化拟合,其中叶型吸压力面型线均采用10个控制点的高阶贝赛尔曲线进行参数化控制;叶片积叠线由子午向自由度(掠)和周向自由度(弯)控制,分别采用5个控制点的高阶贝赛尔曲线进行参数化拟合,如图5-136所示;机匣型线则利用30个控制点的高阶贝赛尔曲线进行参数化控制,如图5-137所示。

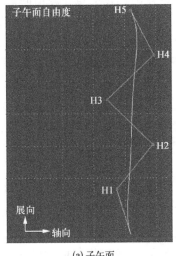
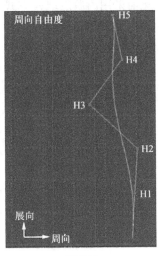

(a) 子午面　　　　　　　　　　　(b) 周向

图5-136　转子叶片积叠线参数化示意图

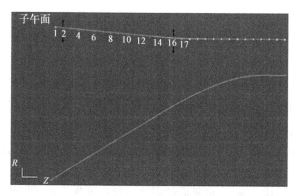

图 5 - 137　吸附式压气机机匣型线参数化示意图

　　考虑到优化变量的个数,二维叶型的优化对象仅选择 70% 叶展截面,对该叶展截面叶型及叶片积叠线同时进行优化,期望在改善该叶展截面流动状况的同时,也对上下叶展(50% 叶展和 90% 叶展)截面的流场品质产生积极影响。整个优化过程分两轮,其中第一轮优化对象为 70% 叶展截面叶型和叶片积叠线,二维叶型的优化参数为吸力面 5～10 控制点(控制点起始于叶片吸力面附面层分离位置起始点附近),叶片积叠线的优化参数为图 5 - 136 中控制叶片弯和掠的 10 个控制点,总计 16 个优化变量。在第一轮优化结果的基础上,针对机匣型线进行第二轮优化,机匣型线的优化参数为图 5 - 137 中的 2～16 控制点,该区域覆盖转子叶顶尖部区域,而第 1 控制点不变的目的是保持该高压比吸附式压气机流道进口几何角不变,17 控制点之后不变的目的是保证转子机匣流道优化尽量不影响下游的静子机匣型线,该轮优化的优化变量个数总计 15 个。

　　每轮优化前采用离散层取样方式对参数化的优化变量在原值附近作扰动,生成样本数为优化变量数 2～3 倍的数据库,以保证生成的样本具有全局代表性。优化过程基于人工神经网络和遗传算法展开,而优化目标是在近设计点处,保持流量不变、压比不降低,使得转子的等熵效率最大化。

　　两轮优化后,转子总压比依然为 3.35,与转子初始设计压比值相比保持不变;对于等熵效率,第一轮优化后的转子效率提升了 0.87%,第二轮优化后的转子效率再次提升了 0.38%,比转子初始设计效率值提高了 1.25%,最终优化后的转子效率达 91.55%,由此可见三维优化造型是成功的,大幅提升了转子性能。

　　由图 5 - 138 中优化前后转子 70% 叶展截面叶型对比可知,优化后,该叶展截面叶型在吸

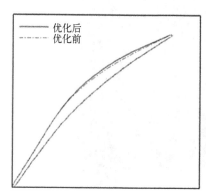

图 5 - 138　优化前后转子 70%
叶展截面叶型对比

力面后半段的厚度有所增大。图 5-139 给出了优化前后转子叶片积叠线对比图，由图可知，优化后，转子在子午方向整体有所前掠，而在周向整体呈现反弯。值得说明的是，由于针对叶型和叶片积叠线同时进行优化，第一轮优化结果是这些设计自由度的最佳组合。

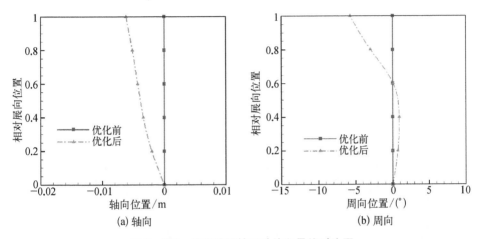

(a) 轴向　　　　　　　　　　(b) 周向

图 5-139　优化前后转子叶片积叠线对比图

图 5-140 为优化前后机匣型线对比图，由图可知，优化后机匣型线呈现 S 形，在前部，机匣型线略微上抬；而在后部，机匣型线略微下压。

图 5-141 展示了优化后转子不同叶展截面马赫数云图/等值线图。对比图 5-140 可知，优化后在转子 90%叶展截面处，通道依然是经典的双激波结构，由叶片前缘斜激波和通道正激波组成，相比初始设计结果，通道正激波位置更为靠后，这对提升转子的稳定工作范围有积极作用；优化后，在该叶展截面吸

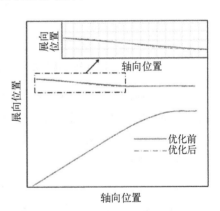

图 5-140　优化前后机匣型线对比图

力面尾缘仍然存在附面层分离现象，但气流分离范围有所减小。在 70%叶展截面，优化后，该叶展截面叶片吸力面后半部分的流动分离基本消除，相应区域的相对马赫数大幅提高，这对提升转子性能有着重要意义。在 50%叶展截面，优化后，该叶展截面没有出现明显的气流分离现象，同时对比初始设计结果可知，优化后，该叶展截面激波结构有所变化，整个叶片通道存在一道前缘脱体正激波。而对于低叶展截面（10%叶展和 30%叶展），优化后，该区域的流动依然十分顺畅，流场品质较优。

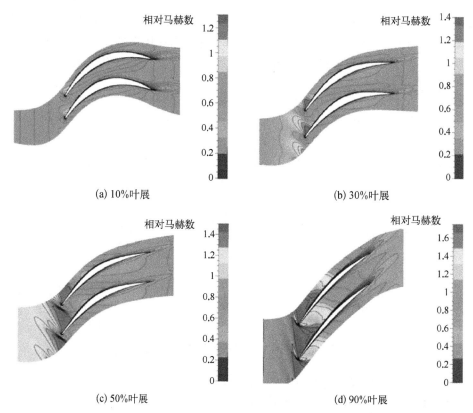

(a) 10%叶展   (b) 30%叶展

(c) 50%叶展   (d) 90%叶展

图 5-141 优化后转子不同叶展截面马赫数云图/等值线图

图 5-142 和图 5-143 分别为转子优化设计后的效率特性图和压比特性图。由图可知,由于转子全三维气动优化设计极大改善了转子内部流动,整个质量流量范围内,该转子的性能均较优,保持着高压比、高效率,这为实现整机性能指标打下了坚实的基础。

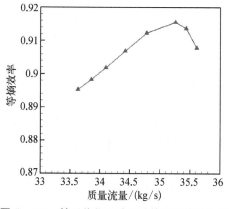

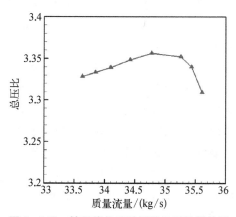

图 5-142 转子优化设计后的等熵效率特性图   图 5-143 转子优化设计后的总压比特性图

3）静子设计

转子设计完成后,下一步则需要设计与之匹配的静子。因此,在近设计点处,提取转子出口气流参数作为下游静子的来流条件,表5-24是不同叶展处的静子来流条件,由表可知,静子根部来流马赫数最大,高达1.21,远远高于常规气动布局中接近声速的设计,这是由于为实现高压比设计目标,上游转子根部叶型弯角接近90°,根据速度三角形可知,转子根部出口处具有非常高的周向速度,进而极大增加了下游静子根部的进口马赫数。依据静子不同叶展下的来流条件,对各叶展高度静子叶型进行吸附式反设计,表5-25给出了静子抽吸方案,表中抽吸率为相对进口流量的百分比,抽吸位置为沿叶型弦长方向的抽吸槽到叶型前缘的距离与叶型弦长的比值。下面将针对各典型截面设计结果进行详细分析。

表5-24 不同叶展处的静子来流条件

位　　置	进口马赫数	进口气流角
根部	1.21	50°
中部	1.1	49°
尖部	0.85	56°

表5-25 不同叶展处的静子抽吸方案

位　　置	抽吸率	抽吸位置
根部	1.3%	45%～47%
中部	1.0%	47%～49%
尖部	0.9%	49%～51%

（1）静子根部截面设计。

静子根部截面叶型设计结果如图5-144所示,其中图5-144(a)为叶型图;图5-144(b)和(c)分别为叶片表面等熵马赫数分布图及叶片通道马赫数等值线图,该截面气流进口马赫数为1.21,在前缘点处加速至1.37左右,气流在前缘段经过一个微小的预压缩段以降低波前马赫数,这也是预压缩设计在静子叶型中的创新运用,气流马赫数在通过前缘激波后迅速减速至0.7左右,之后为减速扩压的压力恢复段,马赫数平缓降至尾缘处的0.55左右。通过45%弦长处的抽吸,吸力面附面层的增厚趋势并不明显,从图5-144(d)可以看出,除了激波附近,吸力面的形状因子基本保持在分离极值以内。

（2）静子中部截面设计。

图5-145给出了静子中部截面叶型设计结果,其中图5-145(a)为叶型图;

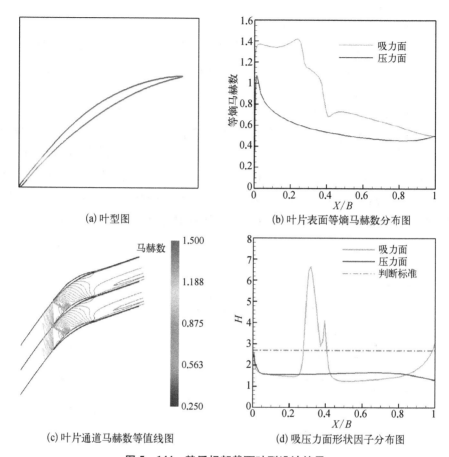

(a)叶型图　　(b)叶片表面等熵马赫数分布图

(c)叶片通道马赫数等值线图　　(d)吸压力面形状因子分布图

图 5-144　静子根部截面叶型设计结果

图 5-145(b)和图 5-145(c)分别为叶片表面等熵马赫数分布图及叶片通道马赫数等值线图,该截面气流进口马赫数为 1.1,在前缘点处加速至 1.33 左右,气流在前缘段同样经过一个微小的预压缩段以降低波前马赫数,气流马赫数在通过前缘激波后迅速减速至 0.7 左右,之后为减速扩压的压力恢复段,马赫数平缓降至尾缘处的 0.55 左右。通过 47% 弦长处的抽吸作用,吸力面附面层增厚的趋势并不明显,从图 5-145(d)可以看出,除了激波附近,吸力面的形状因子基本保持在分离极值以内。

(3)静子尖部截面设计。

静子尖部截面叶型设计结果如图 5-146 所示,其中图 5-146(a)为静子尖部截面叶型图;图 5-146(b)和图 5-146(c)分别为静子尖部截面叶片表面等熵马赫数分布图及叶片通道马赫数等值线图,该截面气流进口马赫数为 0.85,在前缘点处加速至 1.15 左右,尽管叶型前缘存在超声区,但并未形成激波,而是自前缘起平滑连续减速扩压至抽吸槽附近处。由于该截面叶型的加载方式为典型的前加载,

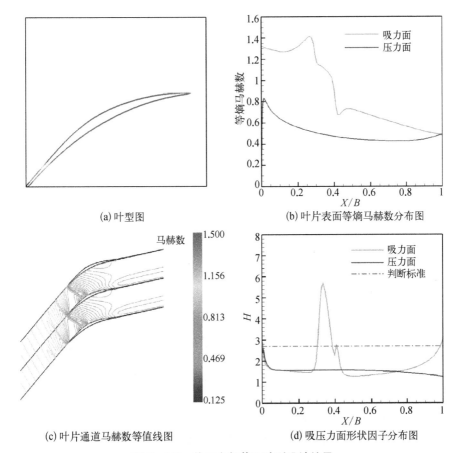

(a) 叶型图

(b) 叶片表面等熵马赫数分布图

(c) 叶片通道马赫数等值线图

(d) 吸压力面形状因子分布图

图 5 - 145　静子中部截面叶型设计结果

气流在叶片前段区域的减速扩压程度很大,并通过适当位置的抽吸防止出现气流分离现象,抽吸后气流进一步平缓减速扩压,到尾缘处,气流马赫数降至 0.45 左右。通过 49% 弦长处的抽吸作用,吸力面附面层增厚的趋势并不明显,从图 5 - 146 (d) 可以看出,除了叶片吸力面尾缘附近,吸力面的形状因子基本保持在分离极值以内。在完成静叶各截面的吸附式叶型反设计后,通过自编坐标转换程序将 MISES 中反设计得到的叶型坐标转换到三维笛卡儿坐标系下,并进行叶片的三维积叠,图 5 - 147 给出了最终的静子叶片三维图。

4）整级环境下的三维流场校核

整级三维流场计算时,叶片通道采用 AutoGrid5 划分网格,近壁面网格尺度为 5×10^{-6} m,Y^+ 值小于 10,网格总数约 137 万。抽吸槽网格采用 H 形网格结构,并使用完全非匹配连接技术将抽吸槽网格和叶片通道网格进行连接。该高压比吸附式压气机叶片与轮毂表面计算网格如图 5 - 148 所示。

数值计算过程采用 FINE/TURBO 软件包,应用 Jameson 有限体积差分格式对相

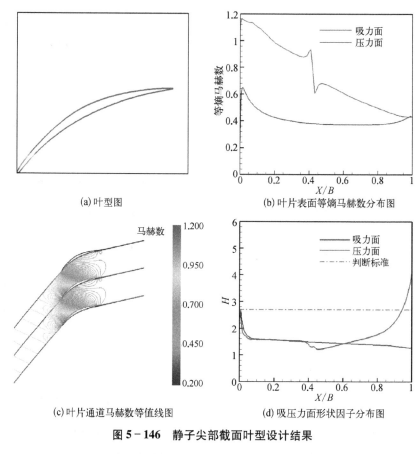

(a) 叶型图

(b) 叶片表面等熵马赫数分布图

(c) 叶片通道马赫数等值线图

(d) 吸压力面形状因子分布图

图 5 - 146　静子尖部截面叶型设计结果

图 5 - 147　静子叶片三维图

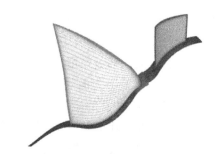

图 5 - 148　高压比吸附式压气机叶片与
轮毂表面计算网格

对坐标系下的三维雷诺平均 Navier - Stokes 方程进行求解,湍流模型选用 Spalart -
Allmaras(S - A)模型,固壁选择无滑移绝热边界条件,CFL 数取 3.0,同时采用隐式残
差光顺方法及多重网格技术加速收敛。对于叶片通道网格的进口边界条件给定总
压、总温和来流方向,出口给定背压;对于抽吸槽网格,出口边界条件给定质量流量。

表 5 - 26　吸附式压气机三维抽吸方案

项　目	抽　吸　率	抽　吸　位　置
静子吸力面	1.0%	47%相对弦长、全叶展
静子机匣	0.5%	53%~98%相刘弦长

吸附式压气机三维抽吸方案主要参考前面静子各典型截面二维抽吸方案,在整级三维流场进行大量计算对比后,确定抽吸方案如表 5 - 26 所示,抽吸率定义为抽吸流量与设计流量的比值。其中,为控制静子吸力面的流动分离,在静子全叶展的 47%相对弦长处进行抽吸,抽吸率为 1.0%;同时,为控制机匣端壁角区流动,在静子机匣近吸力面 53%~98%相对弦长处开槽抽吸,抽吸率为 0.5%。图 5 - 149 给出了该吸附式压气机最终三维抽吸方案示意图。

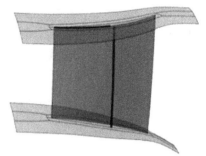

图 5 - 149　吸附式压气机三维抽吸方案示意图

图 5 - 150 展示了峰值效率点不同叶展截面总压比云图/等值线图。通过合理有效的流动控制,该吸附式压气机不同叶展截面处均实现了较高的总压比,相比较

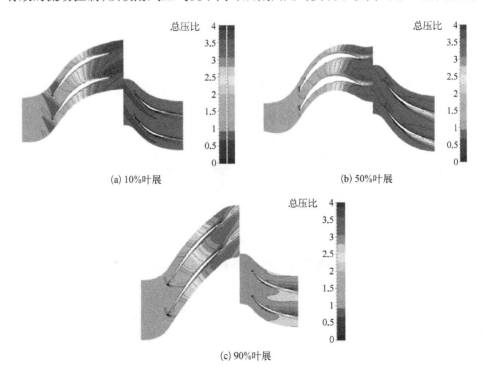

(a) 10%叶展　　　　　　(b) 50%叶展

(c) 90%叶展

图 5 - 150　峰值效率点不同叶展截面总压比云图/等值线图

而言,尖部截面的加功量最小,根部截面次之,中部截面加功量最大,该叶展截面局部区域的总压比甚至达到 3.6。

从图 5-151 峰值效率点不同叶展截面马赫数云图/等值线图可知,对于转子,除了在尖部叶片吸力面尾缘存在小范围的气流分离外,其他叶展截面流动十分顺畅;对于静子,在尖部截面叶型前部区域存在局部超声区但并没有形成激波,除了在叶片吸力面尾缘出现小范围的流动分离外,整个叶片通道流动较好;对于中部截面,该截面处的三维计算结果的激波结构与准三维设计结果基本一致,抽吸导致波前马赫数增大,且激波位置有所后移,在抽吸作用下,气流经过激波后并没有出现分离现象,整个叶片通道流场品质较优;对于根部截面,与准三维结果类似,该截面进口马赫数高达 1.2 左右,通道激波位置更靠后且与吸力面附面层产生干涉,在该截面施加抽吸并没有完全抑制波后附面层中存在的一定尺度的流动分离。

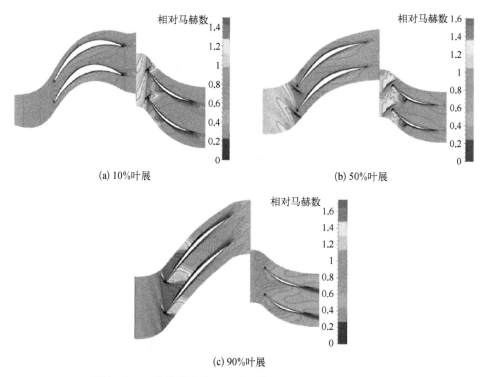

(a) 10%叶展
(b) 50%叶展
(c) 90%叶展

图 5-151　峰值效率点不同叶展截面马赫数云图/等值线图

图 5-152 和图 5-153 分别展示了该高压比吸附式压气机效率特性图和压比特性图,其中等熵效率和总压比为综合考虑压气机主流流量和抽吸流量的加权结果。由图可知,所设计的高压比吸附式压气机的峰值效率达 87.5%,峰值压比达3.21,成功地实现了设计目标,且抽吸率仅为 1.5%,由此也证明了设计方法和设计思路是可行的。

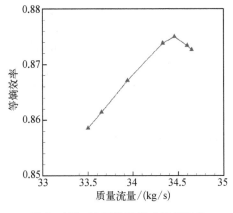

图 5-152　高压比吸附式压气机的
等熵效率特性图

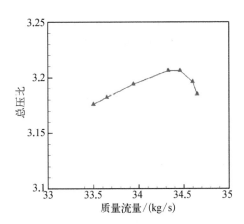

图 5-153　高压比吸附式压气机的
总压比特性图

5.5.3　小结

为实现高压比和高效率设计目标,同时为了避免在转动部件中进行附面层吸附所带来的结构强度等问题,本节将全三维气动优化设计方法和附面层吸附技术相结合,对转子采用全三维气动优化设计方法,以改善其流场。附面层吸附只在静子进行,并对静叶采用吸附式叶型反设计,以提高其性能。针对此设计思想,初步提出了高压比吸附式压气机设计流程,并以一台级压比达 3.21 的吸附式压气机为例,详细介绍了整个设计过程和设计结果。

(1)采用本节的设计思路可以完成高压比吸附式压气机的设计,依托该设计思路,设计完成了一台级压比超过 3.2 的吸附式压气机,三维计算结果表明,仅仅使用 1.5% 的抽吸率,该吸附式压气机的峰值级压比达 3.21,峰值效率达 87.5%。

(2)全三维气动优化设计方法可有效改善转子叶片通道内部三维流动,优化后,转子在高叶展区域的流场品质得到明显提升,在保持总压比不变的前提下,等熵效率提高了 1.25%。

(3)对于吸附式静子,由于来流气动条件较为苛刻,尤其是根部截面,即使采用抽吸技术也无法完全抑制附面层的分离和增长,对整机性能带来不利影响。因此,上游转子设计过程中应注意控制其出口气动参数(绝对马赫数和绝对气流角),特别是叶根截面,应使得下游静叶各个截面在施加抽吸后能够完成流场控制。

参考文献

[1]　Merchant A A. Design and analysis of axial aspirated compressor stages [D]. Boston: Massachusetts Institute of Technology, 1999.

[2]　Duncan P. Experimental study of boundary layer suction in a transonic compressor [D]. Boston: Massachusetts Institute of Technology, 1997.

[3] Prandtl L. Über flüssigkeitsbewegung beisehr kleiner reibung. Verhandlungen des Ⅲ. International mathematiker-kongresses, heidelberg[J]. LPGA, 1905(2): 575 - 584.

[4] Prandtl L, Tietjens O. Hydro-und aeromechanik: nach vorlesungen von L. prandtl[M]. Berlin: Springer, 1931.

[5] Merchant A A. Aerodynamic design and performance of aspirated airfoils[J]. Journal of Turbomachinery, 2003, 125(1): 141 - 148.

[6] Schuler B J, Kerrebrock J L, Adamczyk J J. Experiment investigation of a transonic aspirated compressor[J]. Journal of Turbomachinery, 2005, 127(2): 340 - 348.

[7] Ali M, Jack L K, John J A. Experimental investigation of a high pressure ratio aspirated fan stage[J]. Journal of Turbomachinery, 2005, 127(1): 43 - 51.

[8] Jeffery H F. Design of a multi-spool, high-speed, counter-rotating, aspirated compressor[D]. Cambridge: Massachusetts Institute of Technology, 2001.

[9] Kerrebrock J L, Epstein A H, Merchant A A. Design and test of an aspirated counter-rotating fan[J]. Journal of Turbomachinery, 2008, 130(2): 021004.

[10] Merchant A A, Drelam, Kerrebrock J L. Aerodynamic design and analysis of a high pressure ratio aspirated compressor stage[R]. ASME Paper, 2000 - GT - 619, 2000.

[11] Merchant A A. Design and analysis of supercritical airfoil with boundary layer suction[D]. Boston: Massachusetts Institute of Technology, 1996.

[12] Kerrebrock J L, Reijnen D P, Ziminsky W S, et al. Aspirated compressors[R]. ASME Paper, 1997 - GT - 525, 1997.

[13] Merchant A A. Aerodynamic design and performance of aspirated airfoil[R]. ASME Paper, 2002 - GT - 30369, 2002.

[14] Kirchner J. Aerodynamic design of an aspirated counter-rotating compressor[D]. Boston: Massachusetts Institute of Technology, 2002.

[15] Kerrebrock J L, Drela M, Merchant A A, et al. A family of design for aspirated compressors [R]. ASME Paper, 1998 - GT - 196, 1998.

[16] Freedman J H. Design of a multi-spool, high-speed, counter-rotating, aspirated compressor [R]. AD Paper, AD-A385286, 2000.

[17] Bolln G W, Field K J, Burnes R. F414 engine today and growth potential for 21st century fighter mission challenges[R]. ISABE Paper, ISABE 99 - 7113,1999.

[18] 唐旭东,黄东涛,朱之墀,等.边界层控制技术在离心叶轮中的应用[J].流体机械, 1998(9): 15 - 18.

[19] 史磊.对转压气机附面层抽吸的数值分析及试验研究[D].西安:西北工业大学,2016.

[20] 周盛,袁巍,郭恩民.跨音弯掠风扇转子叶片的气动弹性剪裁[J].航空动力学报,1998, 13(1): 1 - 6.

[21] Drela M. Mises implementation of modified abu-ghannam/shaw transition criterion (second revision)[R]. MISES User's Guide, MIT, 1995.

[22] Kulfan B M, Bussoletti J E. Fundamental para-metric geometry representations for aircraft component shapes[R]. AIAA Paper, AIAA - 2006 - 6948, 2006.

[23] Kulfan B M. A universal parametric geometry representations method-CST[R]. AIAA Paper, AIAA - 2007 - 0062, 2007.

[24]　李俊,刘波,杨小东,等. 基于 CST 方法的吸附式压气机叶型及抽吸方案耦合优化设计 [J]. 推进技术,2015,36(1):9-16.

[25]　Merchant A A. Design and analysis of axial aspirated compressor stage [D]. Boston: Massachusetts Institute of Technology, 1999.

[26]　Toyotaka S, Yoshihiro Y, Toshiyuki A, et al. Advanced high turning compressor airfoils for low reynolds number condition - part Ⅰ: design and optimization [J]. Journal of Turbomachinery, 2004, 126(7): 350-359.

[27]　Suluksna K, Juntasaro E. Assessment of intermittency transport equations for modeling transition in boundary layers subjected to freestream turbulence[J]. International Journal of Heat and Fluid Flow, 2008, 29(1): 48-61.

[28]　Johnson M W, Ercan A H. A physical model for bypass transition[J]. International Journal of Heat and Fluid Flow, 1999, 20(2): 95-104.

[29]　李俊,刘波,杨小东,等. 高空低雷诺数吸附式压气机叶型耦合优化设计[J]. 航空动力学报,2016,31(2):503-512.

第6章
对转压气机技术

对转技术作为一种新型的超常规设计技术,在航空领域中广泛应用于高负荷涡轮、升力风扇和开式转子等的设计研发中,并且取得了显著的效果[1,2]。本章主要从对转技术的发展、对转风扇/压气机的技术特征等方面介绍其在叶轮机械中的应用,系统阐述应用对转技术开展叶轮机械设计的理论体系,给出对转技术在叶轮机械应用中的实现方法与相应装置,深刻剖析对转技术在叶轮机械应用中的优势与不足,同时也展望了对转技术的应用前景。

6.1 对转技术的发展应用及技术特点分析

6.1.1 对转技术的发展

在传统的叶轮机械设计过程中,压缩系统或透平系统中各旋转部件的转动方向是一致的,并且转动部件与静止部件交错排列,系统的旋转轴线在工作过程中发生偏移时会引发陀螺力矩现象。对转技术的出现改变了叶轮机械旋转系统中单一旋转方向的现状,能够支持相邻旋转部件的对向旋转,理论上可实现静子部件的删减,同时削弱旋转系统的陀螺力矩及单部件旋转时的反向力矩。

有文献记载的最早的对转技术应用是在飞机螺旋桨上,在第二次世界大战期间,Mccoy、Bourdon 和 Fairhurst 等相继研究了应用于飞机螺旋桨的对转技术,他们发现两个相邻螺旋桨的反向旋转改善了空气的滑移流动,提升了发动机的推进效率[3-5]。

图 6-1 为单引擎螺旋桨舰载机在航空母舰甲板上的着陆瞬间,由于舰载机的短距起降要求,低速降落时的飞机翼面没有足够的控制力来配平螺旋桨的反向力矩,容易引起飞行事故。第二次世界大战结束后,英国的舰载机使用了多款对转螺旋桨的设计来降低甚至消除飞机的方向力矩,如图 6-2 所示。图 6-3 为美国设计的采用对转螺旋桨方案的 P51 XR 型野马战斗机。

共轴双旋翼直升机中也采用了相应的对转技术,图 6-4 所示为俄罗斯直升机公司设计的共轴对转双旋翼式并列双座武装直升机卡 52,采用两副尺寸、形状完全相同但旋转方向相反的共轴式复合材料旋翼。

图 6-1　单引擎螺旋桨舰载机着陆瞬间

图 6-2　对转螺旋桨舰载机—英国海火 MK47

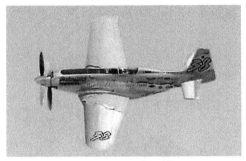

图 6-3　美国 P51 XR 型野马战斗机

图 6-4　"短吻鳄"武装直升机卡 52

对转螺旋桨在水下武器、水下航行器等中也有广泛应用,图 6-5 为采用对转螺旋桨推进系统的鱼雷基本结构图。对转螺旋桨是由位于同一轴线的前桨和后桨组成,前桨和后桨沿着不同的方向相互对转,后桨能够回收由前桨产生的涡流能量。与单桨相比,对转螺旋桨的前后桨分担了叶片负荷,桨叶面承受的压力减小,叶片不容易损坏。前后桨叶对旋起来会抵消对方的反力矩,从而使推进主体避免不受控自旋。

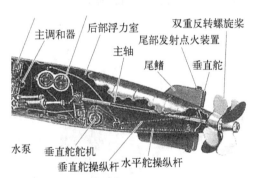

图 6-5　采用对转螺旋桨推进系统的
鱼雷基本结构图

关于在单级轴流风扇中应用对转理念来获得高压比和高流通能力的研究则最早始于 20 世纪 50 年代。1951 年,轴流对转风扇的概念被提出[6],对其基本流动原理和基本结构进行了阐述,并且发现当第二个转子叶片反向旋转时,风扇特性会得到显著提升,全面提升其流通能力、压升能力和工作效率。1972 年,Miller 等[7]将对转技术应用于一台 5 级轴流压气机中。在该压气机中,转子和静子成对出现并对转,静子固定于压气机外机匣上并通过外机匣的反向旋转来实现对转。然而实验结果显示,该压气机具有较差的近失速特性和喘振特性。随着设计水平的逐渐提升,对转技术在高效高负荷风扇/压气机的研发过程中起到了重要技术支撑作用,为先进压缩系统的研制提供了多样化的选择。

近些年来,对转风扇和对转桨扇技术在航空发动机领域中的应用取得了显著的突破。由美国洛克希德·马丁研发的 F35B 联合攻击战斗机具备短距/垂直起降功能,采用升力风扇+矢量喷管+调整喷管方案的复合型推进系统,并设计采用了新颖的对转升力风扇方案,与由转子+静子组成的常规升力风扇不同,对转升力风扇由两排反向旋转的转子组成,去除了常规风扇转子后的静子叶排比传统的设计方案提升了大约 50% 的气动升力。对转升力风扇大大降低了对机身外形气动设计的影响,提升了飞机的载重能力。图 6-6 和图 6-7 分别展示了 F35 联合攻击战斗机及其短距/垂直起降动力系统。

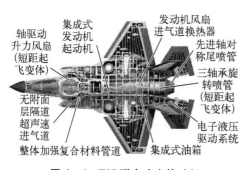

图 6-6　F35 联合攻击战斗机

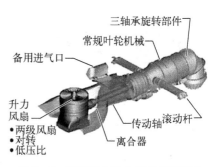

图 6-7　F35 联合攻击战斗机短距/
垂直起降动力系统

图 6-8　装配 An-70 运输机的 D27
发动机和 CV27 对转桨扇

图 6-8 为乌克兰设计的带有 CV27 对转桨扇的 D27 发动机,也是世界上唯一投入使用的对转桨扇发动机(也称为开式转子发动机),安装在对噪声较为宽容的军用运输机 An-70 上。CV-27 对转桨扇直径为 4.49 m,一台发动机上的桨扇共 14 叶,布局独特,分前后两组,前面一组 8 叶,后面 6 叶;两组桨叶工作时反转。桨叶的气动外形独特,呈弯月状,类似于潜艇的大倾角桨叶,具有极高的推进效率。

图 6-9 为 MIT 设计的吸附式对转压气机结构,该压气机的设计压比为 3.0,设计等熵效率为 87%,包含可调进口导流叶片、叶尖速度为 442 m/s 的常规转子 1 及反向旋转的叶尖速度为 350.5 m/s 的吸附式转子 2。图 6-10 给出了 MIT 的设计构思,采用对转压气机替代传统压气机可大大节省零部件数量并缩短轴向尺寸。

对转涡轮技术则比较成熟,早已成功应用在 F119 等军用航空发动机上,美国

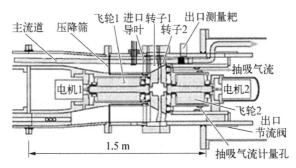

图 6-9　MIT 吸附式对转压气机结构图

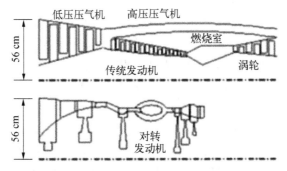

图 6-10　传统发动机与对转发动机结构示意图对比

普拉特·惠特尼集团(简称 P&W)公司成功研制出的第 4 代发动机 F119 采用了 1+1 对转涡轮气动布局,该发动机在目前代表世界最先进水平的 F22 军用战斗机上得到了应用,当年与其竞争的发动机 YF120 更是采用了激进的 1+1/2 对转涡轮技术。F35 战斗机所使用的发动机 F135 则是 P&W 公司在 F119 的基础上发展而来的,同样采用了 1 级高压涡轮和 2 级低压涡轮的对转涡轮气动布局。在 F35 战斗机的后备发动机 F136 的研制中,GE 和罗·罗公司则采用了 1 级高压涡轮和 3 级低压涡轮的对转涡轮气动布局,并且取消了低压涡轮第一排导叶。此外,在美国制定的革新涡轮加速器(revolutionary turbine accelerator, RTA)计划中,无导叶对转涡轮也是其中最为关键的技术之一。

罗·罗公司研制的 Trent900 航空发动机采用了三对转涡轮结构,如图 6-11 所示。采用对转涡轮的设计方法可使涡轮内部气流流通更加顺畅,通过该方案减少了发动机零件数,减小了发动机质量,提高了推进效率。国内已故蔡睿贤院士在 1990 年起曾对对转涡轮基元级特性进行了基本分析,并提出了 11 种

图 6-11　罗·罗公司研制的 Trent900 航空发动机

对转涡轮基元级形式,得到了不同典型级的功率特性。研究结果表明,应用于三轴涡轮发动机的涡轮可得到比常规级高得多的功率系数,并且其效率也会得到一定程度的提高,并提出针对高、低压轴压气机(含风扇)各自需要的负荷与转速、压比匹配的实用性来选择基元级与叶栅,以及考虑特大转折角叶栅与基本切向特小转角叶栅的需要可能性,从总体方案上筛选比较适合对转涡轮使用的发动机系统[8-11]。

本节举例说明了对转技术在叶轮机械领域中的应用,当然其应用远不止提及的领域和范围。相比传统设计方法,对转技术具有其独特的技术优势和技术难点。

6.1.2　对转技术的特点及存在问题分析

总体来说,对转技术能够显著提升叶轮机械的做功能力,简化结构,减轻重量,缩小尺寸,减弱甚至消除陀螺力矩和反向力矩,降低对支撑系统的磨损,但同时也存在着非定常性更加显著、流动问题更加突出、控制规律更加复杂等问题。

下面首先从对转的基本工作原理出发,分析对转轴流压气机的基元级特性。由于取消了转子之间的静子叶片,轴流对转压气机由动叶 A 与 B 对转构成。两排动叶前、后截面分别定义为 1、2 与 3 截面,如图 6-12 所示。其中,动叶 A 沿流向逆时针旋转,动叶 B 沿流向顺时针旋转。对转压气机的基元级速度三角形如图 6-13 所示(图中 W_1 表示对转压气机进口相对速度,W_3 代表对转压气机出口相对速度,W_{2a} 表示前排转子出口/进口位置相对速度,W_{2b} 表示后排转子出口/进口位置相对速度,C_1 表示对转压气机进口位置绝对速度,C_2 表示转子出口/进口位置绝对速度,C_3 表示对转压气机出口位置绝对速度,u_a 表示前排转子圆周速度,u_b 表示后排转子圆周速度)。

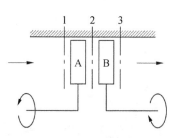

图 6-12　轴流对转压气机示意图

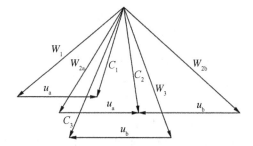

图 6-13　对转压气机的基元级速度三角形

以自行设计的双排对转轴流压气机为例(中径处叶型排列如图 6-14 所示),采用流线曲率法对对转压气机进行气动设计。该对转压气机由一排可调进口导叶、两排相对旋转的转子和一排不可调出口导叶组成,其设计参数如下: R_1 的转速为 8 000 r/min,R_2 转速为 -8 000 r/min(从进口向下游看,R_1 为顺时针转,R_2 为逆时针转),各排叶片数目分别为进口导叶 22 个、一级转子 19 个、二级转子 20 个、出口导叶

32 个;设计性能参数分别如下:质量流量为 6.4 kg/s、总压比为 1.22、绝热效率为
0.89。图 6-15 给出了双排对转轴流压气机两排转子出口设计压比和效率分布。

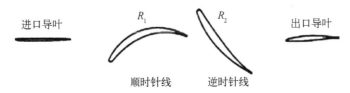

进口导叶　　R_1　　R_2　　出口导叶

顺时针线　　逆时针线

图 6-14　双排对转轴流压气机中径处叶型排列

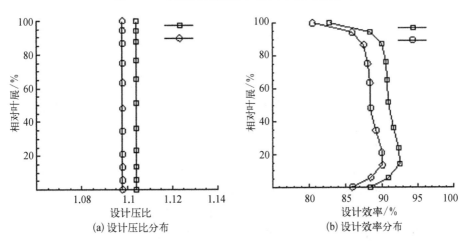

(a) 设计压比分布　　(b) 设计效率分布

图 6-15　双排对转轴流压气机两排转子出口设计压比和效率分布

对转压气机设计体系与常规压气机相比无明显差异,原常规压气机的设计体
系完全可用;设计时需考虑的特殊性主要如下:对转压气机取消了静子部件,两排
相对旋转的转子转速变化对出口角、扩散因子的影响显著;两排转子的转速互相依
赖,在量级上不宜相差过大,否则流场极易发生分离或畸变;另外,可通过适当调整
各排转子的压比来平衡两转子的加功量,以降低流场组织的困难性。

基于上述的分析,对转压气机的技术特点可大致归纳如下。

1) 做功能力显著

在叶轮机械中,采用对转技术提高了其在单位轴向长度内的功率输入密度,大
幅度提高了做功能力。对于压气机,第一级转子出口的高速旋转气流为下游旋转
方向相反的第二级转子提供了足够的预旋,使得第二级转子在转速不太高的情况
下就可以获得相对速度超声的气流进口条件。

在同等效率的约束条件下,对转叶轮机械的级载荷系数远大于传统叶轮机械
的级载荷系数,能够达到成倍增长的效果。麻省理工学院的 Freedman[12] 设计了一
个三级吸附式对转压气机,其压比达到了 27,远高出了传统的三级压气机的压比。
而 Kirchner[13] 通过将附面层吸附与对转技术结合,设计了两级压气机,其压比达到

了 9.1,比传统的六、七级压气机还要高。

2）结构简化,质量减小,尺寸缩短

对转技术具有突出的做功能力,使其能够用更少的级数来满足原有的加功需求。与原有的单向旋转方案相比,对转技术方案所需的叶轮机械轴向尺寸更短,零部件数量更少,质量更小。图 6-10 为传统发动机与相同设计参数下的对转发动机结构示意图,由图可见,对转设计方案大大简化了发动机的结构,减少了零部件数量,缩短了轴向尺寸。

研究表明,在相同耗油率的小型发动机中,用两排对转涡轮取代常规单级涡轮,压气机压比可提高 5%,涡轮前温度可降低 100 K,发动机容许进气量减少 13%,发动机轴向尺寸缩短 23%,燃气发生器叶片数目可减少 35%~40%,动力涡轮叶片数可减少 45%~50%。

在直升机中采用对转旋翼布局有助于缩小直升机的外廓尺寸,取消尾桨,使机体结构更为紧凑。若采用相同的桨盘载荷,其旋翼半径仅为单旋翼直升机的 70%。在相同的总重下,纵向尺寸仅为单旋翼直升机的 60% 左右。

3）减弱/消除陀螺力矩和反向力矩

当旋转轴在空间中改变方位时,绕对称轴高速旋转的转子所表现出的抗阻力矩,通常称为陀螺力矩。在叶轮机械,尤其是高速旋转的叶轮机械中,陀螺力矩现象不可忽视。例如,在航空发动机中,大涵道比发动机风扇部件转速一般在 5 000 r/min 以上,高压部件转速大都会超过 10 000 r/min,小型发动机中高压部件的转速可达 30 000 r/min 甚至更高,若采用单一方向的旋转,陀螺力矩作用在如此高的旋转速度下会非常明显。通过对转技术,不同旋转方向的转轴产生的陀螺力矩能够部分抵消,减弱陀螺力矩的影响。

牛顿第三运动定律表明,相互作用的两个物体之间的作用力和反作用力总是大小相等、方向相反,作用在同一条直线上。将牛顿第三定律中的"作用力"和"反作用力"推广到"作用力矩"和"反作用力矩"中同样适用。在叶轮机械中,机械通过单一方向旋转叶轮对介质做功并施加作用力矩,介质也会对作用叶轮施加反向力矩并最终传递到叶轮机械上。采用对转技术能够使反向力矩部分或者全部抵消,降低作用在叶轮机械上的总反向力矩。因此,在单旋翼直升机的设计中,为了抵消旋翼引起的反向力矩必须采取旋转尾翼,而共轴对转双旋翼直升机则不需要采用旋转尾翼。

4）降低对支撑系统的磨损

对转技术使原有的绝对旋转运动变成了相对旋转运动,在转差一定的前提下,对转技术能够降低各旋转部件的绝对旋转速度,降低旋转部件对于支撑系统的磨损。例如,在航空发动机中,支撑两个对转转子的中介轴承在转轴对转时的内外套转向相反,可以降低滚珠架与外套的相对转速,减少轴承磨损,提高发动机轴承寿命。

5）非定常作用明显

对转环境下,两排叶片相互干涉导致的非定常气动效应是主要难题之一,前后两排动叶反向旋转使得其相对转速急剧增大,上游叶片尾迹脱落、下游叶片对尾迹的切割作用、通道涡向下游的传播及下游叶片的反压变化使上下游叶排之间产生相互干扰,各排叶片进口处的流动状态随时间产生强烈的脉动,下游叶片的实际冲角将随时间变化,从而导致叶栅通道内部的紊流场结构产生较大的变化,叶片的升力和阻力都会呈现周期性或非周期性变化,其产生的气动非定常效应极大地影响了压气机的气动性能、叶片的气动载荷,两排转子之间的动/动干涉强度大于导叶与转子之间的动/静及静/动干涉强度。

6）流动匹配问题突出

采用无静叶对转设计时,取消静子叶排后的上游动叶兼具动叶和导叶的双重功能。除加功外,上游动叶还需对介质进行整流和预旋,为下游对转动叶做功创造有利进口条件,这给气动设计带来了诸多问题,如高马赫数、高负荷等,尤其是下游对旋转子进口相对马赫数超声速带来的激波损失对整级效率有着强烈的影响,因此常采用流动控制技术配合对转技术来实现叶轮机械的高效高负荷工作。

7）控制规律更加复杂

转速是影响叶轮机械性能的主要参数。当叶轮机械工作在非设计工况时,通过调节转速能够改善内部流动情况并提高性能。相对于传统的单向旋转方案,对转技术的转速调节规律更加复杂,合理设置对转叶轮的转速比能显著地提高叶轮机械的稳定工作范围。

6.1.3　压气机对转与其他新技术的融合

轴流对转风扇具有级能量头系数高且轴向进、排气的优点,前面已着重介绍了对转风扇的典型基元级分析,对转压气机的基元级分析可参考对转风扇的分析过程。近些年来,为了充分发挥对转技术在风扇/压气机设计中的优势,国内外学者在采取对转方案的同时又融合了其他技术手段,如附面层吸附技术、低力度设计技术、非轴对称端壁造型技术等。与此同时,还将对转技术扩展到了新的应用领域。

麻省理工学院的 Kerrebrock 等[14]公布了其设计的吸附式对转压气机的实验结果,该对转压气机的设计压比为 3.0,设计等熵效率为 87%。吸附式转子 2 的结构如图 6-16 所示,位于吸力面上的抽吸缝从轮毂处延伸至 80%叶展处,抽吸气体从轮毂内部引

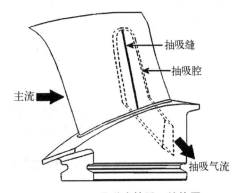

图 6-16　吸附式转子 2 结构图

出。实验在 MIT 的暂冲式压气机实验台上进行,换算工作转速从 90% 变化到 102%。结果显示,该对转压气机在设计点可以获得 2.9 的总压比及 89% 的等熵效率。

西北工业大学的翼型、叶栅空气动力学国防科技重点实验室在国内率先搭建了双排轴流式对转压气机实验台,并开展了应用附面层吸附技术的对转压气机气动特性机理分析及其实验研究,该对转压气机包括进口导流叶片、转子 1、对旋转子 2 和出口导流叶片,分别在对转压气机转子叶尖和出口导流叶片进行附面层吸附,如图 6-17 和图 6-18 所示[15]。

图 6-17　转子叶尖抽吸结构

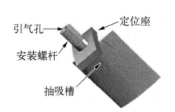

图 6-18　出口导流叶片抽吸结构

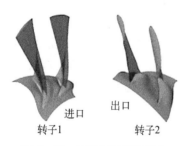

图 6-19　对转压气机转子非轴对称端壁造型

如图 6-19 所示,该实验室还在对转压气机内部尝试应用了非轴对称端壁造型技术,采用数值模拟研究了非轴对称端壁造型对对转压气机内部流动的影响。计算结果显示,非轴对称端壁优化设计使压气机的等熵效率提高了 0.25%,并且削弱了端壁区域的二次流动[16]。

哈尔滨工业大学的王松涛团队设计了高负荷低反力度吸附式对转压气机,如图 6-20 所示[17]。该对转压气机包含转子 1、吸附式静子 1、对旋转子 2 和吸附式静子 2。通过低反力度设计,两级对转压气机总压比能够达到 5.99,各级等熵效率分别为 88.15% 和 85.35%,静子上进行的附面层吸附所需抽吸流量为进口总流量的 22.25%[17]。

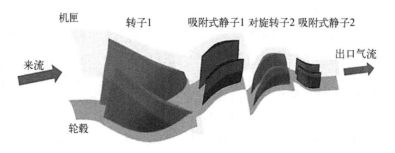

图 6-20　高负荷低反力度吸附式对转压气机

　　俄罗斯巴拉诺夫中央航空发动机研究所开展了涵道比为 20 的超高涵道比对转风扇的数值模拟和实验研究[18],实验件如图 6-21 所示。对转风扇的叶片数分别为 8、12,总压比为 1.267,设计等熵效率大于 93%,两转子的旋转速度均为5 800 r/min。

图 6-21　超高涵道比对转
风扇实验件

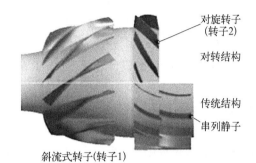

斜流式转子(转子1)

图 6-22　斜流式对转压气机的
两种设计方案对比

　　加拿大蒙特利尔综合理工大学新研制了一款斜流式对转压气机[19],如图6-22 所示。通过反向旋转的转子 2 代替原有的串列静子叶片。数值计算结果表明,采用对转方案的斜流式对转压气机能够达到传统设计方案总压升的两倍,并且峰值效率略有升高。

6.2　对转压气机特性及流场结构分析

　　本节以西北工业大学翼型、叶栅空气动力学国防科技重点实验室的两级对转压气机实验台为研究对象,主要采用数值模拟手段对压气机内部复杂三维流场进行求解,以求通过分析流场中各流动参数的分布情况,对对转压气机内部流动机理进行探索性研究。

　　数值计算过程中采用 FINE/TURBO 软件包,应用 Jameson 有限体积差分格式并结合 Spalart-Allmaras 湍流模型对相对坐标系下的三维雷诺平均 Navier-Stokes 方程进行求解,空间离散采用中心差分格式,时间项采用 4 阶 Runge-Kutta 方法迭代求解,CFL 数取 3.0,同时采用隐式残差光顺方法及多重网格技术以加速收敛过程,计算网格三维视图如图 6-23 所示。

　　边界条件进行如下设定:进口给定总压(101 325.0 Pa)、总温(288.15 K)及气流角(轴向进气),出口给定静压,

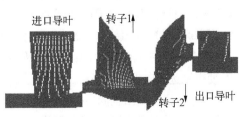

图 6-23　计算网格三维视图

各个工况下的进口边界条件相同,出口边界反压不同,通过改变出口静压得到相同转速和不同工况下的特性及流场参数分布,当改变给定出口静压数值计算结果不收敛时,认定此时压气机进入数值喘振工况,前一点即为喘振点。

6.2.1 对转压气机数值模拟结果分析

1. 对转压气机质量流量/总压比、质量流量/等熵效率特性分析

图 6－24 和图 6－25 分别为对转压气机在设计转速(转子 R_1 为 8 000 r/min、转子 R_2 为－8 000 r/min)、非设计转速下(转子 R_1、R_2 等转速反向变化)的总压比/质量流量特性分布和等熵效率/质量流量特性分布曲线。从总压比/质量流量特性分布可以看出,数值计算结果与实验结果吻合较好,总压比特性曲线走向和趋势一致,除 90%设计转速外,在其他转速条件下,计算与实验所得喘振边界点的质量流量基本一致,说明数值计算过程中,喘振点判定合理准确,数值计算结果可信。对转压气机的等熵效率特性分布表明,实验效率比计算结果低,但效率曲线的走向趋势基本一致。

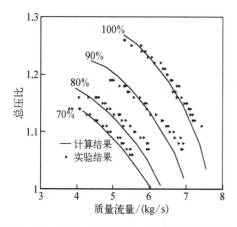
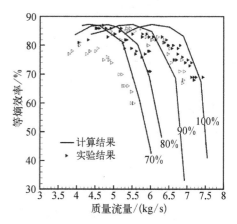

图 6－24　70%～100%设计转速下对转压气机　　图 6－25　70%～100%设计转速下对转压气机
　　　　　总压比/质量流量特性分布曲线　　　　　　　　质量流量/等熵效率特性曲线

2. 设计转速下对转压气机流场结构分析

设计转速下近设计点 5%、50%、95%叶展截面处通道内的马赫数等值线分布图见图 6－26,对比三个典型截面的马赫数等值线分布图可以看出,在近设计工况下,转子 1 及进口导流叶片通道内的流动基本正常,转子 1、转子 2 在 50%、95%叶展截面吸力面尾缘马赫数等值线分布密集,且有一定范围的低马赫数区域。当地流场附面层变厚并存在一定的分离,究其原因,主要因为在此工况下,两排转子均工作在一定正攻角下,使得尾迹区向吸力面移动,且面积较零攻角情况有所增大。95%叶展截面处,出口导流叶片进口压力面出现低马赫数等值线分布区域,但总体来说,在近设计工况下,整个流道内的流动情况良好,马赫数等值线分布合理,无明显分离和激波等高损失现象。

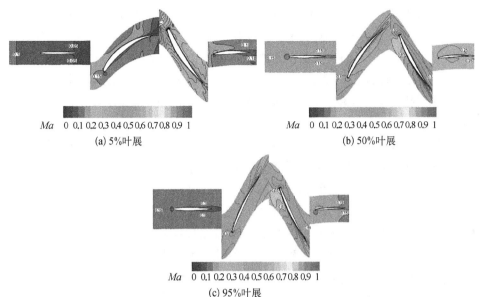

(a) 5%叶展　　　　　　　　　　　(b) 50%叶展

(c) 95%叶展

图 6 - 26　设计转速下近设计点不同叶展截面处通道内的马赫数等值线分布

设计转速下喘振边界点上 5%、50%、95%叶展截面处对转压气机通道内的马赫数等值线分布如图 6 - 27 所示,由图可知,在 50%叶展以下截面,通道中的流动情况良好,马赫数等值线分布规范,不存在大面积低速区。与近设计工况相比,两排转子叶片吸力面尾缘的低马赫数区域稍有增大,附面层分离位置略有前移。

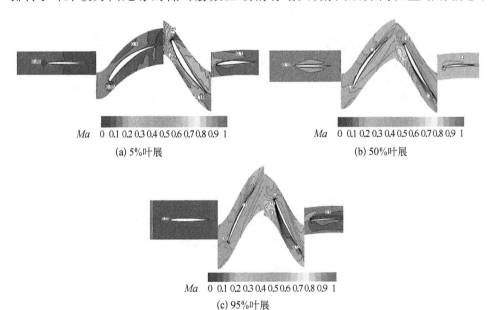

(a) 5%叶展　　　　　　　　　　　(b) 50%叶展

(c) 95%叶展

图 6 - 27　设计转速下喘振边界点不同叶展截面处通道内的马赫数等值线分布

95%叶展截面的马赫数等值线分布情况表明,在喘振边界点,转子2和出口导流叶片吸力面存在严重的分离流动,低速区面积较大,转子2通道中的叶片附面层几乎从叶片前缘开始,低马赫数区面积占整个截面通道面积的50%,出口导流叶片整个通道中60%以上面积都为低速流动。对比前面两排叶片的来流攻角不难发现,此时压气机第二排转子叶片和出口导流叶片都在大于10°的正攻角下工作,出口导流叶片来流攻角在95%叶展处甚至大于20°。对比转子1和转子2两排叶片尖部截面处的马赫数等值线分布情况可以看出,低速区范围随着叶片排数的增加呈放大趋势。

相关研究表明,叶片尖部的低能量流团是诱导压气机失速进而导致压气机喘振的主要原因。从上述分析可以推断,100%设计转速下,转子2尖部吸力面的大面积分离和低马赫数流团是导致对转压气机失速的主要原因,实验过程中,在喘振边界点时,对两排转子的振动情况的监测表明此时转子2的振动幅度远远大于转子1,在数值模拟过程中进一步提高出口静压时,最先出现负压力的网格节点也在转子2尖部吸力面附近,进一步验证了上述推断结果。

设计转速下对转压气机近堵塞点5%、50%、95%叶展截面处通道内的马赫数等值线分布如图6-28所示,在根部截面处,压气机通道内转子1压力面附近的马赫数稍低于叶片吸力面,出口导流叶片吸力面存在较严重的低马赫数区域,转子2和进口导流叶片通道内的流动情况良好,50%、95%叶展截面压气机通道中,除出口导流叶片压力面有一定分离外,其余叶排流动情况良好。结合前面该工况下,各叶片排进口气流角与几何进口角的沿叶展方向的分布情况,不难发现,在该工况下

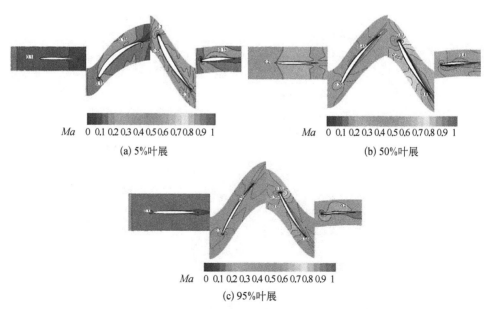

(a) 5%叶展　　　　　　　　　　(b) 50%叶展

(c) 95%叶展

图6-28　设计转速下近堵塞点叶展截面处通道内的马赫数等值线分布

转子 2 的叶片来流攻角最小,出口导流叶片在 10°左右负攻角下工作,这正是近堵塞点 5%、50%、95%叶展截面处转子 2 通道内的流动情况比近设计点好的主要原因。

综上所述,可以总结如下:近设计点工况下,整个流道内的流动情况良好,马赫数等值线分布合理,无明显分离和激波等高损失现象;在 100%设计转速下,转子 2 尖部吸力面的大面积分离和低马赫数流团是导致对转压气机失速的主要原因;近堵塞点出口导流叶片工作在较大负攻角条件下,叶片压力面出现较严重的附面层分离和较大的低马赫数区域,该工况下出口导流叶片的损失是对转压气机的主要损失源。

3. 非设计转速下对转压气机喘振点流动特性分析

从上述分析可以看出,在设计转速下转子 2 通道内,尖部截面吸力面大面积低能量流团可能是 100%设计转速下压气机喘振的主要诱导因素,为进一步研究同一流场截面在不同转速喘振工况下流动特性,分析了 100%、90%、80%设计转速下喘振边界点尖部 95%叶展截面处通道内的马赫数等值线分布云图及流线分布情况,见图 6-29。对比三种转速条件下压气机通道内的流动情况可以看出,随着转速降低,进口导流叶片和转子 1 尖部截面的流线分布情况基本未发生改变;转子 2 叶片尖部吸力面附面层分离位置从 100%设计转速下进口 2%轴向弦长处逐渐后移,低

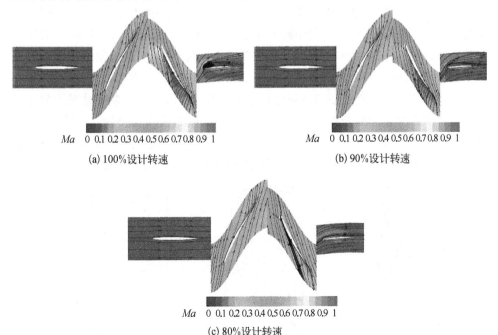

(a) 100%设计转速　　　　　　　　(b) 90%设计转速

(c) 80%设计转速

图 6-29　不同设计转速下喘振边界点尖部 95%叶展截面处通道内的
马赫数等值线分布云图及流线分布

马赫数区面积(在100%设计转速下为流道面积的50%)逐渐减小(在80%设计转速下,不到流道面积的20%),分离流动逐渐减弱;同时,出口导流叶片吸力面的流动情况与转子2具有相似的变化规律,在设计转速下出口导流叶片吸力面前缘存在较严重的回流现象,并形成较大面积的通道涡,其核心位于叶片近吸力面10%轴向弦长处,该通道涡随着转速的逐渐降低而慢慢消失。

对比图6-29中的马赫数等值线分布云图和流线分布情况不难看出,随着转速的降低,转子1的流动情况基本没有变化,转子2和出口导流叶片在流道内的流动情况逐渐改善。在80%设计转速时,转子2吸力面尾缘处的马赫数等值线分布和流动情况与转子1基本相同,出口导流叶片通道内的流动情况正常,由此可以推断,随着转速的进一步降低,转子1尖部的流动情况将取代转子2成为对转压气机失速的主要诱发原因。

6.2.2   对转压气机叶片表面极限流线分析

前面已经对设计、非设计转速下典型工况、典型截面流场的流动特性进行了一定的分析研究,但对流场的细微结构还缺乏确实的依据和详尽的分析,下面将选取几个典型工况对其内部流场进行详细分析。

对比图6-30和图6-31设计转速下最高效率点和喘振边界点各叶排吸力面的极限流线分布可知,在两个工况下,转子1吸力面靠近尾缘处存在一条分离线,随着流量的减小,分离线的位置由距叶片尾缘4%轴向弦长处前移至距尾缘35%轴向弦长处,且分离区由75%叶展范围扩展到整个叶展,说明在此过程中转子1的叶片损失增加,同时近吸力面的低马赫数区域面积相应增大。在最高效率点,转子2和出口导流各排叶片吸力面的极限流线分布正常,相比之下,在喘振边界点转子2叶片吸力面50%轴向弦长处出现一条贯穿整个叶片的分离线,同时出口导流叶片顶部10%叶展范围内出现大规模倒流现象并在叶片前缘形成一个角涡,这些现象都会加剧损失,且叶片顶部的回流和高损失流团甚至会导致压气机失速。

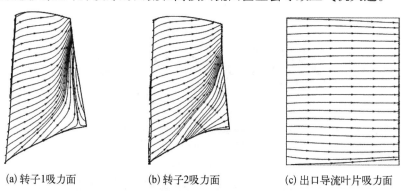

(a) 转子1吸力面   (b) 转子2吸力面   (c) 出口导流叶片吸力面

图6-30   100%设计转速下最高效率点各排叶片吸力面极限流线分布

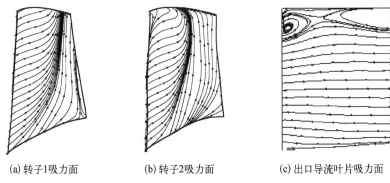

(a) 转子1吸力面　　　　(b) 转子2吸力面　　　　(c) 出口导流叶片吸力面

图 6－31　100%设计转速下喘振边界点各排叶片吸力面极限流线分布

100%设计转速下最高效率点和喘振边界点各排叶片 95%叶展截面处的速度矢量图分别如图 6－32 和图 6－33 所示,从图中不难发现,在两种工况下,转子 1 叶片吸力面尾缘有较明显的附面层分离现象,在压气机逼喘过程中附面层分离点逐渐前移,分离区面积逐渐增大;转子 2 叶片吸力面尾缘在最高效率点同样存在一定的附面层分离,随着压气机流量减小,分离逐渐加剧,到喘振边界点,转子 2 附面层发生严重分离,分离几乎从叶片前缘开始,并在通道中引起了大范围倒流现象,回流区面积最大占整个流道截面的 40%。相似的流场变化也同样出现在出口导流叶片通道内,在最高效率点,出口导流叶片通道内的流动正常;在喘振边界点附近,整个叶片吸力面出现大范围回流现象。喘振点附近各排叶片吸力面的大面积分离流

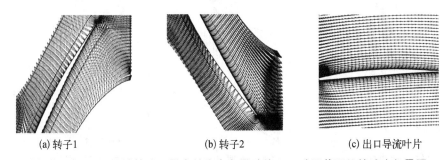

(a) 转子1　　　　　　　(b) 转子2　　　　　　　(c) 出口导流叶片

图 6－32　100%设计转速下最高效率点各排叶片 95%叶展截面处的速度矢量图

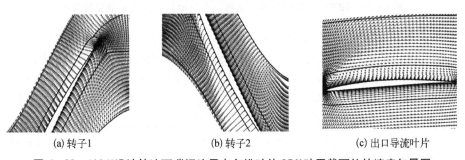

(a) 转子1　　　　　　　(b) 转子2　　　　　　　(c) 出口导流叶片

图 6－33　100%设计转速下喘振边界点各排叶片 95%叶展截面处的速度矢量图

动和倒流现象导致了严重的流动损失,加剧了压气机性能的恶化。

90%、80%设计转速下喘振边界点各排叶片吸力面极限流线分布图分别见图6-34和图6-35,与100%设计转速下相应叶展截面进行对比分析可以发现,随着转速的降低,出口导流叶片顶部吸力面的回流区逐渐减小,流线分布逐渐规范,在80%设计转速时,出口导流叶片吸力面流动正常,整个叶片范围内无分离流动,转子2吸力面分离线随着转速的减小而逐渐后移,分离区面积逐渐减小。相比之下,随着转速的增加,转子1吸力面的流动情况也有改善趋势,但效果比转子2和出口导流叶片差,这说明随着转速的下降,转子1吸力面的流动损失所占比例逐渐增加。

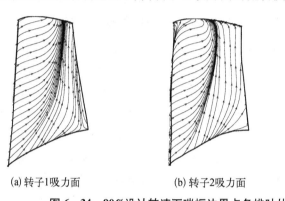

(a) 转子1吸力面   (b) 转子2吸力面   (c) 出口导流叶片吸力面

图6-34   90%设计转速下喘振边界点各排叶片吸力面极限流线分布

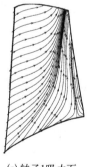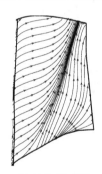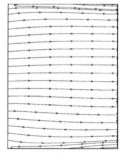

(a) 转子1吸力面   (b) 转子2吸力面   (c) 出口导流叶片吸力面

图6-35   80%设计转速下喘振边界点各排叶片吸力面极限流线分布

90%、80%设计转速下喘振边界点各排叶片95%截面处的速度矢量图分别如图6-36和图6-37所示。结合前面100%设计转速下相应截面处的速度矢量图可以看出,在这三个工况下,转子1吸力面流动情况基本相同,都在尾缘处存在一定的分离,转子2吸力面严重的附面层分离和大面积回流区随着转速的降低而逐渐减小;在80%设计转速下,转子2吸力面的流动情况得到明显改善,随着转速降低,出口导流叶片95%截面处的流场变化规律与转子2相同。纵观以上分析不难看出,在80%设计转速下,喘振边界点转子1叶片顶部吸力面的流动损失是整个流动损失的主要构成。

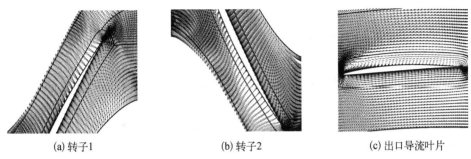

(a) 转子1　　　　　　　(b) 转子2　　　　　　　(c) 出口导流叶片

图6-36　90%设计转速下喘振边界点各排叶片95%叶展截面处的速度矢量图

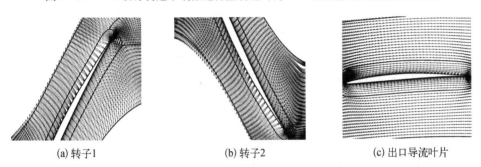

(a) 转子1　　　　　　　(b) 转子2　　　　　　　(c) 出口导流叶片

图6-37　80%设计转速下喘振边界点各排叶片95%叶展截面处的速度矢量图

6.2.3　小结

本节采用数值模拟手段研究了对转压气机在设计与非设计转速下不同工况点处的压气机特性和内部流动情况,详细分析了对转压气机在不同转速下的特性分布规律和流场中流动参数的分布情况,同时选取典型工况点对压气机内部流动细节进行分析研究,总结如下。

(1) 通过对设计、非设计转速下的压气机特性与实验结果的对比分析可以看出,在各转速下,实验结果与计算结果吻合较好,数值喘振边界点判定准确,说明在数值计算过程中采用的计算网格、选用的各计算参数恰当合理,数值计算结果准确可信。

(2) 各排叶片进口气流角的分析表明,在对转压气机中由于取消了两排转子间起整流作用的静子叶片排,在相同转速下对转压气机前面级攻角的变化沿流动方向会被逐级放大,这使得对转压气机内的流动更加复杂。

(3) 设计转速下的实验研究和数值模拟研究表明,近设计工况下整个流道内的流动情况良好;在100%设计转速下,转子2尖部吸力面的大面积分离和低马赫数流团是导致对转压气机失速的主要原因,近堵塞点出口导流叶片在较大负攻角条件下工作,叶片压力面出现较严重的附面层分离和较大的低马赫数区域,该工况下出口导流叶片的损失是对转压气机的主要损失源。

(4) 对转压气机流动细节分析研究表明,在两排转子叶片转速相同的条件下,随着压气机转速降低,转子 1 内的损失逐渐增加,且在 80%设计转速以下,转子 1 顶部间隙泄漏流开始成为压气机时速的主要诱导因素。

6.3 转速比和轴向间隙对对转压气机性能的影响分析

压气机转速是影响压气机性能的主要参数之一,在常规的双转子或三转子压气机中更是可以通过在非设计工况下对各转子的转速进行调节,来改善压气机内部流动情况及提高压气机性能。特别是在喘振边界点附近,双转子发动机可以自动调节前后级压气机的转速,使得压气机退出喘振工况,扩大稳定工作范围。正是由于这个特性,双转子发动机得到了最为广泛的应用。在对转压气机中,当两排转子叶片的转动速度不同时,压气机的特性和内部流场会有怎样的变化,其变化规律与常规压气机有何不同,这些都是提高对转压气机性能所必须研究的关键技术。

6.3.1 转速比对压气机性能的影响

1. 转速比对压气机质量流量/压比、质量流量/等熵效率特性的影响

除转速比为 1 外,计算中采用与前述相同的计算网格和参数设定。图 6-38~图 6-41 给出了不同转速比下对转压气机的压比/质量流量、等熵效率/质量流量特性(图中 r_1、r_2 的单位均为 r/min,已省略)。从图中可以看出,当转子 1 转速固定为设计转速 8 000 r/min,降低转子 2 转速时,压气机最高压比随转子 2 转速的减小而减小,相同质量流量下,压气机压比逐渐减小,压气机堵塞点质量流量和喘振边界点质量流量也表现出相同规律,但压气机稳定工作流量范围基本保持不变。

不同的是,当转子 2 转速固定在设计值 8 000 r/min,逐渐降低转子 1 转速时,

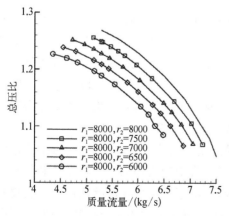

图 6-38 不同转速比下(转子 1 转速固定)对转压气机的压比/质量流量特性分布

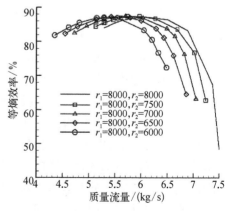

图 6-39 不同转速比下(转子 1 转速固定)对转压气机的等熵效率/质量流量特性分布

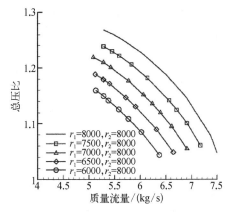

图6-40 不同转速比下(转子2转速固定)对转压气机的压比/质量流量特性分布

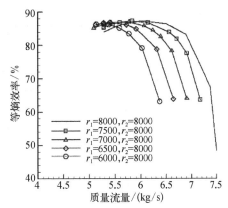

图6-41 不同转速比下(转子2转速固定)对转压气机的等熵效率/质量流量特性分布

对转压气机喘振边界点质量流量基本保持不变,压气机堵塞点质量流量不断减小。且在相同转速差条件下,调节转子1转速时,压气机最大质量流量及峰值总压比变化值比调节转子2转速时稍大。

不同转速条件下,对转压气机与常规压气机相比,前者的特性分布规律和特性线走势与后者基本一致。但对转压气机的特性随转速的变化规律与常规压气机有明显不同,在常规双转子压气机中,在喘振边界点,压气机的工作特点是"前喘后堵"。在这种工作条件下,双转子压气机通过自身的工作特点可以实现后面级转子转速逐渐增加,而前面级转速逐渐减小,从而达到退出喘振工况的目的,改善压气机内部流场的流动情况,扩大压气机稳定工作范围,提高压气机性能。

对比分析不同转速条件下对转压气机的特性曲线不难发现,当转子2转速高于转子1转速时,压气机最小质量流量随对转压气机前面级转速的降低而基本保持不变;相反,在转子1转速高于转子2转速时,随着对转压气机后面级转子转速降低,压气机最小质量流量明显减小,这与常规双转子压气机的特性变化规律不同,由此可以推断在对转压气机喘振点,压气机的工作特点不是"前喘后堵"。在所列的转速条件下,导致对转压气机发生失速进而喘振的主要因素应该是后面级通道内的流动情况。

2. 转速比对压气机峰值效率的影响

不同转速条件下的对转压气机峰值效率及相应工况下两排转子的峰值效率如表6-1所示,图6-42给出了相应的变化曲线图,从中可以发现,与常规压气机不同,在所有转速比下,转子2的峰值效率远低于转子1,并且随着转子2转速的减小,对转压气机峰值效率先增加后减小,转子1的峰值效率也有相同的变化规律。

从图6-42中不难看出,转子1的峰值效率随转速比的增加而增大,当转速比大于1时基本保持不变,这种变化规律说明转子2转速减小导致的流场变化对转

表 6-1   不同转速比条件下的对转压气机峰值效率及相应工况下两排转子的峰值效率

转速比/(r/min)	压气机峰值效率 η	转子 1 峰值效率 η_1	转子 2 峰值效率 η_2
8 000 : 7 500	0.874 1	0.922 241	0.831 480
8 000 : 7 000	0.874 4	0.924 071	0.824 005
8 000 : 6 500	0.872 8	0.922 328	0.815 770
8 000 : 6 000	0.871 0	0.921 970	0.800 784
7 500 : 8 000	0.872 7	0.919 090	0.843 249
7 000 : 8 000	0.869 8	0.910 623	0.846 933
6 500 : 8 000	0.868 7	0.909 610	0.850 381
6 000 : 8 000	0.864 0	0.895 349	0.852 709

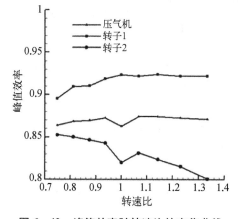

图 6-42   峰值效率随转速比的变化曲线

子 1 的影响较小。与之不同的是,转子 2 的峰值效率随着转速比的增加而逐渐减小。从图中还可看出,在设计转速下,转子 2 的峰值效率是该对转压气机损失的主要来源,是影响压气机效率的主要因素。

从上面的分析可以发现,与常规压气机相比,对转压气机由于取消了两排转子叶片之间起整流作用的静子叶片排,转子 2 的损失增加,直接影响到对转压气机的整机峰值效率。尽管对转压气机的特性曲线的走势与常规压气机基本相同,但其特性随压气机前后级转速的变化与常规双转子压气机有明显差异。对转压气机由于取消了中间起整流作用的静子叶片排,转子 2 的峰值效率相对较低,并成为影响压气机整机效率的主要因素。随着转速比的增加,对转压气机峰值效率先增加后减小,最高峰值效率出现在转速比为 1.15 附近,转子 1 的峰值效率随转速比的增加而增大,转子 2 的峰值效率随转速比的增加而减小,且后面级由转速导致的特性变化对前面级的影响较小。

3. 不同转速比下对转压气机的内部流动分析

在前面已经对不同转速比下的对转压气机性能及流场内的部分流动参数进行了详细的分析研究,为进一步了解在典型工况下对转压气机内部流场随转速比的变化规律,下面将选取典型转速比条件下的峰值效率点工况典型截面进行流场分析。

1)不同转速比下的峰值效率点流场流动特性分析

在峰值效率点工况下,根据上述特性分析分别选取转子 1 与转子 2 转速比为 6 000 : 8 000、7 500 : 8 000、8 000 : 7 000、8 000 : 6 000 的四种情况进行分析研究。图 6-43 是四种不同转速比条件下对转压气机 50%、95% 叶展截面处通道内的马

Ma 0.05 0.1 0.15 0.2 0.25 0.3 0.35 0.4 0.45 0.5 0.55 0.6 0.65 0.7 0.75 0.8 0.85 0.9

(a) 转速比为6000∶8000,95%叶展截面处

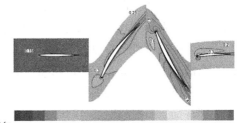

Ma 0.05 0.1 0.15 0.2 0.25 0.3 0.35 0.4 0.45 0.5 0.55 0.6 0.65 0.7 0.75 0.8 0.85 0.9

(b) 转速比为6000∶8000,50%叶展截面处

Ma 0.05 0.1 0.15 0.2 0.25 0.3 0.35 0.4 0.45 0.5 0.55 0.6 0.65 0.7 0.75 0.8 0.85 0.9 0.95

(c) 转速比为7500∶8000,95%叶展截面处

Ma 0.05 0.1 0.15 0.2 0.25 0.3 0.35 0.4 0.45 0.5 0.55 0.6 0.65 0.7 0.75 0.8 0.85 0.9 0.95

(d) 转速比为7500∶8000,50%叶展截面处

Ma 0.05 0.1 0.15 0.2 0.25 0.3 0.35 0.4 0.45 0.5 0.55 0.6 0.65 0.7 0.75 0.8 0.85 0.9

(e) 转速比为8000∶7000,95%叶展截面处

Ma 0.05 0.1 0.15 0.2 0.25 0.3 0.35 0.4 0.45 0.5 0.55 0.6 0.65 0.7 0.75 0.8 0.85 0.9

(f) 转速比为8000∶7000,50%叶展截面处

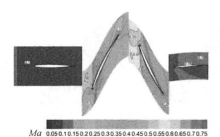

Ma 0.05 0.1 0.15 0.2 0.25 0.3 0.35 0.4 0.45 0.5 0.55 0.6 0.65 0.7 0.75

(g) 转速比为8000∶6000,95%叶展截面处

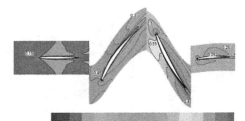

Ma 0.05 0.1 0.15 0.2 0.25 0.3 0.35 0.4 0.45 0.5 0.55 0.6 0.65 0.7 0.75

(h) 转速比为8000∶6000,50%叶展截面处

图 6-43 四种不同转速比条件下对转压气机 50%、95%叶展
截面处通道内的马赫数等值线分布

赫数等值线分布情况。由图可知,整个压气机通道内的流场分布较为合理,转子2尾缘吸力面在转速比较小时存在一定的分离和低马赫数区,但随着转速比的增加,转子2中间截面处的流动情况得到较明显的改善,尾缘吸力面的分离减弱且低速区逐渐消失。与之相反,转子1尾缘吸力面的流动情况没有得到明显改善,且低速区的面积还有一定程度的增大,进出口导流叶片中间截面的流动情况合理规范。在尖部截面,当转速比为6 000∶8 000时,出口导流叶片吸力面出现大面积低速区,此时马赫数等值线分布杂乱,说明此时吸力面可能出现较大范围的附面层分离和倒流现象。随着转速比的增大,出口导流叶片尖部马赫数等值线分布逐渐趋于合理,吸力面低马赫数区域逐渐消失。受间隙内流动情况影响,转子2尖部前缘进口的马赫数等值线分布密集,可以推断此处有较强的二次流动,随着转速比的增加,此处的马赫数等值线分布得到较明显的改善。转子1尖部马赫数等值线分布情况与转子2的较为相似,但随着转速比的增加,转子1流道内马赫数等值线分布没有明显改善。

　　为进一步研究两排转子内的流动情况随着转速比的变化规律,由四种转速比条件下峰值效率点转子尖部95%叶展截面处的熵云图(图6-44)可知,随着转速比的增加,转子1通道内的高熵区面积逐渐增加,最高值也同样有所增大,这意味着对转压气机转子1的尖部截面损失逐渐增大。转子2尖部熵云图显示,随着转速比的增加,通道内的高熵区面积先增大后减小。在峰值效率工况下,随着转速比的增加,转子2和出口导流叶片通道内的流动情况得到明显改善,转子1内的流动

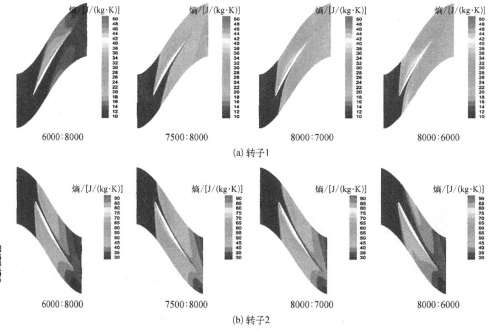

(a) 转子1

(b) 转子2

图6-44　不同转速比下峰值效率点转子尖部95%叶展截面处的熵云图

情况逐渐变得恶劣,转子 1 内的损失增大,转子 2 内的损失先增大后减小。

2)不同转速比下的喘振边界点流场流动特性分析

不同转速比条件下喘振边界点 50%、95% 叶展截面处的马赫数等值线分布情况分别如图 6-45 和图 6-46 所示。对比不同工况下的马赫数等值线分布情况可

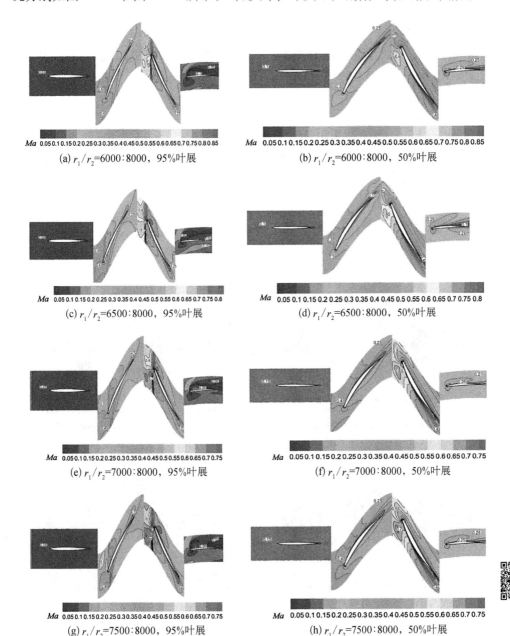

(a) r_1/r_2=6000:8000,95%叶展

(b) r_1/r_2=6000:8000,50%叶展

(c) r_1/r_2=6500:8000,95%叶展

(d) r_1/r_2=6500:8000,50%叶展

(e) r_1/r_2=7000:8000,95%叶展

(f) r_1/r_2=7000:8000,50%叶展

(g) r_1/r_2=7500:8000,95%叶展

(h) r_1/r_2=7500:8000,50%叶展

图 6-45　不同转速比下喘振边界点不同叶展截面处流道内的马赫数等值线分布

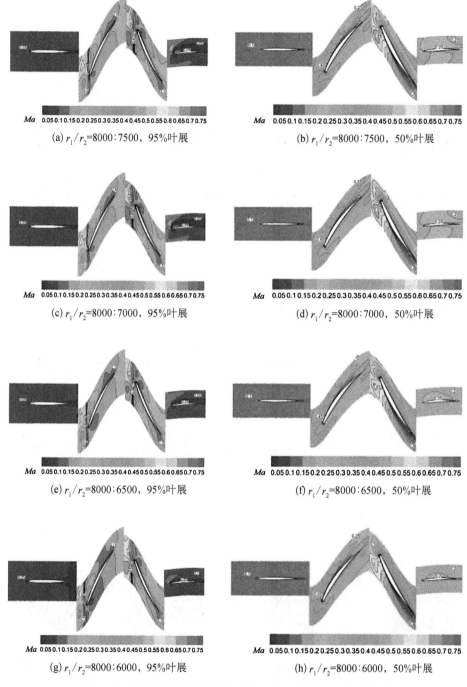

Ma 0.05 0.1 0.15 0.2 0.25 0.3 0.35 0.4 0.45 0.5 0.55 0.6 0.65 0.7 0.75

(a) r_1/r_2=8000:7500，95%叶展

Ma 0.05 0.1 0.15 0.2 0.25 0.3 0.35 0.4 0.45 0.5 0.55 0.6 0.65 0.7 0.75

(b) r_1/r_2=8000:7500，50%叶展

Ma 0.05 0.1 0.15 0.2 0.25 0.3 0.35 0.4 0.45 0.5 0.55 0.6 0.65 0.7 0.75

(c) r_1/r_2=8000:7000，95%叶展

Ma 0.05 0.1 0.15 0.2 0.25 0.3 0.35 0.4 0.45 0.5 0.55 0.6 0.65 0.7 0.75

(d) r_1/r_2=8000:7000，50%叶展

Ma 0.05 0.1 0.15 0.2 0.25 0.3 0.35 0.4 0.45 0.5 0.55 0.6 0.65 0.7 0.75

(e) r_1/r_2=8000:6500，95%叶展

Ma 0.05 0.1 0.15 0.2 0.25 0.3 0.35 0.4 0.45 0.5 0.55 0.6 0.65 0.7 0.75

(f) r_1/r_2=8000:6500，50%叶展

Ma 0.05 0.1 0.15 0.2 0.25 0.3 0.35 0.4 0.45 0.5 0.55 0.6 0.65 0.7 0.75

(g) r_1/r_2=8000:6000，95%叶展

Ma 0.05 0.1 0.15 0.2 0.25 0.3 0.35 0.4 0.45 0.5 0.55 0.6 0.65 0.7 0.75

(h) r_1/r_2=8000:6000，50%叶展

图 6-46　不同转速比下喘振边界点不同叶展截面处流道内的
马赫数等值线分布(转子 1 转速保持不变)

以看出,在50%叶展截面所代表的主流区,对转压气机内的流动情况基本正常,马赫数等值线分布合理。转子1、转子2吸力面尾缘存在一定范围的低马赫数区域,马赫数等值线的分布情况表明,该处存在一定的附面层分离现象。随着转速比的增加,两排转子的分离有进一步增强的趋势,低速区的面积也有进一步的扩展,出口导流叶片内的马赫数等值线分布情况良好。

相比之下,在95%叶展截面处,通道内存在较为严重的附面层分离和较大的低速区,特别是在转子2和出口导流叶片吸力面。对比分析各分图可以看出,当转速比小于1时,出口导流叶片尖部截面流动情况恶劣,流动损失较大。随着转速比的增加,出口导流叶片尖部的流动情况逐渐趋于合理。转子1尖部流动情况随着转速比的增加而逐渐恶化,马赫数等值线分布显示,转子1叶片顶部间隙内的二次流动对通道内的影响也随转速比的增大而增加,受其影响,叶片通道内的低速区面积增加,流动损失增加。转子2内的马赫数等值线分布较差,在不同转速比条件下没有得到很大改善。由此可见,流场中的马赫数等值线分布进一步验证了前面的分析推论。

3) 喘振工况下对转压气机转子内流动特性分析

不同转速比下喘振边界点转子1吸力面极限流线分布图见图6-47,从图中不难看出转子1吸力面靠近出口处存在一定的分离。各种转速比下极限流线分布表

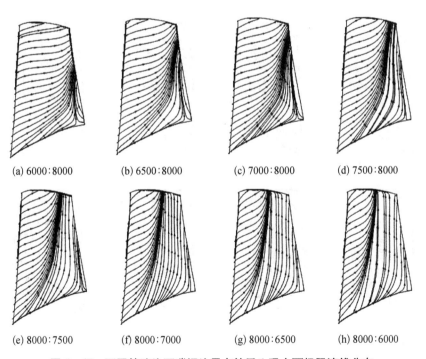

(a) 6000:8000　　　(b) 6500:8000　　　(c) 7000:8000　　　(d) 7500:8000

(e) 8000:7500　　　(f) 8000:7000　　　(g) 8000:6500　　　(h) 8000:6000

图6-47　不同转速比下喘振边界点转子1吸力面极限流线分布

明,转速比为 6 000∶8 000 时,转子 1 吸力面出口 10%轴向弦长处,附面层开始分离,分离线沿叶展方向进一步发展,在 40%叶展处,附面层分离减弱消失。随着转子 1 转速的增加,分离线的位置逐渐前移,分离区面积逐渐增大,到转速比为 7 500∶8 000 时,分离线贯穿整个叶片表面,分离区面积占整个叶片表面的 15%左右,并且根部的分离区范围远大于叶片尖部。随着转速比的进一步增大,分离线位置逐渐前移,叶片尖部分离范围逐渐增大,根部分离情况基本不变。上述分析表明,随着转速比的增大,转子 1 叶片吸力面的流动情况逐渐恶化,流动损失加剧。

不同转速比下转子 2 吸力面极限流线分布情况见图 6 - 48,从图中可以看出,在各种转速比条件下,转子 2 吸力面都存在较为严重的附面层分离流动。当转速比为 6 000∶8 000 时,转子 2 吸力面根部 50%轴向弦长处开始出现明显的径向流动,二次流影响范围沿叶展方向逐渐减小。可以推测,此时附面层有一定的分离,但附面层分离线不清晰,随着转子 1 转速的提高,转子 2 吸力面附面层分离线逐渐清晰,分离区逐渐增大,当两转子转速比为 7 500∶8 000 时,分离区面积达到最大,占吸力面面积的 40%左右。随着转速比的进一步增加,转子 2 吸力面的分离线位置基本固定在 40%轴向弦长处,分离区面积在较小范围内波动。对比分析转子 1和转子 2 吸力面极限流线的分布情况可以看出,转速比的改变对转子 1 的影响远

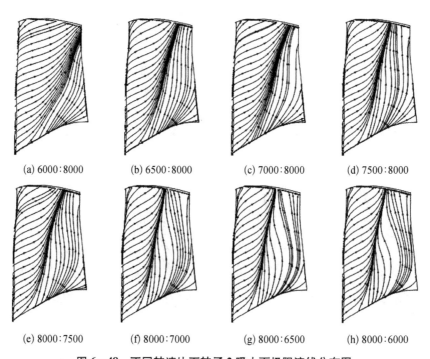

(a) 6000∶8000　　(b) 6500∶8000　　(c) 7000∶8000　　(d) 7500∶8000

(e) 8000∶7500　　(f) 8000∶7000　　(g) 8000∶6500　　(h) 8000∶6000

图 6 - 48　不同转速比下转子 2 吸力面极限流线分布图

大于对转子 2 的影响,当转速比大于 1 时,两排转子吸力面都存在较为严重的附面层分离情况。

相关研究表明,在单转子压气机中,转子尖部间隙内的流动是压气机发生失速,进而导致整个压气机喘振的主要原因,为进一步研究对转压气机在喘振工况下转子叶片尖部的流动特性,进而分析压气机失速的主要诱导因素,分别给出了各转速比下对转压气机两排转子叶片尖部 98%叶展截面处的马赫数等值线分布和熵分布情况,分别如图 6-49~图 6-52 所示。

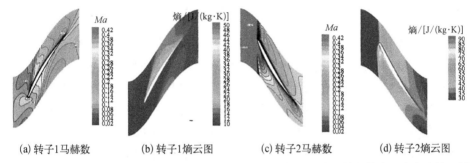

(a) 转子1马赫数　　(b) 转子1熵云图　　(c) 转子2马赫数　　(d) 转子2熵云图

图 6-49　转速比为 6 000∶8 000 时叶片尖部 98%叶展截面处的马赫数等值线分布和熵云图

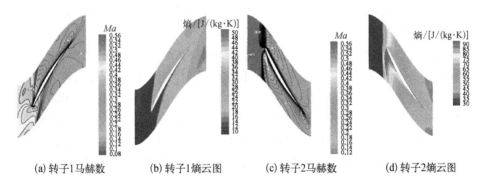

(a) 转子1马赫数　　(b) 转子1熵云图　　(c) 转子2马赫数　　(d) 转子2熵云图

图 6-50　转速比为 7 000∶8 000 时叶片尖部 98%叶展截面处的马赫数等值线分布和熵云图

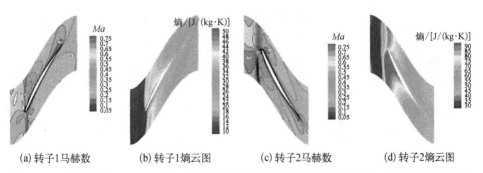

(a) 转子1马赫数　　(b) 转子1熵云图　　(c) 转子2马赫数　　(d) 转子2熵云图

图 6-51　转速比为 7 500∶8 000 时叶片尖部 98%叶展截面处的马赫数等值线分布和熵云图

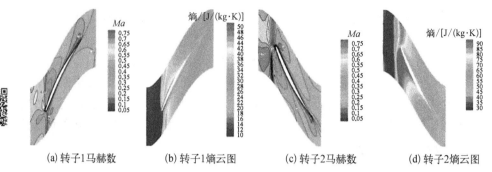

(a) 转子1马赫数　　　(b) 转子1熵云图　　　(c) 转子2马赫数　　　(d) 转子2熵云图

图 6-52　转速比为 8000：7 500 时叶片尖部 98% 叶展截面处的马赫数等值线分布和熵云图

从马赫数分布情况可以看出,在所有转速比条件下,转子 2 叶片尖部的间隙泄漏流动基本是横断截面通道,而转子 1 的间隙泄漏流动在低转速比下不明显。随着转速比的增加,转子 1 的间隙泄漏流逐渐偏向于相邻叶片的压力面,到转速比为 8 000：6 000 时,其中的间隙泄漏流动方向基本与流道方向相垂直。从相应的熵云图可以看出,高熵区的分布与间隙泄漏流动相对应,同时也表征着流动损失的高低,在转速比小于 1 时,转子 1 尖部的流动损失较小;随着转速比的增大,转子 1 叶片尖部高熵区面积逐渐增大,熵值逐渐升高,高熵区逐渐从叶片进口处吸力面向压力面扩展,这更加清楚地反映出随转速比的增加,转子 1 叶片顶部的间隙泄漏流动在通道中的发展情况。

转子 2 叶片顶部 98% 截面的熵分布情况表明(图 6-53~图 6-55),在低转速比下,叶片尖部截面的高熵区相对较小,仅出现在叶片吸力面前缘;随着转速比的增加,高熵区逐渐向相邻叶片压力面扩展,面积逐渐增大,当转速比为 8 000：7 000 时,转子 2 内的高熵区面积达到最大值;随着转速比的进一步增加,高熵区面积逐渐减小。这个现象表明,当转速比为 8 000：7 000 时,转子 2 叶片顶部的间隙泄漏流动在通道中的影响最大,同时通道中的流动损失也最严重。随着转速比的增加或减小,转子 2 顶部的间隙泄漏流动都得到了一定的控制。

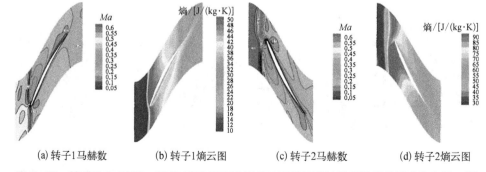

(a) 转子1马赫数　　　(b) 转子1熵云图　　　(c) 转子2马赫数　　　(d) 转子2熵云图

图 6-53　转速比为 8 000：7 000 时叶片顶部 98% 叶展截面处的马赫数等值线分布和熵云图

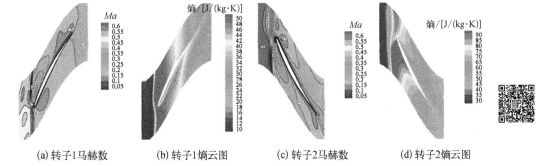

(a) 转子1马赫数　　(b) 转子1熵云图　　(c) 转子2马赫数　　(d) 转子2熵云图

图 6-54　转速比为 8 000∶6 500 时叶片顶部 98%叶展截面处的马赫数等值线分布和熵云图

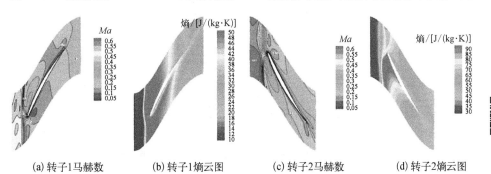

(a) 转子1马赫数　　(b) 转子1熵云图　　(c) 转子2马赫数　　(d) 转子2熵云图

图 6-55　转速比为 8 000∶6 000 时叶片顶部 98%叶展截面处的马赫数等值线分布和熵云图

4) 改变转速比对出口导流叶片内流动特性的影响

为进一步研究对转压气机转子转速比对出口导流叶片内流动情况的影响,图 6-56 和图 6-57 分别给出了出口导流叶片 95%叶展截面处的极限流线分布及出

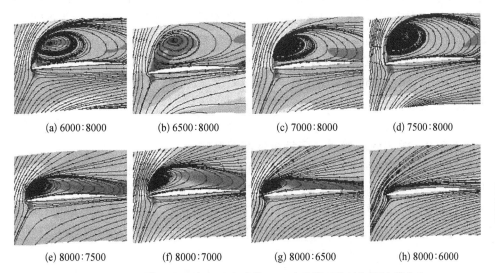

(a) 6000∶8000　　(b) 6500∶8000　　(c) 7000∶8000　　(d) 7500∶8000

(e) 8000∶7500　　(f) 8000∶7000　　(g) 8000∶6500　　(h) 8000∶6000

图 6-56　不同转速比下出口导流叶片 95%叶展截面处的极限流线分布

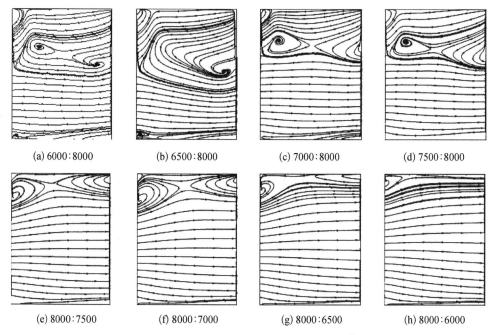

(a) 6000∶8000　　(b) 6500∶8000　　(c) 7000∶8000　　(d) 7500∶8000

(e) 8000∶7500　　(f) 8000∶7000　　(g) 8000∶6500　　(h) 8000∶6000

图 6 - 57　不同转速比下出口导流叶片吸力面极限流线分布

口导流叶片吸力面极限流线分布。

从图 6 - 56 可以看出,在喘振边界点出口导流叶片尖部都在大的正攻角下工作,叶片吸力面出现严重的附面层分离和倒流现象,分离从叶片前缘开始,最大回流区面积占通道面积的 50%。当转速比小于 1 时,吸力面回流区面积明显大于转速比大于 1 的情况,随着转速比的增加,叶片吸力面回流区面积减小。叶片吸力面极限流线分布表明,在出口导流叶片顶部有明显的二次流动。当转速比为 6 000∶8 000 时,叶片吸力面 50% 叶展以上区域形成较复杂的两涡核涡系结构,两个涡核分别位于 20% 轴向弦长 70% 叶展和 90% 轴向弦长 60% 叶展处,随着转子 1 转速的提高,两个涡融合发展为一个,其影响区域先增加后减小。当转速比大于 1 时,叶片吸力面的旋涡范围明显减小,流动损失减小。

6.3.2　轴向间隙对对转压气机性能的影响

轴向间隙是影响压气机性能及流动的主要参数,为研究轴向间隙变化对对转压气机性能影响的内在机制,采用数值模拟手段对不同轴向间隙下的压气机性能及流场分布进行研究,对不同条件下计算结果中的压气机性能和流场参数分布进行详细的对比分析研究,以求掌握轴向间隙变化对各性能参数的影响。

1. 轴向间隙的改变、网格划分及计算条件选取

对转压气机内部流动十分复杂,各部件几何参数的改变都会对压气机性能造

成或多或少的影响,为了更加明确地找出两级转子间的轴向间隙对对转压气机性能的影响,在改变轴向间隙时应当尽量保证其他部件的几何参数不变。因此,从两排转子间的中间点将轮毂线打断,并保证转子1和进口导流叶片其他几何参数不变的条件下,仅改变相应的轴向坐标以实现两排转子间轴向间隙的改变。

为保证整个压气机流道的光顺及整个压气机流道几何形状的相似性,在改变转子1和进口导流叶片后形成的间隙内采用光滑不等距插值方法进行补充,并在打断点的两边端点保证其当地一阶导数连续,从而达到保持整个对转压气机流道的曲线变化率的目的。对于压气机机匣线,由于研究对象采用等外径设计,只需将相应轴向坐标调整即可。以上措施可以保证在研究过程中对转压气机特性及流场参数变化与轴向间隙变化的对应关系。图6-58给出了轴向间隙改变前后对转压气机子午流道示意图,其中1为轴向间隙改变后的进口导流叶片;2为轴向间隙改变后的转子1叶片。

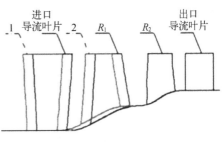

图 6-58 轴向间隙改变前后子午流道示意图

相关研究表明,轴向间隙的增加可以使得前排叶片的尾迹区等不均匀流场分布得到一定的发展,从而影响下游各排叶片进口处的流场参数分布。为详实研究对转压气机中压气机特性及流场参数与轴向间隙间的关系,以转子1的根部弦长为基准,分别选取轴向间隙为40%、45%、50%、55%、60%和70%基准弦长下的压气机为研究对象进行数值模拟研究。

数值研究过程中,采用与前面章节所述相同的网格拓扑结构,并保证各排叶片网格生成模版相同,这样可以尽可能消除由于网格的差异对数值模拟结果产生的影响。在计算过程中采用贴体C形网格拓扑结构,叶展方向通道内取33个节点,间隙内采用蝶形网格,展向取9个节点,网格总数为128万个,离开叶片表面第一层网格的距离为 1×10^{-6} m、最小正交性角度为13.32°、最大长宽比为2 400.38、最大延展比为4.21。三维计算网格示意图如图6-59所示。

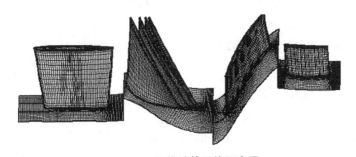

图 6-59 三维计算网格示意图

数值计算过程中,采用 FINE/TURBO 软件包,应用 Jameson 有限体积差分格式并结合 Spalart – Allmaras 湍流模型对相对坐标系下的三维雷诺平均 Navier – Stokes 方程进行求解,空间离散采用中心差分格式,时间项采用 4 阶 Runge – Kutta 方法迭代求解,CFL 数取 3.0,同时采用隐式残差光顺方法及多重网格技术来加速收敛过程。边界条件进行如下设定,即进口给定总压(101 325.0 Pa)、总温(288.15 K)及气流角(轴向进气),出口给定静压,各个工况下的进口边界条件相同,出口边界反压不同。通过改变出口静压得到相同转速下的不同工况特性及流场参数分布,当改变给定出口静压数值计算结果不收敛时,认定压气机进入喘振工况,前一点即为喘振点。对不同轴向间隙下对转压气机堵塞点的判定统一定为出口平均静压为标准大气压时。

2. 轴向间隙对压气机性能的影响研究

由不同轴向间隙条件下对转压气机的总压比/质量流量和总效率/质量流量特性分布图(图 6 – 60 和图 6 – 61)可知,轴向间隙的变化对压气机特性线的分布规律基本没有影响,在不同轴向间隙条件下,对气机特性线的分布形式和走势保持一致。对比分析两图可以发现,轴向间隙的改变对压气机总压比的影响不明显,反映在特性分布上,表示为各轴向间隙条件下对转压气机的总压比变化小于 0.2;相比之下,轴向间隙的变化对压气机总效率的影响较大,从图 6 – 61 中可以看出,在不同轴向间隙条件下,对转压气机总效率变化值在 0.02 左右。

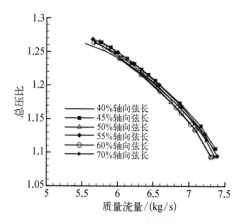

图 6 – 60　不同轴向间隙条件下对转压气机的总压比/质量流量特性分布

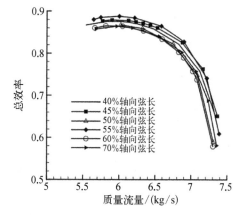

图 6 – 61　不同轴向间隙条件下对转压气机总效率/质量流量特性分布

为进一步分析轴向间隙变化后导致压气机特性发生变化的主要因素,图 6 – 62~图 6 – 65 分别给出了对转压气机各级特性的变化情况,从图中不难看出,在设计转速下,轴向间隙的变化对转子 1 的压比特性基本没有影响。不同轴向间隙条件下,转子 1 的压比/质量流量特性曲线基本重合;相比之下,转子 2 的压比特性受轴向间隙的影响较大,从图 6-64 和图 6-65 可以看出,在不同轴向间隙条件下,转子 2 的压比有 1% 左右的变化。对比图 6-62~图 6-65 中的特性分布情况不难看出,与压气机的总性能相同,两个转子的效率受轴向间隙的影响较大,且转子 1 的效率变化值较转子 2 偏大。

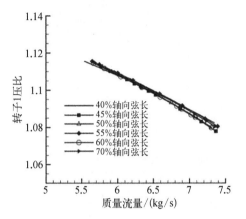

图 6-62 不同轴向间隙条件下转子 1 的压比/质量流量特性分布

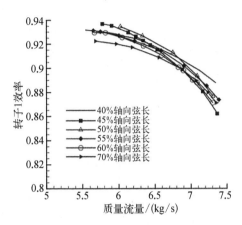

图 6-63 不同轴向间隙条件下转子 1 效率/质量流量特性分布

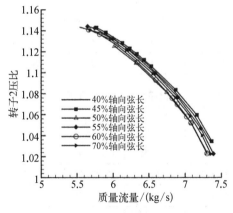

图 6-64 不同轴向间隙条件下转子 2 的压比/质量流量特性分布

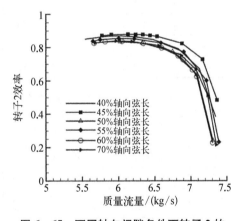

图 6-65 不同轴向间隙条件下转子 2 的效率/质量流量特性分布

1)典型工况下压气机性能随轴向间隙的变化规律研究

受特性图的限制,难以对上述设计转速下压气机和各排叶片的特性分布进行细致对比分析。为进一步分析轴向间隙对压气机性能的影响,选取各种轴向间隙条件和典型工况下的特性进行对比分析研究,以求更加细致地研究轴向间隙对压气机整机和各排叶片性能的影响。

表 6-2~表 6-4 分别给出了不同轴向间隙条件下喘振边界点、堵塞边界点及

峰值效率点对边界转压气机总性能及转子性能。图 6 – 66～图 6 – 68 给出了相应的特性随轴向间隙变化的分布规律。

表 6 – 2 不同轴向间隙下喘振边界点处对转压气机总性能及转子性能

轴向间隙	质量流量/(kg/s)	总压比	总效率	转子 1 压比	转子 1 效率	转子 2 压比	转子 2 效率
40%弦长	5.478 6	1.269 542	0.859 498	1.115 687	0.923 785	1.142 858	0.845 833
45%弦长	5.593 1	1.265 468	0.872 09	1.110 851	0.931 738	1.143 025	0.855 673
50%弦长	5.648 4	1.266 08	0.876 998	1.109 865	0.930 661	1.144 342	0.864 251
55%弦长	5.673 6	1.266 371	0.879 796	1.109 639	0.931 799	1.144 684	0.866 757
60%弦长	5.672 2	1.266 342	0.880 096	1.109 795	0.932 098	1.144 428	0.866 611
70%弦长	5.632 8	1.265 843	0.875 893	1.110 837	0.934 595	1.142 937	0.858 246

表 6 – 3 不同轴向间隙下堵塞边界点处对转压气机总性能及转子性能

轴向间隙	质量流量/(kg/s)	总压比	总效率	转子 1 压比	转子 1 效率	转子 2 压比	转子 2 效率
40%弦长	7.370 9	1.078 731	0.674 556	1.070 42	0.889 472	1.015 111	0.422 982
45%弦长	7.370 9	1.078 731	0.674 556	1.070 42	0.889 472	1.015 111	0.422 982
50%弦长	7.430 5	1.077 943	0.659 506	1.070 366	0.884 638	1.014 46	0.393 044
55%弦长	7.430 3	1.077 935	0.659 44	1.070 36	0.884 564	1.014 468	0.393 26
60%弦长	7.427 8	1.077 783	0.653 356	1.070 139	0.880 462	1.014 302	0.381 368
70%弦长	7.427 9	1.077 727	0.650 854	1.070 165	0.879 435	1.014 15	0.374 943

表 6 – 4 不同轴向间隙下峰值效率点处对转压气机总性能及转子性能

轴向间隙	质量流量/(kg/s)	总压比	总效率	转子 1 压比	转子 1 效率	转子 2 压比	转子 2 效率
40%弦长	6.021 2	1.228 195	0.873 16	1.101 145	0.926 556	1.118 343	0.855 244
45%弦长	6.183	1.230 108	0.891 579	1.099 298	0.929 447	1.122 025	0.887 361
50%弦长	6.207 7	1.230 539	0.892 218	1.098 929	0.929 415	1.122 726	0.888 177
55%弦长	6.227 5	1.230 88	0.893 446	1.098 907	0.930 291	1.123 003	0.888 506
60%弦长	6.230 4	1.230 967	0.892 859	1.098 762	0.928 972	1.123 192	0.889 019
70%弦长	6.229 3	1.230 962	0.892 841	1.099 025	0.930 287	1.122 899	0.887 808

对比分析各种轴向间隙条件下喘振边界点处对转压气机和转子特性可以看出,在设计转速下,喘振边界点处的质量流量随着轴向间隙的增大呈先增大后减小的趋势,当轴向间隙为转子 1 根部轴向弦长的 55%时,喘振点处的质量流量最大,喘振点处的质量流量在此过程中的变化范围为 3.57%。当轴向间隙逐渐增大时,压气机整机总压比逐渐减小,总效率增大,当轴向间隙为转子 1 60%根部轴向弦长

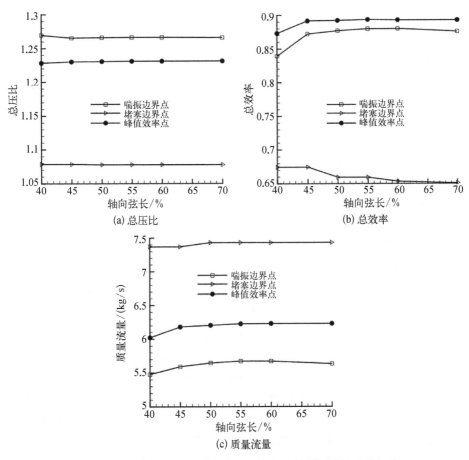

图 6-66　典型工况下对转压气机总参数随轴向间隙的变化规律

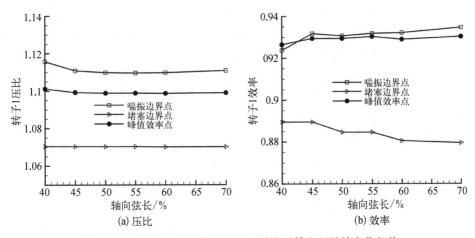

图 6-67　典型工况下转子 1 压比、效率随轴向间隙的变化规律

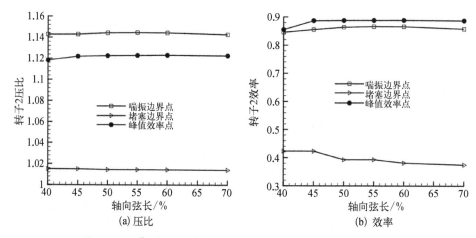

图 6-68　典型工况下转子 2 压比、效率随轴向间隙的变化规律

时,压气机的总效率最高,当轴向间隙进一步增大时,总效率降低。同时,从图中不难看出,在设计转速下,喘振边界点转子 1 的压比、效率都随着轴向间隙的增大呈现先减小后增加的规律,转子 2 的压比特性和效率特性与转子 1 的变化规律相反。从数值上还可以发现,轴向间隙变化对转子 2 效率的影响(2.17%)远大于对转子 1 效率的影响(0.61%);对转子 1 和转子 2 压比特性的影响则刚好相反,在不同轴向间隙条件下,转子 1 的压比变化幅度约为 0.5%,转子 2 的压比变化幅度小于 2%。

设计转速下对转压气机及各排叶片堵塞边界点性能参数与轴向间隙的对应关系如表 6-3 所示,从表中数据可以看出,在堵塞工况下,转子间轴向间隙对压气机质量流量的影响不明显,在轴向间隙增大的过程中,压气机质量流量变化幅度为 0.012 8 kg,约占该工况下压气机质量流量的 0.17%。压气机总压比和总效率都随轴向间隙的增大而减小,转子 1 和转子 2 效率、压比有同样的变化规律。

相比之下,在压气机峰值效率点,压气机的质量流量、总压比都随轴向间隙的增大而呈现先增加后减小的规律,最值都出现在轴向间隙为 60% 转子 1 根部轴向弦长时。压气机总效率随轴向间隙的增加而逐渐增加,当轴向间隙为转子 1 55% 根部轴向弦长时,压气机总效率达到最高值。转子 1 压比在轴向间隙增大的过程中逐渐减小,其效率与压气机总效率有相同的变化趋势。转子 2 压比和效率都随轴向间隙的增加而增大,当轴向间隙为转子 1 60% 根部轴向弦长时,转子 2 的压比和效率同时达到最大值。

纵观三种典型工况下压气机和两个转子的特性变化规律可以看出,随着轴向间隙的增加,压气机质量流量都有不同程度的增大,其中的主要原因为轴向间隙的增大使转子 1 出口处的尾迹得到更加充分的发展,从而使得流场更加均匀,二次流动减弱,提高了压气机的轴向速度,压气机质量流量增大。从压气机的总压比特性和总效率特性看,在喘振边界点和堵塞边界点条件下,压气机总压比随轴向间隙的增加而逐渐减下;相反,在峰值效率点,总压比随轴向间隙的增加而逐渐增大。但三种工况下的压气机总效率都存在相同的变化规律,即随着轴向间隙的增加逐渐增加,当轴向间隙为转子 1 根部轴向弦长的 55% 时出现峰值效率。转子 1 的压比在轴向间隙增大过程中逐渐减小,三种典型工况下,其效率都呈现先减小后增大的变化规律。转子 2 的压比特性和效率特性都随轴向间隙的增大而呈现先增加后减小的规律。在堵塞条件下,转子 2 的压比、效率极低,可以推断在大质量流量工况下,转子 2 特性成为制约压气机性能的瓶颈。

2) 不同轴向间隙下喘振边界点对转压气机流动结构的影响分析研究

从前面章节的分析可以得出,在设计转速下,转子尖部的低能量流团是导致压气机失速进而发生喘振的主要诱导因素,同样发现轴向间隙对喘振边界点压气机性能和流场参数分布有一定影响。为进一步研究轴向间隙对压气喘振边界点流场的影响,选取了不同轴向间隙条件下对转压气尖部 95% 叶展截面、转子 2 进口 -5° 轴向弦长准 S3 面及各叶排吸力面进行流动分析研究。

从图 6-69 设计转速不同轴向间隙下喘振边界点压气机尖部 95% 叶展截面处通道内的马赫数分布情况不难发现,轴向间隙的增加使得转子 2 吸力面的高马赫数区域逐渐减小;当轴向间隙大于 50% 弦长时,轴向间隙的增加对转子 2 尖部马赫数分布的影响减弱。转子 2 进口 -5% 轴向弦长准 S3 面马赫数分布(图 6-70)表

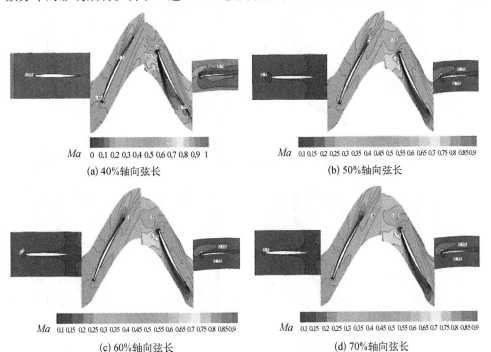

图 6-69　不同轴向间隙下喘振边界点压气机尖部 95% 叶展截面处通道内的马赫数分布

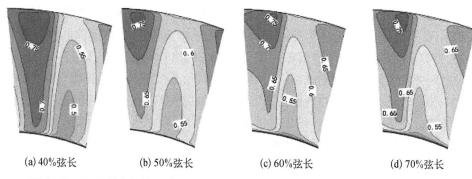

(a) 40%弦长　　　　(b) 50%弦长　　　　(c) 60%弦长　　　　(d) 70%弦长

图6-70　不同轴向间隙下喘振边界点转子2进口-5%轴向弦长准S3面马赫数分布

明,随着轴向间隙增加,流场趋于均匀,流场中的马赫数梯度减小,高马赫数区域和低马赫数区域面积都存在不同程度的减小。这说明轴向间隙的增加对改善转子2进口流场,提高压气机性能有一定作用。从图中还可以看出,当轴向间隙增大到一定值时,进一步增加轴向间隙会对转子2进口处的流场产生一定的负面影响。

由图6-71~图6-73喘振边界点不同轴向间隙下各叶排吸力面极限流线分布图可知,在喘振边界点处,转子叶片吸力面靠近尾缘处有附面层分离和严重的二

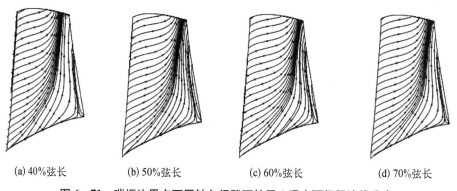

(a) 40%弦长　　　　(b) 50%弦长　　　　(c) 60%弦长　　　　(d) 70%弦长

图6-71　喘振边界点不同轴向间隙下转子1吸力面极限流线分布

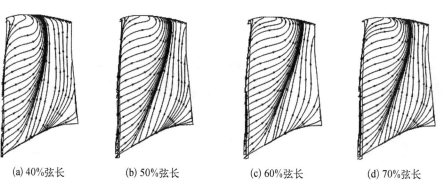

(a) 40%弦长　　　　(b) 50%弦长　　　　(c) 60%弦长　　　　(d) 70%弦长

图6-72　喘振边界点不同轴向间隙下转子2吸力面极限流线分布

次流动,随着轴向间隙的增加,分离线逐渐后移,分离区面积逐渐减小。转子 2 吸力面存在基本相同的变化规律,当轴向间隙大于 60% 弦长时,随着轴向间隙的进一步增大,转子 2 吸力面分离区面积增大,二次流动更为严重。出口导流叶片吸力面顶部存在严重的倒流现象并在 80% 叶展以上的叶片顶部前缘形成一个壁角涡,随着轴向间隙的增加,回流区面积逐渐减小,倒流现象逐渐消失。

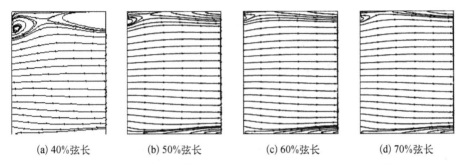

(a) 40%弦长   (b) 50%弦长   (c) 60%弦长   (d) 70%弦长

图 6-73 喘振边界点不同轴向间隙下出口导流叶片吸力面极限流线分布

6.3.3 小结

本节采用数值模拟手段对不同转速比条件下压气机在各工况点的特性和内部流动细节进行了详细研究,分析了对转压气机的在不同转速比条件下的特性分布规律,并选取典型工况对压气机内部流动参数和流动细节进行详实的对比分析研究,主要得出以下结论。

(1) 通过对不同转速比条件下对转压气机特性的分布规律进行分析,发现在喘振工况下,当转子 2 转速高于转子 1 转速时,随着对转压气机后面级转速的降低,压气机质量流量最小值基本保持不变;相反,在转子 1 转速高于转子 2 转速时,随着对转压气机后面级转子转速降低,压气机质量流量最小值明显减小,这与常规双转子压气机喘振边界点“前喘后堵”的工作特点明显不同。

(2) 通过对不同转速比下峰值效率点的压气机特性分析发现,当转速比为 1.15 时压气机效率最高,且此时转子 2 的效率是制约压气机效率的瓶颈因素。对各叶排进口气流角分布情况分析研究表明,在喘振边界点转子 1、转子 2 进口气流角都随着对转压气机转速比减小而呈现相似的减小趋势,转子 2 受转速比的影响程度明显低于转子 1,两排叶片转速的变化对后面级出口导流叶片的流动有一定影响,转子 2 的影响范围主要集中在根部 20% 叶展以下和尖部 80% 叶展以上区域;而转子 1 转速变化对出口导流叶片的影响主要集中在叶片 60% 叶展以上的区域。

(3) 对转压气机峰值效率点流动情况研究表明,转速比改变对转子 2 内的流场影响较大,转子 1 内流动情况分布合理且基本不受转速比的影响。

(4) 通过对喘振边界点对转压气机典型截面流动情况分析发现,压气机中间截面的流动情况基本正常,但叶片顶部流动参数分布不合理,有较严重的附面层分离和倒流现象。受叶顶间隙泄漏流动影响,随着转速比增大,转子1叶片顶部流动损失也逐渐增加,转子2叶片顶部间隙泄漏流动情况更严重且受转速比的影响较小,出口导流叶片吸力面存在严重的分离和倒流现象,随着转速比的增加,分离逐渐减小,回流区面积逐渐减小。

6.4　对转技术的思考与展望

6.4.1　对转技术存在的问题思考

对转技术在气动性能方面具有很大的优势,并已经应用到实际的发动机当中,但在今后的发展中还面临一系列多学科技术问题,需要进一步研究和解决。

(1)气体动力学方面的问题。由于发动机具有复杂的流动特征,这将给对转叶轮机械气动设计体系的建立带来很多问题。例如,由于在高的出口马赫数条件下高压涡轮转子内复杂波系的作用,其出口落后角很难控制,为叶型设计、气动性能评估造成了很大困难;由于强激波系、激波与附面层干扰的存在,严重影响了损失模型的精度和S2通流计算的可信度;由于高、低压转子间的强非定常作用,增加了高、低压叶轮机械的匹配设计难度,并降低了三维定常数值模拟的掺混面方法的准确性等。因此,有必要在对流动机制深入认识的基础上,完善激波损失模型,发展更高精度的掺混面模型,并建立能够考虑非定常作用的气动设计准则。

(2)转子动力学方面的问题。由于高、低压转子高速反向旋转,会对中介轴承的寿命、可靠性造成很大影响,其很难应用在对转叶轮机械的支撑上,因此对转叶轮机械中高压转子支撑方案的选择带来了很大的限制。提高中介轴承的性能和发展其他有效支撑方案,对于对转叶轮机械的工程应用具有重要意义。

(3)加工工艺方面的问题。高压转子内的激波系对几何的敏感性较大,高压转子的加工误差会对高压部件内部的流动造成较大的影响,因此对高压转子叶片的加工工艺要求更加严格,发展有效的波系组织控制技术并提高加工工艺水平显得尤为重要。

(4)气动弹性方面的问题。对转叶轮机械上游激波对下游转子叶片的非定常激励,使得下游转子产生气动激振,影响其寿命和可靠性。解决思路是对下游转子叶片进行材料强化和结构优化,并发展气动与振动耦合设计方法,以及在初始的气动设计中考虑叶片的高周疲劳的颤振稳定性等问题。

(5)冷却传热方面的问题。对转涡轮高压转子的叶片后半部分厚度过小,难以布置所需的冷却结构。高压级涡轮超大反力度设计会造成高压导叶内膨胀加速不足,静温降较小,使得转子对于冷气量的需求大于常规涡轮,给冷却设计带来困难。大量冷气的加入对于高压转子内激波系及涡轮性能的影响很难在设计中准确评估,解决思路是改善收扩叶型造型方法,增加尾缘部分厚度;采用新型冷却结构,提高冷却效率;发展流/热耦合计算工具,提高大量冷气下涡轮性能的预测精度等。

（6）变循环应用方面的问题。随着变循环发动机的快速发展,其在各个领域中的应用越来越多。例如,民用客机及大型运输机超声速巡航的最佳动力设备为变循环换发动机,能够在宽广的马赫数范围内都保持较低的耗油率、较好的经济性;在军用领域,为了满足多功能性和多种可能的作战需求,变循环发动机也是最佳的动力解决方案;在空间技术领域,高速临近空间的飞行器的动力也可应用变循环发动机等,并且上述变循环发动机中均应用了对转技术。可见,在变循环发动机中的应用是对转技术一个重要的未来发展趋势,而对转技术在变循环发动机中的应用又给对转叶轮机械的气动设计技术提出了新的要求。

6.4.2　对转技术展望

随着航空工业的发展,无论是民用还是军用飞行器都对航空发动机的性能提出了更高的要求,而对转技术具有极大的气动布局优势,势必会成为未来航空发动机的关键技术之一,因此对转技术的研究具有重要的意义。

近年来,涡轮对转技术在国内外军民用发动机上得到了广泛的应用,充分证明了其在性能上的优势。而压气机对转技术虽然取得了较大进展,但大多数还处于实验室验证阶段,还需进行大量的研究工作。

对转技术在发动机中的应用涉及多个学科相互耦合,仍有许多问题需要在未来的研究中解决,同时围绕变循环发动机对转技术研究是未来发展的一个重要方向。

参考文献

[1]　Sharma P B, Adekoya A. A review of recent research on contra-rotating axial flow compressor stage[R]. ASME Paper, 1996 - GT - 254, 1996.
[2]　季路成. 对转叶轮机技术挑战分析[J]. 推进技术,2007,28(1): 40 - 44.
[3]　Mccoy H M. Counter-rotating propellers[J]. The Aeronautical Journal, 1940, 44(354): 481 - 498.
[4]　Bourdon M W. Rotor contra rotating propeller[J]. Automotive and Aviation Industries, 1942, 86(12): 920 - 921.
[5]　Fairhurst L G. Contra rotating air screws[J]. Flight, 1944, 46: 423 - 425.
[6]　杨小贺,单鹏. 两类对转风扇的设计与气动特征数值研究[J]. 航空动力学报,2011, 26(10): 2313 - 2322.
[7]　Miller D A J, Chappel M S. The co-turboshaft: a novel gas turbine power plant for heavy equipment[R]. ASME Paper, 1979 - GT - 132, 1979.
[8]　Cai R, Wu W, Fang G. Basic analysis of counter-rotating turbines[R]. ASME Paper, 1990 - GT - 108, 1990.

[9]　蔡睿贤. 对转涡轮的基本分析[J]. 航空学报,1992,13(1):57 - 63.

[10]　蔡睿贤. 有关对转涡轮基本设计与应用的进一步思考[J]. 航空动力学报,2001,16(3): 193 - 198.

[11]　蔡睿贤. 轴流对转风扇典型基元级基本分析[J]. 流体机械,1994(12):11 - 15.

[12]　Freedman J H. Design of a multi-spool, high-speed, counter-rotating, aspirated compressor [D]. Boston: Massachusetts Institute of Technology, 2001.

[13]　Kirchner J. Aerodynamic design of an aspirated counter-rotating compressor[D]. Boston: Massachusetts Institute of Technology, 2002.

[14]　Kerrebrock J L, Epstein A H, Merchant A A, et al. Design and test of an aspirated counter-rotating fan[J]. Journal of Turbomachinery, 2008, 130(2): 021004.

[15]　史磊. 应用附面层抽吸的对转压气机气动特性机理分析及试验研究[D]. 西安:西北工业大学,2017.

[16]　Zhang P, Liu B, Zhang G, et al. Investigation of 3d blading and non-axisymmetric hub endwall contouring to a dual-stage counter-rotating compressor in multistage environment[R]. ASME Paper, 2016 - GT - 26450, 2016.

[17]　王松涛,羌晓青,冯国泰,等. 低反动度附面层抽吸式压气机及其内部流动控制[J]. 工程热物理学报,2009,30(1):35 - 40.

[18]　Kampmann T L, Bischoff A, Meyer R, et al. Design of an economical counter rotating fan-comparison of the calculated and measured steady and unsteady results[R]. ASME Paper, 2012 - GT - 69587, 2012.

[19]　陈云永. 对转压气机特性、流场分析及三维优化研究[D]. 西安:西北工业大学,2008.

第7章
叶轮机等离子体流动控制技术

7.1 等离子体流动控制技术

  等离子体流动控制技术是一种基于等离子体气动激励的新型主动控制技术,具有结构简单、无运动部件、控制灵活、响应速度快和激励频带宽等特征,对复杂、非定常流动的控制具有明显的优势,也引起了流动控制研究者的高度关注[1]。

  追溯等离子体的研究历史,早在 20 世纪 60 年代,美国便开展了高超声速飞行器表面产生的等离子体对飞行器性能的影响研究[2]。20 世纪 80 年代,苏联的研究表明,飞行器表面的等离子体具有减弱激波、减少雷达反射和降低飞行阻力的效果[3]。同期,NASA 也通过数值模拟和风洞实验证实了等离子体具有推迟分离和转捩的作用[4]。20 世纪 90 年代,对于等离子体的研究由超声速范围拓展到了亚声和低速的情况,还出现了辉光和弧光等不同等离子体,研究对象也从简化模型拓展到机翼和叶轮机械中。近些年来,由于等离子体激励技术的优异性能,目前在国内外都得到了重大项目支持[5]。2004 年,美国国防部将等离子体流动控制列为面向空军未来发展的重点资助领域;2005 年,美国空军将等离子体动力学列为未来几十年保持技术领先地位的六大基础领域之一;2009 年,美国航空航天协会将以等离子体流动控制为代表的主动流动控制技术列为十大航空前沿技术之一;同年,欧洲制定了"PLASMAERO"(主动控制技术中的等离子体激励技术)合作研究计划[6]。

  国内,2006 年我国《国家中长期科学和技术发展规划纲要(2006—2020)》中将等离子体动力学列为"面向国家重大战略需求的基础研究"中的"航空航天重大力学问题"。2006 年,国防科学技术工业委员会于也将等离子体推进技术列于国防基础"十一五"规划中[7]。由此可见,等离子体激励技术受到了国内外的高度重视,是一种发展潜力巨大的前沿技术。

  典型等离子体气动激励包括介质阻挡放电等离子体激励、等离子体合成射流激励和电弧放电等离子体激励。

7.1.1 介质阻挡放电等离子体激励

介质阻挡放电等离子体激励的布局如图 7 – 1 所示,在上下电极之间施加高压,击穿空气即可形成等离子体,等离子体在电场或磁场力的作用下发生运动,即可形成等离子体激励。根据激励电源,介质阻挡放电等离子体激励可分为脉冲电源和正弦交流电源介质阻挡放电等离子体激励,其对流场的影响主要是冲击效应,即流场中的部分空气或外加气体电离时产生局部温度升和压力升(甚至产生冲击波),对流场局部施加冲击扰动;正弦交流电源介质阻挡放电等离子体激励,其对流场的影响主要是动力效应,即在流场中电离形成的等离子体或加入的等离子体在电磁场力作用下定向运动,通过离子与中性气体分子之间的相互碰撞,形成作用于流体的体积力;正弦交流电源介质阻挡放电等离子体激励通过向附面层中注入动量可推迟流动分离或抑制附面层的转捩,通过改变激励器布局形式,诱导产生与流动方向垂直或相反的体积力,即可触发附面层流动不稳定性,进而促进附面层转捩。

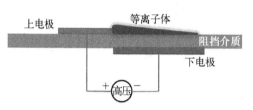

图 7 – 1　介质阻挡放电等离子体激励布局

目前,由于正弦交流介质阻挡放电等离子体激励诱导产生的体积力的幅值还比较受限,在静止空气中产生近壁面射流的最大速度仅为 10 m/s 左右,其很难对高速流动进行有效控制。为此,研究人员针对激励器电极形式、激励电源输出电压形式及多组激励器布局的优化展开了一系列研究,期望大幅提高正弦交流电源介质阻挡放电等离子体激励诱导产生的体积力的幅值,进而提升其流动控制能力。

脉冲电源介质阻挡放电等离子体激励通过向流场中注入强扰动,可实现对流动的有效控制。研究表明,脉冲电源介质阻挡放电等离子体激励抑制流动分离的机制可概括为两方面:一方面是促进附面层向湍流的转捩,增强其抵抗逆压梯度的能力;另一方面是诱导产生大尺度涡结构,增强分离区与主流区的流动掺混。由于等离子体激励放电频率可以轻松达到 MHz 量级,脉冲电源介质阻挡放电等离子体激励对流动的扰动频率范围可覆盖 0~1 MHz,其适用的范围较为宽广。另外,脉冲电源介质阻挡放电等离子体激励向流场中注入的强扰动在局部范围内的强度很大,可以对高亚声速甚至超/跨声速流动产生显著影响,因此在高速流动控制中有着广阔的应用前景。目前,脉冲电源介质阻挡放电等离子体激励对高速流动分离的有效控制,已在原理上得到了充分验证。

7.1.2 等离子体合成射流激励

等离子体合成射流激励的工作过程如图 7 – 2 所示。将放电电极布置在有限体积的腔体内,施加高压时放电击穿空气形成等离子体,在极短时间内向流场中注入较大能量,引起温度和压力的升高,腔内气体在高压作用下被喷射出腔体,在流场中形成高速射流,达到流动控制目的。随后,流场中的气体再进一步被吸入腔体内,等待下一次放电。目前,等离子体合成射流激励在激波/附面层干扰、流动分离及泄漏流动控制方面均有一定的应用,其流动控制机理与传统基于机械装置的射流类似。

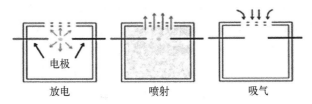

图 7 - 2　等离子体合成射流激励工作过程

等离子体合成射流激励的局限性在于喷射气体的速度虽高但流量较小,且由于吸气恢复过程较慢,其喷射气流的频率受限。针对这一现状,研究人员研发了多路放电等离子体合成射流激励,即在不改变激励电源的情况下,实现多组等离子体合成射流激励器的共同工作。多组等离子体合成射流激励的同时喷射气流,可提高射流的流量,不同组激励器交替工作可提高喷射气流频率。目前,该多路放电等离子体合成射流激励已在流动控制研究中被广泛采用。

7.1.3　电弧放电等离子体激励

电弧放电等离子体激励布局形式与工作原理如图 7 - 3 所示,其流动控制的基本原理与脉冲电源介质阻挡放电等离子体激励类似,但由于是两裸露电极直接放电,放电过程中向流场中注入的能量更大,空气击穿形成电弧等离子体,加热局部空气,产生高温控制气泡(controlling gas bulb, CGB),CGB 随主流向下游传播,可以对流动造成显著影响。

图 7 - 3　电弧放电等离子体激励布局形式与工作原理

电弧放电等离子体激励主要应用于超/高超声速流动中的激波调控与激波/附面层干扰。相比传统主/被动控制手段,电弧放电等离子体激励在超声速流动控制的技术优势主要体现在三个方面:一是激励强度大,瞬间可产生高强度的扰动,满足高强度激励要求;二是激励频率可以达到 10 kHz 量级,满足高频激励要求;三是电极与壁面齐平,没有附加阻力。

7.2　等离子体激励对压气机叶尖泄漏流动的控制

　　叶顶间隙泄漏和流动分离是压气机的主要损失源,不仅制约了压气机气动性能的提高,还影响到了压气机的工作稳定性。随着发动机对轴流压气机出口总压的要求不断提高,压气机级数不断减少,导致轴流压气机负荷越来越高,流动控制更加重要。采用等离子体激励技术抑制压气机叶栅的非定常流动分离和叶顶间隙泄漏流,对于提高压气机性能有重要意义。通过将等离子体气动激励布置于压气机转子叶尖机匣处,对转子叶尖流动进行控制可以改善压气机的气动性能。

　　从图7-4中可以看到,将正弦交流电源介质阻挡放电等离子体激励布置在压气机叶片机匣处,可分析等离子体对压气机泄漏流动的控制作用[8]。图7-4(a)中,轴向激励布局下,等离子体激励与叶栅额线平行,形成沿轴向的体积力,预期可以增加叶顶流场的轴向动量,抑制泄漏涡向叶片前缘及相邻叶片压力面的发展。轴向激励布局下,定义Actu2上、下电极交界面与叶片前缘的距离为Dis,负值表示等离子体激励器位于叶片前缘上游。

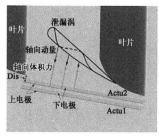 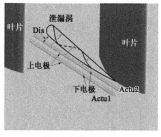 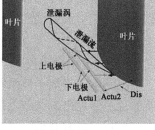

(a) 轴向激励布局　　　　　(b) 法向激励布局　　　　　(c) 安装角激励布局

图7-4　正弦交流电源介质阻挡放电等离子体激励在叶片叶尖处的布置

　　图7-4(b)中,法向激励布局下,等离子体激励与主流/泄漏流交界面平行,形成垂直于泄漏涡传播方向的体积力,预期可以抑制泄漏涡沿周向的传播。法向激励布局下,定义Actu2上、下电极交界面与主流/泄漏流交界面的距离为Dis,负值表示等离子体激励器位于主流/泄漏流交界面上游。

　　图7-4(c)中,安装角激励布局下,等离子体激励器与叶片弦向平行,形成与叶片压力面到吸力面泄漏流方向相反的体积力,在叶顶泄漏流流量得到抑制的情况下,预期可以直接减小叶顶泄漏所引起的流动堵塞和损失。安装角激励布局下,定义Actu2上、下电极交界面与叶片前、尾缘连线的距离为Dis,负值表示等离子体激励器位于叶片前、尾缘连线上游。

　　定义截面流量平均总压损失系数为

$$\omega_s = \frac{\iint \omega \rho u \mathrm{d}S}{\iint \rho u \mathrm{d}S} \qquad (7-1)$$

式中, S 为所选截面的面积; u 为轴向速度。

定义栅距平均总压损失系数为

$$\omega_t = \frac{\int \omega \mathrm{d}l}{\int \mathrm{d}l} \qquad (7-2)$$

式中, l 为叶片栅距。

参照 Suder 的研究工作[9], 对于本部分所研究的不可压流动, 在选定截面对于 $|\nabla(V)| \geqslant C\_value$ 的区域定义为堵塞区域, 其中 V 为速度矢量, C_value 为临界值, 根据 Suder 的研究结论, 堵塞区域对于 C_value 数值的变化并不敏感, 这里令 $C\_value = 2$。截面上一点的堵塞系数可定义为

$$B_{\text{corffi}} = 1 - \frac{u_{\text{loc}}}{u_e} \qquad (7-3)$$

式中, u_{loc} 为当地轴向速度; u_e 为距离计算点最近堵塞边界点处的轴向速度。

可定义截面平均堵塞系数为

$$A_b = \frac{\iint B_{\text{corffi}} \mathrm{d}S}{\iint \mathrm{d}S} \qquad (7-4)$$

ω_s 和 A_b 的计算均选定在栅后 30% 弦长截面。

图 7-5 分别显示了不同激励强度和不同位置处的轴向激励对栅后截面流量平均总压损失系数和截面平均堵塞系数的影响, 相对变化率为正则表示等离子体激励使得相应流动参数减小, 等离子体激励体积力的数值(50 mN/m 和 33 mN/m)为单组等离子体激励器所产生体积力的大小。图中横坐标为施加激励的位置, 表示从叶片前缘上游 30% 弦长位置至下游 40% 弦长位置, 这里所有流动控制效果均仅表示等离子体激励对叶顶泄漏区域的影响。由图 7-5 可见, 随着等离子体激励由叶片前缘上游 30% 弦长位置逐渐向下游移动, 轴向激励所对应的流动损失和堵塞的相对变化率先增大后减小, 当等离子体激励位于叶片前缘下游 20% 弦长位置时, 栅后流动损失和堵塞减小最为明显。等离子体激励所产生体积力的大小影响了流动损失和堵塞的变化幅值, 但并不改变等离子体激励的最佳激励位置及流动控制效果随激励位置的变化规律。

图 7-6 分别显示了不同激励强度和不同位置处的法向激励对栅后截面流量

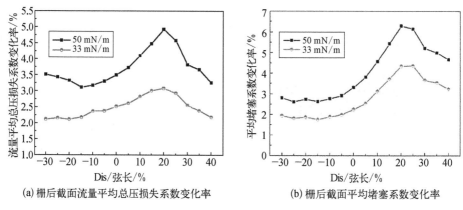

(a) 栅后截面流量平均总压损失系数变化率　　(b) 栅后截面平均堵塞系数变化率

图 7 - 5　轴向激励的流动控制效果

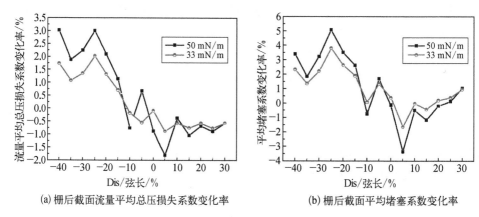

(a) 栅后截面流量平均总压损失系数变化率　　(b) 栅后截面平均堵塞系数变化率

图 7 - 6　法向激励的流动控制效果

平均总压损失系数和截面平均堵塞系数的影响,相对变化率为正时,表示等离子体激励使得相应流动参数减小,体积力的数值为单组等离子体激励产生的体积力大小。结合图 7 - 5 可以发现,法向激励布局对于叶顶泄漏流的抑制作用弱于轴向激励布局,且随着激励位置的变化,法向激励对叶顶流动损失和堵塞的影响存在周期性振荡现象,即随着激励位置的变化,法向激励的流动控制效果并没有出现明显的单调递增或递减区间。

当等离子体激励位于主流/泄漏流交界面上游 25% 弦长位置时,法向激励对泄漏流的抑制作用最为明显,随着等离子体激励逐渐向下游移动,法向激励对叶顶流动损失和堵塞的抑制作用逐渐变弱;当等离子体激励移动至主流/泄漏流交界面下游时,法向激励会使得叶顶流动损失和堵塞增大。激励强度的增大可以增强法向激励对叶顶流动的影响,但并不会改变流动控制效果随激励位置的变化规律。

图 7 - 7 分别显示了不同激励强度和不同位置处的安装角激励对栅后截面流量平均总压损失系数和截面平均堵塞系数的影响,相对变化率为正时,表示等离子体激

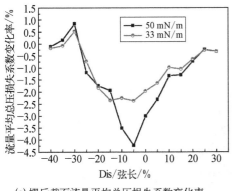

(a) 栅后截面流量平均总压损失系数变化率

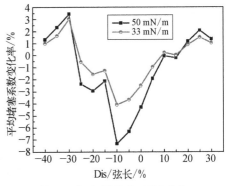

(b) 栅后截面平均堵塞系数变化率

图 7 - 7 安装角激励的流动控制效果

励使得相应流动参数减小,体积力的数值为单组等离子体激励产生的体积力大小。

结合图 7 - 6 可以发现,安装角激励对叶顶流动损失和堵塞的抑制能力弱于法向激励,且其对叶顶流动的流动控制效果随激励位置的变化也不存在明显的单调递增或递减区间。当等离子体激励距离叶顶前、尾缘连线较远时,安装角激励可以在一定程度上降低叶顶流动损失和堵塞,其中 Dis = 30% 弦长时的安装角激励使得叶顶流动损失和堵塞的减小量最大;与法向激励类似,当等离子体激励器逐渐向叶片前、尾缘连线靠近时,法向激励诱导的体积力在泄漏区域内引起较强的流动掺混,导致叶顶流动损失和堵塞显著增加。激励强度的增大可以增强安装角激励对叶顶流动的影响,但并不会改变流动控制效果随激励位置的变化规律。

根据 Cameron 等[10] 的研究,决定主流/泄漏流交界面位置的关键因素为叶顶主流与泄漏流的轴向动量,为抑制主流/泄漏流交界面向叶片前缘移动,应使等离子体激励最大限度地提高叶顶流场轴向动量,故这里分析等离子体激励对叶顶流场轴向动量的影响,探究等离子体激励对泄漏流的抑制与提高叶顶流场轴向动量的关系。

为分析等离子体激励对叶顶轴向动量的影响,这里借鉴南希的研究工作[11],首先引入控制体分析方法。叶顶控制体模型及其动力学分析参见图 7 - 8,控制体距离机匣固壁面高度根据叶栅通道出口泄漏流所影响的展向范围来确定,而其沿轴向的宽度定为 1% 弦长。仿真中,沿栅距方向为周期性边界条件,故控制体与外界的动量交换通过 A_1、A_2 和 U 面,C 面与机匣固壁面连接,无动量的输入或输出。外界对控制体的作用力包括 A_1 面、A_2 面、C 面及 U 面上的表面力 P_1、P_2、P_c 及 P_u,等离子体激励及叶片对控制体的作用力统一归为体积力 F_b,则根据动量定理可得

$$\iint_{A_1} \bar{P}_1 \mathrm{d}\bar{S} \bigg|_a + \iint_{A_2} \bar{P}_2 \mathrm{d}\bar{S} \bigg|_a + \iint_C \bar{P}_c \mathrm{d}\bar{S} \bigg|_a + \iint_U \bar{P}_u \mathrm{d}\bar{S} \bigg|_a + F_{b,a} \tag{7-5}$$

$$= \iint_{A_1} \rho V_{1,a} \bar{V}_1 \mathrm{d}\bar{S} + \iint_{A_2} \rho V_{2,a} \bar{V}_2 \mathrm{d}\bar{S} + \iint_U \rho V_{u,a} \bar{V}_u \mathrm{d}\bar{S}$$

式中，$\bar{P}_1$、$\bar{P}_2$、$\bar{P}_c$、$\bar{P}_u$ 表示平均值；$F_{b,a}$ 表示轴向体积力。

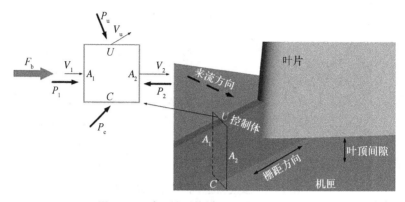

图 7 - 8　叶顶控制体模型及其动力学分析

图 7 - 9 给出了施加轴向激励前后叶顶流场轴向动量的变化（单组等离子体激励产生的体积力为 50 mN/m），可以发现，等离子体激励显著改变了叶顶流场轴向动量。不同位置处的轴向激励均提高了叶顶流场的轴向动量，位于泄漏流上游的 Dis = 0% 弦长轴向激励对叶顶流场轴向动量的影响最小，位于主流/泄漏流交界面上游附近的 Dis = 20% 弦长轴向激励使得叶顶流场轴向动量增加最多，而位于泄漏区内的 Dis = 40% 弦长轴向激励对叶顶流场轴向动量的影响略强于 Dis = 0% 弦长轴向激励，这是图 7 - 5 中施加 Dis = 40% 弦长轴向激励时的堵塞比施加 Dis = 0% 弦长轴向激励时降低更多的原因。

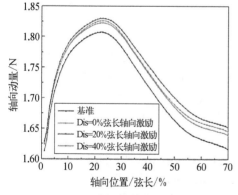

图 7 - 9　施加轴向激励前后叶顶流场轴向动量的变化

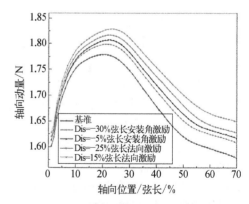

图 7 - 10　施加安装角和法向激励前后叶顶流场轴向动量的变化

图 7 - 10 给出了施加安装角和法向激励后前后叶顶流场的轴向动量变化情况（单组等离子体激励产生的体积力为 50 mN/m），从图中可以发现，对于有效降低叶顶流动损失和堵塞的 Dis = −30% 弦长安装角和 Dis = −25% 弦长法向激励均使得

叶顶流场轴向动量明显增大,相比较而言,法向激励对叶顶流场轴向动量的正影响(使得轴向动量提高)强于安装角激励,故在法向激励作用下,叶顶流动损失和堵塞的减小量明显强于安装角激励的流动控制效果。

前面通过分析等离子体激励作用下,压气机叶尖区域流动损失和堵塞的变化,获得了等离子体激励抑制压气机泄漏流动的规律和机制:提高叶顶流场轴向动量是等离子体激励抑制泄漏流的关键,位于主流/泄漏流交界面上游附近的轴向激励使得叶顶流场轴向动量增加最多,故其对叶顶泄漏流的抑制作用最强。

读者可进一步借助数值仿真和实验测量对等离子体激励作用下压气机叶片尖部区域流场的变化进行分析,以加深对等离子体抑制泄漏流动规律和机制的理解。

7.3　等离子体激励对转子叶尖失速的控制

现代高负荷压气机转子叶尖区域的泄漏流动往往会诱发压气机的失速,采用等离子体激励控制泄漏流动,可以拓宽压气机的稳定工作范围。

这里向读者展示在正弦交流电源介质阻挡放电等离子体激励下,转子叶尖机匣处轴向激励布局和安装角激励布局对高负荷压气机失速的流动控制规律和机制[12]。轴向激励和安装角激励在转子叶顶的布置方式如图 7 - 11 所示,轴向激励布局中,上、下电极交界面与转子叶顶前缘的距离定义为 Dis;安装角激励布局中,上、下电极交界面与转子叶顶前、尾缘连线的距离定义为 Dis。

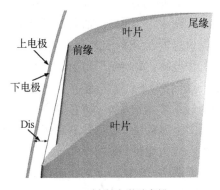 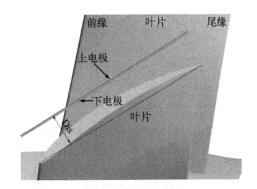

(a) 轴向激励布局　　　　　　　　　(b) 安装角激励布局

图 7 - 11　轴向激励和安装角激励在转子叶顶的布置方式

定义流量系数 F_c:

$$F_c = \frac{C_a}{U_m} \tag{7-6}$$

定义压气机级总静压升系数 Ψ:

$$\Psi = \frac{P_3 - P_{1t}}{\rho U_m^2 / 2} \tag{7-7}$$

定义压气机级静压升系数 φ：

$$\varphi = \frac{P_3 - P_1}{\rho U_m^2 / 2} \tag{7-8}$$

定义压气机转子静压升系数 φ_R：

$$\varphi_R = \frac{P_2 - P_1}{\rho U_m^2 / 2} \tag{7-9}$$

定义压气机静子静压升系数 φ_S：

$$\varphi_S = \frac{P_3 - P_2}{\rho U_m^2 / 2} \tag{7-10}$$

式中，C_a 为进口轴向速度；U_m 为压气机转子叶中切线速度；P_1、P_2 和 P_3 分别为压气机转子前、转子后静子前和静子后静压；P_{1t} 为进口总压。

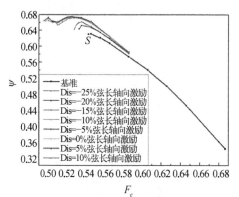

图 7-12 给出了等离子体激励诱导形成的体积力为 293 mN/m 时，不同位置处的轴向激励对压气机总静压升特性的影响。从图中可以发现，轴向激励能够使得压气机总静压升系数升高，并能拓宽其稳定工作范围。Dis = -5% 弦长时，转子叶顶弦长轴向激励压气机稳定工作范围和总静压升系数增加最多，随着等离子体激励继续向上游移动，轴向激励对压气机性能的改善能力缓慢减弱。

根据图 7-12，Dis = 5% 和 Dis = 10% 弦长时，转子叶顶弦长轴向激励对压气机性能的改善情况，当等离子体激励器向下游移动至转子叶顶前缘下游时，轴向激励改善压气机性能的能力快速下降，故总体而言，位于转子叶顶前缘下游的轴向激励对压气机性能的改善能力明显弱于位于转子叶顶前缘上游的轴向激励。

图 7-12 不同位置处的轴向激励对压气机总静压升特性的影响（等离子体激励诱导形成的体积力为 293 mN/m）

图 7-13 给出了等离子体诱导形成体积力为 293 mN/m 时，不同位置处的安装角激励对压气机总静压升特性的影响，由此可知，安装角激励可以在一定程度上拓

宽压气机稳定工作范围并提高其扩压能力。但结合图 7 - 12 可以发现,相对于轴向激励布局,安装角激励布局对压气机性能的改善能力明显偏弱,与其对泄漏流的抑制能力有关。距离叶片较近的安装角激励布局会在泄漏区内引入强的流动掺混,导致流动损失和堵塞增加。图 7 - 13 中,相对于叶片附近的安装角激励布局,距离叶片前、尾缘连线较远的安装角激励对压气机性能的改善能力更强,其中 Dis = -20% 弦长时,转子叶顶弦长安装角激励对压气机性能的改善能力最强。

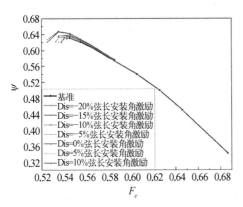

图 7 - 13　不同位置处的安装角激励对压气机总静压升特性的影响(等离子体诱导形成的体积力为 293 mN/m)

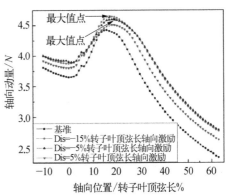

图 7 - 14　不同位置处的轴向激励对压气机转子叶顶流场轴向动量的影响(等离子体诱导形成的体积力为 293 mN/m)

图 7 - 14 给出了不同位置处的轴向激励对压气机转子叶顶流场轴向动量的影响(等离子体诱导形成的体积力为 293 mN/m),从图中可以发现,位于转子叶顶前缘下游的 Dis = 5% 转子叶顶弦长轴向激励使得转子叶顶流场轴向动量的增加量明显低于 Dis = -5% 和 Dis = -15% 转子叶顶弦长轴向激励,说明其对叶顶泄漏流的抑制能力较弱,这与图 7 - 12 中位于转子叶顶前缘下游的轴向激励对压气机性能改善能力较弱的现象相呼应。图 7 - 14 中,Dis = -5% 和 Dis = -15% 转子叶顶弦长轴向激励对叶顶流场轴向动量的影响相当,在 30% 弦长之后的位置,Dis = -5% 转子叶顶弦长轴向激励使得叶顶流场轴向动量的增加量略高于 Dis = -15% 转子叶顶弦长轴向激励。

对于叶顶轴向动量随轴向位置的变化曲线,其最大值点表征主流主导区与泄漏主导区的分界,在最大值点之后,在泄漏引起的回流作用下,叶顶轴向动量逐渐减小,故图 7 - 14 中曲线最大值点距离叶片前缘越远,泄漏主导区向叶片前缘截面发展得越不充分,高负荷压气机转子叶顶流场品质越高。相对于 Dis = -15% 转子叶顶弦长轴向激励,图 7 - 14 中 Dis = -5% 转子叶顶弦长轴向激励作用下的曲线最大值点明显更加远离叶片前缘,故其改善压气机性能的能力最强。

综上分析,相对于叶栅环境,等离子体激励与高负荷压气机转子叶顶泄漏流的相互作用更加复杂,此时最佳的等离子体激励布局应兼顾考虑其增加叶顶流场轴向动量的能力及其对主流/泄漏流主导区交界点的影响,这一发现与南希[11]关于周向槽机匣处理对压气机"钟形曲线"影响的研究结论类似。

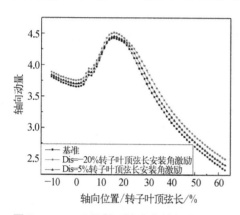

图 7 - 15 不同位置处的安装角激励对高负荷压气机转子叶顶流场轴向动量的影响

图 7 - 15 给出了不同位置处的安装角激励对高负荷压气机转子叶顶流场轴向动量的影响(等离子体诱导形成的体积力为 293 mN/m),从图中可以发现,Dis = −20%和 Dis = 5%转子叶顶弦长安装角激励均增大了转子叶顶流场轴向动量,故图 7 - 13 中两种激励布局均拓宽了高负荷压气机稳定工作范围并提升了其扩压能力。相对于 Dis = 5%转子叶顶弦长安装角激励,Dis = −20%转子叶顶弦长安装角激励对叶顶流场轴向动量的正影响(使得叶顶流场轴向动量增加)更强,故图 7 - 13 中 Dis = −20%转子叶顶弦长安装角激励对高负荷压气机性能的改善能力明显强于 Dis = 5%转子叶顶弦长安装角激励。

对比图 7 - 14 与图 7 - 15 可以发现,相对于安装角激励,轴向激励使转子叶顶流场轴向动量增加更多,说明其对转子叶顶泄漏流的抑制能力更强,故图 7 - 12 中轴向激励对压气机性能的改善能力明显强于图 7 - 13 中安装角激励布局的流动控制效果。

前面从抑制泄漏流的角度分析了等离子体激励控制高负荷压气机转子叶尖失速的规律和机制。作为一种主动控制手段,等离子体激励可以对转子叶尖区域流动的非定常性进行抑制,进而拓宽压气机的稳定工作范围。

当激励电压为 15 kV 时,施加 Dis = −5%转子叶顶弦长轴向激励前后的高负荷压气机级静压升特性对比如图 7 - 16 所示[13]。在 1 600 r/min 和 2 000 r/min 转速下,Dis = −5%转子叶顶弦长轴向激励对压气机大流量点的级静压升系数的影响相对较小,随着流量系数的减小,压气机级静压升系数的增大量有明显增大

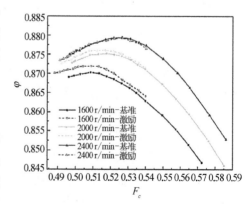

图 7 - 16 激励电压为 15 kV 时,施加 Dis=−5%转子叶顶弦长轴向激励前后高负荷压气机的级静压升特性对比

的趋势。在 2 400 r/min 转速下,Dis = −5%转子叶顶弦长轴向激励并没有使压气机的级静压升系数产生明显改变,但仍较为显著地提高了高负荷压气机的失速裕度,说明轴向激励对失速的抑制能力并不与其对级静压升系数的影响直接相关,此时压气机稳定工作范围的拓宽主要来源为等离子体激励对尖区流动非定常性的抑制。这一实验现象与 GE 团队研究的跨声速压气机等离子体流动控制的结果相吻合[14],其研究表明等离子体激励在不改变压气机大流量点工作特性的同时,仍可以拓宽稳定工作范围。

7.4　等离子体流动控制在压气机静子中的应用

通过将等离子体气动激励器布置在压气机静子叶片通道,对流动分离进行控制可以降低流动堵塞和损失,提升压气机气动性能。这里以压气机叶栅为对象,如图 7 − 17 所示,分别在端壁和吸力面施加正弦交流电源介质阻挡放电等离子体激励器,讲解分析等离子体激励对压气机静子流动分离的控制作用[15]。端壁激励可以减少端区低能流体在端壁/吸力面角区的堆积,抑制通道涡的发展;吸力面激励则可以减弱三维角区分离对主流的影响,减小壁面涡的强度。如图 7 − 17(a)所示,在吸力面上布置 6 组等离子体激励器 SA1~SA6,第一组激励器 SA1 布置在距离叶片前缘 15%弦长位置,各组激励器沿叶展方向布置,相互间隔 15%弦长距离;如图 7 − 17(b)所示,在端壁上布置 6 组等离子体激励器 EA1~EA6,第一组激励器 EA1 布置在距离叶片前缘 15%弦长位置,各组激励器沿当地叶片吸力面沿法向布置,相互间隔 15%弦长距离。

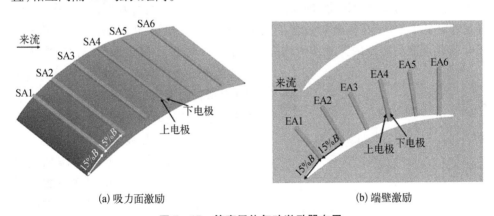

(a) 吸力面激励　　　　　　　　　　　(b) 端壁激励

图 7 − 17　等离子体气动激励器布局

7.4.1　吸力面激励布局流动控制效果

图 7 − 18 给出了施加图 7 − 17(a)所示的吸力面激励后,不同攻角下叶栅通道

出后截面平均流动参数的相对变化率,其中单组等离子体激励器诱导形成的体积力为 837 mN/m。

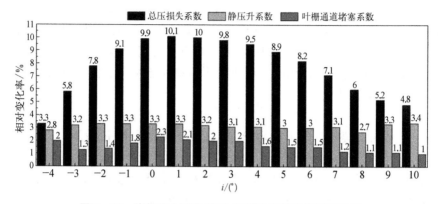

图 7 - 18 施加吸力面激励后,不同攻角下叶栅通道出口截面平均流动参数的相对变化率

根据图 7 - 18,在吸力面激励作用下,来流攻角为 1°时,叶栅通道流动损失降低了 10.1%,随着攻角的增大和减小,叶栅通道流动损失的相对变化率同样不断减小;在来流攻角为 -4°时,叶栅通道流动损失降低了 3.3%;在来流攻角为 10°时,叶栅通道流动损失降低了 4.8%。整体来说,吸力面激励对于正攻角工况下叶栅通道流动损失的抑制作用明显强于负攻角工况。

不同攻角下叶栅通道静压升系数的相对变化率相近,均增加 3% 左右。0°攻角下,吸力面激励可使叶栅通道堵塞系数降低 2.3%,且随着攻角增大,三维角区分离逐渐增强,其对流动堵塞的影响逐渐变小;10°攻角下,吸力面激励仅使叶栅通道堵塞系数降低了 1%。在偏离 0°攻角工况时,随着攻角的增大和减小,吸力面激励对于叶栅通道流动堵塞的抑制作用均逐渐变弱;3°攻角下,吸力面激励使叶栅通道堵塞系数降低了 2%;-3°攻角下,吸力面激励仅使叶栅通道堵塞系数降低了 1.3%。吸力面激励对于正攻角工况下叶栅通道流动堵塞的抑制作用明显强于负攻角工况。

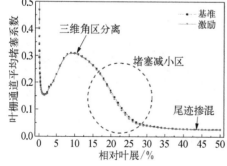

图 7 - 19 0°攻角下,施加吸力面激励前后叶栅通道平均堵塞系数沿展向的分布

图 7 - 19 显示了 0°攻角下施加吸力面激励前后叶栅通道平均堵塞系数沿展向的分布,其中单组等离子体激励器诱导形成的体积力为 837 mN/m。叶栅通道流动堵塞主要由三维角区分离引起,而叶片压力面与吸力面流体相互掺混形成的尾迹对流动堵塞的贡献相对较小。在施加

吸力面激励之后,叶栅通道平均堵塞系数在三维角区分离与主流的交界处减小得最为明显,说明吸力面激励抑制三维角区分离的机制主要是对壁面涡及其与周围流动结构相互作用的削弱。

7.4.2　端壁激励布局流动控制效果

图 7-20 给出了施加图 7-17(b)所示的端壁激励后,不同攻角下叶栅通道出口截面平均流动参数的相对变化率,其中单组等离子体激励器诱导形成的体积力为 837 mN/m。

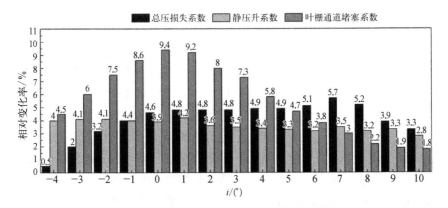

图 7-20　施加端壁激励后,不同攻角下叶栅通道
出口截面平均流动参数的相对变化率

根据图 7-20,-4°攻角下的端壁激励仅使得叶栅通道流动损失减小了 0.5%,随着攻角的增大,端壁/吸力面角区分离逐渐增强,进而端壁激励能更有效地降低叶栅通道流动损失。来流攻角为 7°时,端壁激励对叶栅通道流动损失的抑制作用最明显,可使叶栅通道流动损失减小 5.7%,但低于图 7-15 中吸力面激励的最佳流动控制效果。当来流攻角大于 8°时,发生了角区失速,所施加的等离子体激励强度不足以对其进行有效控制,故端壁激励流动控制效果开始逐渐减小。来流攻角增大为 10°时,端壁激励仍可使叶栅通道流动损失减小 3.3%。1°攻角下,端壁激励可最大限度地提升叶栅通道扩压能力,使得叶栅通道静压升系数增加了 4.2%,优于吸力面激励流动控制效果;随着攻角的增大,端壁激励作用下叶栅通道静压升系数的相对变化率逐渐降低,10°攻角下,叶栅通道静压升系数的相对变化率达减小为 2.8%。

三维角区分离是引起叶栅通道流动堵塞的主要原因,对其进行抑制,端壁激励更有效地降低了叶栅通道堵塞系数。根据图 7-20,0°攻角下,端壁激励最大可使叶栅通道堵塞系数降低 9.4%,随着攻角的增大,叶栅通道三维角区分离逐渐变强,在大的正攻角下,所施加的等离子体激励强度已不足以对其产生明显影响,10°攻角下,端壁激励仅使叶栅通道堵塞系数降低了 1.8%。根据图 7-20,4°攻角下,端壁激励使叶栅通道堵塞系数降低了 5.8%;-4°攻角下,端壁激励仅使叶栅通道堵塞系数降低了 4.5%,端壁激励对于正攻角工况下叶栅通道流动堵塞的抑制作用明显强于负攻角工况。

综合图 7-18 和图 7-20 可以发现,对于高速压气机叶栅通道内部流动流动损失和堵塞的抑制,存在着不同的最佳激励布局。吸力面激励能更有效地减弱叶栅通道流动损失,而端壁激励则能更有效地减弱叶栅通道流动堵塞并提升其扩压能力。

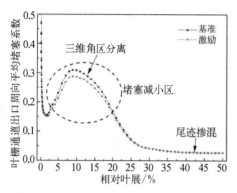

图 7-21 0°攻角下,施加端壁激励前后叶栅通道出口周向平均堵塞系数沿展向的分布

图 7-21 显示了 0°攻角下,施加端壁激励前后叶栅通道出口周向平均堵塞系数沿展向的分布,其中单组等离子体激励器诱导形成的体积力为 837 mN/m。根据图 7-21,在施加端壁激励之后,周向平均堵塞系数在近端壁三维角区分离区减小得最为明显,对比图 7-19 可以发现,吸力面/端壁激励对叶栅通道三维角区分离的流动控制机制存在明显的差异。结合角区分离涡的生成和演变规律,进一步说明端壁激励抑制三维角区分离的机制主要是对通道涡及其与周围流动结构相互作用的削弱。

7.5 展 望

等离子体激励技术作为一种新型的主动流动控制技术,在航空发动机或其他领域得到成功应用,关键在于对等离子体激励与复杂流动非定常耦合机制进行深入研究,以及等离子体激励方式的创新。将两者相结合,进一步提高等离子体激励对流动的控制效果,才能为实际应用奠定基础。

等离子体激励流动控制技术的本质是等离子体与流动的非定常耦合:一方面是流动对激励特性的影响,另一方面是激励对流动的影响。目前,对等离子体激励分离流动和激波耦合机制的研究进展迅速,但对附面层、激波/附面层干扰及压气机内部复杂流动的耦合机制还处于探索阶段。目前,激波/附面层干扰的物理机制仍存在很大争议,也缺乏高精度的耦合仿真模型。等离子体激励与复杂流动耦合机制的研究需要高精度的测试和仿真方法作为支撑。粒子图像测速法、高速纹影等方法基本满足实验需求,但难以获得大量的流场细节信息,因此高精度的数值仿真方法十分关键,是制约等离子体激励流动控制技术机理研究的重要瓶颈。在等离子体激励模型方面,目前只能采用将等离子体激励简化为体积力或热量源项的唯象模型,缺乏足够的校核检验。在数值模拟方法方面,由于等离子体激励的时变特性,基于雷诺平均的湍流模型难以满足需要,而大涡模拟方法成本高、周期长,需要发展适用于高速、高雷诺数等离子体流动控制的先进模拟方法。

等离子体激励流动控制技术成功走向应用,不仅需要良好的气动收益,还需要更好的安全性和较长的寿命。因此,等离子体激励器的设计、工艺需要与气动和隐身设计相结合,提高等离子体流动控制的投入/产出比分析,研究小型化等离子体激励器。

等离子体激励主动流动控制技术具有其独特的优势,可以预见,随着对其研究的深入,等离子体流动控制技术将会有更多的应用前景。提高等离子体激励器的使用寿命、效率,扩大等离子体激励的作用范围,加深对等离子体激励作用机理的认识和了解是要解决的关键问题。目前,国内等离子体物理学仍处于发展的起步阶段,与空气动力学结合的综合研究仍有巨大的空白,在这一学科交叉领域有广阔的发展空间。

参考文献

[1] Corke T C, Enloe C L, Wilkinson S P. Dielectric barrier discharge plasma actuators for flow control[J]. Annual Review of Fluid Mechanics, 2010, 42(1): 505 − 529.

[2] Clauser M U, Meyer R X. Magnetohydrodynamic control systems[P]. US3162398A, 1964.

[3] Gordeev V P, Krasil′nikov A V, Lagutin V I, et al. Experimental study of the possibility of reducing supersonic drag by employing plasma technology[J]. Fluid Dynamics, 1996, 31(2): 313 − 317.

[4] Malik M, Weinstein L, Hussaini M. Ion wind drag reduction[R]. AIAA Paper, AIAA − 1983 − 0231, 1983.

[5] 李应红,吴云,宋慧敏,等.等离子体流动控制的研究进展与机理探讨[C]//中国航空学会动力专业分会,北京,2006.

[6] 李应红,吴云.等离子体流动控制技术研究进展[J].空军工程大学学报,2012,13(3): 1 − 5.

[7] 吴云,李应红.等离子体流动控制研究进展与展望[J].航空学报,2015,36(2): 381 − 405.

[8] Zhang H, Wu Y, Li Y, et al. Control of compressor tip leakage flow using plasma actuation [J]. Aerospace Science and Technology, 2019, 86: 244 − 255.

[9] Suder K L. Blockage development in a transonic, axial compressor rotor[J]. Journal of Turbomachinery, 1998, 120(3): 465 − 476.

[10] Cameron J D, Bennington M A, Ross M H, et al. The influence of tip clearance momentum flux on stall inception in a high-speed axial compressor[J]. Journal of Turbomachinery, 2013, 135(5): 051005.

[11] 南希.动叶端区轴向动量控制体分析方法及其在周向槽机匣处理中的应用[D].北京:中

国科学院工程热物理研究所,2014.

[12] 张海灯,吴云,于贤君,等.高负荷压气机失速及其等离子体流动控制[J].工程热物理学报,2019,40(2):289-299.

[13] Zhang H, Wu Y, Yu X, et al. Experimental investigation on the plasma flow control of axial compressor rotating stall[R]. ASME Paper, 2019-GT-90609, 2019.

[14] Saddoughi S, Bennett G, Boespflug M, et al. Experimental investigation of tip clearance flow in a transonic compressor with and without plasma actuators[J]. Journal of Turbomachinery, 2015, 137(4): 041008.

[15] Zhang H, Yu X, Liu B, et al. Control of corner separation with plasma actuation in a high-speed compressor cascade[J]. Applied Sciences, 2017, 7(5): 465.

第8章
人工智能技术在叶轮机领域的
应用前景及发展趋势

8.1 人工智能技术及应用

人工智能(artificial intelligence，AI)指基于计算机技术，以人类行为系统为分析研究系统，进行模拟逻辑推理、判断和思考，不仅可以模仿人类的一些行为及思维进程，也包括社会哲学、心理学和行为学等知识，属于21世纪的三大尖端技术之一。近年来，人工智能技术已成为世界各国研究的热点，随着新理论、新技术及新平台的不断发展完善，人工智能技术迎来了一次新的飞跃。结合各种新技术成果及当前新的需求，人工智能将向着AI+的方向不断前行，未来可以与医疗、工业、教育、金融等行业全面融合，开创全新的智能产品和应用系统，为用户提供更多个性化服务。从2016年，与AlphaGo的人机大战开始，世界各国政府加速在人工智能领域出台各项政策或规划引导产业发展，国外如微软、谷歌、苹果，国内如百度、阿里、腾讯等科技或互联网巨头加速布局智能机器人、智能汽车驾驶、智能金融、虚拟现实等人工智能技术，意味着人类社会逐步进入人工智能时代，并在互联网、交通、能源、医学、航空航天和制造等诸多领域得到了广泛应用。

为了利用大量的空间资源，在航空航天领域就需要开展人工智能系统的研究，将空天技术与人工智能技术有机地结合起来，就可以发展可重构的、具有容错能力的空中运输系统及自动飞行和空中交通管理系统。

航空与民用叶轮机械是以连续流动的流体为工质，以叶片为主要工作元件，实现工作元件与工质之间能量转换的一类机械，其用途广泛，几乎遍及工业及生活的每一个领域：从计算机内部散热用的风扇，到航空发动机所依赖的压气机和涡轮，发电厂使用的水轮机、蒸汽轮机，以及用于发电、舰船动力、坦克动力的燃气轮机等。有关采用人工智能技术进一步提高叶轮机械效率与气动性能的研究一直受到国内外学者的高度重视，也是叶轮机气动热力学重点发展的前沿方向之一。

具体来说，在航空发动机叶轮机械领域，在损失模型、落后角模型、叶型优化设计等方面，都可以通过机器学习或深度学习技术来实现预测和设计[1]。

（1）叶型气动性能的自动预测（通过历史算例构建数据，构建深度回归模型实现，深度回归模型可理解为基于深度神经网络构建的回归模型）。

（2）根据设计目标及约束，自动生成叶型或推荐相似叶型（同样可以使用深度回归模型解决）。叶型气动性能预测属于典型的回归问题，叶型生成及相似叶型也可通过回归方式进行解决。目前，可将响应面法、Kriging 代理模型方法理解为简单的气动性能预测模型，主要缺点在于它们都仅仅是浅层的拟合模型，无法从大量数据中提取有效特征，利用智能的方式解决问题。

可以构建深度置信网络（deep belief network，DBN），通过大量历史数据来构建

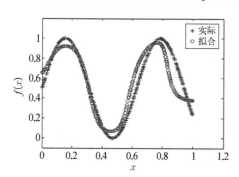

图 8-1　深度神经网络函数回归[1]

深度回归模型，以此完成对复杂非线性系统的学习、逼近。DBN 通过逐层提取特征的预训练方式生成网络，训练效率较传统网络大大升高，在实际应用中的泛化能力远高于传统的神经网络等机器学习模型。以采用 DBN 进行回归预测为例，构建一个含有 6 个隐层（各隐层节点数分别为 100、50、30、20、10、5，共 215 个节点），共 7 565 个参数的网络进行正弦函数回归，共 5 000 个样本，迭代 2 000 次的结果如图 8-1 所示。

（3）采用人工智能技术提高压气机特性预测精度。高水平的压气机设计能力是提高航空发动机性能的重要手段，能否准确地预测压气机压比效率特性，在轴流压气机设计中发挥着重要的作用。为了寻求更普遍适用的损失、落后角预测方法，尝试添加两种常规的神经网络模块：反向传播（back propagation，BP）神经网络和径向基函数（radial basis function）神经网络，作为损失落后角的代理模型。在训练样本充足、准确的前提下，代理模型的表现应该基本满足工作裕度和预测精度的要求。

（4）基于人工智能的叶轮机叶片优化设计技术。人工神经网络的基本工作原理是通过训练对各神经元连接权值进行计算调整，依据该训练完毕状态对外部输入信息实现动态信息响应处理。由于其具有非线性逼近的特点，非常适合用来对大型复杂气动计算的输入输出响应进行逼近，从而代替传统的流场计算求解器，对叶型性能进行合理预测，节约大量计算成本，同时还能将其与叶型参数化技术结合起来，实现叶型的反方法优化设计，缩短设计周期，提高设计效率。目前，人工神经网络已逐步应用于叶轮机械叶片反方法优化设计中，并与多种优化算法相结合，为叶轮机械叶片优化开辟了新的道路。

8.1.1　气动优化设计技术的研究现状

随着数学理论和电子计算机技术的发展，优化设计已成为一门独立的工程学

科,并在生产实践中得到了广泛的应用。通常,设计方案可以用一组参数来表示,这些参数有些已经给定,而有些没有给定,需要在设计中优选,称为设计变量。如何找到一组最合适的设计变量,在允许的范围内,使所设计的产品结构最合理、性能最好、质量最高、成本最低(即技术经济指标最佳),同时设计的时间又不能太长,这就是优化设计所要解决的问题。

通常,航空轴流压气机叶型的气动优化设计需要考虑三方面因素: ① 优化算法的计算效率及鲁棒性;② 优化结构的逻辑表示(设计变量选择及几何外形的参数化表达);③ 气动分析模型(基于 CFD 分析优化结果的有效性等)。相比实验方法,借助 CFD 对优化目标进行评估,具有更高的效率、更低的成本及满意的精度,目前是优化设计方法的核心组成部分。基于 CFD 的气动设计中,反设计方法[2,3]曾取得了很大的成功,但由于该方法中的目标函数与设计过程的联系过于紧密,难于灵活选取优化计算表达式,且选取目标压力分布及几何外形对用户的要求较高,处理几何、气动及非设计的约束比较困难,其应用受到了限制。

近年来,基于控制理论的设计方法——伴随方法,受到了人们的重视。与传统的梯度法相比,伴随方法的计算量有所降低,特别是在处理多设计变量优化问题时,计算量的相对下降趋势更为明显。该方法以偏微分方程系统控制的数学理论为基础,把物体边界形状当作控制函数,流体控制方程作为等式约束,而实际目标通过目标泛函来表达,设计问题转变为一个寻求满足约束的最优控制问题。在目标函数中引入 Lagrange 乘子消去约束,进行变分运算时再消去含有流场变量变分的项,就得到了伴随方程及其边界条件和含有伴随变量的目标函数的变分表达式。只要知道流场变量、伴随变量、扰动,每个设计变量就可得到不同的变分值及梯度。这时,梯度求解需要的计算量大约为两倍流场计算量,而与设计变量的数目无关。虽然伴随方法具有计算量小的优点,但无法否认的是,该方法只是解决了梯度的快速求解问题,本质上仍属于梯度法范畴的优化方法,故全局性问题依然未得到解决,这也是多数梯度优化方法的不足之处。

与反设计、伴随方法等数值类优化算法不同,人工神经网络、遗传算法(GA)等仿生智能类算法具有求解的全局性和应用的简单、直观性,一直备受研究人员青睐。

8.1.2　遗传算法在优化设计中的应用研究现状

遗传算法是模拟生物界自然选择和自然遗传机制的一种高度并行、随机、自适应的搜索算法,由美国 Michigan 大学的 Holland 于 1975 年提出[4]。遗传算法是一种通用、灵活易于扩展的优化算法,编码实现简单,具有天然的隐并行性和全局空间搜索能力,其在机器学习、模式识别、图像处理、神经网络中得到了深入广泛的应用。随着计算机硬件性能的不断提升,遗传算法在航空航天领域同样得到了充分的重视。例如,在机翼翼型优化设计中采用遗传算法技术方案,为了加速算法收敛及提高全局收敛性能,可将遗传算法与局部搜索能力较强的可变误差多面体法进行结合,提高了优化效率。

对于标准遗传算法中存在的早熟、后期搜索效率差、计算冗余度高等缺陷,也可以引入交叉概率和变异概率随种群进化过程进行适时变化,可记录全部进化历史的自适应小生境遗传算法,该算法已经应用于燃气轮机多级轴流压气机的优化当中,优化效果显著。标准遗传算法的基本流程如图 8-2 所示。

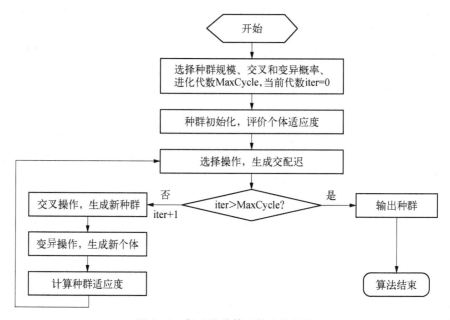

图 8-2   标准遗传算法基本流程图

使用遗传算法,配合流场求解器,可完成压气机的全自动优化设计,大大减少了设计人员的工作量,也正因如此,遗传算法成为优化设计中一种非常重要的设计工具,在工程优化设计平台 Isight 及商用 CFD 软件 NUMECA 等软件中都集成了对遗传算法的支持。然而,为保证尽可能地获取全局最优解,采用遗传算法时需要消耗大量时间。因此,在遗传算法的应用研究中,大量研究集中在遗传算法性能的提升及求解器加速策略上,如双赌轮遗传算法、自适应遗传算法、免疫遗传算法等改进遗传算法[5-7],与标准的遗传算法相比,这些算法在求解的精度和收敛的速度上均有所提升,适用范围更加广泛。在求解器加速策略上,通常使用神经网络或响应面模型对真实求解器进行拟合,并以拟合后的模型代替耗时的真实求解器,结合遗传算法中进行使用,以此来提升优化计算的效率,并设置更新策略不断优化模型以提升计算精度[8-10]。

8.1.3　仿生智能算法研究与应用现状

随着遗传算法研究的不断深入和应用领域的不断拓宽,人们对进化算法的了解越来越深入,促进了性能更优秀的新型智能算法的诞生。微分进化(differential evolution, DE)算法由美国学者 Storn 等[11]于 1995 年提出,该算法是一种模拟"优胜劣汰,适者生存"的自然进化法则的仿生智能计算方法,是一种基于种群差异的进化算法。DE 算法通过种群内个体间的合作与竞争来实现对优化问题的求解,其本质上是一种基于实数编码的具有保优思想的进化算法。该算法实现技术简单,在对各种测试问题的实验中表现优异,已经成为近年来进化算法研究中的热点之一。在 1996 年举办的首届 IEEE 国际进化计算大会中,该算法的综合性能在所有进化类算法中位列第一,在所有参赛算法中位列第三(前两名为非进化类算法),但这两种非进化类算法只在求解某一问题时较为优秀,不具有普遍性。在所有参赛的进化类算法中,微分进化算法被证明是最优秀的。同时,Vesterstrom 等将 DE 算法与粒子群优化算法用于 34 个广泛应用的数值 Bechmark 函数中,对两种算法的性能进行了深入的比较研究,实验结果表明,DE 算法的收敛速度及稳定性要明显优于粒子群优化算法,同样也优于其他仿生智能计算方法[12]。

粒子群优化算法简单、高效,得到了众学者的重视,由此提出了大量改进的粒子群优化算法[13-15],部分学者将其应用于叶轮机械的优化设计当中。宋立明等[16]在标准粒子群优化算法的基础上,引入了种群熵的概念,以此表征种群的多样性变化特征,并根据熵来自适应控制种群的搜索范围,提高算法的早期收敛速度和后期收敛精度,作者将该算法应用于三维叶栅的气动优化中,使总压损失降低了 17%。如果在飞机翼型的优化设计中引入了自适应粒子群优化算法,也可以显著提升翼型的升阻比[17]。

除了进化类算法,模仿生物群体智能行为的群智能算法近年来也取得了丰硕成果。诺贝尔生理学奖得主——德国生物学家 Frisch 发现,在自然界中,虽然各社会阶层的蜜蜂只能完成单一的任务,但蜜蜂通过摇摆舞、气味等多种信息交流方式,整个蜂群总是能很自如地发现优良蜜源,实现自组织行为。按照 Frisch 的描述,蜜蜂回巢后,会在蜂巢上右一圈、左一圈地跳起"8"字形舞蹈,如图 8-3 所示。在跳"8"字形舞蹈的直线阶段时,蜜蜂会不断地振动翅膀,发出嗡嗡声,同时腹部还会左右摆动,这部分舞蹈称为"摇摆"。Frisch 还发现,这部分的舞蹈包含两部分有关食物地点的重要信息。首先,摇摆的方向表示采集地点的方位,其平均角度 α 表示采集地点与太阳位置的角度。其实,摇摆舞的持续时间蕴含着食物距离的信息,研究表明,蜜蜂摇摆舞的时间越长,说明食物所在地点越远,具体换算方位为:距离每增加 100 m,蜜蜂摇摆的时间增加 75 ms[18]。通过跳舞这种方式,找到食物的蜜蜂能够吸引蜂巢内其他蜜蜂的注意。这些蜜蜂在看到后,会根据摇摆舞得到食物地点的准确信息,选择飞往蜜源采蜜或在附近重新寻找新的蜜源,蜜蜂之间通

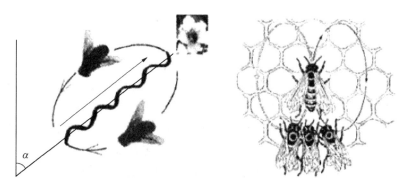

图 8-3 蜜蜂摇摆舞示意图

过这种相互的信息交流、学习,使得整个蜂群总能找到较优蜜源进行采蜜。

人工蜂群(artificial bee colony, ABC)算法准确地模拟了蜜蜂群寻找花粉的群体智能协同行为,依照真实环境中不同蜜蜂的分工,在算法中进行仿真,该算法具备出色的全局寻优能力。

8.1.4 现代人工智能技术发展概况

1981 年,美国神经生物学家 David Hubel 和 Torsten Wiesel 因发现可视皮层的分级处理特性而获得诺贝尔医学奖。研究指出,从视网膜接受外部刺激开始,脑部神经元对外部刺激的处理是逐层推进逐层抽象的,如图 8-4 所示(图中 V_1、V_2、V_4 表示不同级别的视觉皮层,PIT 为初级物体描述,AIT 为高级物体描述,LGN 为外侧膝状体,PMC 为初级运动命令)。这一发现对推动人工智能的进一步发展奠定了理论与实验基础,使相关学者认识到,通过精确模拟人脑的信息处理方式来解决复杂问题,采用传统的三层神经网络是远远不够的。然而,即便认识到增加神经网络层数可有效提升网络性能,使得更为复杂的问题得以求解,但层数增加带来的梯度消失或爆炸问题导致在很长一段时间内无法有效解决深层网络的训练问题,因此限制了神经网络的进一步发展。直到 Hinton 等[19]和 Ackley 等[20]基于深信度网络

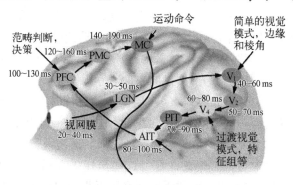

图 8-4 视觉系统处理外部信息结构图

提出了非监督贪心逐层训练算法，才为解决深层结构相关的优化难题带来希望，从此开启全新的人工智能研究热潮。

人工神经网络是人类在对脑结构认识加深的基础上，对人类大脑的结构模拟，以期望实现人脑功能的一种新兴技术，其根植于神经科学、数学、统计学、物理学、计算机学及工程等学科。人工神经网络通过对人脑的抽象、简化、模拟，能够反映人脑的基本特性。同时，人工神经网络也是一种由大量人工神经元通过丰富和完善的连接而构成的自适应非线性动态系统，具有不可预测性、耗散性、不可逆性、广泛的连接性与自适应性等，能够实现人脑的基本特征，即学习、记忆和归纳。

基于 Hinton 的深度学习理论，知名机器学习专家 Andrew 联合大规模计算机系统方面的专家 Jeff Dean，搭建了一个使用 16 000 个 CPU 进行训练的深度神经网络，该网络内部总共包含了将近 10 亿个节点，该项目即为 Google Brain，其在语音处理和图像识别领域获得了巨大的成功。同年 11 月，微软公司展示了一套同样基于深度学习的同声传译系统，在语音识别、机器翻译和语音合成方面取得了惊人的效果。2016 年 3 月，由 Google 公司研发的人工智能机器程序 AlphaGo 以 4∶1 的总比分战胜人类顶尖棋手，引起轰动，该程序使用深度学习技术与蒙特卡洛树搜索构建出了具备高度智能的围棋程序，其能够快速、准确地用类似人类的思维模式分析局面、预判局势并做出最佳反应。在智能化程度上，以深度学习为基础的 AlphaGo 与以往基于简单搜索的处理方式有着本质的区别。

图 8-5 和图 8-6 示意性地给出了传统神经网络和深度神经网络的基本区别。深度学习源于人工神经网络的研究，但与传统网络不同，深度网络通过建立更多层的网络结构，深度挖掘数据的本质信息。

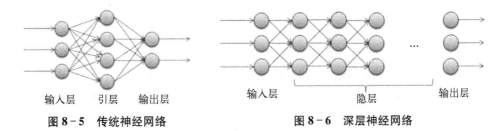

图 8-5　传统神经网络　　　　　　图 8-6　深层神经网络

目前，在深度学习领域，基于 CNN 的大规模网络 ResNet 在图像识别领域的错误率已经降低到 3.57%，超过了人类的错误率 5.1%；采用循环神经网络（recurrent neural network，RNN）和长短期记忆（long short-term memory，LSTM），也已经可以使计算机学会自己创作诗词、代替专业人员撰写新闻稿；采用语音识别与语音合成技术，已经可以使计算机与人类通过语音进行无障碍交流，人工智能技术势将给传统行业带来变革，极大地推进学术与工程各个领域的进步。

基于深度学习模型，通过大量叶型的数值仿真数据及实验数据构建样本，理论上可以十分精准地学习到不同叶型的流场特征,迅速预测叶型气动性能,随着数据量的不断增加,其使用价值有望超过 CFD 数值模拟结果。

综上所述,智能算法(包含进化算法、群智能算法、人工神经网络等机器学习算法)在叶轮机械人工智能技术应用中有着十分巨大的应用潜力,随着计算机计算能力的进一步提升,以及智能算法的持续改进,使用智能技术构建优化设计系统将具备十分重要的理论和应用价值。

8.2 应用改进型 BP 人工神经网络的叶片优化设计技术

人工神经网络的基本工作原理是通过训练对各神经元连接权值进行计算调整,依据该训练完毕状态对外部输入信息实现动态信息响应处理。由于人工神经网络具有非线性逼近的特点,非常适合用于对大型复杂气动计算输入输出的响应逼近,从而代替传统的流场计算求解器,对叶型性能进行合理预测,节约大量计算成本,同时还能将其与叶型参数化技术结合起来,实现叶型的反方法优化设计,缩短设计周期,提高设计效率。目前,人工神经网络已逐步应用于叶轮机械叶片反方法优化设计中,并与多种优化算法相结合为叶轮机械叶片优化开辟了新的道路。

8.2.1 神经网络概述

1. 神经网络基本单元模型

人工神经网络是由大量处理单元广泛互连而成的网络[21-23],神经元模型是神经网络的基本组成单元。大量的基本神经元相互连接,实现对生物神经元突触的模拟。这些神经元之间连接权的调整对应了网络对环境的学习,对于一个基本相同拓扑结构的网络,其网络内部的权值决定了该网络是外部输入的响应,不同的训练样本会产生不同的连接权值,以适应各种情况的信息处理。

图 8-7 中所表示的是一种典型的人工神经元模型,该模型一般具有三个要素:① 具有一组突触或连接,常用 w_{ij} 表示神经元 i 和神经元 j 之间的连接强度,或称为权值,其取值可正可负;② 具有反映生物神经元整合功能的输入信号累加器;

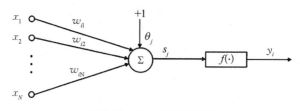

图 8-7 人工神经元模型

③ 具有一个非线性激活函数,将神经元输出幅度限制在一定的范围内。

$$y_i = f\Big(\sum_j w_{ij} x_j + b_i \Big) \qquad (8-1)$$

式中,$x_j (j = 1, 2, \cdots N)$ 为神经元 i 的输入信号;w_{ij} 为连接权值;b_i 为神经元的阈值或称为偏差;$f(\cdot)$ 为激励函数,y_i 是该神经元 i 的输出。

Sigmoid 函数是人工神经网络中最为常用的激励函数,在本节中采用该函数作为激励函数,其形式如式(8-2)所示:

$$f(v) = \frac{1}{1 + \exp(-av)} \qquad (8-2)$$

2. 人工神经网络结构

人工神经元是网络的基本组成单元,必须以特定的方式与结构连接在一起才能形成一个可使用的网络,而这些组成方式和拓扑结构也决定了网络的性能,通常的网络连接分为前向连接和反馈连接。前向连接网络是指在各神经元信号传递过程中,其传递方向是单一的,例如,前一层的神经元信号仅向后一层的神经元传递而不影响其更前层的神经元。而反馈连接网络则在网络中至少存在一个反馈回路,每个神经元都会将自身输出信号重新作为输入反馈给其他所有的神经元,然后再将新得到的输出作为输入处理,反复循环,直至网络稳定。

在网络结构中,通常是使用"层"的概念来进行神经元的组织。一个单层网络仅有一个输入层和一个输出层,而多层网络则包含了至少一层的隐含层。单层网络结构简单,能够实现简单的线性可分的识别分类,但功能非常有限,很难进行更广泛的应用。多层网络是在单层网络的基础上,适当地增加了网络层数,这样可以提高网络的映射能力。对于一个具有偏差、至少有一个 S 行隐含层和一个线性输出层的网络,理论上能够逼近任何有理函数。而采用一个三层神经网络就能对连续非线性问题达到合理的逼近。对于更复杂的非线性问题,一般也能够通过添加网络层数来加以解决。但是,由于层数的增加,神经节点数量增多,网络结构趋于复杂,在网络训练上就会花费更多的时间,并且会影响整个网络的训练收敛情况,因此再增加网络层数是需要经过慎重考虑的。通过测试发现,使用一个三层网络可以对叶片气动性能进行较好的预测估计,因此选择使用带一个隐含层的三层 BP 神经网络。

3. 人工神经网络的学习

人工神经网络的学习是其最重要的特点之一,一个网络的学习过程就是对它的训练过程,其基本原理可以理解为,将样本向量构成的样本库输入人工神经网络中,按照一定的方式去调整神经元之间的连接权值,使网络能将样本库的内涵以连接权矩阵的方式存储起来,使网络在接收到一定的输入时能够给出合理的输出。

神经网络的学习方式分为有导师学习方式和无导师学习方式两种。在有导师学习方式中,需要给出输入的期望响应,样本库包括输入和输出的双重集合,在训练过程中使网络输出逼近期望响应。而无导师学习则不需要给出期望输出,样本库中只包括输入向量,训练算法反复修改权矩阵,能够网络对一个输入给出相容的输出,即通过相似的输入向量可以得到相似的输出向量。最基本的有导师学习算法为误差纠正学习算法,而无导师学习算法包括 Hebb 学习率算法、竞争学习算法、随即连接学习算法等。就目前来看,有导师学习算法是非常成功的,因此选择误差纠正算法作为学习训练算法。

8.2.2　BP 前馈神经网络结构及算法

对于单层神经网络模型(如单层感知器),其可以解决的问题范围具有很大的局限性。为了解决线性不可分问题,使用多层网络是唯一的办法。但是多层网络中隐藏层的神经元误差计算是很困难的,因为在实际应用中,隐藏层神经元的期望输出层是未知的。为了解决这个问题,在 20 世纪 80 年代中期,Rumelhart、Hinton 等提出了 BP 网络算法。BP 网络算法成功解决了多层感知器网络的学习问题,为多层网络训练提供了较有效的办法,成为最为常用的神经网络训练算法,而使用该算法进行训练的网络通常称为 BP 网络。

1. BP 网络算法

BP 网络算法的基本原理是利用输出层误差来估计输出层的前一层误差,然后再使用这个误差去估计更前一层的误差,以此类推,得到整个网络各层的误差。因此,BP 网络算法可以包括两个过程。

(1) 正向传播过程。输入信号由输入层进入网络,每经过一层则产生一个输出,直至输出端,在输出端产生网络的输出信号。在信号向前传递的过程中,网络的权值是固定不变的,每一层的神经元状态只影响下一层的神经元状态。如果在输出层不能得到期望输出,则进入误差信号反向传播。

(2) 误差信号反向传播过程。误差信号由输出端开始向前面层进行传播,在传播的过程中,网络权值根据特定规则和误差反馈进行调节,由此与正向过程结合,反复迭代,直至得到使实际输出逼近期望输出的网络连接权矩阵,完成训练过程。

图 8-8 所示的是一个多层网络中某一层信号的正向和反向传播过程,其中实线表示信号的正向传播,虚线表示信号回馈(反向传播)。

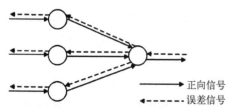

→ 正向信号
----→ 误差信号

图 8-8　信号的正向和反向传播过程

2. BP 网络算法的改进

普通的 BP 网络算法存在收敛速度慢和目标函数存在局部极小值的缺点,因此需要对算法进行一定改进,最常用的方法有在权值修改中加入动量项和使用奇函数作为激励函数。

学习步长 η 是确定的,因此其值过大时会导致网络不稳定,过小则使收敛速度过慢,加入动量项可以解决这个矛盾。对于加入动量项的权值修正值,由式(8-3)计算。

$$\Delta w_{ij}(n) = \alpha \Delta w_{ij}(n-1) + \eta \delta_j(n) v_i(n) \qquad (8-3)$$

式中, α 为动量项,取值为(0,1); v 为神经元输出。

动量项的加入既可以对权值修正值进行微调,还能避免目标函数陷入局部极小值。

8.2.3　神经网络样本库的建立

神经网络对输入的响应及对问题的处理主要取决于对网络进行训练的样本库。求解不同的问题时,需要用到与该问题对应的样本库。在本节中,优化问题的本质是建立起叶型与其气动性能的非线性映射关系,通过对输入的控制得到较优性能的叶型,同时在与其他优化算法结合时,能够快速地得到叶型的性能。因此,网络的样本库应该是由表达叶片形状的参数坐标和该叶型的气动性能参数组成。

1. 建立样本库的数值计算方法

可以通过实验和计算这两种手段获取叶型的性能参数,现阶段,使用计算流体力学方法来得到叶型性能是最为普遍的方法,该方法不但耗时短、成本低,而且还能与神经网络训练本身结合起来,不断地自动向样本库中添加新的样本,提高了网络预测精度。

考虑到叶型的参数化、计算时间的消耗及网络的复杂程度等多个方面的影响,仅建立二维叶型样本库。利用时间相关的有限体积法对叶栅的 S1 流场进行 Euler 方程组求解,获取叶型表面的速度分布。

计算过程中,使用的边界条件包括进口边界、出口边界、物面边界和周期边界四种。进口和出口边界通常取在叶片前缘上游和尾缘下游一倍弦长位置;由于是无黏流场,物面边界使用滑移条件,物面上的速度与物面相切;由于叶栅流场具有周期性,还应该保证在周期性边界上满足周期性条件。

在计算时,出口条件一般是给定叶栅出口静压 P_2,而进口参数的选取则根据来流工况的不同而改变。当来流进口速度超声时,则给定进口总压 P_1^*、进口总温 T_1^*、进口来流马赫数 Ma_1。当来流进口速度为亚声速时,则给出进口气流角 β_1 来代替进口来流马赫数来作为进口参数。

计算网格的生成质量决定了计算的收敛性和准确性,通常使用的网格生成方法有代数法和微分方程法。代数法是指利用已知边界值对流道内部网格进行拟合生成,其推导计算简单、生成速度较快,能够很方便地在需要加密的位置进行网格加密。H形网格作为代数网格最简单的一种,适用于对二维叶栅的流场进行计算,因此使用H形网格作为流场计算网格。在网格区域划分中将整个网格分为三个区域:栅前区、叶栅区和栅后区,叶栅区网格线的轴向分布是按特定比例生成的;栅前和栅后区域使用等比网格,按照一定的规律对近前缘尾缘位置的网格进行加密,用以捕捉激波等流场信息。图 8-9 为某叶栅的计算网格。

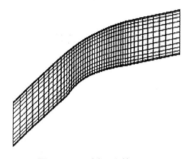

图 8-9　叶栅计算网格

图 8-10　验证计算叶栅叶型

使用该方法对某叶栅进行验证计算,组成叶栅的叶型如图 8-10 所示。叶栅计算参数如下:安装角 $\gamma = 27°$、来流马赫数 $Ma_1 = 0.71$、进口总压 P_1^* 为 121 926.42 Pa、进口总温 T_1^* 为 344.98 K、出口背压 P_{b2} 为 92 593.70 Pa、来流攻角 α 为 $-6°$。

图 8-11 所示的是该叶栅表面马赫数的计算值和实验值的对比,从图中可以看出,在约 10% 弦长至约 70% 弦长位置,叶片表面马赫数分布的计算值和实验值吻合程度很好,仅在进口处,其计算值低于实验值,有较大的误差。总的来说,采用该计算方法能够较为准确地获得叶栅的气动性能参数,计算结果具有较高的可信度,使用该计算结果来建立神经网络样本库可以得到正确的响应预测结果。

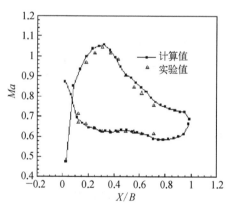

图 8-11　叶栅表面马赫数计算值
与实验值对比

2. 神经网络样本库的组成

网络的样本库组成包括输入向量和期望输出向量两个部分,一个样本库中含有多组样本。在训练过程中,样本库中所有的样本都将作为训练数据对网络进行训练。样本库的数据组织分为两种情况:① 单独使用 BP 网络进行优化设计时,输入向量为叶片表面等熵马赫数的坐标向量,期望输出向量为叶片参数化之后的控制点坐标向量;② 如果选择 BP 网络预测叶片性能时,则将叶片控制点向量作为输入向量,表面马赫数为输出向量。在将数据读入网络或网络进行输出时,奇数神经元接收或输出相应坐标向量的横坐标,偶数神经元接收或输出相应坐标向量的纵坐标。

在建立样本库的过程中,还应该注意对样本数据值的处理。如果样本数据中的坐标值为绝对值时,其数据取值范围可能变化很大,影响网络性能。因此,必须对样本数据进行归一化处理,使变量的取值范围处于同一范围内。同时,为了避免样本数据在训练过程中处于激活函数的平坦区域,将输入输出数据的横坐标变换至 0.0~1.0 范围内,纵坐标按相对弦长坐标处理,坐标变换公式如下:

$$CX_i^p = \frac{Cx_i^p - Cx_0^p}{Cx_N^p - Cx_0^p} \quad (i = 0, 1, \cdots, N) \tag{8-4}$$

$$CY_i^p = \frac{d_i^p}{B} \quad (i = 0, 1, \cdots, N) \tag{8-5}$$

式中, CX_i^p 表示第 p 个样本中第 i 个输入输出数据点的横坐标; Cx_i^p 表示相应点的坐标绝对值; N 为数据点数; CY_i^p 表示第 p 个样本中第 i 个控制数据点的纵坐标; d_i^p 为表示该数据点到叶型弦长线的距离; B 表示此叶型的弦长。

本节中的样本数据都是在某一特定工况下得到的,因此仅仅适用于该工况。对于给定叶栅,在不同的来流攻角和马赫数下,需要建立不同的样本库进行训练,以保证网络响应的输出合理性[24]。

8.2.4　基于 BP 神经网络的风扇静子叶片优化

1. 算例及优化方法过程说明

选取某两级风扇的第二级静子作为研究对象,该静子根部弯度很大,气流转折角达到 49.48°,扩散因子为 0.57,进口马赫数达到 0.97,具有较大的逆压梯度,气流在根部的流动较为恶劣。通过 CFD 软件计算发现,在非设计点下,该静子的叶根位置存在着严重分离,并伴随着一个较大的分离涡,对该静子乃至整台风扇性能都有较大影响。因此,对该根部基元级使用神经网络优化改型是有必要的。图 8-12 为该静子在优化前的三维结构图。

具体的优化思路如下:首先使用 NURBS 方法对叶片基元级型面进行参数化,计算获取叶型基元级的控制点,用 NURBS 控制点将基元级吸、压力面进行描述,再将控制点与叶片气动性能相关联,创建大量的训练样本对人工神经网络进行训练,从而建立起叶片几何型面控制点与气动性能的非

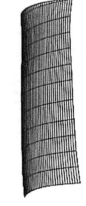

图 8-12　第二级静子优化前的三维结构图

线性映射关系。采用叶片几何型面控制点与叶片的马赫数分布进行关联,调整原始叶片的马赫数分布,使之趋于理想分布,再由训练好的人工神经网络得到相应的叶型几何型面,并对新生成的叶型进行计算调整,反复迭代,达到优化叶型的目的。在完成二维优化之后,将新基元级与原叶片的其他叶展的基元级进行重新积叠,采用商业计算流体力学软件计算新静子对整台风扇性能和流场的影响,验证优化效果。

　　所使用的神经网络为单隐层的 BP 神经网络,其拓扑结构为包括一个输入层、一个隐含层和一个输出层的三层网络结构。该网络在保持良好的非线性函数逼近性能的基础上,同时具有结构简单、易于使训练收敛的优点,单隐层 BP 神经网络拓扑结构图如图 8-13 所示。激励函数使用 Sigmoid 函数,并使用前面所介绍的方法对网络训练算法进行了改进,提高训练速度和收敛精度。通过实验确定了网络输入层神经元为 44 个,输入数据为叶型表面马赫数分布,隐层神经元为 15 个,输出层神经元为 20 个,用以输出对应叶型几何型面 NURBS 控制点坐标。采用该规模的 BP 网络能较好地建立起性能与叶型控制点的非线性映射关系,所得到的输出精度较高。训练样本数据库包含了 50 组训练样本,保证了网络响应的准确性。

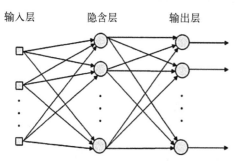

图 8-13　单隐层 BP 神经网络拓扑结构

　　对单级静子进行的优化还必须考虑级间匹配问题。因此,为了保证第二级转子出口气流角与该静子的进口气流角基本保持一致,以及静子出口气流角保持不变,在优化过程中保持静子的几何进口角 β_{1k} 和几何出口角 β_{2k} 不变。同时,保持叶型弯角和弦长不变,保证了静子的扩压能力并满足了稠度要求。

　　2. 二维优化结果及分析

　　图 8-14 和图 8-15 为根部基元级优化前后的叶型对比及局部放大图,其中实线表示优化后的叶型,点划线表示初始叶型。从图中可以看出,叶片几何进出口角、叶型弯角都未发生变化,并且在约 70% 弦长之前的叶片形状也几乎没有变化,而在约 70% 弦长至近尾缘处的厚度分布发生了改变。

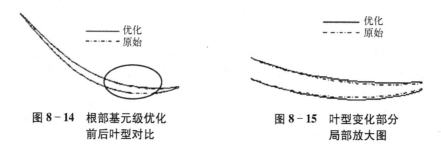

图 8-14　根部基元级优化
前后叶型对比

图 8-15　叶型变化部分
局部放大图

图 8 - 16 给出了优化前后的叶片吸力面/压力面马赫数分布,其中虚线为优化前的马赫数分布,优化后的马赫数分布用实线表示。从图中不难看出,优化前后气流从叶片前缘进行加速,到约 40% 弦长处,马赫数达到峰值。优化后的马赫数峰值略低于优化前,这样有利于降低叶型中部的激波强度,减少激波损失。在峰值之后,优化前的气流流速迅速降低,造成较大逆压梯度,容易使气流发生分离,使流动恶化,增大气流损失。而优化之后的分布更加合理,气流减速相对平缓,有利于减弱气流的分离,有效抑制附面层的发展及低能流体的回流。

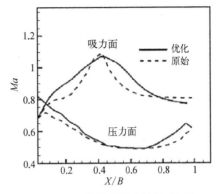

图 8 - 16　优化前后叶片吸力面/压力面马赫数对比

3. 三维流场计算及分析

将优化之后的根部基元级重新进行三维积叠就可以获得新的第二级静子三维叶片。在积叠过程中,为了保证叶片表面的光滑,还必须对全叶展的各基元级重新插值。将新的静子叶片与原风扇其他叶片重新组合在一起,采用专业叶轮机械计算商业软件对新风扇进行计算,考察新静子叶片对风扇性能和流场的影响。

使用 NUMECA 软件进行整机三维有黏计算,在计算过程中,使用中心差分格式,来求解带 Spalart - Allmaras 湍流模型的 Navier - Stokes 方程,并使用多重网格法及局部时间步长法等加速手段来提高收敛速度。使用 HOH 形计算网格,计算边界条件如下:进口为标准大气条件,总压 101 325 Pa,总温 288.15 K,轴向进气;出口给定平均静压;轮毂、机匣及叶片等固壁上给定绝热无滑移边界条件。

图 8 - 17 和图 8 - 18 分别为在相同边界条件下,优化前后第二级静子 5% 叶展处 S1 面的相对马赫数云图。由于改变了相邻叶片间的流通面积沿流向的变化率和叶型折转角沿流向的变化率,近尾缘区域吸力面的压力场分布也发生了变化,从

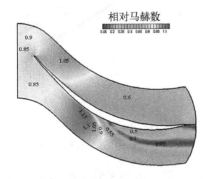

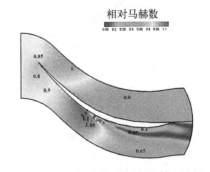

图 8 - 17　优化前第二级静子 5% 叶展处 S1 面的相对马赫数云图　　图 8 - 18　优化后第二级静子 5% 叶展处 S1 面的相对马赫数云图

而有效控制和改善了静叶吸力面附面层的发展,抑制了大逆压梯度下附面层低能流体在吸力面的局部回流。从图中可以看出,叶型中部激波形状发生了变化。优化后的激波发生了一定的倾斜,其强度有所降低。同时,优化前,在大约55%弦长处,气流在吸力面上发生了严重的附面层分离,低能区域较大,造成严重的分离损失。优化后,回流区明显减小,分离趋势减弱,主流区增大,有效地减少了气流分离所带来的流动损失。

图8-19和图8-20分别为优化前后第二级静子5%叶展处S1面的极限流线,从极限流线图中可以看到,优化前,叶片尾缘处具有一个较大的分离涡,大约占据了50%的流通面积,造成比较严重的流道堵塞,使气流流动恶化。优化后,分离涡变小,气流有效流通面积增大,减小了对主流区的影响,气流流动更加合理。图8-21和图8-22分别为优化前后第二级静子约47%弦长处的局部马赫数等值线图,从图中可以看出,这一区域存在着局部超声区,这样会导致激波,并产生激波-附面层干扰,使附面层分离加剧,造成严重损失。通过优化改型,局部超声区范围减小,削弱了激波-附面层干扰对叶栅性能的影响。

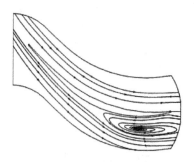

图8-19　优化前第二级静子5%叶高处S1面极限流线

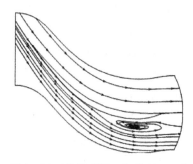

图8-20　优化后第二级静子5%叶高处S1面极限流线

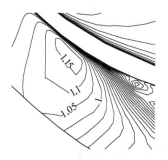

图8-21　优化前第二级静子47%弦长处的局部马赫数等值线图

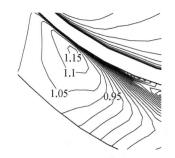

图8-22　优化后第二级静子47%弦长处的局部马赫数等值线图

图8-23和图8-24分别给出了优化前后第二级静子叶片吸力面的极限流线,从图中可以看出,优化前,由于角区的逆压梯度较大,在中间弦长处,极限流线

发生偏转,形成一条分离线,朝 1/2 叶展方向发展,并在 1/5 叶展处形成旋涡,这是造成较大损失的原因。优化之后,分离线明显向叶片尾缘移动。43%～50%叶展处的分离线消失,40%叶展以上,叶片没有明显的分离区域,流动得到较大改善,轮毂至约 30%叶展处的尾缘分离区域面积减小约 40%,9%～30%叶展位置处的分离线明显后移,20%叶展处的旋涡消失。分离区域的减小和分离线的后移都使得气流损失减少,使轮毂至 50%叶展区域的叶片性能得到提高。

图 8 - 23　优化前第二级静子叶片　　　图 8 - 24　优化后第二级静子叶片
　　　吸力面极限流线　　　　　　　　　　吸力面极限流线

　　而从图 8 - 25 和图 8 - 26 所给出的二次流图谱中可以看出,二次流主要表现为从压力面到吸力面的流动,并伴随有一定的径向流动。在优化前,靠近叶片吸力面的径向流动增强,吸力面表面的二次流则完全表现为径向流动。同时,端壁附面层内的低能流体由于受到分离涡的运动控制,在叶片吸力面近出口处的角区堆积,同时在角区形成了一个三维分离泡。优化后,近吸力面的径向流动有较大的削弱,而分离泡的体积也有明显减小,这对于减少损失是有利的。

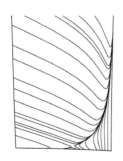 

图 8 - 25　优化前第二级静子 60%弦长　　图 8 - 26　优化后第二级静子 60%弦长
　　　处 S3 面二次流图谱　　　　　　　　　处 S3 面二次流图谱

　　表 8 - 1 列出了优化前后在不同叶展处的总压恢复系数,从表中可以看出,从根部到 20%叶展处,该转子的性能有较大提高,在 20%叶展以上至叶片中部,其性

能也有不同程度的改善,而该静子的整体总压恢复系数也由 0.970 283 提高到了 0.977 343。在平均背压为 200 kPa、质量流量为 84.8 kg/s 的工况下,风扇整体增压比由 2.522 4 提高到了 2.531。

表 8-1 优化前后不同叶展处的总压恢复系数对比

叶 展	优 化 前	优 化 后
5%	0.847 17	0.856 81
9%	0.902 47	0.908 81
17%	0.926 23	0.938 68
21%	0.955 13	0.964 78
30%	0.964 54	0.969 22
40%	0.978 21	0.979 33
50%	0.987 47	0.987 73

由于优化过程是针对单一工况点进行的,还需要对其他工况点的性能进行考察分析。图 8-27 和图 8-28 分别给出了优化前后该风扇的变工况性能曲线,从图中可以看出,优化前后,其绝热效率基本保持不变,而总压比在优化点处有较大提高,其他工况处变化不大。但近喘点的总压比略有下降,质量流量裕度也略有降低。

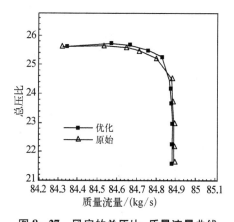

图 8-27 风扇的总压比-质量流量曲线

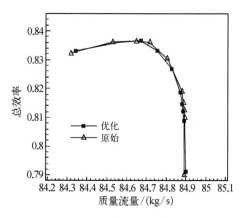

图 8-28 风扇的总效率-质量流量曲线

8.2.5 小结

本节首先对人工神经网络的基本思想及要素进行了一定介绍,并结合这些内容对本节所使用的 BP 神经网络的拓扑结构、主要算法、学习样本建立方法及改进方法进行了较为详细的阐述。利用参数化方法将叶片吸、压力面用 NURBS 控制点坐标进行表示,采用三层 BP 神经网络,将这些控制点与叶型表面马赫数分布关联起来,建立反方法优化方法。最后,以某两级风扇的第二级静子为优化对象来验证该方法的可行性。通过修改原叶型的马赫数分布,获得新叶型,改善了第二级静子的根部流场,使其总压恢复系数得到了一定的提高。整个风扇的总压比在优化工况位置有了较大提高,但其总效率和质量流量裕度略有降低。优化结果表明,使用人工神经网络进行叶片气动优化设计是可行的。

8.3　基于径向基神经网络的损失和落后角模型及应用

高水平的压气机设计是提高航空发动机性能的重要手段,能否准确地预测压气机压比和效率特性在轴流压气机设计体系中发挥着重要的作用。在采用常规方式设计压气机的最初阶段,基于两类流面理论的准三维设计体系在工程设计中仍然普遍使用,即结合运用两类流面理论和传统损失落后角模型计算出压气机流场数据。以往大多数准三维设计工具都是通过经验公式来预测叶型的性能,损失落后角模型也是根据众多平面叶栅实验数据和相关参数拟合修正得到的半经验关系式。由于平面叶栅和压气机中的真实流动情况差距较大,某种经验公式很可能只适用于某种叶型,并且模型建立的时间都比较早,在当前高马赫数、高负荷设计和非设计工况下,对压气机性能的预测存在不小的误差,较为通用的损失和落后角模型尚未得到充分发展。

近年来,随着机器学习技术突飞猛进的进步,可以利用广义径向基神经网络关联压气机特性与仿真模拟数据,得到新的损失落后角代理模型。本节利用正则化径向基函数神经网络取代经验公式搭建一种新的损失落后角模型,来计算多级压气机的特性;并分别研究正则化与否对损失落后角预测的影响及其对压气机效率和压比特性预测的影响。结果表明,在多级压气机中,在训练样本区分转静子、转速、工况的条件下,使用正则化的径向基神经网络代理模型在大部分情况下能够较为准确地预测损失落后角及多级压气机的整体特性,这种方法可以用于将来的压气机设计和特性预测工作中。

8.3.1　传统损失和落后角模型发展

叶轮机械诞生至今,国内外研究人员已经发展出了很多损失和落后角模型,比较常用的有 Cater 的设计落后角模型[25]、Koch 等的设计损失模型[26],还有一些改进模型中则是加入一些修正关系使得模型更适用于某种情况下的压气机特性计算。

参考状态下对应的攻角称为参考攻角,通常选在攻角特性线的最小损失点上,而最小损失一般包含叶片边界层引起的叶型损失和因超声速流动产生的激波损失。在预估叶型损失的工作中,Lieblein[27]提出了早期的叶型损失修正公式,使用扩散因子作为叶片进出口相对速度和最大进口相对速度的函数。后续不断有学者将最大厚度的影响、雷诺数的影响、气流与叶片表面摩擦的黏性效应引入损失的计算中,对模型进行了修正,也有研究将模型的计算范围扩展到了超声速工况下。当前采用的激波损失主流模型是 Miller - Hartmann - Lewis[28] 模型,该模型只考虑基元叶片在来流超声情况下通道激波的损失,在压气机设计中有广泛应用。Boyer[29]的模型则在通道激波的基础上加入了斜激波、法向激波和叶片前缘弓形波的损失。

非设计状态下的损失计算方法在几十年的发展中逐渐分成了两种:第一种方法通过调节相关系数对压气机流动总损失进行修正,即先计算出压气机在设计状态的总损失,再根据相关公式求解对应的非设计点损失;第二种方法认为压气机流动中的总损失是各种因素造成的分损失的和,因此先分别求出叶片可能拥有的各种损失的数值,再使用雷诺数对叶型损失进行修正,最后对各种损失的结果进行求和,以此作为非设计点的总损失。

落后角模型的经验公式同样诞生于庞大复杂的实验数据和丰富的工程经验中。落后角受很多要素的影响,如扩散因子、气流损失、叶型弯角、稠度等。Cater模型是最主流的落后角预测模型,Cetin 等[30]将压气机流动中的三维效应引入参考落后角公式,修正了在落后角较大时,Cater 模型预测值偏低的问题。刘波等[31]针对 Cater 模型在叶片出口气流角随弯角线性变化,导致在大弯角下落后角误差偏大的问题,根据弯角和稠度进行修正,使其适用于更广泛的叶片弯角和稠度范围。Klepper[32]分别针对不同的影响因素给出了对非设计状态落后角的修正模型。

结合合理的损失落后角模型,在子午面上利用流线曲率法就可以预测轴流压气机的特性。在本节计算中涉及的传统损失落后角模型包括 Johnsen 参考攻角、参考落后角模型,Herrig 边界攻角模型,Boyer、Hearsey 非设计状态落后角模型,Pachidis、Swan 损失模型,Miller 激波模型及二次流损失模型等[28,33-39]。

8.3.2 损失和落后角代理模型研究

人工神经网络技术从 20 世纪 90 年代以来逐渐应用在航空发动机的各个领域,特别是在故障诊断上,国内外研究人员做了大量的研究工作,但是鲜有专门针对压气机损失和落后角进行神经网络建模研究的文献。1999 年,徐纲等[40]在流场诊断工作中引入了人工神经网络技术来搭建损失和落后角模型,采用 TP - 1314、TM - 2658、TM - 3447、TM - 3345、TP - 1338 和 N - 33230 六台轴流风扇/压气机的部分实验数据作为样本来训练 BP 神经网络,对 TP - 1314 和 TP - 1493 压气机在100%转速工作时的损失和落后角进行了预测,并与实验结果进行比较,表明采用代理模型能够较为准确地得到非设计点的损失和落后角,在相似类别的已经训练与未经训练的压气机在预测损失和落后角计算中没有显著的差别,即对于相似类别的压气机,代理模型的外推能力良好,具有相当的通用性。

2001 年,Mönig 等[41]首次系统地提出了采用面向数据库的方法进行压气机设计的概念,在文章中提出了采用拥有大量实验数据的叶型数据库,搭建代理模型并对其进行训练,以实现叶型数据库与压气机性能之间的映射,进而预测压气机特性的方法。之后,采用代理模型进行压气机特性预测的工作逐渐被分成了两大类:一类通过选择较为完善的压气机特性图中记录的特性数据作为样本点来构成数据库,采用训练代理模型来寻找压气机特性的变化规律,进而实现对只有少数实验点或完全未知特性的压气机进行完整压比、效率特性预测的工作;另一类则延续Mönig 的思路,即使用 CFD 方法计算静子叶栅和转子叶栅的流场,用这些数据建立训练样本库,并使用特性预测方法和人工神经网络技术组合的方式针对多级压气机特性进行计算。后者使用 CFD 方法计算了大量叶型的特性,通过选择与损失、落后角具有较强关联的流动参数形成了一个信息量达到 10^6 以上级别的数据库,构建贝叶斯神经网络作为代理模型来取代传统损失和落后角模型,并使用结合该代理模型的二维计算程序预测了多台压气机的性能,预测结果基本与实验数据相吻合,验证了 Mönig 提出的代理模型方法的正确性。

近年来,西北工业大学的唐天全[42]也对损失和落后角的代理模型进行了一定程度的研究。在准三维正问题的计算程序中引入 BP 神经网络和 RBF 神经网络搭建代理模型,使用两级风扇实验数据作为训练样本,并进行了损失、落后角和特性的预测,探索了样本库分区建立的方法,指出在使用代理模型时应当按照流量、转静子来区分训练样本,在计算中分别进行训练和预测;结果表明,在训练样本充足、准确的前提下,代理模型的表现基本满足工作裕度和预测精度的要求,并且与 BP 神经网络相比,RBF 神经网络的计算结果更优。

代理模型参与到压气机损失、落后角和特性预测中的工作已经被证实,关于训练样本库的输入层参数的选取、优化训练神经网络质量的方法也取得了很多研究成果。但是,许多关于代理模型的工作仍然需要进一步地展开探索,例如,不同代理模型在压气机性能计算中各自具有什么特点;如何判断样本库质量、怎样提高样本库质量;如何调整代理模型本身的属性从而得到更贴近期望的结果;代理模型如何在多级压气机损失、落后角和特性预测上得到有效应用;各种代理模型的准确性、通用性及适用范围等问题都是值得深入研究的方向。

8.3.3　代理模型建立及应用

在给定的来流条件和叶片几何条件下,能否准确地预测气体流过叶片时的损失和落后角是压气机初步设计和特性预测过程中面临的主要困难。因此,需要建立叶型性能与叶型几何条件、气流流动状态之间的函数关系,在不降低预测精度与算法稳定性的前提下引入可以使用更多流动参数和叶型几何参数的代理模型。

　　输入内容包含叶型的一些几何和气动参数,代理模型的输出是对应的损失与落后角,将这样的结果参与到流线曲率法的主程序中求解压气机特性。使用代理模型的主要原因是这种建立在面向数据库基础上的神经网络模型具有良好的泛化能力,能够找到已有数据之间的关系并推测未知数据的能力。

　　代理模型的建立与应用主要包含三个基本步骤[42]。

　　(1) 创建包含随机样本,用于神经网络训练的数据库。在压气机实验中,能够直接或间接测量到的参数很多,但并不是所有参数都对损失或落后角有影响。过多的参数不仅会增加训练网络的时间,也会使网络变得敏感,最终对预测的损失落后角带来较大偏差;过少的参数会带来较大的信息损失,直接导致预测结果偏离期望值。在这种情况下,随机样本特征选取了 6 种几何参数和 4 种气动参数,使用自行开发的利用流线曲率法计算轴流压气机特性的 S2 程序获得流场参数。

　　(2) 建立代理模型。目前,在人工智能领域广泛使用的代理模型有 BP 神经网络、RBF 神经网络、卷积神经网络(convolutional neural networks, CNN)、支持向量机(support vector machines, SVM)模型等,根据其特征与应用目的,不同的模型有着各自独特的优势。本节采用了广义径向基神经网络和支持向量机作为代理模型,分别对网络的未正则化与正则化进行了研究,并对其不同模式下的结果进行了探究。

　　(3) 在特性计算程序中加入训练好的代理模型。训练好的代理模型通过新的工作状态下传入的几何形状和流动条件对损失落后角进行预测,再得到级的压比、效率、温比、环量等分布,进而求出整台压气机的特性。

　　1. 样本数据库

　　训练样本包括 10 个输入参数和 2 个输出参数,如表 8-2 所示。构建该数据库时,为了在 12 维参数空间中找到函数关系,需要在这个空间中设置大量的采样点。采样点应该包含从叶根到叶尖,从第一级到最后一级的全部位置,为了避免采样区域稀疏对代理模型训练造成负面影响,应当尽可能地使采样点均匀分布。同时,在做代理模型预测时应当区分转速、转静子及工作流量,以便能够达到更好的预测效果[11]。每一个流量下都拥有 480 个采样点,多个流量下的样本根据对应的压气机工作状况构成不同的流量分区,来预测总样本。

表 8-2　训练样本包含的输入及输出参数

输 入 参 数		输出参数
几 何 参 数	气 动 参 数	
相对叶展	气流攻角	落后角
叶片安装角	进口气流角	损失
稠度	进口马赫数	

续　表

输　入　参　数		输　出　参　数
几 何 参 数	气 动 参 数	
最大厚度比弦长	扩散因子	
弦长		
叶型弯角		

2. 广义径向基函数神经网络

径向基神经网络是一种由输入层、隐层和输出层构成的三层前馈型神经网络[43]。对于一般的径向基神经网络,输入层由 m_0 个源节点组成;隐藏层由和训练样本包含的样本数 N 相同数量的径向基函数计算节点组成;输出层则是整个径向基神经网络的预测结果。涉及的计算都属于回归问题,网络中存在的不适定情况可以通过正则化理论来解决。

在实际应用中,通常将隐层节点数目设置成小于样本数的值,这是因为隐层节点数目太大,会导致网络计算量太大,还会带来更多的网络病态可能性,因此需要将神经网络的复杂度降低,也称为广义径向基函数神经网络,一个典型的广义径向基函数神经网络如图 8 - 29 所示。

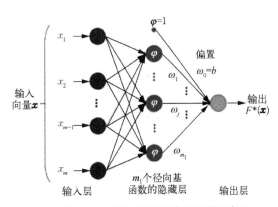

图 8 - 29　广义径向基函数神经网络示意图

广义径向基函数神经网络的解 $F^*(\boldsymbol{x})$ 通常表示为

$$F^*(\boldsymbol{x}) = \sum_{i=1}^{m_1} w_i \varphi(\boldsymbol{x}, \boldsymbol{t}_i) \tag{8-6}$$

式中, w_i 表示一组权值集合,其值由对神经网络进行训练得到,一般在广义径向基函数神经网络中,其个数不大于样本点的个数,即 $m_1 \leqslant N$; $\{\varphi(\boldsymbol{x}, \boldsymbol{t}_i) \mid i = 1, 2, \cdots, m_1\}$ 是一组基函数, $\boldsymbol{x}$ 表示输入向量, $\boldsymbol{t}_i$ 表示隐层节点,也是当前基函数的中心。

通常情况下,基函数具有以下形式:

$$\varphi(\boldsymbol{x}, \boldsymbol{t}_i) = G(\|\boldsymbol{x} - \boldsymbol{t}_i\|), \quad i = 1, 2, \cdots, m_1 \tag{8-7}$$

式中, $\|\cdot\|$ 表示范数,通常使用欧式空间中的距离来表示。

常用的基函数类型有高斯(Gauss)函数、多二次(Multiquadrics)函数、逆多二次

（Inverse Multiquadrics）函数等，本节使用高斯函数作为基函数，其表达式为

$$\varphi(r) = \exp\left(-\frac{r^2}{2\sigma^2}\right) \qquad (8-8)$$

式中，σ 为基函数的扩展常数或宽度。

将式（8-7）代入式（8-6）中，有

$$F^*(\boldsymbol{x}) = \sum_{i=1}^{m_1} w_i G(\parallel \boldsymbol{x} - \boldsymbol{t}_i \parallel) \qquad (8-9)$$

解决神经网络不适定问题的方法称为正则化，正则化通过加入一个含有解的先验知识的约束来控制映射函数的光滑性，一般通过构建代价函数并争取使其最小化的方法来进行：

（正则化代价函数）=（经验代价函数）+（正则化参数）×（正则化项）

广义径向基函数神经网络的代价函数 $\xi(F^*)$ 定义如下：

$$\xi(F^*) = \sum_{i=1}^{N}\left[y_i - \sum_{j=1}^{m_1} w_j G(\parallel \boldsymbol{x}_i - \boldsymbol{t}_j \parallel)\right]^2 + \lambda \parallel \boldsymbol{D}F^* \parallel^2 \qquad (8-10)$$

式中，y_i 表示期望输出，即训练样本中的目标值；w_j 表示权值；G 表示径向基函数，能够形成 Green 矩阵；λ 表示正则化系数；$\boldsymbol{D}$ 表示稳定因子矩阵。

式（8-10）等号右边第一项表示经验代价函数，可以写成 $\parallel \boldsymbol{Y} - \boldsymbol{Gw} \parallel^2$：

$$\boldsymbol{Y} = [y_1, y_2, \cdots, y_N]^{\mathrm{T}} \qquad (8-11)$$

$$\boldsymbol{G} = \begin{bmatrix} G(\boldsymbol{x}_1, \boldsymbol{t}_1) & G(\boldsymbol{x}_1, \boldsymbol{t}_2) & \cdots & G(\boldsymbol{x}_1, \boldsymbol{t}_{m_1}) \\ G(\boldsymbol{x}_2, \boldsymbol{t}_1) & G(\boldsymbol{x}_2, \boldsymbol{t}_2) & \cdots & G(\boldsymbol{x}_2, \boldsymbol{t}_{m_1}) \\ \vdots & \vdots & \ddots & \vdots \\ G(\boldsymbol{x}_N, \boldsymbol{t}_1) & G(\boldsymbol{x}_N, \boldsymbol{t}_2) & \cdots & G(\boldsymbol{x}_N, \boldsymbol{t}_{m_1}) \end{bmatrix} \qquad (8-12)$$

$$\boldsymbol{w} = [w_1, w_2, \cdots, w_N]^{\mathrm{T}} \qquad (8-13)$$

式（8-10）等号右边第二项 $\parallel \boldsymbol{D}F^* \parallel^2$ 表示正则化项，形式为

$$\parallel \boldsymbol{D}F^* \parallel^2 = \langle \boldsymbol{D}F^*, \boldsymbol{D}F^* \rangle = \langle \sum_{i=1}^{m_1} w_i G(\boldsymbol{x}, \boldsymbol{t}_i), \tilde{\boldsymbol{D}}\boldsymbol{D} \sum_{i=1}^{m_1} w_i G(\boldsymbol{x}, \boldsymbol{t}_i) \rangle$$

$$= \langle \sum_{i=1}^{m_1} w_i G(\boldsymbol{x}, \boldsymbol{t}_i), \sum_{i=1}^{m_1} w_i \delta_{ti} \rangle = \sum_{j=1}^{m_1} \sum_{i=1}^{m_1} w_j w_i G(\boldsymbol{t}_j, \boldsymbol{t}_i) = \boldsymbol{w}^{\mathrm{T}} \boldsymbol{G}_0 \boldsymbol{w}$$

$$(8-14)$$

式中，矩阵 $\boldsymbol{G}_0$ 为一个 $m_1 \times m_1$ 阶的对称阵，定义为

$$\boldsymbol{G}_0 = \begin{bmatrix} G(\boldsymbol{t}_1, \boldsymbol{t}_1) & G(\boldsymbol{t}_1, \boldsymbol{t}_2) & \cdots & G(\boldsymbol{t}_1, \boldsymbol{t}_{m_1}) \\ G(\boldsymbol{t}_2, \boldsymbol{t}_1) & G(\boldsymbol{t}_2, \boldsymbol{t}_2) & \cdots & G(\boldsymbol{t}_2, \boldsymbol{t}_{m_1}) \\ \vdots & \vdots & \ddots & \vdots \\ G(\boldsymbol{t}_{m_1}, \boldsymbol{t}_1) & G(\boldsymbol{t}_{m_1}, \boldsymbol{t}_2) & \cdots & G(\boldsymbol{t}_{m_1}, \boldsymbol{t}_{m_1}) \end{bmatrix} \qquad (8-15)$$

以权值向量 $\boldsymbol{w}$ 为变量求解式的最小值,可以得到:

$$(\boldsymbol{G}^{\mathrm{T}}\boldsymbol{G} + \lambda \boldsymbol{G}_0)\hat{\boldsymbol{w}} = \boldsymbol{G}^{\mathrm{T}}\boldsymbol{Y} \qquad (8-16)$$

进而可以求得权值向量的幂 $\hat{\boldsymbol{w}}$:

$$\hat{\boldsymbol{w}} = (\boldsymbol{G}^{\mathrm{T}}\boldsymbol{G} + \lambda \boldsymbol{G}_0)^{-1} \boldsymbol{G}^{\mathrm{T}}\boldsymbol{Y} \qquad (8-17)$$

以上就是带有正则化的广义径向基函数神经网络求解权值向量的过程,将求解的 $\hat{\boldsymbol{w}}$ 代入式(8-9)即可得到对应输入的输出结果。选取不同大小的正则化系数对神经网络预测结果有很大的影响,适当的正则化系数有助于提高预测精度,正则化系数过大或过小都可能导致预测结果与预期值相差较远。

在确定隐层计算节点的时候,径向基神经网络常使用 K-Means 算法,这种算法是一种无监督学习方法,有助于提高网络训练的速度。

(1) 对隐层计算节点进行初始化。在这一步骤中,从训练样本中选取 M 个点作为最初的聚类中心(选取的点的个数就是隐层节点数,即 $M = m_1$),初始聚类中心用 $\boldsymbol{c}_i(0)$, $1 \leq i \leq M$ 来表示。

(2) 计算使所有样本点到最邻近聚类中心的距离。在第 T 次计算中,对每一个输入 $\boldsymbol{x}$,其与聚类中心 $\boldsymbol{c}_i(T-1)$ 之间的距离 $d_i(T)$ 为

$$d_i(T) = \| \boldsymbol{x} - \boldsymbol{c}_i(T-1) \|, \quad 1 \leq i \leq M \qquad (8-18)$$

对于同一个输入 $\boldsymbol{x}(T)$,其与所有聚类中心的 M 个距离 $d(T)$ 总是存在一个最小值 $d_{\min}(T)$,若这个聚类中心的标号为 j,$1 \leq i \leq M$,则认为输入 $\boldsymbol{x}$ 属于第 j 类。

(3) 更新聚类中心。计算每一个类中所有输入的平均值,将其作为新的聚类中心 $\boldsymbol{c}_i(T)$。不断更新聚类中心并重复第二步,直至每一次新的聚类中心 $\boldsymbol{c}_i(T)$ 与上一次的聚类中心 $\boldsymbol{c}_i(T-1)$ 的距离满足 $\| \boldsymbol{c}_i(T) - \boldsymbol{c}_i(T-1) \| < \varepsilon$,此时的聚类中心即认为是当前神经网络的隐层计算节点,也就是 $\boldsymbol{t}_i$。

各个聚类中心之间的最小距离为

$$d_c = \min_i \| \boldsymbol{c}_j - \boldsymbol{c}_i \| \qquad (8-19)$$

扩展常数 σ 通常取为

$$\sigma = \gamma d_c \qquad (8-20)$$

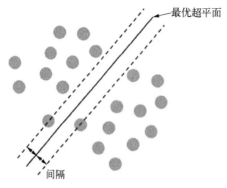

最优超平面

间隔

图 8 - 30　支持向量机方法原理示意图

式中，γ 为重叠系数。

3. 支持向量机

支持向量机是一种前馈网络[43]，其主要思想是建立一个最优决策超平面，使得该平面两侧距离平面最近的两类样本之间的距离最大化，从而提供良好的泛化能力，如图 8 - 30 所示。支持向量机对于分类问题与回归问题都有着良好的适应性，本节主要采用支持向量机核方法进行回归分析及计算。

以线性可分模式为例，给定训练样本集合 $\{x_i, y_i\}_{i=1}^{N}$，其中 $x_i \in R^n$，为第 i 个输入向量，$y \in \{-1, +1\}$。这里假设输入向量维数为 m_0，y_i 为对应的期望输出，其分离超平面可以表示为

$$w^{\mathrm{T}} x + b = 0 \qquad (8-21)$$

式中，w 表示权值矩阵；b 表示偏置。

式(8-21)即为线性可分模式下的最优超平面，对于训练样本中的数据点，有如下的描述形式：

$$y_i(w_i^{\mathrm{T}} x_i + b) \geqslant 1 \qquad (8-22)$$

权值向量 w 的最小化代价函数为

$$\Phi(w) = \frac{1}{2} w^{\mathrm{T}} w \qquad (8-23)$$

首先建立 Lagrange 函数：

$$J(w, b, \alpha) = \frac{1}{2} w^{\mathrm{T}} w - \sum_{i=1}^{N} \alpha_i [y_i(w^{\mathrm{T}} x_i + b) - 1] \qquad (8-24)$$

式中，α_i 表示拉格朗日乘子，是一个非负变量。

形成的约束问题的最优解由 Lagrange 函数 $J(w, b, \alpha)$ 的鞍点决定，即要针对 w 和 b 实现最小化，而对 α 实现最大化。设 $(w_{\mathrm{opt}}, b_{\mathrm{opt}}, \alpha_{\mathrm{opt}})$ 为上述约束问题取得最优解的取值，对此有三个最优化条件。

（1）最优超平面的法向量是样本中向量的线性组合：

$$w_{\mathrm{opt}} = \sum_{i=1}^{N} \alpha_{i,\,\mathrm{opt}} y_i x_i, \quad \alpha_{i,\,\mathrm{opt}} \geqslant 0, \quad i = 1, 2, \cdots, N \qquad (8-25)$$

（2）Lagrange 乘子 $\alpha_{i,\,\mathrm{opt}}$ 满足约束条件：

$$\sum_{i=1}^{N}\alpha_{i,\,\mathrm{opt}}y_i=0,\quad \alpha_{i,\,\mathrm{opt}}\geqslant 0,\quad i=1,2,\cdots,N \tag{8-26}$$

（3）$(\boldsymbol{w}_{\mathrm{opt}},b_{\mathrm{opt}},\boldsymbol{\alpha}_{\mathrm{opt}})$ 满足 Karush-Kuhn-Tucker 条件：

$$\alpha_{i,\,\mathrm{opt}}\big[y_i(\boldsymbol{w}_{\mathrm{opt}}^{\mathrm{T}}\boldsymbol{x}_i+b_{\mathrm{opt}})-1\big]=0,\quad i=1,2,\cdots,N \tag{8-27}$$

从式(8-25)中可以看出，只有部分训练样本具有非零系数 $\alpha_{i,\,\mathrm{opt}}$，这些样本对应的输入向量 $\boldsymbol{x}_i$ 就是支持向量(support vector, SV)。以 SV 表示支持向量的合集，则有

$$\boldsymbol{w}_{\mathrm{opt}}=\sum_{\boldsymbol{x}_i\in\mathrm{SV}}y_i\alpha_{i,\,\mathrm{opt}}\boldsymbol{x}_i,\quad \alpha_{i,\,\mathrm{opt}}\geqslant 0 \tag{8-28}$$

利用式(8-28)，可以得到如下对偶优化问题：

$$\begin{cases}\min Q(\boldsymbol{\alpha})=\dfrac{1}{2}\sum_{i=1}^{N}\sum_{j=1}^{N}\alpha_i\alpha_jy_iy_j\boldsymbol{x}_i^{\mathrm{T}}\boldsymbol{x}_j-\sum_{i=1}^{N}\alpha_i\\[2mm]\sum_{i=1}^{N}\alpha_iy_i=0,\ \alpha_i\geqslant 0,\quad i=1,2,\cdots,N\end{cases} \tag{8-29}$$

以上内容就是对线性可分模式支持向量机的介绍，其原理与其他模式的支持向量机相同，下面直接给出适用于本节的不可分模式的优化问题与对偶优化问题。

引入非负的松弛变量 ξ_i，其优化问题可以表示为

$$\begin{cases}\min \varPhi(\boldsymbol{w},\boldsymbol{\xi})=\dfrac{1}{2}\boldsymbol{w}^{\mathrm{T}}\boldsymbol{w}+C\sum_{i=1}^{N}\xi_i\\[2mm]y_i(\boldsymbol{w}^{\mathrm{T}}\boldsymbol{x}_i+b)\geqslant 1-\xi_i,\xi_i\geqslant 0,\quad i=1,2,\cdots,N\end{cases} \tag{8-30}$$

式中，C 是人为设定的正参数，包含 C 的这一项也可以视为不可分模式下的正则项，当选择较大的 C 值时表示认为训练样本质量较好；当选择较小的 C 值时，表示认为训练样本存在一定的噪声。

对偶优化问题为

$$\begin{cases}\min Q(\boldsymbol{\alpha})=\dfrac{1}{2}\sum_{i=1}^{N}\sum_{j=1}^{N}\alpha_i\alpha_jy_iy_j\boldsymbol{x}_i^{\mathrm{T}}\boldsymbol{x}_j-\sum_{i=1}^{N}\alpha_i\\[2mm]\sum_{i=1}^{N}\alpha_iy_i=0,\quad 0\leqslant\alpha_i\leqslant C,\quad i=1,2,\cdots,N\end{cases} \tag{8-31}$$

松弛变量 ξ_i 及其对应的拉格朗日乘子不出现在对偶问题中，式(8-29)与式(8-31)的区别在于其限制条件变为更强的 $0\leqslant\alpha_i\leqslant C$，因此线性可分模式也可以

看作线性不可分模式的一个特例。

文献[44]中证明了在特征向量存在的高维空间中的计算可以转化为在其空间中内积的计算,这样 SVM 就发展出了核方法,引入如下的核映射:

$$k(\boldsymbol{x}_i, \boldsymbol{x}_j) = (\boldsymbol{z}_i, \boldsymbol{z}_j) \tag{8-32}$$

式中,$\boldsymbol{z}_i$ 和 $\boldsymbol{z}_j$ 分别是 $\boldsymbol{x}_i$ 和 $\boldsymbol{x}_j$ 在特征空间中对应的像;对于任意的 $f(x) \neq 0$ 且 $\int f^2(x)\mathrm{d}x < \boldsymbol{\infty}$,核函数 $k(\boldsymbol{x}_i, \boldsymbol{x}_j)$ 满足 Mercer 条件:

$$\int k(\boldsymbol{x}_i, \boldsymbol{x}_j)f(\boldsymbol{x}_i)f(\boldsymbol{x}_j)\mathrm{d}\boldsymbol{x}_i\mathrm{d}\boldsymbol{x}_j > 0 \tag{8-33}$$

在 SVM 核方法中,可以使用不同类型的核函数,本节所用核函数为 Gauss 核函数和 Fourier 核函数,其形式分别如下。

Gauss 核函数:

$$k(\boldsymbol{x}_i, \boldsymbol{x}_j) = \exp\left(\frac{-\parallel \boldsymbol{x}_i - \boldsymbol{x}_j \parallel^2}{c}\right) \tag{8-34}$$

式中,c 表示 Gauss 核函数控制参数。Fourier 核函数:

$$k(\boldsymbol{x}_i, \boldsymbol{x}_j) = \frac{(1-q^2)(1-q)}{2[1 - 2q\cos(\boldsymbol{x}_i - \boldsymbol{x}_j) + q^2]} \tag{8-35}$$

式中,q 表示 Fourier 核函数控制参数,$0 < q < 1$。

假设 $f(\boldsymbol{x})$ 是建立在输入空间上的函数,对于任意的样本点 i,$f(\boldsymbol{x}_i)$ 都要尽可能地接近其对应的期望输出 y_i,同时 $f(\boldsymbol{x})$ 自身也要保持尽可能的光滑。φ 为输入空间到特征空间 $\boldsymbol{H}$ 的非线性映射,取 $f(\boldsymbol{x})$ 为输入空间的线性函数,则有

$$f(\boldsymbol{x}) = \boldsymbol{w}^{\mathrm{T}}\varphi(\boldsymbol{x}) + b \tag{8-36}$$

式中,非线性映射 ϕ 是由核函数 $k(\boldsymbol{x}_i, \boldsymbol{x}_j)$ 决定的,即对每一个样本点,都有

$$[\phi(\boldsymbol{x}_i), \phi(\boldsymbol{x}_j)] = k(\boldsymbol{x}_i, \boldsymbol{x}_j) \tag{8-37}$$

Vapnik 在支持向量机的回归问题中引入了 ε 不敏感损失函数:

$$\parallel \boldsymbol{x} \parallel_\varepsilon = \begin{cases} \parallel \boldsymbol{x} \parallel - \varepsilon, & \parallel \boldsymbol{x} \parallel > \varepsilon \\ 0, & \parallel \boldsymbol{x} \parallel \leqslant \varepsilon \end{cases} \tag{8-38}$$

通过引入 ε 不敏感损失函数,在采用 SVM 处理回归问题时能够找到与期望输出 y_i 的偏差不超过 ε 的样本,这一部分样本将不参与惩罚,其中 ε 的大小是由人为设定的。

结合误差函数与正则项,在 SVM 方法进行回归计算时的优化问题可以表示为

$$
\begin{cases}
\min \dfrac{1}{2}\parallel \boldsymbol{w}\parallel^{2}+C\sum_{i=1}^{N}(\xi_{i}+\xi_{i}') \\
\text{s.t.}\quad y_{i}-\boldsymbol{w}^{\mathrm{T}}\boldsymbol{x}_{i}+b\leqslant\varepsilon+\xi_{i} \\
\qquad \boldsymbol{w}^{\mathrm{T}}\boldsymbol{x}_{i}+b-y_{i}\leqslant\varepsilon+\xi_{i}' \\
\qquad\qquad \xi_{i}\geqslant0 \\
\qquad\qquad \xi_{i}'\geqslant0
\end{cases}
\tag{8-39}
$$

式中，ξ_{i} 和 ξ_{i}' 表示两个不同的松弛变量，用来描述 ε 不敏感损失函数。

优化问题式(8-39)包含核函数的对偶问题为式(8-40)：

$$
\begin{cases}
\min Q(\alpha)=\dfrac{1}{2}\sum_{i=1}^{N}\sum_{j=1}^{N}(\alpha_{i}-\alpha_{i}')(\alpha_{j}-\alpha_{j}')k(\boldsymbol{x}_{i},\boldsymbol{x}_{j})+\varepsilon\sum_{i=1}^{N}(\alpha_{i}-\alpha_{i}') \\
\qquad\qquad -\sum_{i=1}^{N}y_{i}(\alpha_{i}-\alpha_{i}') \\
\text{s.t.}\quad \sum_{i=1}^{N}(\alpha_{i}-\alpha_{i}')>0 \\
\quad 0\leqslant\alpha_{i}\alpha_{i}'\leqslant C,\quad i=1,2,\cdots,N
\end{cases}
$$

$$
\tag{8-40}
$$

式中，α_{i} 和 α_{i}' 都是 Lagrange 乘子，使用顺序最小优化(sequential minimal optimization, SMO)算法对其进行求解，详细算法可以参见文献[44]。求解得到 α_{i} 和 α_{i}' 后，SVM 方法的预估函数可以写为

$$
f(\boldsymbol{x})=\sum_{i=1}^{N}(\alpha_{i}-\alpha_{i}')k(\boldsymbol{x}_{i},\boldsymbol{x}_{j})+b
\tag{8-41}
$$

最终求得的权值矩阵的幂 $\hat{\boldsymbol{w}}$ 为

$$
\hat{\boldsymbol{w}}=\sum_{i=1}^{N}(\alpha_{i}-\alpha_{i}')\boldsymbol{x}_{i}
\tag{8-42}
$$

偏置 b 可以由式(8-43)计算：

$$
b=\begin{cases}
y_{i}-\hat{\boldsymbol{w}}^{\mathrm{T}}\boldsymbol{x}_{i}-\varepsilon,\quad \alpha_{i}\in(0,C) \\
y_{i}-\hat{\boldsymbol{w}}^{\mathrm{T}}\boldsymbol{x}_{i}+\varepsilon,\quad \alpha_{i}'\in(0,C)
\end{cases}
\tag{8-43}
$$

8.3.4　代理模型介入压气机特性计算的程序流程

建立代理模型的目的是取代传统经验公式模型来对损失和落后角进行预测，因此代理模型在程序中取代的也是传统损失和落后角模型的功能。具体地，前面

介绍的 RBF 神经网络和 SVM 方法都有一个共同点,即都分为两大过程:第一个过程可以称为训练过程,在这个过程中,代理模型通过各自的学习算法对训练样本进行学习,并得到相应的网络参数;第二个过程可以称为预测过程,在这个过程中,代理模型读入程序中传来的新的输入量,并通过第一过程中得到的网络参数计算得到预测结果,其间训练样本不发生变化,因此网络本身参数也不发生变化。

根据这种特性,代理模型的训练过程可以在 S2 正问题程序运行之初进行,网络训练好之后代理模型就等价于新的损失和落后角模型,在程序计算损失和落后角的时候直接调用网络训练结果,以避免每次使用代理模型都要对网络进行训练,减少无意义的计算量。使用代理模型的计算流程如图 8 - 31 所示。

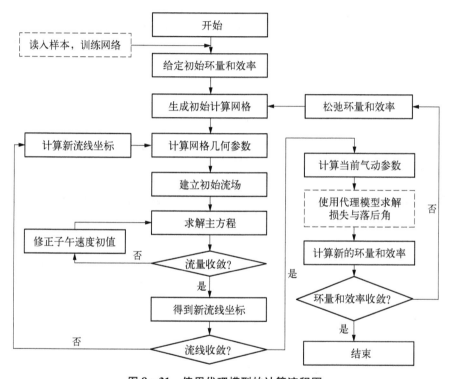

图 8 - 31　使用代理模型的计算流程图

从图 8 - 31 可以看出,与使用传统损失和落后角模型计算相比,使用代理模型进行 S2 正问题计算时只是在计算最初的时候需要读入训练样本库的数据对网络进行训练,在进行损失和落后角预测时使用代理模型(图中虚线框),其他流程并不会随模型的改变而发生变化。

1. 数据预处理

在使用代理模型之前需要对训练样本进行预处理,主要分为以下三步。

(1) 确定样本库中样本各个维度的构成。

（2）获取样本数据,并对输入变量进行标准化。

（3）对网络进行划分,区分转静子和不同流量、不同转速。

2. 训练样本构成

训练样本由很多个数据点构成的,每一个数据点都是一个向量,构成这个向量的每一维都代表输入数据的某一个特征。在本节的工作中,这些特征包括压气机的几何参数和气动参数,输出则是与之对应的损失和落后角。描述压气机和叶片几何结构、气动参数的量有很多,但并非全都与损失和落后角之间形成映射关系,例如,同样是描述叶片气动参数的进口气流角和叶片吸力面附面层分离位置,前者在流线曲率法中与叶片损失的联系显然要更大一些;同时,也并非所有与叶片特性紧密相关的参数都要纳入训练样本范围,因为在选取样本的输入维度时,也要保证各个维度之间有一定的独立性,如叶片弦长、叶片最大厚度和叶片最大厚度与弦长之比,显然第三个量与前两个量有密切关联,不适合一同作为训练样本的输入。因此,选取合适的参数作为训练样本的输入维度,不仅可以有效减少样本库中包含的冗余信息量,提高样本库信息的有效性,也可以降低网络训练复杂度和提高计算速度,对提高训练样本质量有很大的帮助。

参照文献[42]中的方法,建立了包含有 10 个具有较大标准回归系数的输入量构建训练样本,具体包括如下内容:6 个几何参数,具体为相对叶展 $\bar{r}$、叶片安装角 stg、叶片稠度 σ、叶片弦长 B、叶片最大厚度比(t_b/B)和叶型弯角 θ;4 个气动参数,具体为进口气流攻角 i、进口气流角 β_1、进口马赫数 Ma_1 和叶片扩散因子 D。其中,对转子叶片取相对值,静子叶片取绝对值。

3. 获取样本数据

在面向轴流压气机建立训练样本的时候,样本可以通过实验、CFD 仿真计算或其他数值手段获得,训练样本最好是全部由实验数据构成。但由于代理模型要求样本库能够包含尽可能多的点,而且这些点应该充分散布在足够宽广的压气机工作范围内,这就要求在建立全面的实验数据样本库时需要针对不同类型的叶型、不同型号的压气机在不同转速、不同来流条件下做大量实验。大量的实验工作使得搭建完全由实验数据构成的样本库的成本急剧增加,而且样本中选用的部分输入维测量难度大,因此只通过实验数据来形成训练样本库的方法困难重重。

对于 CFD,这种仿真计算方法省去了大量的实验设备投资成本,并缩短了计算时间,也可能形成内容丰富的数据库,但是其计算本身与真实流动情况存在一定误差,如果在训练代理模型时使用了这些带有误差的数据,极有可能导致代理模型的预测结果远远偏离真实结果,具体采用哪一种方法形成样本数据还需要研究人员根据实际情况自行决定。

选用两级风扇[45],其样本中使用的气动参数均来自该报告记载的实验数据;在得到原始的压气机几何和气动参数后,可能会因为获取工作点的个数较少而无法构成足够数目的样本,尤其在通过实验方法获取样本的情况下。为了解决样本数量较少问题,可以使用对已有数据进行插值,将差值结果和原数据放在同一个训练样本库中以供代理模型学习。使用保形分段三次插值方法对样本点进行加密。

1)被插值节点非端点

假设非端点处的被插值节点为 $\{x_i\}_{i=1}^{n-1}$,这一点左边和右边的一阶差商分别为 $f[x_{i-1}, x_i]$ 和 $f[x_i, x_{i+1}]$,则在保形算法下,当地导数 $\{g'(x_i)\}_{i=1}^{n-1}$ 可以通过如下公式计算:

$$\begin{cases} g(x_i) = 0, & f[x_{i-1}, x_i]f[x_i, x_{i+1}] \leq 0 \\ g'(x_i) = \dfrac{\omega_1 + \omega_1}{\dfrac{\omega_1}{f[x_{i-1}, x_i]} + \dfrac{\omega_2}{f[x_i, x_{i+1}]}}, & f[x_{i-1}, x_i]f[x_i, x_{i+1}] > 0 \end{cases} \quad (8-44)$$

式中,

$$\begin{cases} \omega_1 = 2(x_i - x_{i-1}) + (x_{i+1} - x_i) \\ \omega_2 = (x_i - x_{i-1}) + 2(x_{i+1} - x_i) \end{cases} \quad (8-45)$$

2)被插值节点为起始端点

假设起始端点处的被插值节点为 $\{x_i\}_{i=0}$,在保形算法下,当地导数 $\{g'(x_i)\}_{i=0}$ 通过如下公式计算:

$$g'(x_0) = \dfrac{[2(x_1 - x_0) + (x_2 - x_1)]\dfrac{y_1 - y_0}{x_1 - x_0} - (x_1 - x_0)\dfrac{y_2 - y_1}{x_2 - x_1}}{(x_1 - x_0) + (x_2 - x_1)} \quad (8-46)$$

特别地,如果 $g'(x_0)\dfrac{y_1 - y_0}{x_1 - x_0} > 0$,那么 $g'(x_0) = 0$;如果 $\dfrac{y_1 - y_0}{x_1 - x_0} \cdot \dfrac{y_2 - y_1}{x_2 - x_1} > 0$,并且 $|g'(x_0)| > \left|\dfrac{3(y_1 - y_0)}{x_1 - x_0}\right|$,那么 $g'(x_0) = \dfrac{3(y_1 - y_0)}{x_1 - x_0}$。

3)被插值节点为终止端点

假设终止端点处的被插值节点为 $\{x_i\}_{i=n}$,在保形算法下,当地导数 $\{g'(x_i)\}_{i=n}$ 通过如下公式计算:

$$g'(x_n) = \dfrac{[2(x_n - x_{n-1}) + (x_{n-1} - x_{n-2})]\dfrac{y_n - y_{n-1}}{x_n - x_{n-1}} - (x_n - x_{n-1})\dfrac{y_{n-1} - y_{n-2}}{x_{n-1} - x_{n-2}}}{(x_n - x_{n-1}) + (x_{n-1} - x_{n-2})}$$

$$(8-47)$$

特别地,如果 $g'(x_n) \dfrac{y_n - y_{n-1}}{x_n - x_{n-1}} > 0$, 那么 $g'(x_n) = 0$; 如果 $\dfrac{y_n - y_{n-1}}{x_n - x_{n-1}} \cdot$

$\dfrac{y_{n-1} - y_{n-2}}{x_{n-1} - x_{n-2}} > 0$, 并且 $|g'(x_n)| > \left| \dfrac{3(y_n - y_{n-1})}{x_n - x_{n-1}} \right|$, 那么 $g'(x_n) = \dfrac{3(y_n - y_{n-1})}{x_n - x_{n-1}}$。

以上就是依照保形分段三次插值算法计算被插值节点处当地导数的方法。在求出各个当地导数后,将其引入三次插值函数中代替原来的当地导数就可以得到保形分段三次插值函数表达式:

$$H(x) = f(x_{i-1}) \left(1 + 2 \frac{x_{i-1} - x}{x_{i-1} - x_i} \right) \left(\frac{x - x_i}{x_{i-1} - x_i} \right)^2 + g'(x_{i-1})(x - x_{i-1}) \left(\frac{x - x_i}{x_{i-1} - x_i} \right)^2 +$$

$$f(x_i) \left(1 + 2 \frac{x_i - x}{x_i - x_{i-1}} \right) \left(\frac{x - x_{i-1}}{x_i - x_{i-1}} \right)^2 + g'(x_i)(x - x_i) \left(\frac{x - x_{i-1}}{x_i - x_{i-1}} \right)^2$$

$$(8-48)$$

式中, $x \in [x_{i-1}, x_i]$, $i = 1, 2, \cdots, n$。

4. 标准化和归一化

在机器学习算法中,为了在一定程度上消除输入向量中各个维度的参数表示的物理含义具有的单位对网络分类产生的影响,需要对其属性值进行处理[47]。对样本进行标准化和归一化可以排除样本中存在的奇异数据,有效防止因为计算数据间距离对网络训练结果产生不良影响。

最大-最小标准化方法如下:

$$x' = \frac{x - \min X}{\max X - \min X} \qquad (8-49)$$

式中, x' 表示经过标准化的样本输入量; x 表示未进行标准化的样本库 X 中的输入量,其最大值为 $\max X$, 最小值为 $\min X$。

归一化是将标准化后的每一个数值归一化到 $[0,1]$, 方法如下:

$$x'' = \frac{x' - \min X'}{\max X' - \min X'} \qquad (8-50)$$

式中, x'' 表示标准化值 x' 经过归一化后的结果; X' 表示样本库 X 经过标准化后的新样本库,其中最大元素为 $\max X'$, 最小元素为 $\min X'$。

8.3.5　E3 十级高压压气机预测结果

E3 十级高压压气机是 NASA 和 GE 公司于 20 世纪 70~80 年代联合设计的一款高压压气机,设计质量流量 53.5 kg/s,设计压比 22.6,设计效率 86.1%。用于计

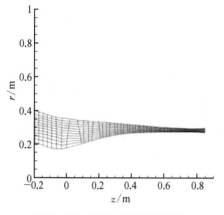

图 8 - 32 E3 十级高压压气机子午界面网格

算的子午界面网格如图 8 - 32 所示。

1. 不同正则化系数下的损失落后角预测结果

为了探究正则化系数对损失落后角预测的影响，分别对 100%、95%、90% 和 85% 转速下，正则化系数分别为 0、0.000 1、0.001、0.01、0.1、1.0、10.0、100.0、1 000.0 的预测情况进行了计算，并获得了以 L2 范数表示的误差折线图。L2 范数越小，表明网络的代价函数越小，预测结果越好，预测值越接近期望值。图 8 - 33 中选取三组不同转速、不同质量流量下的转静子损失落后角预测情况作为代表，横坐标为正则化系数 λ 的对数值，纵坐标为 L2 范数。

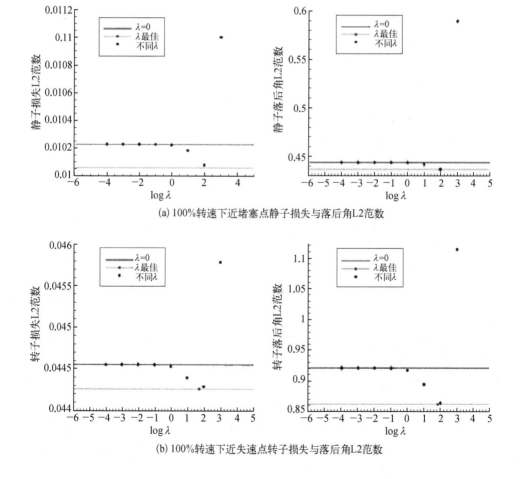

(a) 100%转速下近堵塞点静子损失与落后角L2范数

(b) 100%转速下近失速点转子损失与落后角L2范数

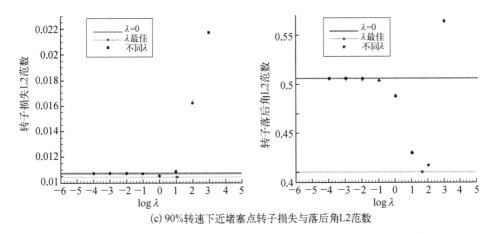

(c) 90%转速下近堵塞点转子损失与落后角L2范数

图 8 - 33　不同转速下近堵塞点或近失速点转子/静子损失与落后角 L2 范数

图 8 - 33 中的红色线表示预测损失落后角时不使用正则化的 L2 范数;绿色线表示正则化后取得的最小 L2 范数的值并标记取得最小值的正则化系数位置;蓝色线表示不同正则化系数下所取得的 L2 范数预测结果。从图中可以看出,正则化系数对神经网络预测结果的影响很大,选取合适的正则化系数有利于得到最优的预测结果。质量流量、转静子、损失落后角不同,最优的正则化系数大小也不一样,选用最优的正则化系数对预测误差的影响也有着显著的差异,部分情况改善程度有限,部分情况对预测精度有很大的影响。因此,在预测压气机特性时应当根据质量流量、转静子和预测损失、预测落后角来分别设置不同的正则化系数。

图 8 - 34 展示的是使用最佳的正则化系数之后与不使用正则化手段的损失落后角预测结果比较,仍然选取和前面相同的工况。图 8 - 34 中,红色线表示预测结果与样本中包含的损失落后角信息相一致的情况;蓝色点表示未使用正则化的预测结果;绿色点表示使 L2 范数达到最优正则化系数最小值时的损失与落后角结果。对于同一个样本对应的蓝色点与绿色点,其到红色线的距离越近,说明预测结果与期望值越接近,模型效果越好。从图中可以看出,大部分使用正则化网络预测的结果要比不使用正则化的预测结果更好。

表 8 - 3 列出了正则化与未正则化的预测误差在具体数值上的差异,其中对应的三个工况分别为100%转速下近堵塞点、100%转速下近失速点和90%转速下近堵塞点。从表 8 - 3 中可以看出,相对于不使用正则化,正则化的预测结果精度普遍较高,对损失和落后角进行预测,最大绝对误差、最小绝对误差、最大相对误差与最小相对误差值都普遍减小。但是在个别工况下存在着正则化后的误差反而增大的情况,这可能是几何参数与气动参数的随机性产生的不合理组合导致的。

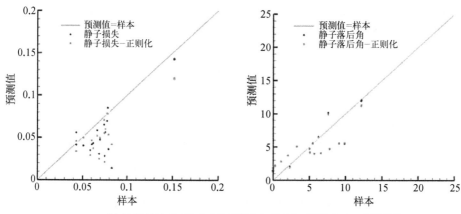

(a) 100%转速下近堵塞点静子损失与落后角正则化与未正则化结果

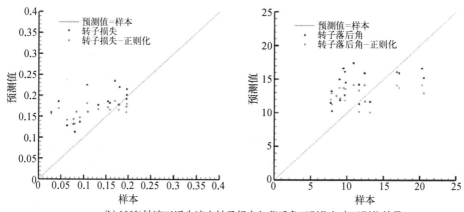

(b) 100%转速下近失速点转子损失与落后角正则化与未正则化结果

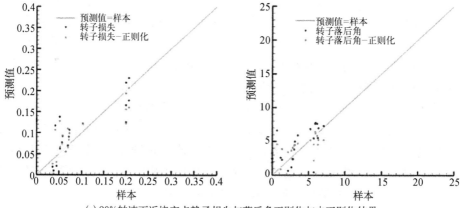

(c) 90%转速下近堵塞点静子损失与落后角正则化与未正则化结果

图 8 - 34　转子损失与落后角正则化与未正则化结果

表 8 - 3　正则化与未正则化预测误差

误差类型	最大绝对损失	最小绝对损失	最大相对损失	最小相对损失	最大绝对落后角	最小绝对落后角	最大相对落后角	最小相对落后角
未正则	0.168 7	0.001 5	0.829 9	0.034 8	4.386 1	0.084 5	0.872 7	0.006 9
正则	0.168 2	0.000 3	0.715 6	0.003 8	4.255 4	0.010 0	0.600 1	0.001 8
未正则	0.846 3	0.000 3	4.684 3	0.004 4	7.134 6	0.745 9	0.750 6	0.059 8
正则	0.844 5	0.000 8	4.556 7	0.001 6	7.618 5	0.319 1	0.636 1	0.027 3
未正则	0.127 1	0.000 7	0.928 8	0.003 3	5.943 2	0.231 4	0.742 3	0.032 6
正则	0.132 1	0.000 2	0.684 5	0.002 8	3.916 4	0.073 0	0.455 1	0.013 9

图 8 - 35 中展示的是提取 100% 转速和 53.5 kg/s 质量流量下从第一级到最后一级转子的 100 个样本的损失与落后角。图中红色线表示损失与落后角的期望输出;绿色与蓝色分别代表使用最优正则化系数与不使用正则化方法时的损失、落后角预测结果。对于大部分点,采用正则化方式的预测精度普遍优于不使用正则化,这说明在同一流量下,正则化的径向基神经网络代理模型能够较为准确地预测每一级的损失与落后角。两幅图的结果都显示,对于中间级,代理模型的预测结果较好;但是对于前面级与后面级,其预测效果有一定差距,尤其是不进行正则化的时候。这说明对于当前采用的神经网络,其在多级压气机预测中应用时,可以尝试根据按级来划分训练样本,进一步提高损失与落后角的预测精度。

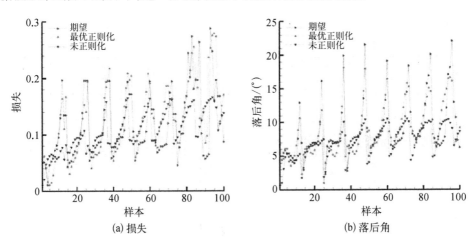

图 8 - 35　100% 转速和 53.5 kg/s 质量流量下的损失和与落后角预测随级分布结果

图 8 - 36 分别表示某一质量流量下沿展向代理模型的损失与落后角预测分布,图中红色图例表示利用传统经验公式计算得到的某一级损失与落后角沿展向的分布;蓝色与绿色图例分别表示使用最优正则化系数和不使用正则化时对应的叶展处的损失与落后角代理模型预测结果。

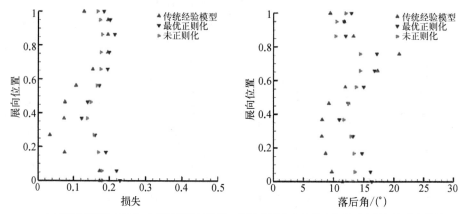

(a) 100%转速和55.3 kg/s质量流量下的第一级静子近堵塞点损失与落后角沿展向分布结果

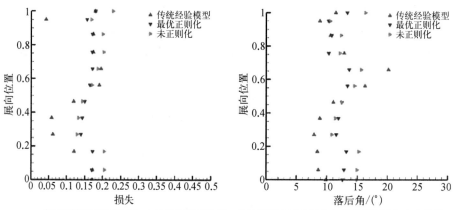

(b) 100%转速和50.0 kg/s质量流量下的第一级转子近失速点损失与落后角沿展向分布结果

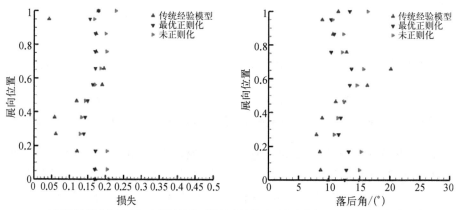

(c) 100%转速和50.0 kg/s质量流量下的第十级转子近失速点损与于落后角沿展向分布结果

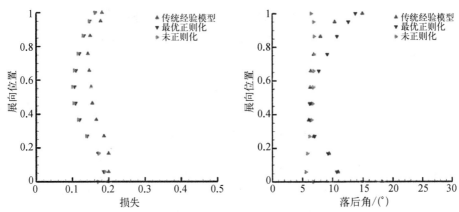

(d) 85%转速和27.1 kg/s质量流量下的第十级转子近堵塞点损失与落后角沿展向分布结果

图 8-36　某一质量流量下代理模型的损失与落后角沿展向分布结果

在图 8-36 中,各个临界点的代理模型的计算结果和损失与落后角的期望值大部分是吻合的,无论是前面级还是后面级,正则化神经网络的预测结果在绝大部分预测点都更靠近期望值,尤其在近端壁区域,对流场细节的捕捉能力相比于未正则化神经网络得到了大幅度的提高。

2. 压气机性能预测对比

为了说明正则化径向基神经网络相较于未正则化网络的优势,有必要将所有的预测结果在全工况下进行对比。图 8-37 中红线表示使用传统损失与落后角模型的结果;蓝线与绿线分别表示未正则化与使用最优正则化系数条件下的结果。从整体特性曲线上看,使用正则化的预测结果与训练样本中的结果明显更加接近,吻合得最好,这是因为正则化能够有效降低预测结果的代价函数,使得损失与落后角计算更接近期望值,进而得出更加准确的结果。

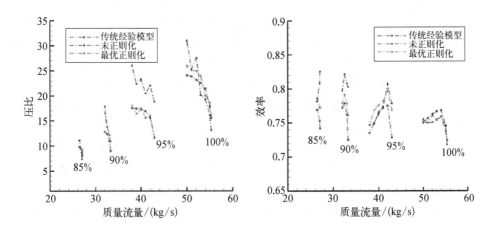

图 8-37　全转速压比与效率特性

8.3.6　优化聚类中心数的 RBF 神经网络代理模型计算结果

某两级风扇是一台不含进口导叶、静子不可调、不存在串列叶片的传统结构风扇,其设计状态下的气动参数见表 8 - 4。

表 8 - 4　某两级风扇在设计状态下的气动参数

质量流量/(kg/s)	设计转速/(r/min)	设计压比 π	设计效率 η
83.55	107 20	2.80	0.839

几种方法在设计点处的计算结果如表 8 - 5 所示,使用优化聚类中心数的 RBF 神经网络模型和使用传统损失与落后角模型的计算结果与设计值都吻合地较好,最大误差不超过 5%。优化聚类中心数的 RBF 神经网络模型计算结果表现最好,但是固定聚类中心数的 RBF 神经网络模型计算结果却不尽如人意,全部计算结果的误差都超过了 5%,部分结果甚至超过了 10%。通过遍历聚类中心数的方法能够选择出在总体特性上与实验结果十分接近的预测值。设计点损失与落后角沿展向分布的计算结果如图 8 - 38 和图 8 - 39 所示。其中,Exp 表示实验结果,Tra 表示传统模型结果,RBF 表示固定聚类中心数结果,C_RBF 表示优化聚类中心数结果。

表 8 - 5　设计点处的 RBF 神经网络计算结果与传统值、实验值的比较

项目	第　一　级		误差/%		第　二　级		误差/%		总　性　能		误差/%	
	压比	效率	压比	效率	压比	效率	压比	效率	压比	效率	压比	效率
实验值	1.744	0.854	—	—	1.605	0.843	—	—	2.800	0.839	—	—
传统值	1.793	0.896	2.80	4.92	1.605	0.837	0.00	0.71	2.879	0.857	2.82	2.15
$C=12$	1.840	0.900	5.50	5.39	1.691	0.890	5.36	5.58	3.143	0.887	12.2	5.72
优化 C	1.766	0.866	1.26	1.41	1.633	0.856	1.54	1.54	2.800	0.851	0.00	1.43

从图 8 - 38 和图 8 - 39 中可以看出,不同的聚类中心数对设计点处的损失和落后角沿展向的分布影响是比较明显的。对于优化聚类中心数的计算结果,虽然这种方法在预测压比、效率特性的时候展示出了良好的效果,但是在预测损失和落后角的工作中出现了较多的欠拟合情况。从整体上来看,预测效果最好的是固定聚类中心数为 12 的代理模型,其对端壁处损失与落后角的预测结果在大多数情况下要明显优于其他方法。和传统模型相比,代理模型有一个重要的特点,代理模型预测的损失与落后角结果并不是普遍高/低于实验结果的,因此在风扇特性预测中不会出现一边倒的比实验结果高/低的情况,如图 8 - 40 和图 8 - 41 所示。

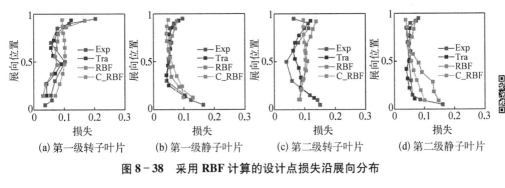

图 8-38　采用 RBF 计算的设计点损失沿展向分布

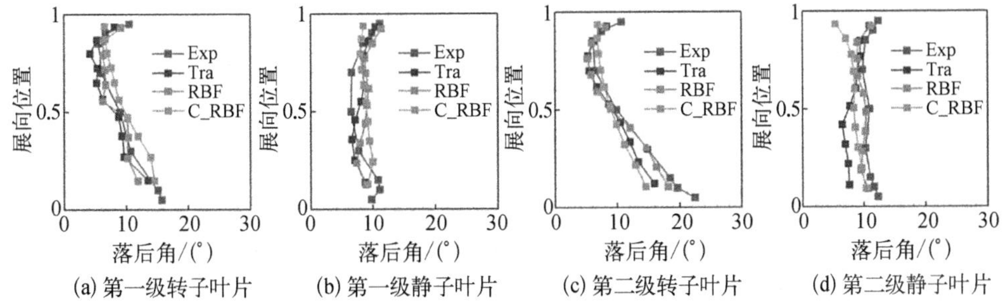

(a) 第一级转子叶片　　(b) 第一级静子叶片　　(c) 第二级转子叶片　　(d) 第二级静子叶片

图 8-39　采用 RBF 计算的设计点落后角沿展向分布

(a) 第一级转子叶片　　(b) 第一级静子叶片　　(c) 第二级转子叶片　　(d) 第二级静子叶片

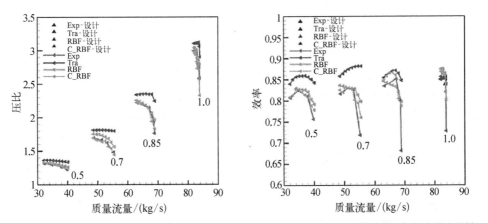

图 8-40　采用 RBF 计算的某两级风扇压比特性　　图 8-41　采用 RBF 计算的某两级风扇效率特性

从代理模型的特性计算结果上来看,使用代理模型对某两级风扇的计算普遍优于传统模型,其在非设计工况下也能够与实验特性相贴合。尤其是优化聚类中心数的 RBF 代理模型,能够十分精确地预测风扇的压比,得到的风扇效率特性也拥有正确的变化趋势且精度较高;固定聚类中心数的 RBF 网络虽然在 70% 和 85% 转速下的特性预测中没有出现拐头,但是其整体效果也是远远优于传统模型,并且由于其更接近实验结果,85% 转速下的峰值效率并没有像优化聚类中心数的结果一样,偏离到和传统模型相近的地方。与传统模型相比,采用代理模型能够更为准确地得到风扇在近堵塞点和近失速点的总特性。

8.3.7　支持向量机代理模型计算结果

本小节将全面介绍包含有 Gauss 核函数(也称径向基核函数,即 RBF 核)和 Fourier 核函数的 SVM 代理模型对某两级风扇损失与落后角及特性的计算结果。除了这两种不同类型核函数的计算结果,实验数据和使用传统损失与落后角模型计算的风扇性能结果也被加入对比工作中,来体现支持向量机代理模型具有的优势与特点。

同样地,引入设计点处 SVM 代理模型的计算结果,见表 8-6。

表 8-6　设计点处 SVM 代理模型计算结果与传统值、实验值的比较

项目	第 一 级				第 二 级				总 性 能			
	压比	效率	误差/%		压比	效率	误差/%		压比	效率	误差/%	
			压比	效率			压比	效率			压比	效率
实验值	1.744	0.854	—	—	1.605	0.843	—	—	2.800	0.839	—	—
传统值	1.793	0.896	2.80	4.92	1.605	0.837	0.00	0.71	2.879	0.857	2.82	2.15
$C=12$	1.764	0.867	1.15	1.30	1.609	0.859	0.25	1.90	2.866	0.853	2.36	1.67
优化 C	1.698	0.854	2.64	0.00	1.581	0.847	1.50	0.47	2.708	0.837	3.29	0.24

如表 8-6 所示,两种核函数的 SVM 代理模型在设计点处与实验值都吻合得较好,最大误差不超过 5%。其中,使用 Gauss 核函数的 SVM 代理模型在压比预测上占优势,使用 Fourier 核函数的 SVM 代理模型在效率预测上要更好一点。设计点损失和落后角沿展向分布的计算结果如图 8-42 和图 8-43 所示。其中,Exp 表示实验结果,Tra 表示传统模型结果,R_SVM 表示 Gauss 核函数 SVM 代理模型结果,F_SVM 表示 Fourier 核函数 SVM 结果。

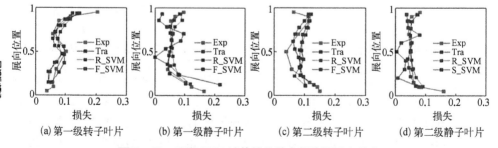

图 8-42　采用 SVM 计算的设计点损失沿展向分布

从图 8-42 和图 8-43 中可以看出,使用不同核函数的 SVM 代理模型对设计点处的损失与落后角的预测结果是有差异的。整体来看,使用 Gauss 核函数的

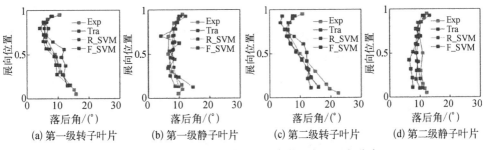

(a) 第一级转子叶片　　(b) 第一级静子叶片　　(c) 第二级转子叶片　　(d) 第二级静子叶片

图 8－43　采用 SVM 计算的设计点落后角沿展向分布

SVM 代理模型对损失与落后角的预测比传统模型更贴近实验结果,也能够较好地反映端壁处的细节。使用 Fourier 核函数的 SVM 代理模型得到的损失和落后角沿展向分布结果在大趋势上与实验结果一致,但是这种方法在部分情况下会把这种变化趋势放大,使得损失与落后角分布沿展向变化得更剧烈。与 RBF 神经网络代理模型相似的一点是,SVM 代理模型也不会呈现出一边倒的比实验结果更高/低的情况。

图 8－44 和图 8－45 中表示的是使用 SVM 代理模型对某两级风扇特性的预测结果。从压比特性图中可以看出,Gauss 核函数的 SVM 代理模型能够在全转速范围内十分准确地对风扇的压比特性进行预测,而使用 Fourier 核函数的 SVM 代理模型在 100%、70% 和 50% 转速下对风扇压比的计算精确度相比传统模型有所提高,但是在 85% 转速下的计算结果仍有一定偏差。使用 Gauss 核函数的 SVM 代理模型在高转速(100% 和 85%)下的预测效果更贴近实验值,但是在低转速(70% 和 50%)下使用 Fourier 核函数的 SVM 代理模型效果更好,虽然二者都没有捕捉到 50% 转速下的效率拐点。整体上来看,使用 Gauss 核函数的 SVM 代理模型在风扇特性预测上表现最好。

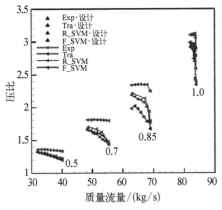

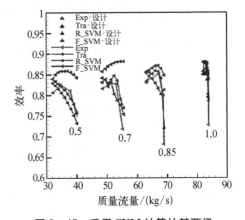

图 8－44　采用 SVM 计算的某两级
风扇压比特性

图 8－45　采用 SVM 计算的某两级
风扇效率特性

8.3.8　小结

（1）可以利用径向基神经网络建立轴流压气机损失与落后角代理模型，以便于探索不同正则化系数对多级压气机损失与落后角预测的影响，计算中使用最优正则化系数时，模型拟合精度较高，对多级压气机特性预测有参考价值；建立面向多级压气机的叶型数据库时，可以尝试根据级来分区建立训练样本，并可以使用优化聚类中心数的 RBF 神经网络模型。

（2）对某两级风扇的计算表明，在非设计点处，传统损失与落后角模型在风扇/压气机端壁位置的预测结果与实验值存在较大偏差，而代理模型能够比较好地在端壁处得到更为接近实验值的结果。

（3）相比 RBF 神经网络代理模型，SVM 代理模型具有更强的通用能力，通用性验证显示了代理模型在预测未知压气机特性的时候有一定的外推能力，但是这种外推能力也是比较集中在总体特性上，对于流场细节的预测还未能够达到令人满意的效果。同时，代理模型的预测结果受样本特征的影响很大，样本中信息强烈的特征会影响到代理模型的外推能力，合适的样本库应当包含更广泛的信息，以防止某些特征过分突出而对预测效果产生负面影响。

8.4　微分-蜂群-支持向量机混合
算法与叶片优化设计技术

在压气机叶型优化设计领域，目前存在两个主要技术分支：一个是基于梯度下降的数值优化算法，如序列二次规划算法、伴随方法等；另一个是基于生物智能的智能优化算法，如遗传算法、神经网络等。数值算法因原理简单、计算高效，在很长一段时间内处于主导地位。然而，随着科技的进步，学术及工业界所研究及面对的问题越来越复杂，对计算结果及自动化程度的要求越来越高。数值优化算法固然高效，然而存在着局部最优、通用性差的缺点，程序的可重用性极低，在深度神经网络中，随着网络层次的加深，采用梯度算法进行网络训练时，很容易出现梯度爆炸或消失的情况，使得优化计算出现剧烈振荡或趋于停滞，难以收敛。基于启发式算法构建的模型，即便在参数较多的情况下依然有效，通过采用分布式并行启发算法，可以解决大规模参数优化问题，应用前景可观。

本节围绕蜂群-支持向量机算法，使用微分进化算法对其进行进一步的改进，设计开发出适用于压气机优化领域的优化计算框架。

8.4.1　蜂群-支持向量机算法的演进：DE‒ABC‒SVM

理论上讲，ABC‒SVM 算法具有良好的通用性，可以直接将其应用于一般的最优化问题中去。使用者仅仅需要处理目标函数的计算方式，设置好算法参数，然后便可耐心等待算法给出合适的优化结果。然而,对于目标函数计算比较耗时的优化问题,这样做的最大弊端是时间成本过高,迭代计算量大、优化周期较长也是目前智能算法中普遍存在的问题。

目前,在工程优化领域,许多软件包,如 Isight、NUMECA/Design 3D 提供了基于神经网络响应面法的优化技术。基于一定量的样本通过合适的技术(多项式、神经网络、径向基函数等)构建响应面,使用响应面模型替代目标函数求解器来预测最优值,然后不断完善响应面模型,最后得出较准确的优化结果。

响应面法能够大大提高优化计算效率,借鉴神经网络等响应面技术,本节将对 ABC-SVM 算法进行改进,以便高效地支持压气机叶片优化设计计算。

1. 样本选择与初始模型确立

初始样本选择的基本原则主要是要有充分的代表性,充分代表性是指所选择的样本能够很好地表征求解问题的分布区域,即样本点能够合理地分布于整个求解空间中,充分体现局部细节。

1) 最优拉丁超立方采样

1994 年,Park[48]结合最大化熵取样、最小化总均方差和拉丁超立方采样(Latin hypercube sampling, LHS)提出了最优拉丁超立方取样(optimal Latin hypercube sampling, OLHS)方法。这种方法是基于拉丁超立方取样的两步优化取样方法,第一步是确定样本点落在哪个小格子内,第二步是确定样本点在其小格子内的具体位置。在第一步优化中,并没有采用任何的优化算法进行优化设计,而是采用互换活动组来实现熵的最大化或者总均方差的最小化,是实现最优中心拉丁超立方取样的过程;而在第二步优化中,采用拟牛顿优化算法对样本点的具体位置进行优化设计来实现最优拉丁超立方取样。图 8-46 给出了二维空间熵最优化取样方法在不同阶段的取样结果,从图中可以看出,这种取样方法的关键如下:第一步为优化设计,第二步优化设计仅仅是对第一步优化结果的一种微调,所以第一步优化后所得到的样本已经足够均匀,可以用来建立代理模型。

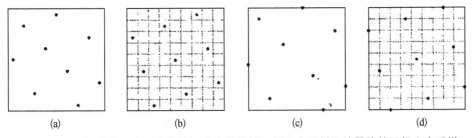

(a)　　　　　(b)　　　　　(c)　　　　　(d)

图 8-46　二维空间 9 个样本点的熵中心最优拉丁超立方采样和熵最优拉丁超立方采样

2) 初始模型的建立

使用最优拉丁超立方采样技术在求解空间中选取一定数量的样本,为了快速提高初始模型的建立效率,初始样本数目并不需要太多。同时,由前面的研究可知,ABC－SVM算法对样本数目的依赖性本身就比较低,即便样本数量较少,依然可以通过自适应调整算法参数来获取较为准确的模型。

建立初始模型的算法取名为LHS－ABC－SVM,即拉丁超立方采样-人工蜂群-支持向量机,基本步骤如下:① 使用最优拉丁超立方采样算法生成初始样本;② 将初始样本输入ABC－SVM算法,训练获得算法模型。

2. 自适应微分蜂群-支持向量机算法:DE－ABC－SVM

前面提到,建立初始模型的时候需要合理地选择样本,快速得到初始模型。然而,快速地得到初始模型并不是最终目的,而且这样的初始模型往往是粗糙的,只适合在初始阶段发挥一定作用,不可能在整个优化设计流程中始终采用这样一个由初始样本训练得来的粗糙模型,设计合适的学习策略并不断地提升模型精确度是必要的。

将微分进化算法引入ABC－SVM的在线学习策略中,设计出DE－ABC－SVM优化算法框架,具体设计思路如下。

(1) 确定待优化问题,使用拉丁超立方采样方法获取初始样本:$S = [X_1, X_2, \cdots, X_n]$,其中$n$表示样本数目;$X_i = [x_1^i, x_2^i, \cdots, x_m^i]$,$m$表示优化问题的维数;设定误差限$\varepsilon$。

(2) 基于样本,训练得到ABC-SVM模型。

(3) 使用步骤(2)得到的模型,采用DE算法计算出优化问题最优值$F'(X_{\text{best}})$。

(4) 计算预测误差:

$$E = \| F_{\text{real}}(X_{\text{best}}) - F'(X_{\text{best}}) \|^2 \qquad (8-51)$$

(5) 若$E \leqslant \varepsilon$,算法结束;若$E > \varepsilon$,表明模型尚不够精准,此时向样本集中新增k个样本点,选取样本点的原则是使样本点间的平均欧式距离最大化,平均欧式距离定义为

$$D = \sum_{i=1}^{k} \sum_{j=1}^{n} \| X_i - X_j \|^2 \qquad (8-52)$$

此时,样本总数为$n+k$,样本空间为$S_{\text{new}} = [X_1, X_2, \cdots, X_n, X_{n+1}, \cdots X_{n+k}]$,转至步骤(2)。

整个DE－ABC－SVM算法中较为核心的部分为步骤(5),在此步骤中,为了提高算法精度,采用一定策略,向样本空间中添加新的样本点,用于获取更为准确的算法模型。新加入的样本点的质量会直接对算法的精确度造成影响。式(8－52)选择了最大化样本欧式距离的方式来确定新样本点的位置,主要是基于使样本均匀分布的考虑。实际应用中应考虑问题的具体特点,选择合适的样本点补充策略。

8.4.2　DE‑ABC‑SVM 算法数值实验

1. Sphere 函数优化实验

函数的具体形式为

$$f(x) = \sum_{i=1}^{n} x_i^2 \tag{8-53}$$

式中, $n = 2$ 表示为三维空间中的 Sphere 函数, $x_i \in [-5, 5]$。

优化方法如下。

(1) 在定义域中 $[-5, 5]$, 使用拉丁超立方采样算法选取 20 个采样点。

(2) 使用样本点构建 ABC‑SVM 模型。

(3) 使用步骤(2)中的模型替代 Sphere 函数做目标函数的计算, 采用 DE 算法得出近似最优值 $F(x_{\text{best}})$, 使用式(8‑51)计算近似误差, 若满足要求, 算法结束, 否则进行下一步。

(4) 采用式(8‑52)的原则, 选取 5 个新的样本点, 加入样本集中, 转入步骤(2)。

图 8‑47 展示了采用 DE‑ABC‑SVM 优化三维 Sphere 函数时的误差变化曲线。从图 8‑47 可以看出, 在前 30 次的优化过程中, DE‑ABC‑SVM 算法的优化结果并不准确, 存在较大误差, 随后, 计算精度不断提高, 从第 50 次开始, DE‑ABC‑SVM 算法的计算精度已经十分可观, 基本可以用于近似模拟三维 Sphere 函数。造成初始计算误差较大的主要原因是样本数量过少, 算法难以根据有限的样本点去获取整个取值空间中优化目标的详细特征。随着经过优选的新样本的加入, 算法可以逐渐获取足够的目标特征, 误差逐步缩小。

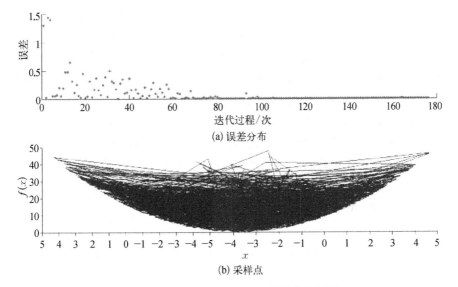

(a) 误差分布

(b) 采样点

图 8‑47　DE‑ABC‑SVM 算法优化过程

图 8-48 给出了使用真实函数与使用 DE-ABC-SVM 算法模型进行优化的实际收敛效果。实际优化中，从第 15 次迭代便开始收敛，为便于分析，截取了前 15 次迭代过程使用两种求解策略的收敛效果对比图。从图中可以看出，两种策略的优化收敛过程是一致的，证明了算法应用于数值优化过程中的有效性。DE-ABC-SVM 算法函数优化结果见表 8-7。

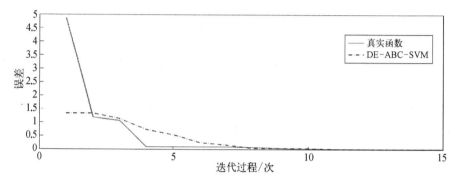

图 8-48 DE-ABC-SVM 算法与真实函数的优化收敛效果

表 8-7 DE-ABC-SVM 算法函数优化结果

参　　数	值
函数名	Sphere
理论极小值	0.0
理论极小值点	(0.0, 0.0)
实验获取极小值	0.000 093
实验获取极小值点	(0.003, -0.009)

在实验中，当算法模型与精确值的误差小于 1.0×10^{-5} 时，则认为算法已经足够精确，不再继续添加样本点，得到的计算结果在表 8-7 中给出，虽然与理论值并不完全一致，但对于数值优化过程而言，结果精度达到了 1.0×10^{-5} 量级，在工程实际中也已满足要求，其更大的意义在于使用训练获得的模型来代替复杂的函数来计算真实值，精度满足要求的情况下可以大大减少计算，提高优化效率。

2. Ackley 函数优化实验

Ackley 函数是另一个在优化算法性能测试中经常使用的测试函数，其三维几何模形见图 8-49，Ackley 函数的具体形式见式(8-54)。

$$f(x) = -20 \times \exp\left[\sum_{i=1}^{n}\left(-2 \times \sqrt{\frac{x_i^2}{2}}\right)\right] - \exp\left[\sum_{i=1}^{n}\frac{\cos(2\pi x_i)}{2}\right] + 22.712\,82$$

$$(8-54)$$

显然,Ackley 函数是由指数函数叠加适度放大的余弦而得到的连续型实验函数,基本的特征是一个几乎平坦的区域由余弦波调制成一个个孔或峰,从而使曲面起伏不平。这个函数的搜索十分复杂,因为一个严格的局部最优化算法在爬山过程中不可避免地要落入局部最优的陷阱。

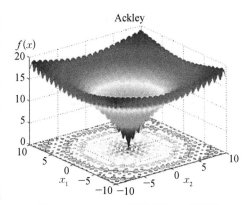

图 8-49　Ackley 函数三维几何模型

图 8-50 为使用 DE-ABC-SVM 模拟 Ackley 函数与直接使用 Ackley 函数进行优化的收敛效果对比图,表 8-8 中给出了 Ackley 函数的优化收敛结果。从图 8-50 中不难看出,使用 DE-ABC-SVM 模拟 Ackley 函数进行优化求解的收敛效果与直接使用 Ackley 函数的收敛效果基本一致,说明使用 DE-ABC-SVM 算法是合理、有效的。由于样本数目有限,DE-ABC-SVM 算法的精度略低,这在实际应用中可以通过增加样本数据来解决。

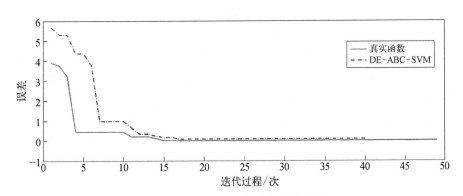

图 8-50　Ackley 函数优化收敛结果

表 8-8　Ackley 函数优化收敛结果

参　　数	值
函数名	Ackley
理论极小值	0.0
理论极小值点	$(0.0, 0.0)$
实验获取极小值	0.080 7
实验获取极小值点	$(-0.023, -0.007\ 1)$

8.4.3　基于 DE - ABC - SVM 算法的叶型优化设计

1. 叶型一

叶型一的主要的几何参数如表 8-9 所示。

表 8-9　叶型一的主要几何参数

参　数	取　值
弦长	98 mm
稠度	1.926
最大相对厚度	0.067
最大厚度位置	0.503
几何进口角	48°
几何出口角	-3.46°
安装角	28.56°
攻角	3.34°
进口马赫数	1.1

在没有抽吸的情况下的,计算叶型的总压损失系数为 0.127 1,计算结果如图 8-51~图 8-54 所示(图中,Ma_1 为进口马赫数,Ma_2 为出口马赫数,P_1/P_0 为进口静压与参考压力的比值,P_2/P_0 为出口静压与进口静压的比值,S_1 为进口气流角相对于轴向的正切值,S_2 为出口气流角的正切值,Re 为基于弦长的雷诺数,ω 为总压损失系数,ω_V 为黏性导致的总压损失系数,m' 为子午坐标)。叶栅通道中存在一道很强的通道激波,激波与吸力面相碰于大约 40% 弧长位置,激波后吸力面附面层急剧发展,位移厚度和形状因子急剧增大,摩擦系数急剧减小,很快便出现分离,分离位置在 54% 吸力面弧长处(以摩擦系数减小到零为判断标准)。

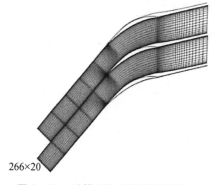

266×20

图 8-51　计算网格示意图(叶型一)

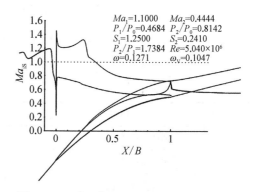

$Ma_1=1.1000$　$Ma_2=0.4444$
$P_1/P_0=0.4684$　$P_2/P_0=0.8142$
$S_1=1.2500$　$S_2=0.2410$
$P_2/P_1=1.7384$　$Re=5.040×10^6$
$\omega=0.1271$　$\omega_V=0.1047$

图 8-52　叶型表面马赫数分布图(叶型一)

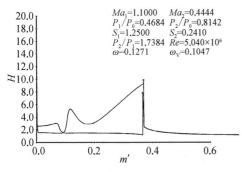
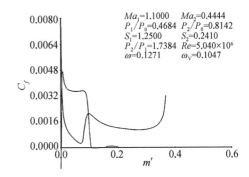

图 8-53　叶型形状因子分布图(叶型一)　　　图 8-54　叶型摩擦系数分布图(叶型一)

使用 DE-ABC-SVM 优化系统对该叶型进行优化设计。在优化前抽吸率为 0.5%,抽气位置为 60%~62% 弦长处,计算叶型的损失为 0.074 8;在优化后抽吸率为 0.5%,抽气位置为 43%~45% 弦长处,计算叶型的损失为 0.057 5,计算对比图如图 8-55~图 8-59 所示。

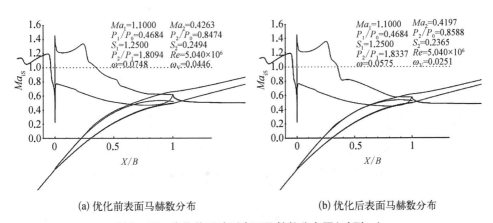

(a) 优化前表面马赫数分布　　　　　　(b) 优化后表面马赫数分布

图 8-55　优化前后叶型表面马赫数分布图(叶型一)

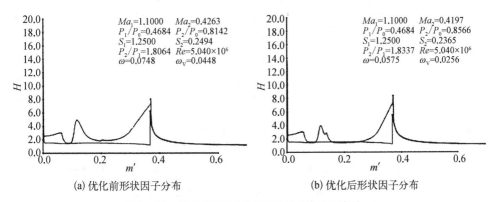

(a) 优化前形状因子分布　　　　　　　(b) 优化后形状因子分布

图 8-56　优化前后叶型形状因子分布图(叶型一)

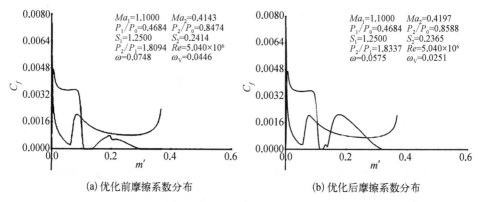

(a) 优化前摩擦系数分布   (b) 优化后摩擦系数分布

图 8-57   优化前后叶型摩擦系数分布图(叶型一)

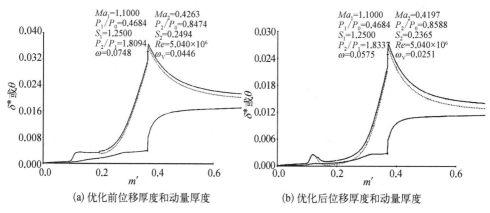

(a) 优化前位移厚度和动量厚度   (b) 优化后位移厚度和动量厚度

图 8-58   优化前后叶型吸力面位移厚度和动量厚度分布(叶型一)

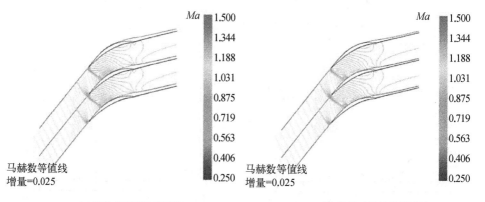

(a) 优化前马赫数等值线   (b) 优化后马赫数等值线

图 8-59   优化前后叶栅通道马赫数等值线图(叶型一)

　　从吸力面的表面马赫数分布图可以看出,优化后的叶型抽气位置由之前的60%弦长位置提前到45%弦长位置处,优化后,吸力面表面马赫数在43%弦长处开始迅速降低,较优化前降低幅度更大。从 MISES 给出的结果看,将抽吸位置提前,对尾缘处的附面层分离控制更加有效,叶型损失有所降低。

　　由图 8-58 和图 8-59 可知,优化后的叶型吸力面形状因子降低,抽吸位置后的摩擦系数较优化前增加明显,位移厚度和动量厚度有所减小,提供了附面层分离减弱或消失的有力佐证。

　　综上可知,优化前即使进行了抽吸,但附面层仍未能始终良好地附着在叶片表面,在大约80%弧长位置,附面层发生分离。优化后在吸力面分离基本消除,损失降低得比较明显,比优化前大约减小了25%。特别是优化之后的黏性损失从优化之前的 0.044 6 减小到 0.025 1,减小了大约44%,这说明抽吸的优化对于附面层的控制非常重要,合理的抽吸位置会使附面层的损失下降得非常明显。

　　2. 叶型二

　　叶型二的主要几何参数见表 8-10。

表 8-10　叶型二的主要几何参数

参　　数	取　　值
弦长	103 mm
稠度	1.783
最大相对厚度	0.058
最大厚度位置	0.521
几何进口角	49.78°
几何出口角	20.78°
安装角	37.73°
攻角	3.07°
进口马赫数	1.2

　　在没有抽吸的情况下的,计算叶型的总压损失为 0.158 5,计算结果如图 8-60~图 8-63 所示。

　　从图 8-61 中可以明显看出,初始的未抽吸叶型吸力面附面层从 20% 弦长位置处开始出现分离,图 8-62 中的形状因子和图 8-63 中的摩擦系数分布进一步证实了附面层分离的发生。优化前抽吸率为 1.5%,抽气位置为 70%~72% 弦长,计算叶型的损失为 0.129 1;优化后抽吸率为 1.5%,抽气位置为 61%~63% 弦长,叶型的损失为 0.097 1,计算对比图如图 8-64~图 8-68 所示。

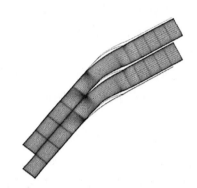

图 8-60 计算网格示意图(叶型二)

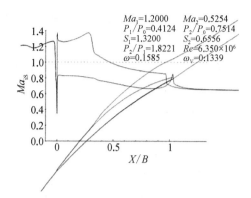

图 8-61 叶型表面马赫数分布图(叶型二)

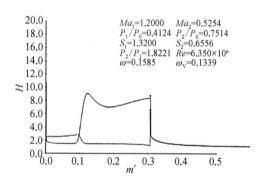

图 8-62 叶型形状因子分布图(叶型二)

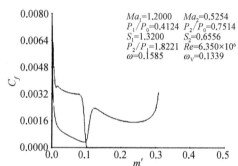

图 8-63 叶型摩擦系数分布图(叶型二)

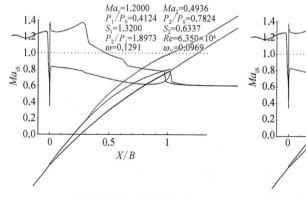

(a) 优化前表面马赫数分布

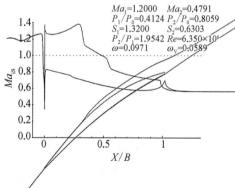

(b) 优化后表面马赫数分布

图 8-64 优化前后叶型表面马赫数分布图(叶型二)

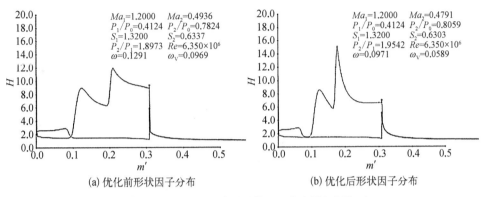

(a) 优化前形状因子分布　　　　　　　　(b) 优化后形状因子分布

图 8 - 65　优化前后叶型形状因子分布图(叶型二)

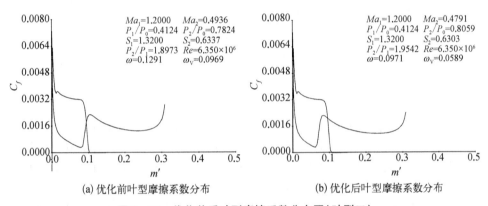

(a) 优化前叶型摩擦系数分布　　　　　　(b) 优化后叶型摩擦系数分布

图 8 - 66　优化前后叶型摩擦系数分布图(叶型二)

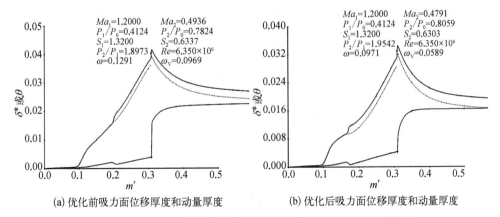

(a) 优化前吸力面位移厚度和动量厚度　　(b) 优化后吸力面位移厚度和动量厚度

图 8 - 67　优化前后叶型吸力面位移厚度和动量厚度分布(叶型二)

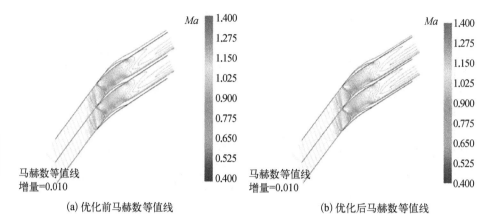

(a) 优化前马赫数等值线　　　　　　　　　　　(b) 优化后马赫数等值线

图 8 - 68　优化前后叶栅通道马赫数等值线图(叶型二)

从图 8 - 66~图 8 - 68 所给出的优化前后对比图中不难发现,优化后的叶型总压损失系数明显降低,减小了大约25%,其中黏性损失系数减小了39%。优化后的位移厚度比优化前减小明显,虽然优化后的形状因子峰值略高于优化前,但是优化后的形状因子处在平均偏低的位置,因此优化后的流场较有了明显的改善。

8.4.4　小结

本节尝试使用机器学习技术通过学习历史数据来拟合流场求解器,即采用 DE - ABC - SVM 算法通过历史算例学习流场求解器特征,使用机器学习模型替代流场求解,提高优化效率。在 DE - ABC - SVM 算法的基础上,嵌套 DE 算法不断加入样板、优化模型,实现模型的在线学习,不断提升模型精确度,得出如下结论。

(1) 使用蜂群-支持向量机算法在样本量较少的情况下依然具备可用性。使用少量样本构建 DE - ABC - SVM 模型,并将其作为目标函数的近似函数,对优化目标做近似预测,该流程与传统的响应面方法类似,在真实目标函数计算较为耗时的情况下,能够有效缩短优化时间。

(2) 在 DE - ABC - SVM 算法的基础上嵌套 DE 算法,可实现完整的优化设计流程:采用 DE - ABC - SVM 模型用于近似计算流场参数,采用 DE 算法优化叶型几何参数。与此同时,不断向 DE - ABC - SVM 模型中添加新的样本点,提升模型精度,保证优化结果的正确、可靠。DE - ABC - SVM 算法能够大幅缩短压气机叶型优化设计耗费的时间。经过案例分析,发现该优化设计体系具备实际应用效果,优化后的叶型气动性能均有明显提升。

参考文献

[1]　杨小东. 仿生智能算法与轴流压气机叶型优化设计研究[D]. 西安: 西北工业大学,2017.

[2]　Roger S. Blade design aspects[J]. Renewable Energy, 1999, 16: 1272 - 1277.

[3] Stephane B, Arnaudle P. Improved aerodynamic design of turbomachinery blading by numerical optimization[J]. Aerospace Science and Technology, 2003, 7: 277 – 287.

[4] Holland J. Adaptation in natural and artificial systems [M]. Ann Arbor: University of Michigan Press, 1975.

[5] Vasconcelos J A, Ramirez J A, Takahashi R H C, et al. Improvements in genetic algorithms [J]. Magnetics IEEE on Transactions, 2001, 37(5): 3414 – 3417.

[6] Smart W, Zhang M. Applying online gradient descent search to genetic programming for object recognition[C]//The Second Workshop on Australasian Information Security, Data Mining and Web Intelligence, and Software Internationalization, Dunedin, 2004.

[7] Hiroyasu T, Noda T, Yoshimi M, et al. Examination of multi-objective genetic algorithm using the concept of a peer-to-peer network [C]//2010 Second World Congress on Nature and Biologically Inspired Computing (NaBIC), Kitakyushu, 2010.

[8] Lophaven S N, Nielsen H B, Sondergaard J, et al. A matlab kriging toolbox[R]. Technical University of Denmark Report, IMM-TR – 2002 – 12, 2002.

[9] Kerwin W S, Prince J L. The kriging update model and recursive space-time function estimation[J]. IEEE Transactions on Signal Processing, 1999,47(11): 2942 – 2952.

[10] Jones D R. A taxonomy of global optimization methods based on response surfaces[J]. Journal of Global Optimization, 2001, 23: 345 – 383.

[11] Storn R, Price K. Differential evolution-a simple and efficient heuristic for global optimization over continuous spaces[J]. Journal of global optimization, 1997, 11(4): 341 – 359.

[12] Vesterstrom J, Thomsen R. A comparative study of differential evolution, particle swarm optimization, and evolutionary algorithms on numerical benchmark problems[C]//Congress on Evolutionary Computation, Portland, 2004.

[13] Zielinski K, Weitkemper P, Laur R, et al. Parameter study for differential evolution using a power allocation problem including interference cancellation [C]//IEEE International Conference on Evolutionary Computation, Vancouver, 2006.

[14] Brest J, Greiner S, Boskovic B, et al. Self-adapting control parameters in differential evolution: a comparative study on numerical benchmark problems[J]. IEEE transactions on evolutionary computation, 2006, 10(6): 646 – 657.

[15] Ali M, Torn A. Population set-based global optimization algorithms: some modifications and numerical studies[J]. Computers and Operations Research,2004, 31(10): 1703 – 1725.

[16] 宋立明,李军,丰镇平. ARDE 算法及其在三维叶栅气动优化设计中的应用[J]. 工程热物理学报,2005(2): 221 – 224.

[17] 常彦鑫,高正红. 自适应差分进化算法在气动优化设计中的应用[J]. 航空学报,2009, 30(9): 1590 – 1596.

[18] Frisch K V. The dance language and orientation of bees[M]. Cambridge: Harvard University Press, 1967.

[19] Hinton G E, Sejnowski T J, Ackley D H. Boltzmann machines: constraint satisfaction networks that learn[M]. Pittsburgh: Carnegie-Mellon University, Department of Computer Science, 1984.

[20] Ackley D H, Hinton G E, Sejnowskii T J. A learning algorithm for boltzmann machine[J].

Congnitive Science,1985, 9(1): 147 - 169.

[21] Haykin S, Network N. A comprehensive foundation[J]. Neural networks, 2004, 2(2004): 41.

[22] 高隽. 人工神经网络原理及仿真实例[M]. 北京: 机械工业出版社,2003.

[23] 蒋宗礼. 人工神经网络导论[M]. 北京: 高等教育出版社,2003.

[24] 宣扬. 基于人工神经网络及遗传算法的叶片优化设计研究[D]. 西安: 西北工业大学,2009.

[25] 楚武利,刘前智,胡春波. 航空叶片机原理[M]. 西安: 西北工业大学出版社,2009.

[26] Koch C C, Smith L H. Loss sources and magnitudes in axial-flow compressors[J]. Journal of Engineering for Gas Turbines and Power, 1976, 98(3): 411 - 424.

[27] Leiblein S. Analysis of experimental low-speed loss and stall characteristics of two-dimensional compressor blade cascade[R]. NASA Report, NACA RM - E57A28, 1957.

[28] Miller G R, Lewis G W, Hartmann M J. Shock losses in transonic compressor blade rows[J]. Journal of Engineering for Gas Turbines and Power, 1961, 83(3): 235 - 241.

[29] Boyer K M. An improved streamline curvature approach for off-design analysis of transonic compression systems[D]. Virginia: Virginia Polytechnic Institute and State University, 2001.

[30] Cetin M, Uecer A S, Hirsch C, et al. Application of modified loss and deviation correlations to transonic axial compressors[R]. AGARD Report, AGARD - R - 745, 1987.

[31] 刘波,马乃行,杨小东. 适应较大叶型弯角范围的轴流压气机落后角模型[J]. 航空动力学报,2014,29(8): 1824 - 1831.

[32] Klepper J B. Technique to predict stage-by-stage, pre-stall compressor performance characteristics using a stream[D]. Knoxville: The University of Tennessee, 1998.

[33] Bullock R O, Johnsen I A. Aerodynamic design of axial-flow compressors[M]. Washington: Scientific and Technical Information Division, National Aeronautics and Space Administration, 1965.

[34] Herrig L J, Emery J C, Erwin J R. Systematic two-dimensional cascade tests of NACA 65 series compressor blades at low speeds[R]. NASA Report, NACA Report 1368, 1957.

[35] Hearsey R M. Program HT0300 NASA 1994 version[R]. The Boeing Company Report, D6 - 81569TN, 1994.

[36] Pachidis V, Pilidis P, Templatexis I, et al. Prediction of engine performance under compressor inlet flow distortion using streamline curvature[R]. ASME Paper, 2006 - GT - 90806, 2006.

[37] Swan W C. A practical method of predictiong transonic-compressor performance[J]. Journal of Engineering for Gas Turbines and Power, 1961, 83(3): 322 - 330.

[38] Schmitz A, Aulich M, Nicke E. Novel approach for loss and flow-turning prediction using optimized surrogate models in two-dimensional compressor design[R]. ASME Paper, 2011 - GT - 45086, 2011.

[39] 钟兢军,苏杰先,王仲奇. 压气机叶栅壁面拓扑和二次流结构分析[J]. 工程热物理学报, 1998,19(1): 40 - 44.

[40] 徐纲,袁新,叶大均. 神经网络的非设计点损失落后角模型在流场诊断中的应用[J]. 工程热物理学报,1999,20(1): 49 - 52.

[41] Mönig R, Mildner F, Röper R. Viscous-flow two-dimensional analysis including secondary flow effects[J]. Journal of Turbomachinery, 2001, 123(3): 558 - 567.

[42] 唐天全. 压气机二维性能预测模型的研究[D]. 西安：西北工业大学, 2018：60 − 68.

[43] Simon H. 神经网络与机器学习[M]. 审富饶, 译. 北京：机械工业出版社, 2011.

[44] Corant R, Hilbert D. Method of mathematical physics[M]. New York：Wiley − VCH, 1989.

[45] Reid L, Moore R D. Performance of single-stage axial-flow transonic compressor with rotor and stator aspect ratios of 1. 19 and 1. 26, respectively, and with design pressure ratio of 1. 82 [R]. NASA, CR − 120859, 1978.

[46] Fritsch F N, Carlson R E. Monotone piecewise cubic interpolation[J]. SIAM Journal on Numerical Analysis, 1980, 17(2)：238 − 240.

[47] Boser B, Guyon I, Vapnik V N. A Training algorithm for optimal margin classifiers[C]// Proceedings of the Fifth Annual Workshop on Computational Learning Theory, New York, 1992.

[48] Park J S. Optimal latin-hypercube designs for computer experiments[J]. Journal of Statistics Planning and Inference, 1994, 39：95 − 111.